化学工程与技术研究生教学丛书

膜科学与技术

王　志　王宇新　李保安　赵　颂　张　文　主编

天津大学研究生创新人才培养项目资助

科学出版社

北　京

内 容 简 介

本书共 13 章，以膜过程为主线，对各种主要膜过程所涉及的过程机理、膜材料种类和结构、膜制备方法和膜结构调控、膜组件种类和结构、膜过程设计及应用等进行了较为系统和全面的介绍。本书描述的膜过程面向分离纯化、化学反应、能量转化、控制释放、探测传感等众多领域，反映了膜科学与技术数十年来的重要发展。本书还结合目前膜科学与技术的研究现状与应用需求，对各种膜与膜过程存在的问题及发展前景进行了总结与展望。

本书可作为高等学校化工、环境、材料和化学等专业本科生、研究生的教学用书，也可供相关领域科研人员参考。

图书在版编目（CIP）数据

膜科学与技术 / 王志等主编. —北京：科学出版社，2022.8
(化学工程与技术研究生教学丛书)
ISBN 978-7-03-072854-8

Ⅰ. ①膜… Ⅱ. ①王… Ⅲ. ①膜材料 Ⅳ. ①TB383

中国版本图书馆 CIP 数据核字（2022）第 143054 号

责任编辑：陈雅娴 李丽娇 / 责任校对：杨 赛
责任印制：张 伟 / 封面设计：无极书装

科 学 出 版 社 出版
北京东黄城根北街 16 号
邮政编码：100717
http://www.sciencep.com

北京中石油彩色印刷有限责任公司 印刷
科学出版社发行 各地新华书店经销

*

2022 年 8 月第 一 版 开本：787×1092 1/16
2023 年 8 月第二次印刷 印张：21 1/2
字数：509 000
定价：98.00 元
（如有印装质量问题，我社负责调换）

前　言

　　膜技术是一种高效且新型的技术手段，在缓解我国水资源短缺和环境生态破坏、升级传统产业、提高能源利用效率、保障人民生命健康等方面发挥着重要作用。近年来，我国膜产业总产值呈现出高速增长的态势，2014 年首次突破千亿元大关，2019 年总产值达到 2773 亿元，年均增长速度保持在 15% 左右。随着"十四五"规划的开启以及"中国制造 2025"战略目标的设立，我国膜产业总产值有望从千亿元发展到万亿元的规模。因此，膜科学与技术相关知识的普及和推广具有重要意义。

　　近年来，国内外膜科学与技术发展迅猛，国内多所高校已开设有关课程，但部分高校有关膜科学与技术课程开设的时间较短，导致课程建设存在理论知识零散、内容连贯性弱等问题。王世昌教授于 20 世纪 80 年代在天津大学开设这门课程，30 多年来，经过多位授课者的传承和发展，该课程已成为具有系统授课内容、及时反映学科最新进展、深受学生欢迎的重要课程，每年有约 200 名本科生、研究生选修该课程，授课效果受到广泛好评。

　　膜与膜过程是膜科学与技术的基础和核心内容，本书各位编者依据丰富的教学经验和科研经历，遵循膜科学与技术自身发展和人们对其认识的一般规律，精心设计了各章的内容架构，按照膜过程机理、膜材料、膜制备、膜组件、膜过程设计及应用的递进顺序介绍各种膜与膜过程。这种内容设计既有利于读者通过本书系统全面地把握膜科学与技术所涉及的各方面，又有助于读者加深对各种膜与膜过程基础理论与实际应用间关系的认识。不同的膜与膜过程，其原理、方法等既有各自的特性，也存在一些相似或相通之处，本书各章尽力反映出不同膜与膜过程的特点，同时通过各章中适当的重复描述反映它们的相似或相通之处，有利于读者全面理解和把握不同膜与膜过程的相互关系。另外，适当的重复能保持各章内容的相对完整独立，有利于只对某一种或某些膜过程感兴趣的读者自学。

　　本书共 13 章，第 1 章由王志和赵颂共同编写，第 2 章、第 4~7 章和第 13 章由王志编写，第 3 章由赵颂编写，第 8 章、第 9 章和第 12 章由李保安编写，第 10 章由张文编写，第 11 章由王宇新编写。同时，刘军、韩向磊、李旭、王宠、邢广宇、吴浩文、张军、马光清、张伟、原野、史普鑫、刘莹莹、燕方正、兰美超、周云琪、孙斌、乔志华、张家赫、冯文彦、于喆淼、汪婷和齐云龙等也对本书的编写做出了贡献。

　　在本书编撰过程中，参阅并借鉴了大量膜领域相关的学术论文与专著，在此特别向文献的作者以及为膜科学与技术发展做出贡献的同行表示衷心的感谢。

　　由于时间仓促，书中不妥之处在所难免，恳请广大同行及读者批评指正。

王　志

2022 年 4 月

目　录

第1章

概　述

1.1　膜科学与技术发展历程

随着科技发展与社会进步，人们对分离技术的要求逐渐提高。特别是进入 21 世纪以来，各类纯净水制造、海水淡化、污水处理、气体分离富集、共沸物分离、食品加工、药物缓释、人工脏器等研究应用热点都离不开高水平的分离技术。与一些传统分离技术相比，膜分离技术耗能较低，过程简单，选择性高，可调控范围大，被誉为"化学工业的明天"。

对膜科学与技术的研究可追溯到 270 多年前[1]。1748 年，Nollet 发现水能自然地扩散到装有乙醇或蔗糖溶液的猪膀胱内，第一次揭示了膜分离现象。1861 年，Schmidt 发现用牛心包膜能截留可溶性阿拉伯胶，并首次提出"超过滤"的概念。1864 年，Traube 成功地研制出亚铁氰化铜膜——人类历史上第一片人造膜。1866 年，Graham 在一篇名为《气体通过胶质隔膜的吸收和渗析分离》的研究论文中，最早提出了气体膜分离的扩散原理。

20 世纪中叶，由于物理化学、高分子化学、生物学、医学和生理学的深入发展，新型膜材料和制膜技术不断开拓，各种膜分离技术相继出现并获得高速发展。1961 年，Michealis 等用各种比例的酸性和碱性的高分子电介质混合物，以水-丙酮-溴化钠为溶剂，制成了可截留不同分子量溶质的膜，这种膜是真正意义上的分离膜，美国 Amicon 公司首先将这种膜商品化。20 世纪 50 年代初，为从海水或苦咸水中获取淡水，开始了反渗透膜的研究。1967 年，美国 Du Pont 公司成功研制了以尼龙-66 为主要组分的中空纤维反渗透膜组件。同一时期，丹麦 DDS 公司成功研制了平板式反渗透膜组件。反渗透膜开始工业化，在大规模生产高通量、无缺陷膜和紧凑高面积/体积比膜分离器上取得突破，开发了脱盐反渗透过程。20 世纪 70~80 年代，其他膜过程的研究和应用也取得了成功。

数十年来，膜技术发展迅速，其应用也突破传统的分离与纯化，拓展到化学反应、能量转化、控制释放、探测传感等更广泛的领域，相关基础研究也越来越深入。特别是 20 世纪 90 年代以后，随着多种类膜的研制成功，膜技术的应用已经渗透到人们生活和生产的各个方面，包括化工、环保、电子、轻工、纺织、石油、食品、医药、生物工程、能源工程等。国外有关专家甚至把膜技术的发展称为"第三次工业革命"。尤其在能源紧张、资源短缺、生态环境恶化的今天，膜技术被认为是 21 世纪最有发展前途的高新技术之一[1-3]。

我国膜科学与技术的发展是从 1958 年研究离子交换膜开始的。20 世纪 60 年代进入开创阶段，1965 年着手反渗透的探索，1967 年开始的全国海水淡化会战大大促进了我国膜科技的发展。70 年代进入开发阶段，这个时期微滤、电渗析、反渗透和超滤等各种膜和组器件都相继研究开发出来。80 年代跨入了推广应用阶段，同时是气体分离膜和其他新膜的开发阶段。90 年代后进入高速发展及自主创新时期。根据中国膜工业协会发布的数据显示，"十三五"以来，我国膜产业总产值的年均增速在 15%左右，2019 年我国膜产业总产值已达 2773 亿元，较"十三五"初期(2016 年)提升了 71%[4]。

1.2　膜与膜过程

1.2.1　膜

膜(membrane)是指能限制和传递物质的分隔两流体的屏障。膜可以是固态的，也可以是液态的。被膜分隔的流体物质可以是液态的，也可以是气态的。膜与被分隔的两侧流体接触并进行物质传递。膜对流体可以是完全透过性的，也可以是半透过性的，但不能是完全不透过性的。经常用到的膜是半透过性的，也称为选择透过性膜。利用膜的技术称为膜技术。

膜技术主要依靠推动力和膜，其中膜是核心。好膜的衡量标准如下：高的分离系数和渗透系数，同时要求有足够的机械强度和柔韧性；适用的 pH 和温度范围广；较强的抗物理、化学和微生物侵蚀的性能；耐高温灭菌，耐酸碱清洗剂，稳定性高，使用寿命长；通过清洗，恢复透过性能好；制备方便，成本合理，便于工业化生产。

膜的分类多种多样：按膜材料可分为天然材料膜(包括生物膜和天然物质改性或再生而制成的膜)、合成材料膜(包括无机膜、有机膜及无机-有机杂化膜)；按膜断面的形态可分为对称膜、不对称膜、复合膜；按膜总体形状可分为平板膜、管式膜(内径> 10 mm)、毛细管膜(内径 0.5～10 mm)、中空纤维膜(内径< 0.5 mm)；按功能可分为分离功能膜、反应功能膜、能量转化功能膜、控制释放功能膜、探测传感功能膜等。

1.2.2　膜过程

膜参与的过程统称为膜过程。膜过程在物理、化学和生物性质上可呈现出各种各样的特性，具有较多的优势，如效率高、能耗低、操作环境温和、连续化操作、灵活性强、绿色环保等。

膜过程的实质是在推动力作用下被膜隔开的流体间通过膜进行的物质及能量的传递过程。因此，膜过程的三要素是膜、流体和推动力。根据三要素的不同将膜过程分为不同种类。典型的膜过程有微滤(microfiltration，MF)、超滤(ultrafiltration，UF)、纳滤(nanofiltration，NF)、反渗透(reverse osmosis，RO)、正渗透(forward osmosis，FO)、渗析(dialysis)、电渗析(electrodialysis，ED)、气体分离(gas separation，GS)、膜蒸馏(membrane distillation，MD)、渗透蒸发(pervaporation，PV)等，其中以压力差为推动力的过程有微滤、超滤、纳滤、反渗透，以蒸气分压差为推动力的过程有膜蒸馏、渗透蒸发，以气体组分分压差为推动力的过程有气体分离，以浓度差为推动力的过程有正渗透、渗析，以电势差为推动力的过程有电渗析[2-3]。表 1-1 中列出部分膜过程的基本特征。

表 1-1 部分膜过程及基本特征

膜分离过程	传质推动力	分离原理	透过组分	截留组分	应用举例
微滤 (MF)	压力差 (0.05～0.5 MPa)	筛分	液体、气体	0.02～10 μm 粒子	除菌，回收菌，分离病毒[5]
超滤 (UF)	压力差 (0.1～1.0 MPa)	筛分	小分子溶液	1～20 nm 大分子溶质	蛋白质、多肽、多糖的回收和浓缩[6]
纳滤 (NF)	压力差 (0.5～1.5 MPa)	溶解扩散、荷电效应[7]	溶剂、小分子溶液	1 nm 以上溶质、多价盐	氨基酸和多价盐回收和浓缩[8]
反渗透 (RO)	压力差 (1.0～10.0 MPa)	溶解扩散、筛分	溶剂	0.1～1 nm 小分子溶质	纯水制造，海水淡化，废水净化，盐、氨基酸、糖的浓缩[9]
电渗析 (ED)	电势差	反离子迁移、筛分	反离子、小离子	同离子、大离子和水	脱盐，氨基酸和有机酸分离
渗透蒸发 (PV)	蒸气分压差	溶解扩散	膜中易溶解组分或易扩散组分、易挥发组分	膜中不易溶解组分或较大、较难挥发组分	有机溶剂与水的分离，制备无水乙醇
气体分离 (GS)	气体组分分压差	溶解扩散、筛分、克努森扩散等	膜中易溶解组分、分子较小组分、分子量较小组分	难溶解于膜的组分、分子较大组分、分子量较大组分	空气分离，氢气回收与纯化，天然气净化，CO_2 分离与捕集

至此，可以对膜科学与技术进行简要定义。膜科学与技术是关于膜的合成、结构、功能和应用的科学与技术，各类膜与膜过程是其基本和核心内容。

1.3 膜 材 料

膜可由聚合物、金属和陶瓷等材料制造，其中以聚合物居多。

1.3.1 无机膜材料

20 世纪 40 年代开始了无机膜的研究，经历了铀同位素提取的工业时期、液相介质分离时期和以膜催化反应为核心的发展时期。无机膜材料不仅在化学因素作用下仍能保持良好的特性，而且在温度影响下其变形很小。无机膜目前主要在微滤和超滤领域得到应用，在其他领域的应用还比较少。常见的无机膜材料有陶瓷、金属、合金、沸石(分子筛)、玻璃等[10]，此外钛钙型材料对氧有很高的渗透通量，在无机膜反应器中具有很好的应用前景。

与有机膜材料相比，无机膜材料具有如下优点：①化学稳定性好，能耐酸、耐碱、耐有机溶剂；②机械强度大，承载无机膜或金属膜可承受几十个大气压的外压，并可反向冲洗；③抗微生物能力强，不与微生物发生作用，可以在生物工程及医学科学领域中应用；④耐高温，一般均可以在 400 ℃下操作，最高可达 800 ℃。

1. 陶瓷

多孔陶瓷如硅酸铝质、碳化硅质、氧化硅质、氧化钴质、氧化铝质等是目前开发应用的陶瓷膜的主要材料。陶瓷膜以多孔陶瓷为基体、表层覆以微孔陶瓷而制成，依据筛分作用进行物质的分离。陶瓷膜的主要制备技术有：采用固态粒子烧结法制备载体及微滤膜，采用溶胶-凝胶法制备超滤、纳滤和气体分离膜[2,11-13]。其基本理论涉及胶体与表面化学、材料化学、固态离子学、材料加工等。

2. 金属

金属膜是以如 Pd、Ag 等金属材料为介质而制成的具有过滤功能的渗透膜，具有良好的塑性、韧性和强度，以及对环境和物料的适应性，是继有机膜、陶瓷膜之后性能最好的膜之一。金属膜包括致密膜和多孔膜。致密金属膜的传质机理是溶解扩散或离子传递。例如，Pd、Pd 与ⅥB～Ⅷ族金属制成的合金以及 V、Nb、Ta 等ⅤB 族金属元素能够选择性透过某种气体[2]，因此对某种气体具有较高的选择性是致密金属膜的突出特点，但渗透率低是其缺点之一。多孔金属材料制备的多孔金属膜包括 Ni 膜、Ag 膜、Ti 膜和不锈钢膜，孔径 200～500 nm、孔隙率高达 60%。多孔金属膜既具有分离功能，也具有催化功能，但是其使用成本较高，在工程应用方面受到一定的限制。

3. 沸石

沸石膜又称分子筛膜，除具有一般无机膜所拥有的特性外，还具有特殊孔道结构及可变性特点。它不仅直径大小均匀，而且能够进行阳离子交换，且硅铝比例可调，在不同的 pH 下具有不同亲、疏水性和孔径可调等特点，因此在分子级催化反应中是不可多得的优良多孔材料。沸石膜已经成为微孔无机膜材料的重要发展方向之一。分子筛膜是理想的膜分离和膜催化材料。主要类型有 X 型分子筛、Y 型分子筛膜，ZSM-5(zeolite socony mobil-5)、磷酸硅铝-34(SAPO-34)分子筛膜，硅分子筛膜等。

4. 玻璃

玻璃膜主要是由玻璃(Na₂O-SiO_x)经化学处理制成的具有分离功能的渗透膜。它是多孔膜的一种，属于无机多孔膜，其中孔径大于 50 nm 的为粗孔膜，孔径 2～50 nm 的为过渡孔膜，孔径小于 2 nm 的为微孔膜。目前主要研究的玻璃膜有 3 种：酸沥法制备的多孔玻璃膜；用无机物或有机物进行表面改性的玻璃膜；以多孔玻璃、陶瓷、金属为基体，利用溶胶-凝胶等工艺将另一种非晶态膜涂在基体表面的复合膜。

无机膜具有耐 pH 范围广、热稳定性好等优点，但也存在制备难度大、易碎、应用范围偏窄等缺点。因此未来研究方向主要有：进一步完善已商品化的无机微滤膜和超滤膜，发展具有分子筛功能的纳滤膜和气体分离膜，并对有机-无机组合材料、支撑体材料、高渗透选择性膜材料、耐强酸碱膜材料、高通量的致密无机膜材料及其材料结构与性能之间的关系进行深入的研究。

1.3.2　有机膜材料

对有机膜的研究始于 18 世纪中叶，经过近 200 年的发展，国外于 1965～1975 年间大力研究并广泛应用；国内于 20 世纪 70 年代才开始对有机膜进行研究，虽起步晚但发展比较迅猛。20 世纪 80 年代中期，由聚砜制成的中空纤维膜获得试制成功后，一批耐较高温度、耐腐蚀、抗污染能力强、截留性能优的膜和组件被先后研制并获得工业应用。

1. 天然高分子类

对天然高分子类膜材料的研究主要集中在纤维素、纤维素衍生物、壳聚糖等[14-15]。纤维素是自然界中分布最广、含量最多的一种多糖，占植物界碳含量的 50%以上。纤维素结构如图 1-1(a)所示，在椅形葡萄糖单元的高分子链中含有 3 个羟基。由于羟基的存在，纤维素分子间形成氢键，排列规则，结晶度高，结构稳定，高度亲水。因此，其衍生物制成的分离膜选择性高、亲水性强、透水量大，在微滤和超滤技术中被广泛使用。醋酸纤维素(cellulose acetate，CA)是由纤维素与醋酸酐发生酯化反应得到的高分子材料，该材料具有选择性高、透过量大、加工简单、耐氯性好、低污染倾向等优点，在生产生活中发挥了极大的作用。醋酸纤维素的结构如图 1-1(b)所示。但醋酸纤维素也存在缺点：分子链中的酯基在非中性条件下易水解，且其热稳定性、耐压密性较差。针对其水解性，研究发现，三醋酸纤维素(tri-cellulose acetate，TCA)的耐酸性比二醋酸纤维素好。另外，采用不同取代度的醋酸纤维素制膜，可以显著提高膜的生物降解性。

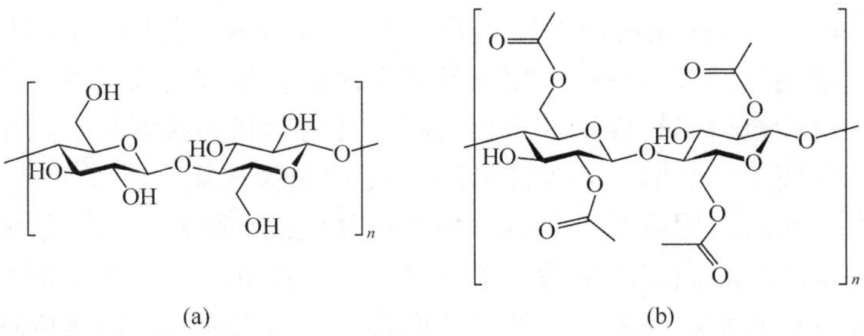

图 1-1　纤维素(a)和醋酸纤维素(b)的化学结构

壳聚糖(chitosan，CS)又称脱乙酰甲壳质，是由自然界广泛存在的甲壳素经过脱乙酰作用得到的。图 1-2 为甲壳素和壳聚糖的化学结构。自 1859 年，法国人 Rouget 首先得到壳聚糖后，这种天然高分子的生物官能性和相容性、血液相容性、安全性、微生物降解性等优良性能就被各行各业广泛关注，在医药、食品、化工、化妆品、水处理、金属

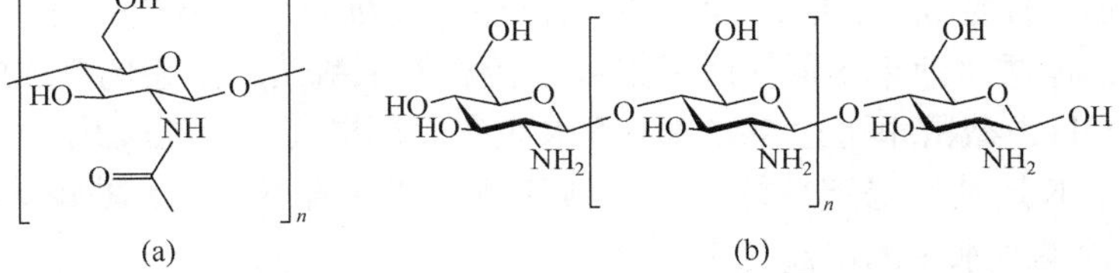

图 1-2　甲壳素(a)和壳聚糖(b)的化学结构

提取及回收、生化和生物医学工程等诸多领域的应用研究取得了重大进展。壳聚糖也是一类天然膜材料，由于分子中存在氨基，可溶于酸性溶液；由于氨基、羟基的活性作用，壳聚糖膜易于改性，且改性后亲水性、透水性有显著提升。

2. 聚烯烃类

聚烯烃类膜材料包括聚乙烯(polyethylene，PE)、聚乙烯醇(polyvinyl alcohol，PVA)、聚丙烯(polypropylene，PP)、聚丙烯腈(polyacrylonitrile，PAN)等。这类材料的优点是制备容易，易加工成型，成本低[16]。其共同的缺点是疏水性强，耐热性差。

聚乙烯可分为低密度聚乙烯和高密度聚乙烯。低密度聚乙烯由乙烯在高压下经自由基聚合而得，由于聚合时加入少量CO，故在分子链中有共聚的—CO存在，因此低密度聚乙烯具有高度支化结构，并不是线型聚合物。低密度聚乙烯在拉伸时产生狭缝状微孔，可用来制成微滤膜。低密度聚乙烯熔融纺出的纤维可以压成无纺布，用作超滤膜等的低档支撑材料。高密度聚乙烯由乙烯在常压催化剂(三乙基铝与四氯化钛)作用下经配位聚合而得，基本上属于线型结构，其力学性能优于低密度聚乙烯。高密度聚乙烯产品为粉末状颗粒，经筛分压成管状或板状，在接近熔点烧结可得到不同孔径规格的微滤用滤芯和滤板，此外高密度聚乙烯也可用作膜材料。

聚乙烯醇因其亲水耐酸性、抗污染性，在药用膜、人工肾膜等方面应用广泛。其缺点是易溶胀、易蠕变、易变形。因此，研究人员常用醋酸纤维素、聚苯胺等对其进行改性。此外，Nishar等[17]采用复合胶原颗粒的方法，使聚乙烯醇膜材料的抗拉强度明显提高；Liu等[18]采取在膜表面接枝聚乙烯醇的方法，成功提高了其抗污染性和稳定性。

聚丙烯网是常用的间隔层材料，用于卷式反渗透组件和卷式气体分离组件。聚丙烯和聚乙烯一样，可经过熔融拉伸制成微孔滤膜，孔的形状为狭缝状。除用于微滤外，也可作为复合气体分离膜的底膜，其组件可用于人工肺(膜式氧合器)。

聚丙烯腈存在氰基，因此具有耐霉菌性、抗氧化性和耐水解性，且成膜后柔韧，被广泛用于制备超滤膜。然而聚丙烯腈亲水性较差，易造成膜污染[19]。通常在碱性环境下对聚丙烯腈基膜进行水解，提高亲水性，从而提高抗污染能力。以聚丙烯腈为材料通过相转变法制备的中空纤维状超滤膜具有优异的分离性能。进一步研究发现，通过控制溶质比，可以将纤维膜的孔径尺寸控制在17～44 nm。测试结果表明，该膜对300～500 nm大小的NaCl气溶胶有99.99%的截留率，因此在空气净化中具有应用前景。

3. 聚酰胺类

聚酰胺类高分子是指含酰胺链段(—CO—NH—)的一系列聚合物。早期使用的聚酰胺是脂肪族聚酰胺，如尼龙-4、尼龙-66等制成的中空纤维膜。这类产品对一价盐的截留率为80%～90%，但透水速率很低。随后发展了芳香族聚酰胺，用它们制成的分离膜，pH适用范围为3～11，截留率可达99.5%，透水速率大幅提高。聚酰胺化合物机械强度高、高温性能优良、长期使用稳定性好，适于制备高强度分离膜。由于酰胺基团易与活性氯反应，因此这种膜对水中的游离氯有严格要求。

聚酰胺类薄膜抗蛋白质污染性能较差，往往需要从改善亲水性和降低粗糙度方面进行改性。在聚酰胺类材料中，聚酰亚胺(polyimide，PI)是一类耐高温、耐溶剂、耐化学品的高强度、高性能材料[20]。聚酰亚胺因具有优良的力学性能和高选择性，常用于气体分离。除此之外，其结构较易设计，可在分子水平上设计出符合分离体系要求的分子结构，但溶解性较差，成膜困难。为提高可溶性，通常需引入醚键、硫醚键、亚甲基等柔性基团，或者是构建非共平面、不对称、脂环等特殊结构。

4. 聚砜类

聚砜类膜材料除具有良好的热稳定性及耐氯、耐酸碱腐蚀性外，还具有化学稳定性好、机械强度高的特点；聚砜膜具有膜薄、孔道规则且内层孔隙率高等优点，因此在膜材料中占有重要位置。典型的聚砜类膜材料主要有聚砜(polysulfone，PSf)、聚砜酰胺(polysulfone amide，PSA)、聚醚砜[poly (ether sulfone)，PES]、酚酞型聚醚砜(phenolphthalein polyethersulphone cardo，PES-C)等[21]，结构示意图如图 1-3 所示。聚砜具有双酚结构，不易水解，因此能够抵抗酸碱溶液腐蚀。与聚砜不同，聚醚砜主链中不含脂肪链的碳碳单键结构和联苯结构，因此在高温下的稳定性好，抗氧化，常用来制备超滤、纳滤膜。此外，聚醚砜优良的生物相容性使其在制备人体血液透析膜方面占有重要地位。由于聚砜酰胺存在亲水基团，因此在有机溶剂中稳定性好，具有较强的亲水性，主要用于制备超滤和微滤膜。酚酞型聚醚砜是在聚砜侧基中引入一个大的酚酞侧基，它破坏了大分子链的紧密堆积，从而增加了聚合分子的自由体积，使得溶剂分子更易通过扩散进入。大侧基的引入不会导致聚砜刚性下降，但因易发生水解的酚酞侧基的存在，降低了材料在酸碱溶液中的稳定性。聚砜类材料的耐候性和耐紫外线稍差，属于疏水性材料，易受污染，其他结构性能也需要改善。常通过共聚、嵌段、表面接枝、共混等方式对其进行改性，以改善膜的渗透性能、表面亲水性、抗污染性能和机械强度。

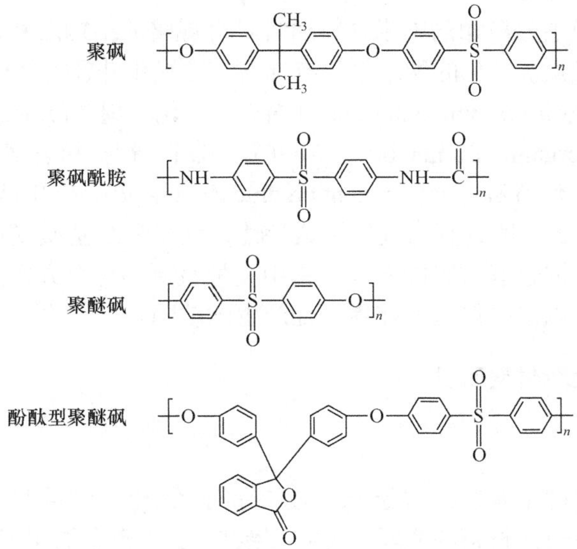

图 1-3　聚砜类膜材料的结构示意图

5. 含氟聚合物

聚四氟乙烯(polytetrafluoroethylene，PTFE)由四氟乙烯(tetrafluoroethylene，TFE，$CF_2=CF_2$)在 50 ℃下加压经自由基悬浮聚合。聚四氟乙烯以化学惰性和耐溶剂性著称，俗称"塑料王"[22]。由于其表面张力极低，憎水性很强，用拉伸制孔法制得的微滤膜不易被堵塞，且极易清洗，在食品、医药、生物制品等行业应用很广。

聚偏氟乙烯(polyvinylidene fluoride，PVDF)除具有化学性能稳定、抵抗各种酸碱及溶剂的侵蚀、耐紫外光辐射的特性外，其机械强度高且易于制备过滤分离膜，因此常被用来制备超滤膜的基底。但是聚偏氟乙烯含有键能较高的碳氟单键，表面自由能低，具有较强的疏水性，因而容易吸收水中的蛋白质和胶体粒子等疏水性物质而造成污染，可以通过与其他膜材料共混的方式来制备性能优良的复合材料膜，由此可以改善亲水性、抗污染能力及分离性能，在废水处理方面的应用广阔。另外，聚偏氟乙烯也是用于膜蒸馏和膜吸收等膜过程的理想膜材料。

1.3.3　混合基质膜材料

混合基质膜(mixed matrix membrane，MMM)一般是将纳米粒子分散在聚合物基质中形成的。人们希望混合基质膜能够结合纳米粒子和聚合物基质的优点，具有更好的性能。

混合基质膜的聚合物基质材料一般可以分为橡胶态聚合物、玻璃态聚合物及自具微孔聚合物(polymers of intrinsic microporosity，PIM)三类。其中橡胶态聚合物的分子链段运动能力较强，从而导致膜材料有较大的渗透性能而选择性较差。如果要求中等选择性，则应选用玻璃态聚合物材料，如聚砜、聚酰亚胺，它们往往具有较高的分离系数，但渗透系数相对较低。PIM 及其衍生物具有的微孔结构及较大的比表面积为提高渗透性提供了更为便利的条件，同时具有良好的耐热性和耐化学腐蚀性，但 PIM 及其衍生物由于具有较大的自由体积，老化现象往往较为严重。

作为混合基质膜中分散相的纳米材料通常具有规整的结构尺寸、良好的理化性能、较高的比表面积等优点。常见的纳米粒子有沸石、二氧化硅、碳分子筛(carbon molecular sieve，CMS)、碳纳米管(carbon nanotube，CNT)、氧化石墨烯(graphene oxide，GO)、金属有机骨架(metal-organic framework，MOF)、沸石咪唑酯骨架(zeolitic imidazolate framework，ZIF)、共价有机骨架(covalent organic framework，COF)及金属/非金属纳米颗粒等[2]。多孔纳米粒子一般具有高气体渗透特性，使得混合基质膜比纯聚合物膜具有更高的渗透选择性。在混合基质膜的发展过程中，最重要的一个方面是选择合适的聚合物基质和分散相材料，以消除彼此间在界面处产生的缺陷。

1.3.4　膜材料改性及新材料研发

1. 膜材料改性

对膜材料进行改性主要包括对分子结构进行化学改性、共混改性两类方法。

膜材料化学改性包括材料的交联、共聚、接枝、引入新官能团等[2]。通过加入交联剂或加热交联，改变膜材料结构，使得制得的膜具有网状结构，从而改善膜的物理性能，除此之外，由于分子间空位的缩小，从而提高分离性能，减小截留分子量；共聚改性如分别将亲水性的聚乙烯吡咯烷酮与聚醚砜、聚砜共聚，以改善聚醚砜、聚砜膜的亲水性；接枝也是较为常用的一种膜材料改性方法，如在聚偏氟乙烯分子上接枝丙烯酸、丙烯酰胺等。此外，在原有膜材料的分子上引入其他官能团，可以提高材料的特定性质。例如，在聚氯乙烯(polyvinyl chloride，PVC)分子上引入—CN、—COOH；在聚砜分子上引入—SO_3H、—COOH 等基团；在氧化剂存在下用强碱处理聚偏氟乙烯引入亲水基团；改变醋酸纤维素分子上的乙酰基取代度或引入—CN 基团；调节聚酰胺分子中亲水性的酰胺基团的比例等。以上方法都不同程度地改变了膜材料的亲水性。

在膜材料改性中，共混改性以其操作简便、效果好而受到青睐。不同材料混合制膜可能获得比单一材料所制膜更好的性能，混合可以是分子水平上，也可以是一种材料分子的聚集体(表现为各种形貌的颗粒)分散于另一种材料中，即前文所说的混合基质膜。共混改性后制膜往往兼备两材料优点，且可具备单一材料所不具备的特性，该法可改善聚合物的成膜性、膜的分离性能、稳定性及耐久性等。其中有机/无机膜材料的共混可以综合有机、无机膜的优点，使膜的性能进一步改善，以满足特定的分离过程。

2. 研发中的新型膜材料及膜材料开发趋势

随着新材料和制膜工艺的发展，为了解决聚合膜的性能受到此消彼长(trade-off)效应的限制，越来越多的新材料被开发出来，如水通道蛋白(aquaporin，AQP)、碳量子点(carbon quantum dot，CQD)、CNT、GO、MOF、COF 等。

近年随着膜技术及其应用的发展，对膜提出了越来越高的要求，针对这些技术需求，膜材料的发展趋势在以下几个方面[2-3]。

1) 继续开发和优化功能高分子膜材料

通过成膜反应单体设计、共混改性、表面改性等制膜方式调节膜材料的多样性和复合性，根据对膜分离机理的认识和研究，设计并合成功能高分子，定量研究分子结构与分离性能之间的关系，实现高分子膜材料分离性能的最优化。

2) 开发无机膜材料

无机膜存在不可塑、受冲击易破损、成型性差及价格较昂贵等缺点，长期以来发展缓慢。但是，随着膜技术应用的拓展，无机材料相较于高分子膜材料耐高温、耐酸碱和寿命长等优势显现出来，无机膜材料将朝着超薄化、易成型、多组分组合、无机-有机材料接枝、降低成本等方面发展。

3) 开发混合基质膜材料

开发新的纳米材料，解决混合基质膜中的分散性和界面相容性问题，建立高效的传递通道，改善膜的分离透过性能。

4) 开发仿生膜

生物膜解决了合成高分子膜至今难以克服的许多重要问题，如合成高分子膜往往难以兼顾高渗透率和高选择性，而生物膜却具有极好的传递性能和分离效率。研究生物膜的传递和分离机理进而合成生物膜或仿生膜是使膜性能获得突破的途径之一。

1.4   膜   结   构

膜的结构主要是指膜的形态结构、结晶态和分子态结构。研究膜结构可以了解膜结构与性能的关系，从而指导制膜工艺，改进膜性能。

1.4.1   形态结构

不同的制膜方法和材料所制备的膜具有不同的形态结构，包括对称膜、非对称膜及复合膜。

对称膜是指膜结构不随膜厚度方向变化的膜，非对称膜是指膜结构随膜厚度方向变化的膜。用高分子溶液铸膜时，膜是由很薄的致密皮层和比皮层厚得多的由海绵状或指状微孔层构成的支撑底层共同形成的高分子膜，在膜的厚度方向上呈现出不对称性。复合膜通常是在多孔支撑膜表面上再形成薄膜得到，复合膜也是非对称膜。

1.4.2   结晶态和分子态结构

膜的形态结构主要研究观察膜的断面与表面，而膜的结晶态和分子态结构主要研究膜表面的高分子聚集态和高分子链节的取向。

构成高分子膜材料的单体和链节的结构对聚合物的结晶性、溶解性、溶胀性等性质起主要作用，也在一定程度上影响膜的力学性能和热学性能。对于均聚物，单体的结构最重要，其次包括聚合度、分子量、分子量分布、分支度、交联度等。对共聚物，链节结构如嵌段共聚、无规共聚、接枝共聚等因素直接影响分离膜的各种性质。

聚合物分子的排列方式、结晶度、晶胞的尺寸与膜的孔径和分布以及膜的使用范围、透过性能、选择性等密切相关。高分子材料的聚集态结构和超分子结构与膜的制备条件、方法以及后处理工艺等更是相互联系。

聚合物分子的微观结构多与分子间的作用力相关，如范德华力、氢键、静电力。这直接影响膜制备时聚合物的溶解度和聚合物溶液的黏度，也与成膜后的力学性能和选择性有密切关系。聚合物分子间作用力的增加则倾向于形成结晶度高的膜。

1.5   膜制备与膜改性

膜技术的核心是膜，膜制备与膜改性的方法是获得高性能膜的关键。

1.5.1   膜制备方法

1. 对称膜的制备

1) 溶剂浇铸法

将可溶性聚合物用溶剂溶解，然后用刮刀或压延辊将聚合物溶液刮在平整的玻璃板或不锈钢板上，使溶剂挥发，其关键是找到适合不同聚合物的溶剂。

2) 挤压法

将不溶于溶剂的聚合物置于两加热板间，加热温度在聚合物软化点以上，在高压下保持一段时间，冷却即可。

3) 拉伸法

在接近聚合物熔点的温度下，挤压聚合物膜，在很快的拉出速度下迅速冷却，制成高度定向的结晶膜，冷却后对膜进行第二次拉伸，使膜的非结晶结构破坏，并产生裂缝状的孔隙。

4) 烧结法

将粉状的聚合物加热，控制温度及压力，使粉粒间存在一定孔隙，使粉粒的表面熔融但不全熔，相互黏结形成多孔的薄层或块状物，再加工成滤膜。

5) 溶出法

在制膜基材中混入某些可溶出的高分子材料，或其他可溶的溶剂，或与水溶性固体细粉混炼。成膜后用溶剂将可溶性物质溶出，从而形成多孔膜。

6) 径迹蚀刻法

将均质聚合物膜置于核反应器的荷电离子束照射下，荷电粒子通过膜时，打断了膜内聚合物链节，留下感光径迹，然后使膜通过刻蚀浴，其内溶液优先刻蚀掉聚合物中感光的径迹形成孔[23]。

2. 非对称膜的制备

相转化是以某种控制方式使聚合物从液态转变为固体的过程，这种过程通常由一个均相液态转变成两个液态而引发。通过控制相转化的初始阶段，可以控制膜的形态。具体的制备过程如下：①配制适当的均相聚合物溶液；②将聚合物溶液制成薄膜；③蒸发部分溶剂；④聚合物凝胶(沉淀)；⑤热处理。在沉淀过程中膜状的聚合物溶液分为两相，富聚合物的固相形成膜的皮层，富溶液的液相形成膜孔。

根据沉淀方式(或相分离产生的原因)，又分为热凝胶法(热致相分离)和非溶剂凝胶法(非溶剂致相分离)[24]。热凝胶法将加热配制的均相制膜液制备成膜，然后冷却，液膜发生沉淀、分相，温度进一步降低，沉淀分相进一步进行，适合于聚合物在溶液中的溶解度受温度变化较大的铸膜液体系。

非溶剂凝胶法又分为溶剂蒸发凝胶法、吸入蒸气凝胶法、控制蒸发凝胶法、浸渍凝胶法，适用于聚合物的溶解度受温度影响不大，而且能在室温或低温溶解的情况。浸渍凝胶法是最常用的有机膜制备方法。例如，可将聚合物溶液刮涂在适当的支撑体上，浸入含非溶剂的凝固浴中，溶剂/非溶剂的交换导致沉淀。所制膜结构由传质和相分离两者共同决定。

3. 复合膜的制备

1) 界面聚合法

将支撑体(一般是某种多孔膜)浸入含有活泼单体或预聚物水溶液中，然后将支撑体浸入含有另一种活泼单体的与水不溶的溶液中，则两种单体或预聚物在两相界面处发生反应，形成皮层[25]。

2) 浸涂法

将支撑体浸入含有聚合物、预聚物或单体的涂膜液中，然后取出支撑体，加热使支撑体上的薄层溶液溶剂蒸发并发生交联，从而使皮层固定在支撑体上。

3) 旋涂法

在支撑体表面加入含有聚合物、预聚物或单体的涂膜液，通过旋转在离心作用下使涂膜液成膜，然后交联形成稳固涂层。

4. 无机膜的制备[2, 13, 26]

无机膜的制备主要有固态粒子烧结法、溶胶-凝胶法、阳极氧化法、薄膜沉积法、动态膜法等。可根据制膜材料、膜及载体的结构、膜孔径大小和分布、膜孔隙率和膜厚度的不同而选择不同的方法。常采用固态粒子烧结法制备载体及过渡膜(如微滤陶瓷膜和金属膜)，采用溶胶-凝胶法制备超滤、微滤膜，此外，薄膜沉积法在微孔膜和致密膜的制备上有广泛的应用。

其中，溶胶-凝胶法是合成无机膜的一种非常重要的制备方法。该工艺可制得孔径小(1.0～5.0 nm)、分布狭窄的陶瓷膜，如商品化的 γ-Al_2O_3、TiO_2 和 ZrO_2 超滤膜等。20 世纪中期时溶胶-凝胶法便得到分离领域研究人员的关注，因其制备得到的微纳米粒子的粒径以及基于该法制得的无机膜的孔径均较小且过程可控，故无论是以纳米材料的制备为目的还是以制备无机膜为目的，溶胶-凝胶法都在新型材料制备领域中拥有不可或缺的地位。溶胶-凝胶法以醇盐 $Al(OC_3H_7)_3$、$Al(OC_4H_9)_3$、$Ti(i\text{-}OC_3H_7)_4$、$Zr\ (i\text{-}OC_3H_7)_4$、$Si(OC_2H_5)_4$、$Si(OCH_3)_4$ 或金属无机盐如 $AlCl_3$ 为原始原料，通过水解形成稳定的溶胶。然后在多孔支撑体上浸涂溶胶，在毛细吸力的作用下或经干燥，溶胶层转变为凝胶膜，热处理后得到多孔无机膜。该方法制备的膜的完整性、膜的孔径都取决于溶胶、支撑体的性质以及凝胶膜的干燥和热处理条件。此外，根据前驱体和制备途径的不同还可将其分为胶体凝胶法和聚合凝胶法，两者的步骤如图 1-4 所示。

与其他方法相比，溶胶-凝胶法有如下优势：在室温下进行反应，制备过程温度低且反应易控制；工艺易于控制，设备简单；制膜工艺具有广泛使用性和高度灵活性，产物均匀、纯度高。但该方法也有不足之处，如原料价格偏高、有机溶剂可能有毒、高温热处理时可能出现团聚现象等。

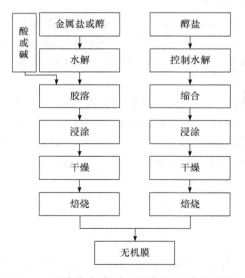

图 1-4　两种溶胶-凝胶法制备无机膜流程[26]

1.5.2　膜改性方法

1. 膜表面物理改性方法

膜表面物理改性是通过分子间作用力(如范德华力、氢键等)将无机或有机材料沉积、吸附到膜面，起到改善膜的稳定性、亲水性、分离性、耐污染性的作用。

1) 表面涂覆改性

将具有一定官能团的功能高分子涂覆在膜表面进而达到改性的目的，功能高分子可以是有机物或无机物。但膜表面涂覆方法的改性效果并不理想，存在的最大问题是功能高分子易从膜表面脱离，不能得到永久的改性效果。

2) 表面吸附改性

小分子通过物理吸附附着在膜上，也可实现对膜的改性。例如，带有亲水基团(—OH)的分子在膜表面的吸附使膜表面形成一层亲水层，从而在增大膜初始通量的同时又能降低使用过程中通量衰减和蛋白质的吸附。通过物理方法对膜进行表面改性，简单易行，但存在改性后膜性能不均一、随运行时间的延长改性效果逐渐丧失的缺点。

2. 膜表面化学改性方法

与物理改性相比，化学改性使得官能团以化学键与膜表面键合，从而不会在物质透过膜时被稀释，不会引起官能团的流失。另外，接枝反应发生在聚合物表面，不会影响聚合物的内部结构。这样不仅可以赋予聚合物膜新的性质，而且不会降低原聚合物膜的力学性能。接枝改性可以通过几种方法实现，如等离子体接枝改性、光化学接枝改性、化学接枝改性、辐射接枝改性等。

1) 等离子体接枝改性

等离子体是气体在电场作用下，部分气体分子发生电离，生成的共存的电子及正离子、激发态分子及自由基。气体整体呈电中性，这就是物质存在的第 4 种状态——等离子体状态。等离子体中所富集的这些活性离子具有较高的能量，能激活物质分子，发生物理或化学变化。用等离子体对膜进行表面处理具有简单、快速、改性仅涉及表面而不影响本体结构和性能等优点。

2) 光化学接枝改性

光化学接枝也称光接枝，始于 1957 年。光接枝通常采用的是紫外光，接枝聚合的首要条件是生成表面引发中心(表面自由基)。依据表面自由基产生方式的不同，光接枝过程可以分为以下四类：聚合物辐照分解法、自由基链转移法、氢提取反应法、光生过氧基热裂解法。

3) 化学接枝改性

可采用化学试剂引发膜表面接枝聚合反应。常用的引发剂为自由基型引发剂，如过氧化物和过硫酸盐等。

4) 辐射接枝改性

通过高能辐射线引发单体聚合，称为辐射聚合。辐射线可分为 γ 射线、X 射线、β 射线、α 射线及中子射线，其中 γ 射线的能量最高。^{60}Co-γ 射线穿透力强，反应均匀，而且操作容易，应用最广。利用高能 γ 射线可促使材料表面产生自由基，引发单体接枝聚合，把某些性能的基团或聚合物支链接到膜材料的高分子链上，致使高分子膜的内部结构或表面性能发生变化，从而达到聚合物膜改性的目的。

3. 膜整体后期处理

对膜进行热处理、化学处理和溶剂处理也可改变膜性能[2]。有研究发现，对纳滤复合膜在一定温度下进行热处理可改变膜内孔道尺寸：热处理温度较低时，能有效地扩大膜内部孔道；当热处理温度过高，膜表面发生收缩时，表皮层趋于更加致密，因此通量会有所下降。此外，一些化学反应处理(如磺化、硝化、酸碱处理等)以及有机溶剂处理可用于改变膜的荷电性、亲水性，或者改变表面层及孔的结构，从而调控或优化膜性能。后处理过程也可弥补制膜过程中分离层出现的某些潜在缺陷。

1.6 膜 性 能

1.6.1 渗透选择性能

膜的渗透选择性能包括渗透性能、选择性能。理想膜过程是膜同时具有高渗透性能和选择性能，但由于多种原因这两者之间常常存在"此消彼长"关系，即渗透性能高的膜选择性能低，而选择性能高的膜渗透性能低，因此需要在二者之间寻找最佳的折中方案。膜的渗透选择性能主要取决于膜材料的化学特性、分离膜的形态结构和膜过程的操作条件。

1.6.2 耐污染性能

膜污染是指料液中的无机颗粒、有机颗粒、溶质大分子、生物菌类等与膜发生了物理、化学、生物等作用，并沉积、吸附在膜表面或膜孔隙中，导致膜各项性能变化的现象。膜污染物一般包括胶体和悬浮固体、无机物、有机物和微生物，以膜孔堵塞、滤饼、吸附及复合污染等形式存在[9]。

常用通量衰减率衡量膜的耐污染性能。膜的渗透通量随时间的延长而减少。渗透通量与时间的关系可以用下式表示：

$$J_\theta = J_0 \theta^m \tag{1-1}$$

式中，J_0 为初始时刻的渗透通量；J_θ 为时间 θ 时的渗透通量；m 为衰减系数。

此外，在一定条件下清洗污染后的膜，其通量恢复情况也用来衡量膜的耐污染性能。

膜的抗污染性能与多方面因素有关，包括膜表面的亲疏水性、污染物分子尺寸大小、污染物分子间及污染物分子与膜表面之间的静电作用、膜表面形貌结构及浓差极化等[27]。防治膜污染的常见方法有：对进料液进行预处理；对膜组件进行清洗；调节膜表面的亲水性、粗糙度、荷电性等。

1.6.3　物理化学稳定性能

膜的物理化学稳定性主要是由膜材料的化学特性决定的[2]，膜的物理稳定性主要体现在耐热性和机械强度等方面，而化学稳定性则决定了材料在酸碱、氧化剂、微生物、有机溶剂等作用下的寿命，还直接关系到可采取的清洗方法。

通常采用改变膜材料的化学结构来提高膜的物理化学稳定性。例如，改变高分子的链节结构和聚集态结构，提高分子链的刚性等可以提高膜的耐热性；对膜进行表面修饰可以增强膜长期运行稳定性；对膜进行热处理、化学处理和溶剂处理等后处理也可以改善膜的稳定性。目前，使用交联剂抑制膜的溶胀最为常见，可以有效提高膜的化学稳定性，有文献指出交联后的膜可用于有机溶剂体系中[28]。

1.7　膜技术的应用

1.7.1　水处理领域

1. 海水淡化

利用膜技术进行海水淡化的方法主要有反渗透法和电渗析法。反渗透技术在早期应用阶段，主要应用于海水淡化，所制水质较好，优于常用的自来水水质。近几十年反渗透技术整体发展势头较好，与电渗析相比能耗较低，使得原有的电渗析技术被替代。在海水淡化处理过程中，纳滤常作为其预处理技术，用于脱除硬度和总溶解固体，使处理水质深度软化[29-30]。在低压状态下纳滤膜有较高通量，能对一、二价盐进行合理区分，减少结垢与污染，使水回收率大幅度提高，且其产生能耗及应用消耗成本要低于反渗透膜。

当今海水淡化的主流工艺是热法海水淡化与膜法海水淡化。从海水淡化处理实践中能得出，膜分离技术可以全面提升海水脱盐效率，从数据统计中能得出，实际脱盐效率能达到99.60%。反渗透技术的应用促使海水淡化成本不断降低，通过反渗透技术合理应用能实现海水直接处理转为饮用水源。

2. 电子工业用水的高度提纯

在电子工业中要用超纯水冲洗电路器材，纯水的纯度是产品质量的保证之一。因为电子元件中的电路宽度已进入亚微米的级别，故任何尺寸大于 0.24 μm 的颗粒物都可能导致其报废[2]。

半导体电子工业所用的高纯水，以往主要采用化学凝集、过滤、离子交换树脂等制备方法。这些方法的最大缺点是流程复杂，再生离子交换树脂的酸碱用量大，成本高。另外，随着电子工业的发展，对生产中所用纯水水质提出了更高要求。于是，反渗透法由于其流程简单、成本低廉、制得水质优良等优点逐渐取代传统的阴阳离子交换工艺，传统的混合离子交换则逐渐被电去离子(electrodeionization，EDI，又称电除盐)装置取代，最终发展成反渗透-电去离子脱盐系统。与传统方法相比，该系统具有出水质量高、连续生产、使用方便、无人值守、不用酸碱、不污染环境、占地面积小和运行经济等一系列优点，被称为"绿色"脱盐系统。

3. 重金属废水处理

重金属废水主要来源于矿厂的尾矿排水、废石场的淋浸水、有色金属冶炼厂除尘排水、电镀厂镀件洗涤水及钢铁厂酸洗排水等。当前处理重金属废水的方法有以下几种[31]：化学沉淀法、物理吸附法、生物法、电解法、离子交换法及膜分离法等，处理之后水质能满足我国工业生产废水排放基本要求[32]。由于膜分离技术具有分离效率高、无相变、无二次污染、设备简单、操作简便、环境友好、分离产物易回收等优点，在重金属废水处理领域具有相当大的技术优势。其中，超滤法去除废水中的污染物(重金属)取得了显著的进步[33]。例如，研究者为克服超滤膜中含有大孔结构不利于捕获重金属离子的缺陷，提出了具有吸附重金属离子的水溶性高分子聚合物修饰超滤膜的设计思路，使吸附重金属离子易被超滤膜捕获，以提高分离效率。此外，反渗透在处理重金属废水方面的研究不断增多，特别是深度处理阶段的研究越来越多。利用反渗透膜能对常见的铜、锌、镍、混合重金属废水进行处理[34]。反渗透膜截留效率高，能有效截取废水中多数污染离子，全面提升水源洁净度，确保水资源可循环应用。在废水处理过程中，技术人员会将超滤、沉降、纳滤等工艺技术混合应用。例如，废水中含有大量镍离子与铜离子，可在废水中添加乙二胺四乙酸二钠(Na_2EDTA)进行沉降，然后应用反渗透膜进行有效分离；胡适[35]采用超滤-反渗透双膜法对含铜废水的深度处理进行研究。该装置运行 30 d 工作状态稳定，反渗透产水量在 60 $L \cdot h^{-1}$，脱盐率大于 99%。

4. 印染废水处理

我国每天印染废水的排放量高达 400 万吨,印染厂每加工 100 m 的织物就会产生 3～5 t 的废水[36]。与其他行业产生的废水相比，印染行业废水色度偏高，废水量较大，水体中含有较多重金属元素及毒性物质。此类废水的直接排放会对自然生态环境产生严重危害。王峰[37]以三聚氰胺和尿素为前驱体材料进行加工合成不同碳材料，成功制备出三聚氰胺碳海绵与基于氮化碳的 g-C_3N_4-POM 膜进行印染废水去除。结果表明，超滤膜对亚甲基蓝(methylene blue，MB)和刚果红(Congo red，CR)的截留率可达 98%以上，处理后印染废水中的化学需氧量(chemical oxygen demand，COD)下降 40%，水中的总有机碳(total organic carbon，TOC)含量下降 80%，可有效去除印染废水中的有机物。当前印染废水深度处理回用中使用最多的是超滤-反渗透双膜法。某印染公司采用预处理系统超滤-反渗透工艺对印染废水进行深度处理，处理后废水达到纺织印染工业污染物排放标准，且废水回用率达到 50%[38]。

5. 食品加工业废水处理

从各类食品加工业生产的废水污染元素组成中可以看出，废水中含有大量蛋白质、糖类等有价值的有机物。食品加工业废水处理主要目的之一是确保废水中含有的大量有机物能得到综合应用。例如，刘红梅等[39]通过纳滤膜与微滤膜对黄姜废水进行处理，可从废水中提取纯度为 85%～90%的葡萄糖溶液，进一步生化处理废水可达到排放标准。相比于反渗透膜几乎截取全部物质，纳滤膜能在一定程度上将食品加工业中废水中的可用有机物与盐分离。乳制品废水在酸沉和离心预处理后，通过微滤、超滤、纳滤、反渗透截留废水中的微生物、蛋白质和乳糖等物质，即可达到回用或排放要求。大豆乳清废水经沉淀和离心处理后，采用超滤回收废水中的蛋白质，再用纳滤脱盐、回收低聚糖，滤液过反渗透膜即可达到回用或排放要求。味精废水采用超滤和反渗透双膜法，或用陶瓷膜和电渗析结合处理后，得到的渗透液即可再次用于工艺生产。在生产酱油和食醋时，采用微滤、纳滤、陶瓷膜、电渗析处理，不仅能够改善酱油和食醋的风味，还能延长其储藏周期[40]。

当前水处理中膜分离技术应用范围不断扩大，在多个水处理领域具有良好的应用价值。今后在膜分离技术应用实践中要结合生产处理要求，全面开发更多抗污染性较强、易清洁的分离膜，是相关技术部门探究的重点问题。

1.7.2　化工能源领域

1. 天然气脱碳和脱硫

天然气中含有 CO_2、H_2S 等酸性气体，会降低热值、腐蚀管道和设备，且燃烧产生的 SO_2 气体会造成污染，故在使用、输送前必须将酸性气体脱至许可的浓度范围。随着我国高 CO_2 气田的开发和油田 CO_2 驱伴生气循环利用，天然气脱碳技术在生产过程中变得越来越重要。膜分离技术因其投资少、占用空间小、质量轻等优点在天然气脱碳和脱硫上有良好的应用前景。目前常用的天然气脱碳膜分离材料包括醋酸纤维素、聚酰亚胺和全氟玻璃膜等。

2. 氢气回收和利用

在炼油、石油化工生产及合成氨气的过程中，有大量的含氢弛放气和尾气(如加氢工艺装置的尾气)被排放，或作为燃料被烧掉。从充分利用资源和提高生产效益的角度，这部分氢应该回收。原料气中氢浓度低意味着膜分离过程的推动力小，因此，膜分离法回收氢的原料气中氢浓度不可太低，否则不经济。此外，原料气的压力大小也是影响膜法氢回收经济性的重要因素。现已工业化的高分子气体分离膜对 H_2、O_2、N_2、CH_4 和 CO_2 等气体具有良好的化学稳定性。

3. 废润滑油再生

目前我国已是世界润滑油消耗大国，每年润滑油使用量高达几百万甚至上千万吨，同样产生的废润滑油数量也是巨大的。如此巨大量的废油如果不能进行合理的处理，不仅是资源的损失，更严重的是会对环境产生非常不利的影响。因此，基于环境、资源和经济三方面的综合考虑，废润滑油的回收再生利用是一项利国利民的课题。废油再生过程中常用的酸碱精制和白土精制的方法已不能满足环保要求。目前，润滑油再生的研究热点主要在复合溶剂精制、分子蒸馏技术、膜分离技术及一些复合工艺等[41]。其中，膜分离技术是一种高效节能的再生技术，再生工艺简单，环境友好，能耗低，设备可小型化，操作简便，易于大批量与小批量的废油处理。通常采用微滤或超滤技术处理废润滑油，可以对废润滑油回收再利用，降低活性白土等吸附剂的用量，减少废润滑油对环境的污染，达到环保节能的要求[42]。

4. 含油废水处理

含油废水极具危害性且产生量大。含油废水成分复杂，主要包括：轻碳氢化合物、重碳氢化合物、燃油、焦油、润滑油、脂肪油、蜡油脂、皂类等，主要来源于石油开采、加工、精制等工艺过程。这些废水若不经处理直接排放，会对环境产生严重污染。目前针对含油废水的处理方法大致可以分为气浮法、吸附法、膜分离法、化学絮凝法、氧化法、电化学法、活性污泥法、生物滤池法等。膜分离法处理含油废水是一种新兴的分离净化方法，近30年来发展迅猛，以其耗能低、效率高、效果好的特点受到专业人士的青睐，逐渐发展成为处理含油废水的一种重要方法。

膜分离技术的最大优点在于高分离效率，对油类的脱除率通常高达90%。此外，采用膜分离技术处理含油废水可避免破乳，对废水中的重金属也有一定的分离效果；在分离过程中，不产生含油污泥，浓缩液可焚烧或回收处理，渗透通量和水质较稳定。目前膜分离技术在含油工业废水方面的应用形式以微滤、超滤为主，通过结合絮凝、微生物等多种预处理手段，可使处理后的含油废水达到排放标准，解决了许多工矿企业的难题[43]。

1.7.3 生物医药领域

1. 医疗用水的制备

医疗用水分为普通水(自来水或井水)、精制水(脱盐水)、灭菌精制水(无菌脱盐水，但仍含有热源)和注射用水(无菌无热源的精制水)。传统制备医疗用水的方法是蒸馏，但随着膜分离技术的发展进步，采用膜分离技术(纳滤、反渗透技术等)制备的医疗用水与传统的蒸馏法相比，具有成本低、设备简单、污染小、节约能源等优点，在一定程度上取代了蒸馏。膜分离技术在脱盐的同时，也能除去细菌、热源等，并可在常温下操作，与蒸馏法制取的注射用水结果一致，无任何毒副作用，且大大降低了能耗投资和操作费用。

2. 生物医药制品分离纯化

微滤和超滤技术可用于生物医药的分离精制、去除热源、灭菌等，尤其是在中药、蛋白质、酶制剂、抗生素及维生素的分离提取方面。何添伊[44]以茯苓和黄芩两种药材为研究对象，将提取液通过陶瓷膜微滤除杂，发现采用陶瓷膜处理中药水提液，澄清效果好，有效成分损失不大，药液保质期长，对中药品质有提升作用。Ghosh 等[45]采用超滤技术分离溶菌酶，实验表明溶菌酶纯度可提高至96%。超滤膜可用于去除溶液中的病毒、热源、蛋白质、酶和所有的细菌，因此可取代传统的微滤-吸附法除热源工艺，一次完成注射针剂在装瓶前的除热源和灭菌[46]。

3. 血液透析

对于急慢性肾功能衰竭患者来说，比较有效的替代疗法就是血液透析[47]，用于代替部分肾功能，清除血液中多余的水分、离子和代谢废物等。在血液透析过程中，分离介质是选择性透过膜，有效借助了膜两侧血液与透析液之间的浓度梯度、渗透压梯度、压力梯度等，促进了患者血液中尿素、肌肝酸、尿酸等毒素向透析液的扩散，而且补充了相当于渗透液体积的无菌水输回体内来保证患者机体电解质和酸碱平衡。

聚砜类透析膜可以通过改变铸膜液的组成而控制其膜孔径和孔径分布，且能够有效去除血液中有害物质 β2-微球蛋白和内毒素，因而在血液透析器膜材料中应用很广[48]。而由于聚砜属于疏水性材料，膜表面容易被蛋白污染，长时间接触会导致血栓的形成。因此，需要对膜表面进行亲水化处理后用作透析膜。Mahmoudi 等[49]将 2-甲氧基乙基侧链的类肽固定在聚砜中空纤维膜上，改善了表面亲水性，并能抵抗牛血清白蛋白、溶菌酶的污染，具备低结垢特性和更高的生物相容性。此外，聚丙烯腈和聚氨酯也是血液透析器的常用膜材料之一。

习　　题

1-1　膜的定义是什么？理想的分离膜应该具备哪些特点？

1-2　按照功能分类，膜可分为哪几类？

1-3　以压力差驱动的膜过程有哪些？这些膜过程主要用于哪些物质的分离？

1-4　常见的无机膜材料和有机膜材料各有哪些？

1-5　膜材料开发趋势如何？

1-6　对称膜的制备技术有哪些？

1-7　复合膜的制备技术有哪些？

1-8　膜材料和膜改性的方法有哪些？

1-9　膜污染是什么？主要污染物有哪几类？如何防治膜污染？

1-10　膜的稳定性主要体现在哪些方面？

1-11　膜在水处理领域的应用有哪些？

1-12　膜分离技术应用在废润滑油再生方面的优点有哪些？

1-13　血液透析膜常用的膜材料有哪些？

参 考 文 献

[1] 米尔德 M. 膜技术基本原理. 2 版. 李琳, 译. 北京: 清华大学出版社, 1999.

[2] 王湛, 王志, 高学理, 等. 膜分离技术基础. 3 版. 北京: 化学工业出版社, 2019.

[3] 刘茉娥, 李学梅, 吴礼光, 等. 膜分离技术. 北京: 化学工业出版社, 2000.

[4] 陈丽荣. 2020 年中国膜产业市场现状及发展前景预测 再生水利用将激发产业持续发展.(2021-02-02)[2022-04-01]. http:// www.membranes.com.cn/xingyedongtai/kejidongtai/2021-02-02/39944.html .

[5] 许振良, 马炳荣. 微滤技术与应用. 北京: 化学工业出版社, 2005.

[6] 华耀祖. 超滤技术与应用. 北京: 化学工业出版社, 2004.

[7] 邱实, 吴礼光, 张林, 等. 纳滤分离机理. 水处理技术, 2009, (1): 15-19.

[8] 杨丰瑞, 王志, 燕方正, 等. 纳滤用于一价/二价无机盐溶液分离研究进展. 化工学报, 2021, 72(2): 799-813.

[9] 王耀. 高通量抗污染耐氯反渗透膜研制. 天津: 天津大学, 2018.

[10] Fane A, Wang R, Hu M. Synthetic membranes for water purification: Status and future. Angewandte Chemie International Edtion in English, 2015, 54(11): 3368-3386.

[11] Likodimos V, Han C, Pelaez M, et al. Anion-doped TiO₂ nanocatalysts for water purification under visible light. Industrial & Engineering Chemistry Research, 2013, 52(39): 13957-13964.

[12] Cai Y, Wang Y, Chen X, et al. Modified colloidal sol-gel process for fabrication of titania nanofiltration membranes with organic additives. Journal of Membrane Science, 2015, 476: 432-441.

[13] Da X, Chen X, Sun B, et al. Preparation of zirconiananofiltration membranes through an aqueous sol-gel process modified by glycerol for the treatment of wastewater with high salinity. Journal of Membrane Science, 2016, 504: 29-39.

[14] Lonsdale H K, Merten U, Riley R L. Transport properties of cellulose acetate osmotic membranes. Journal of Applied Polymer Science, 1965, 9(4): 1341-1362.

[15] Goetz L, Jalvo B, Rosal R, et al. Superhydrophilic anti-fouling electrospun cellulose acetate membranes coated with chitin nanocrystals for water filtration. Journal of Membrane Science, 2016, 510: 238-248.

[16] 张春芳. 热致相分离法制备聚乙烯微孔膜的结构控制及性能研究. 杭州: 浙江大学, 2006.

[17] Nishar H, Veronica G, John A, et al. Evaluation of polyvinyl alcohol composite membranes containing collagen and bone particles. Journal of the Mechanical Behavior of Biomedical Materials, 2015, 48: 38-45.

[18] Liu M, Chen Q, Wang L, et al. Improving fouling resistance and chlorine stability of aromatic polyamide thin-film composite RO membrane by surface grafting of polyvinyl alcohol (PVA). Desalination, 2015, 367: 11-20.

[19] Lee K, Arnot T, Mattia D. A review of reverse osmosis membrane materials for desalination-development to date and future potential. Journal of Membrane Science, 2011, 370(1-2): 1-22.

[20] 丁玲华, 金鑫, 李琳, 等. 预氧化对聚丙烯腈膜结构及性能的影响研究. 膜科学与技术, 2015, 35(2): 1-6.

[21] 刘志晓. 聚芳醚砜类复合超滤膜的制备及性能研究. 长春: 吉林大学, 2019.

[22] Shen J, Zhang Q, Yin Q, et al. Fabrication and characterization of amphiphilic PVDF copolymer ultrafiltration membrane with high anti-fouling property. Journal of Membrane Science Journal of Membrane Science, 2017, 521: 95-103.

[23] 蔡畅, 陈琪, 苗晶, 等. 聚碳酸酯和聚酯核孔膜的性能研究. 核技术, 2017, 40(10): 100301-1.

[24] Guillen G, Ramon G, Kavehpour H, et al. Direct microscopic observation of membrane formation by nonsolvent induced phase separation. Journal of Membrane Science, 2013, 431: 212-220.

[25] 汤蓓蓓, 徐铜文, 武培怡. 界面聚合法制备复合膜. 化工进展, 2007, 19(9): 1428-1435.

[26] 龚之宝, 孙伟振, 李朋洲, 等. 无机膜分离技术及其研究进展. 应用化工, 2019, 48(8): 1985-1989.

[27] Miller D, Dreyer D, Bielawski C, et al. Surface modification of water purification membranes. Angewandte Chemie International Edtion in English, 2017, 56(17): 4662-4711.

[28] 何鹏鹏, 赵颂, 毛晨岳, 等. 耐溶剂复合纳滤膜的研究进展. 化工学报, 2021, 72(2): 727-747.

[29] 王志斌, 申静, 高朝祥, 等. 高分子膜材料在膜分离过程的应用. 过滤与分离, 2010, 20(2): 1-4.

[30] 刘娇娇, 郑森茂. 纳滤膜技术在饮用水软化处理中的应用概况. 盐科学与化工, 2018, 47(11): 44-46.

[31] 郑海华, 徐礼春. 重金属废水处理技术研究进展. 江西化工, 2019, (4): 85-88.

[32] 王建黎, 计建炳, 徐又一. 膜分离技术在水处理领域的应用. 膜科学与技术, 2003, 23(5): 65-68.

[33] Bricks J, Kovalchuk A, Trieflinger C, et al. On the development of sensor molecules that display Feᴵᴵᴵ tumplified fluorescence. Journal of the American Chemical Society, 2005, 127(39): 13522-13529.

[34] 涂家祎. 高分子膜材料在膜分离过程中的应用. 科技创新与应用, 2016, (16): 121.

[35] 胡适. 双膜法应用于含铜废水零排放工艺的研究. 武汉: 武汉科技大学, 2019.

[36] 袁海源. 纺织染整废水的再生利用研究与回用水水质标准的制定. 上海: 东华大学, 2008.

[37] 王峰. 三维多孔碳海绵和氮化碳超滤膜制备及处理印染废水研究. 邯郸: 河北工程大学, 2019.

[38] 操家顺, 浩长江, 方芳. 印染废水回用的反渗透预处理技术. 环境科学研究, 2014, 27（7）: 742-748.

[39] 刘红梅, 袁淑杰, 吕红涛, 等. 膜法处理黄姜加工废水实验研究. 河北化工, 2006, (7): 60-63.

[40] 刘娜, 彭黔荣, 杨敏, 等. 膜分离技术在食品废水处理和生产中的应用. 食品研究与开发, 2014, 35(3): 114-118.

[41] 张德胜, 娄燕敏. 废润滑油处理工艺在国内的研究进展. 炼油与化工, 2017, 28(6): 1-3.

[42] 牛罗伟. 油水分离膜在废润滑油净化再生中的应用研究. 天津: 天津工业大学, 2020.

[43] 刘宇, 赵炳谚, 曹海燕, 等. 膜分离技术在含油工业废水处理过程中的应用. 山东化工, 2019, 48(18): 246-247.

[44] 何添伊. 微滤膜在两种中药配方颗粒制备工艺中的应用研究. 合肥: 安徽中医药大学, 2016.

[45] Ghosh R, Cui Z. Protein purification by ultrafiltration with pre-treated membrane. Journal of Membrane Science, 2000, 167(1): 47-53.

[46] 张建民, 刘红勇, 白俊, 等. 超滤膜分离技术在维生素 B_{12} 生产中的应用. 河北化工, 2011, 34(1): 29-31.

[47] 牟倡骏, 于亚楠, 张琳, 等. 人工透析的现状及展望. 生物产业技术, 2019, 5: 50-57.

[48] 唐克诚, 李谦, 王瑞, 等. 血液透析膜材料的研究进展. 医疗设备信息, 2007, 22(8): 49-52.

[49] Mahmoudi N, Reed L, Moix A. PEG-mimetic peptoid reduces protein fouling of polysulfone hollow fibers. Colloids and Surfaces B: Biointerfaces, 2017, 149: 23-29.

第2章

微　　滤

2.1　微滤过程特性

2.1.1　过程原理及特点

微滤(MF)过程是在静压差作为推动力情况下，基于尺寸筛分效应分离具有尺寸差异的物质的压力驱动型膜过程。微滤膜的孔结构相对均匀整齐，膜孔径一般在 0.1～10 μm，大于同为压力驱动的超滤膜。简单地讲，当进料在压力(0.01～0.2 MPa)作用下通过膜时，尺寸大于膜孔的粒子将被截留，从而实现分离。一般的微滤膜具有孔隙率高(70%～80%)、阻力低、过滤速率快的特点。

微滤一般用于截留尺寸在亚微米至微米级的粒子(如气相中的细小悬浮物、各种微粒、微生物等，液相中的各种微粒、蛋白质、酵母、红细胞及污染物等)，从而实现对进料的分离、净化或浓缩等。近年来，通过使用具有特殊浸润性的微滤膜，微滤在油水分离领域也展现出了应用潜力[1]。

2.1.2　分离机理

微滤的分离机理主要为筛分机理，对于尺寸小于膜孔的粒子需考虑吸附作用，对带电的粒子和荷电微滤膜还需考虑静电作用。

分离机理因膜结构差异大致可分为膜表层截留和膜内部截留两大类。膜表层截留主要为机械截留作用，膜可截留尺寸高于或与膜孔径相当的微粒，即筛分作用。其次，还需考虑静电作用或吸附截留作用的影响。再次是架桥作用，部分尺寸小于膜孔的微粒可在膜孔入口处形成架桥被截留。膜内部截留主要是将微粒截留在膜内部而不是膜表面。这类膜截留的颗粒多，但难以清洗，多属于用毕弃型。

2.1.3　操作模式

微滤的操作模式可分为死端过滤和错流过滤，如图 2-1 所示。

死端过滤是通过向膜进料液侧(上游侧)施加压力或降低渗透液侧(下游侧)压力，在膜两侧形成压力差，推动进料液中尺寸小于膜孔的物质透过膜的过程，过程中料液垂直于膜面流动。随过滤时间的延长，被截留的颗粒将在膜面形成滤饼，增加过滤阻力，在恒定的操作压力下膜通量逐渐降低，因而死端过滤只能间歇性操作，在膜通量降低至一定程度时需清除膜面滤饼或更换滤膜。

错流过滤是通过泵推动料液平行于膜面流动的过程。料液在流动过程中将在膜面产生两个方向的分力，垂直于膜面的法向力推动料液中尺寸小于膜孔的物质透过膜，平行于膜面的切向力可用于冲刷膜面的污染物。相比于死端过滤，设法提高切向力可以有效阻碍污染物在膜面的沉积并在一定程度上削弱膜面形成滤饼层的趋势，因此，错流过滤中滤膜表面不易结垢，通量衰减慢，既可以连续操作，也可以间歇操作。

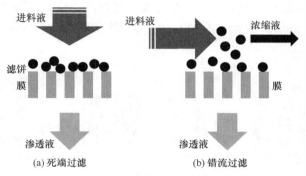

图 2-1 死端过滤与错流过滤过程示意图

2.1.4 膜通量模型

1) 规则孔模型

当膜孔分布均匀、尺寸相同，微滤过程的浓差极化(浓差极化的概念参见 3.1.3 小节)可忽略时，可用 Hagen-Poiseuille 定律描述流体通过微滤膜流动的过程，即

$$J_v = \frac{A_k r^2}{8\tau\mu L}\Delta p \tag{2-1}$$

式中，J_v 为渗透通量，$kg \cdot m^{-2} \cdot s^{-1}$；$A_k$ 为膜孔隙率；r 为膜孔半径，m；L 为膜厚，m；μ 为渗透液黏度，$Pa \cdot s$；Δp 为膜两侧压差，Pa；τ 为扩散曲折率，其值通常为 2～2.5，表示膜孔道的实际长度与膜厚的比值。

在这种理想情况下，膜的渗透通量(J_v)与推动力(Δp)呈线性关系。在实际的微滤过程中，当采用低压、高错流过滤流速、低料液浓度时(此时浓差极化弱)，膜通量可以用该模型描述。

2) 不规则孔模型

大部分微滤膜孔为不规则结构，此时用 Hagen-Poiseuille 定律难以准确预测膜通量，可以采用下面的 Kozeny-Carman 方程预测膜通量，即

$$J_v = \frac{A_k^2 \Delta p}{\kappa(1-A_k)^2 S_0^2 \mu l} \tag{2-2}$$

式中，J_v 为渗透通量，$kg \cdot m^{-2} \cdot s^{-1}$；$A_k$ 为膜孔隙率；Δp 为膜两侧压差，Pa；κ 为与孔道结构有关的量纲为一的常数；S_0 为孔道比表面积，$m^2 \cdot kg^{-1}$；μ 为渗透液黏度，$Pa \cdot s$；

l 为膜皮层厚度，m。

式(2-2)表明，膜渗透通量与膜表面的压力差、孔隙率的平方成正比，与膜皮层厚度及渗透液黏度成反比。膜表面孔隙率越大，水分子通过膜表面的阻力越小，渗透通量越大；相反，膜皮层厚度越大，水分子通过膜表面的阻力越大，渗透通量越小。渗透液的温度影响其黏度，温度升高，黏度减小，流体阻力降低，渗透通量增大。

3) 经典孔堵塞过滤模型

微滤过程的传输机制主要为筛分机理，粒径大于膜孔径的物质在膜面被截留，粒径小于膜孔径的物质通过堵塞膜孔的方式被截留，经典污染模型如图 2-2 所示。最早的孔堵塞过滤模型由 Hermans[2]提出，后经 Grace 等[3]发展为上述经典污染模型。

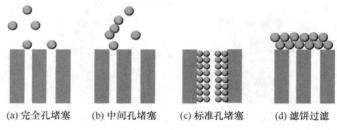

(a) 完全孔堵塞　　(b) 中间孔堵塞　　(c) 标准孔堵塞　　(d) 滤饼过滤

图 2-2　经典污染模型

对于牛顿型流体，恒压过滤可用式(2-3)描述

$$\frac{\mathrm{d}^2 t}{\mathrm{d}\vartheta^2} = K\left(\frac{\mathrm{d}t}{\mathrm{d}\vartheta}\right)^n \tag{2-3}$$

式中，t 为过滤时间；ϑ 为过滤累积体积；K 为常数；n 为堵塞指数。具体表达式见表 2-1。

表 2-1　牛顿型流体恒压过滤的表达式

函数形式	完全孔堵塞	中间孔堵塞	标准孔堵塞	滤饼过滤
$\dfrac{\mathrm{d}^2 t}{\mathrm{d}\vartheta^2} = K\left(\dfrac{\mathrm{d}t}{\mathrm{d}\vartheta}\right)^n$	$n=2$	$n=1$	$n=1.5$	$n=0$
$\vartheta = f(t)$	$\vartheta = \dfrac{J_0}{K_b}(1-\mathrm{e}^{-K_b t})$	$K_i \vartheta = \ln(1+K_i J_0)$	$\dfrac{t}{\vartheta} = \dfrac{K_s}{2}t + \dfrac{1}{J_0}$	$\dfrac{t}{\vartheta} = \dfrac{K_c}{2}\vartheta + \dfrac{1}{J_0}$
$J = f(t)$	$J = J_0 \mathrm{e}^{-K_b t}$	$K_i t = \dfrac{1}{J} - \dfrac{1}{J_0}$	$J = \dfrac{J_0}{\left(\dfrac{K_s J_0}{2}t + 1\right)^2}$	$J = \dfrac{J_0}{\sqrt{1 + 2K_c J_0^2 t}}$
$J = f(\vartheta)$	$K_b \vartheta = J_0 - J$	$J = J_0 \mathrm{e}^{-K_i \vartheta}$	$J = J_0\left(1 - \dfrac{K_s}{2}\vartheta\right)^2$	$K_c \vartheta = \dfrac{1}{J} - \dfrac{1}{J_0}$

注：t 为过滤时间，s；ϑ 为过滤累积体积，m³；n 为堵塞指数；K_b 为完全孔堵塞常量，s⁻¹；K_i 为中间孔堵塞常量，m⁻¹；K_s 为标准孔堵塞常量，m⁻¹；K_c 为滤饼过滤常量，s·m⁻²；J_0 为初始通量，m·s⁻¹。

当 $n=2$ 时，过滤机理为完全孔堵塞，微粒将在膜面堵塞膜孔，每个膜孔仅被一个微粒堵塞，微粒间无叠加，堵塞膜面积和过滤料液体积成正比；当 $n=1$ 时，过滤机理为中间孔堵塞，相比于完全孔堵塞，微粒间可能相互叠加，堵塞膜面积与过滤体积成正比；

当 $n = 1.5$ 时，过滤机理为标准孔堵塞，微粒将进入膜孔并沉积在孔壁上，减小膜孔径和有效体积，此时膜孔有效体积的减小与过滤体积成正比；当 $n = 0$ 时，过滤机理为滤饼过滤，此时尺寸大于膜孔径的微粒沉积在膜面，形成滤饼层。

随着微滤过程的进行，微滤膜表面会产生孔堵塞、吸附或凝胶层形成的现象，膜通量随之下降。此时，如果增强被截留组分离开膜面向溶液本体的反向扩散，将提高膜通量。一般认为，反向扩散建立在两个基础上：一是扩散效应，即随着膜表面截留组分浓度的升高，将形成逆浓度梯度，具有向溶液本体扩散的趋势；二是流体动力学效应，即膜表面流动流体的速度梯度产生剪应力也将促进截留组分向溶液本体的反向扩散。这两种效应的影响程度不同，影响强弱与粒子或分子大小密切相关。当粒子尺寸 $d > 0.1~\mu m$ 时，即在微滤范围内，该过程主要受流体动力学效应支配，渗透通量将随着粒子尺寸的增加而增大。

4) 阻力叠加模型

Darcy 定律是阻力叠加模型的最初形式，它可以用来粗略估计过滤过程中膜通量的变化规律。后来，许多学者对该模型进行了补充和修正，将引起通量下降的各种阻力进行叠加，得到了阻力叠加模型的一般形式[4-5]：

$$J_w = \frac{\Delta p}{\mu(R_m + R_a + R_b)} \tag{2-4}$$

式中，J_w 为膜通量，$m \cdot s^{-1}$；Δp 为膜两侧压差，Pa；μ 为渗透液黏度，$Pa \cdot s$；R_m、R_a、R_b 分别为膜阻力、吸附和沉积层阻力、膜孔堵塞阻力，m^{-1}。

在过滤过程的初期，孔堵塞为通量下降的主要影响因素；随着过滤过程的进行，吸附和沉积层(滤饼层)形成，此时滤饼层将成为主要影响因素。阻力叠加模型可用于从宏观上描述过滤通量的衰减规律，其形式简单，但难以确定模型中各种阻力对通量的具体影响程度。

2.1.5　膜结构表征手段

1. 膜形貌表征

扫描电子显微镜(scanning electron microscope，SEM)、透射电子显微镜(transmission electron microscope，TEM)和原子力显微镜(atomic force microscope，AFM)常用于膜表面及断面形貌表征。一般来说，SEM 能直观地给出膜表面形态图像，但无法观察到膜内部的孔结构。TEM 能对膜的孔结构进行观察，通过超薄切片制样技术，可充分呈现多孔膜结构。

2. 平均孔径和孔径分布测试

孔径大小及分布将直接影响流体在膜中的传递特性，影响流体通过膜的流动方式，并决定膜的渗透特性和分离选择性。针对不同的分离体系，需根据待分离物质尺寸选取合适孔径的微滤膜。

微滤膜孔径大小及孔径分布有多种测定方法，如扫描电子显微镜法、透射电子显微镜法、压汞法、气体吸附脱附法、气压法(泡点法)、液-液置换法、渗透法、干湿膜空气滤速法和已知颗粒通过法等。总体来说，膜孔径测试可归纳为直接法和间接法两种。

直接法主要通过 SEM、TEM、AFM 直接观测样品和图像分析的方式测定微滤膜孔径，但需要注意样品的制备，以尽可能保证膜结构的真实性。间接法是通过测定膜孔结构与膜呈现的某种性质之间的关系，再按照有关公式对数据进行处理即可得到孔径，因此不同方法对同一微孔膜所测得的孔径不完全相同。间接法主要包括以下几种。

1) 气压法

该方法基于毛细管现象，实验装置如图 2-3 所示。工作原理简述如下：气体要通过已充满液体的毛细管，必须具备一定的压力以克服毛细管内的液体和界面之间的表面张力。在膜孔为均匀直通圆孔的假设条件下，可依据所用的气体压力计算出膜样品的最大孔径。主要步骤如下：将膜浸润后装入测试池，在膜上注入少量液体至完全覆盖膜，从测试池下方通入氮气，使压力缓缓上升至一定程度后，当水面出现第一个气泡并连续不断地出泡时记录压力，该压力可用于计算

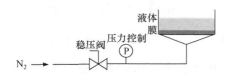

图 2-3　气压法实验装置示意图

孔径，孔半径由 Laplace 方程确定：

$$r = 2\sigma\cos\theta / p \tag{2-5}$$

式中，r 为孔半径，m；σ 为液体/空气表面张力，$N \cdot m^{-1}$；θ 为液体与孔壁间的接触角，°；p 为压力，Pa。

该方法简单易行，但通常仅能获得最大孔径。

2) 压汞法

该方法是将汞注入干膜中，并在不同压力下测定汞进入膜的累积体积和压力的关系获取膜孔径分布的方法。膜孔径分布同样根据 Laplace 方程计算，此时，σ 为汞/空气界面的表面张力，约 $0.48\,N \cdot m^{-1}$，θ 为汞和膜的接触角，约 141°。

与气压法相比，该方法可测定微滤膜的平均孔径及孔径分布，获得的有效信息更多。但所用的重金属汞具有毒性且价格较高，需使用耐高压设备。

3) 干湿膜空气滤速法

该方法的基本原理可描述如下：空气在干膜中的渗透速率随压力增大而线性增加，但空气流经湿膜时，较低压力下无气体通过，压力增至泡点压力时，膜的最大孔可允许气体通过，随压力进一步增加，气体也可通过较小孔。空气流经干膜和湿膜时对应的流量-压力关系如图 2-4 所示。当气体通过湿膜的渗透速率为干膜的一半时，此时的压力对应的即为膜平均孔径。孔径分布曲线可通过微分湿膜流量曲线获得。

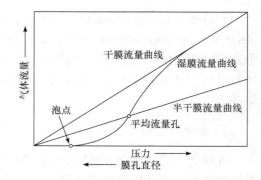

图 2-4　干湿膜空气滤速法的流量-压力关系

4) 已知颗粒通过法

该方法是通过对已知颗粒直径的微粒进行过滤，通过考察渗透液中是否存在这些微粒推断膜孔径的方法。已知颗粒直径的物质一般有固体微粒和微生物等，其中具有代表性的是美国陶氏公司生产的聚苯乙烯胶乳，聚苯乙烯微粒的平均直径为 0.4～0.8 μm。将一定尺寸的该胶乳分散液用微滤膜过滤，可采用 SEM 观察膜表面上是否有残留的粒子，进而估算膜孔径；也可以采用光散射法检验渗透液中是否有胶乳通过。

3. 孔隙率

孔隙率是指微滤膜的微孔体积与整个膜体积之比，是衡量膜渗透通量的主要指标。计算公式为

$$A_k = \left(1 - \frac{\rho_1}{\rho_2}\right) \times 100\% \tag{2-6}$$

式中，A_k 为孔隙率；ρ_1 为微滤膜表观密度，$g \cdot cm^{-3}$；ρ_2 为膜材料本征密度，$g \cdot cm^{-3}$。

2.1.6　膜性能及评价

1. 渗透通量及截留性能

微孔膜的渗透通量指单位时间内通过单位膜面积的渗透液体积。测试膜通量的方式包括死端过滤和错流过滤两类。因测试装置简单，对于微滤膜，常用死端过滤测试膜通量，测试装置见图 2-5。渗透通量的计算公式如下：

$$J = \frac{V}{At} \tag{2-7}$$

式中，J 为渗透通量，$m^3 \cdot m^{-2} \cdot s^{-1}$；$V$ 为渗透液累积体积，m^3；A 为膜的有效面积，m^2；t 为渗透液收集时间，s。

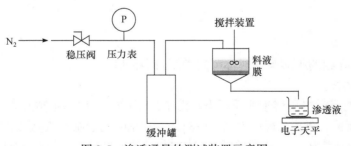

图 2-5　渗透通量的测试装置示意图

可采取多种指标对微滤膜截留性能进行评价。料液用微滤膜处理后收集渗透液，通过对比料液与渗透液的浊度、密度、微粒浓度、微粒粒径分布等可以获得微滤膜的截留性能。渗透液的浊度越低，密度越接近纯溶剂密度，微粒浓度越低、平均粒径越低、粒径分布越窄，则说明微滤膜对料液中的微粒具有越好的截留能力。

2. 机械性能和长期稳定性

微滤膜的厚度与其机械强度有关，可用螺旋千分尺测量其厚度，也可用薄膜测厚仪

测定。高分子微滤膜的机械性能的主要评价指标包括断裂伸长率(breaking elongation)和最大伸长拉力。断裂伸长率是指向膜施加一定拉力直至膜发生断裂时，膜拉伸后的长度与原长度的比，膜断裂时的拉力即为最大伸长拉力。对于无机微滤膜，其机械性能可以通过密度和硬度反映。

此外，微滤膜还应具备长期使用稳定性，即在长时间使用下维持原有性能的能力。具有长期稳定性的膜才可经受长期过滤和使用过程中为减缓膜污染进行的频繁清洗，否则会因频繁更换膜组件和由此引起的停止生产大大提高生产成本。

3. 化学稳定性与耐热性

微滤膜的实际应用环境复杂，这要求膜不应被处理的物质溶胀、溶解或与之发生化学反应，也就是膜应具有化学稳定性。可通过将膜样品分别放入酸、碱、氧化性物质或有机溶剂中浸泡，再测定微滤膜渗透选择性能变化的方法考察膜的化学稳定性，如果膜通量及截留性能等下降率不超过10%可认为膜化学稳定性良好。

将膜样品在一定温度下放置一段时间，随后在常温下测试膜渗透选择性能，若膜渗透选择性能变化不大，可认为膜耐热性良好。具有高耐热性的膜在食品或医药工业的生产过程中可以进行热压消毒。

4. 可萃取物

将膜样品放在沸水中煮沸一段时间，测量煮沸所导致的膜质量变化可获得可萃取物的含量，分析萃取液所含化学成分，可以得知膜中所含的可萃取物。膜所含的可萃取物最好是无毒或低毒的。

2.2　微滤膜材料及膜制备

2.2.1　膜材料

1.3 节中所介绍的很多膜材料都可用于制备微滤膜。

1) 纤维素酯类

纤维素酯类膜材料易溶于非质子有机溶剂(如丙酮、二甲基甲酰胺等)中，通常可采用相转化法制微滤膜，膜孔径规格为 0.05～8 μm。常见的用于制备微滤膜的纤维素酯类材料主要包括醋酸纤维素(CA)、三醋酸纤维素(TCA)、乙基纤维素(ethyl cellulose，EC)、硝酸纤维素(nitrocellulose，NC)和混合纤维素(NC-CA)等。

2) 聚酰胺类

用于制备微滤膜的聚酰胺材料通常为脂肪族聚酰胺，脂肪族聚酰胺(尼龙，nylon)材料可溶于甲酸，通常也由相转化法制膜。聚酰胺可由二元酸和二元胺缩聚而得，也可由内酰胺自聚制得，如尼龙-6(PA-6)和尼龙-66(PA-66)微滤膜。该种微滤膜亲水性较好、强度高、耐碱、不耐酸、孔径型号较多，适用于电子工业光刻胶、显影液的净化，但耐氯性差。

3) 聚砜类

聚砜类膜材料主要为聚砜(PSf)和聚醚砜(PES)，易溶于非质子溶剂(二甲基亚砜、二氯甲烷等)，通常采用相转化法制膜。所制膜具有良好的化学稳定性和热稳定性、耐辐射、机械强度较高、性能优异[6]，但疏水性较高，膜易污染。

4) 含氟化合物类

含氟化合物类膜材料主要为聚四氟乙烯[PTFE，$+CF_2—CF_2\frac{}{}_n$]和聚偏氟乙烯[PVDF，$+CH_2—CF_2\frac{}{}_n$]，可溶于 N, N-二甲基甲酰胺(N, N-dimethy lformamide，DMF)等。该类材料化学稳定性高，耐高温，所制膜可用于极端环境(高温蒸气、强酸碱性物质、腐蚀性气体等)。PVDF 膜具有良好的化学稳定性、热稳定性、机械稳定性、耐氯性、耐老化性及优异的力学性能，在微滤应用中具有显著优势。目前，PVDF 膜已经成为微滤领域研究最广泛的有机膜，但 PVDF 的高疏水性使 PVDF 膜易发生膜污染[7-9]。因此，提高 PVDF 膜材料的亲水性以增强膜抗污染性能是该领域的研究热点之一[10]。

5) 聚烯烃类

通常采用拉伸法制备聚烯烃类微滤膜，所制膜孔径范围为 0.1～70 μm。该类微滤膜具有价格低廉、高化学稳定性和热稳定性、耐酸、耐碱、渗透性好等优点。该类膜存在的问题在于孔径分布宽且缺少可反应的官能团[11-13]。

6) 聚碳酸酯

聚碳酸酯(polycarbonate，PC)膜材料是一种线型聚合物，主链中含有(—ORO—CO—)，根据 R 基团的不同可以分为脂肪族、芳香族、脂环-芳香族等。这类材料通常可采用径迹蚀刻法制成微滤膜。该类微滤膜具有耐热性好、机械强度高、亲水、抗污染能力高、孔径分布均匀等优势，适于要求精准分离的场景，但成本较高，孔隙率相对低(10%～20%)，不过得益于直通孔，这类膜通量与其他材质的膜相当。

7) 无机材料类

无机微滤膜主要包括陶瓷微孔膜、二氧化硅(SiO_2)膜、氧化铝(Al_2O_3)膜、玻璃微孔膜、金属微孔膜等[14-16]，通常由无机材料粉体以烧结法制成。无机膜具有膜孔径分布窄、分离效率高、耐高温、化学稳定性良好、耐有机溶剂、耐生物降解等优点，在高温气体分离、膜催化反应器、食品加工等行业中具有良好的应用前景。

2.2.2　膜制备

1.5.1 小节中已经简要介绍了一些膜制备方法，本节将较为详细地介绍适合微滤膜制备的方法，包括相转化法、径迹蚀刻法、拉伸法、辐射固化法、烧结法等。膜制备方法及适用的材料范围见表 2-2。

表 2-2　微滤膜的制备方法及适用的材料范围

材料	制膜方法				
	相转化法	径迹蚀刻法	拉伸法	辐射固化法	烧结法
有机材料	适宜	适宜(如聚碳酸酯材料)	适宜	适宜	少数适宜
无机材料	不适	适宜(硅材料等)	不适	不适	适宜

1. 相转化法[17-23]

相转化法是最常用的微滤膜制备方法之一，该方法也可用于超滤、纳滤、气体分离膜的制备。该方法适用的膜材料广泛，技术成熟，可溶的高分子聚合物材料即可作为相转化法制膜的材料。根据相转化引发方式的差异，相转化法可分为非溶剂致相分离法(nonsolvent induced phase separation，NIPS)、蒸发致相分离法(vaporization induced phase separation，VIPS)、热致相分离法(thermally induced phase separation，TIPS)等。下面以非溶剂致相分离法为例说明相转化法的具体机制。

1) 非溶剂致相分离法

非溶剂致相分离法是相转化法中最常用的方法。首先以平板膜为例简要介绍其操作步骤：将配制的聚合物溶液均匀刮涂在适当的具有一定强度的支撑体上，随后浸入含有非溶剂(通常用水即可，也可用有机溶剂)的凝固浴中，浸入过程中，溶剂与非溶剂发生扩散，引发液-液分相过程，聚合物在两相间重新分配，最终导致聚合物固化成膜。上述将聚合物溶液浸入液态非溶剂的方法也称为浸没沉淀法。

非溶剂致相分离法也可使用气态非溶剂引发相分离，即将聚合物溶液置于被溶剂蒸气饱和的非溶剂蒸气气氛中，由于蒸气相中溶剂浓度极高，聚合物溶液中的溶剂难以挥发，此时非溶剂将扩散入聚合物溶液，引发相分离。这种方法称为(非溶剂)蒸气致相分离法(vapor induced phase separation，VIPS)，也可称为蒸气相沉淀法。

溶剂/非溶剂对的选择是影响膜结构的重要因素。通过溶剂与非溶剂的传质交换，可改变聚合物溶液的热力学状态并使聚合物从均相溶液中析出发生相分离，最终转化为膜。所选的溶剂与非溶剂必须完全互溶。传质和相分离两者共同决定膜的最终结构。影响制膜的因素包括聚合物种类、聚合物溶液浓度、所用添加剂、溶剂和非溶剂种类、凝固浴组成和温度、溶剂蒸发时间、制膜环境温湿度等。微滤多孔膜的形成条件可总结如下：聚合物浓度低，溶剂和非溶剂亲和性好，可在聚合物溶液中引入一定量的非溶剂，使用添加剂(如向聚合物溶液引入另一种聚合物聚乙烯吡咯烷酮)。

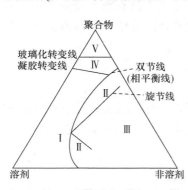

图 2-6　三元相转化法成膜体系
热力学相图

Ⅰ. 均相区；Ⅱ. 亚稳态区；Ⅲ. 非稳态区；Ⅳ. 凝胶态区；Ⅴ. 玻璃态区

图 2-6 是用于描述非溶剂致相分离法成膜过程的热力学相图。三角形的三个顶点分别对应纯的聚合物、溶剂和非溶剂，玻璃态-凝胶态分相区的界限称为玻璃化转变线，凝胶态-液相分相区的界线称为凝胶转变线，液-液分相区的界线称为双节线，亚稳态极限线称为旋节线，双节线和旋节线的交点称为临界点。相图由上述四个界线分为五个区。双节线左侧的区域为均相区(Ⅰ)，该区内聚合物、溶剂、非溶剂完全互溶，处于热力学稳态。双节线和旋节线之间的区域为亚稳态区(Ⅱ)，该区域内溶液处于亚稳态，体系克服一定活化能后将发生相分离。旋节线右侧的区域是非稳态区(Ⅲ)，该区域内溶液处于非稳态，将迅速自发发生相分离，形成富聚合物相和贫聚合物相。凝胶转变线与玻璃化转变

线间的区域是凝胶态区(Ⅳ)，溶液进入该区域后将变为凝胶态。玻璃化转变线上面的区域是玻璃态区(Ⅴ)，溶液进入该区域后将变为玻璃态。

相图中分相区的分布与组分的摩尔体积、三个组分两两间的 Flory-Huggins 相互作用参数有关。确定这三种相互作用参数的实验方法相对复杂，通常可采用简便快速的溶解度参数差法对之进行预测。Hildebrand 溶解度参数体现了分子间所有相互作用力的总和，计算 Hildebrand 溶解度参数的公式如下：

$$CED = \frac{\Delta H - RT}{V_m} \tag{2-8}$$

$$\delta = \sqrt{CED} \tag{2-9}$$

式中，δ 为 Hildebrand 溶解度参数，$Pa^{1/2}$；CED 为内聚能密度，Pa，表示单位液体汽化热；ΔH 为液体汽化热，$J \cdot mol^{-1}$；R 为摩尔气体常量，$8.314\ J \cdot mol^{-1} \cdot K^{-1}$；$T$ 为温度，K；V_m 为摩尔体积，$m^3 \cdot mol^{-1}$。

还可以采用三分量的 Hansen 溶解度参数进行预测，该方法将 Hildebrand 溶解度参数分解为三个分量，即色散力部分参数、极性力部分参数和氢键黏合力部分参数，如式(2-10)所示：

$$\delta = \sqrt{\delta_d^2 + \delta_p^2 + \delta_h^2} \tag{2-10}$$

式中，δ_d 为 Hansen 溶解度参数的色散力分量；δ_p 为极性力分量；δ_h 为氢键黏合力分量。

下面简单介绍相转化过程对膜形态的影响。NIPS 过程中的相变主要包括液-液分相过程和聚合物相转变过程。液-液分相过程是 NIPS 制膜的基础。制膜过程中，随非溶剂的不断扩散，聚合物溶液中非溶剂含量增加，当到达双节线组成时，体系开始液-液分相过程。分相过程可大致分为图 2-7a～d 所示四类情况。在聚合物溶液与非溶剂接触的瞬间，"bottom"点为膜底部(不与非溶剂直接接触)的组成，"top"为膜顶部(直接接触非溶剂)的组成。

当体系的凝胶化产生在相分离之前(图 2-7a)时，膜顶部下所有组成均处于均相区，即浸入非溶剂后不会立即发生相分离，此时体系为延迟分相，形成无孔致密膜。

若膜组成变化曲线与双节线有交点(图 2-7b)，且交点位于临界点上方，即浸入后部分组成处于亚稳态区，则浸入后发生瞬时分相，形成微核的贫聚合物相和连续的富聚合物相(二者的组成可从连接线两端读出)。随溶剂和非溶剂的交换，微核逐渐生长，富聚合物相固化后，微核区域即为膜孔。

若组成变化曲线与双节线恰好交于临界点(图 2-7c)，则体系将直接进入非稳态区，发

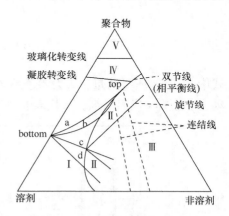

图 2-7　三元相转化法成膜体系液-液分相过程

生旋节分相。此时体系迅速形成聚合物相互贯通的富聚合物相及贫聚合物相并形成互相贯穿的孔结构。

当组成变化曲线与双节线的交点位于临界点下方(图 2-7d)时，同样发生瞬时分相，但此时形成的分散相为富聚合物相，而连续相为贫聚合物相，无法成膜。

液-液分相过程决定了最终的膜形态。若溶剂和非溶剂之间亲和性强(如 DMSO/水或 DMF/水)，将发生瞬时分相，形成多孔微滤/超滤膜；而当溶剂相互亲和性较弱时(如丙酮/水)，将发生延迟分相，形成适于气体分离过程的致密膜。聚合物相转变过程起到固定液-液分相形成的膜形态的作用。聚合物的相转化过程主要包括结晶、凝胶化与玻璃化。结晶是指成膜过程中聚合物从无定形态向结晶态转化的过程，成膜后聚合物内可分为无定形区和结晶区，结晶区的占比取决于聚合物从溶液中结晶析出的时间，对于可以快速结晶的聚合物(聚乙烯、聚丙烯等)，所制膜可以显示出一定的结晶度。对于结晶速度较慢的半结晶聚合物，其成膜的结晶度很低，这类聚合物通常通过凝胶化固化。凝胶化一般是指聚合物溶液通过物理交联形成三维网络，由溶液状态转变为黏度无限大的凝胶的过程。还有些聚合物既不结晶也不凝胶化，这类聚合物的固化过程称为玻璃化，玻璃化后聚合物链的活动性明显降低。

上述相图可以辅助预测聚合物溶液体系是否适合制备膜及判断过程中的液-液分相过程。然而，NIPS 是复杂的非平衡过程，不能仅用热力学对其过程进行描述，还需同时考虑过程的传质动力学。

相转化过程中聚合物溶液中任意一点的组成是时间与位置的函数，若能准确确定聚合物溶液中任意时刻任意点的组成，则可确定发生何种分相过程和如何发生分相过程。如图 2-8 所示，组成的变化可认为是由溶剂扩散(溶剂通量 J_s)和非溶剂扩散(非溶剂通量 J_n)决定的。二者可用唯象方程描述：

$$J_s^w = -L_{sn}\frac{d\mu_n}{dz} - L_{ss}\frac{d\mu_s}{dz} \tag{2-11}$$

$$J_n^w = -L_{nn}\frac{d\mu_n}{dz} - L_{ns}\frac{d\mu_s}{dz} \tag{2-12}$$

式中，J^w 为质量通量；L 为渗透系数；化学势梯度 $d\mu/dz$ 为膜内任一点某组分的传质推动力；下标 s 代表溶剂，n 代表非溶剂。

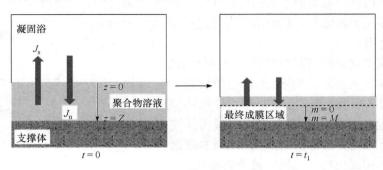

图 2-8   相转化法扩散过程示意图

由于溶剂通量和非溶剂通量通常是不同的，因此随时间的增加，凝固浴和聚合物溶液的界面将发生移动，可以通过引入位置坐标 m 来帮助描述任一时刻膜的组成。定义膜固化前的任一时间 t_1 时，成膜后的膜/凝固浴界面处于 $m=0$ 的位置，成膜厚度为 M。M 和 m 可定义如下：

$$M(z,t) = \int_0^z \phi_p(z,t)\mathrm{d}z \tag{2-13}$$

$$(\mathrm{d}m)_t = \phi_p(\mathrm{d}z)_t \tag{2-14}$$

式中，下标 p 代表聚合物；ϕ 为体积分数。

在 m 坐标中有

$$-\left[\frac{\partial(\phi_s / \phi_p)}{\partial t}\right]_m = \left(\frac{\partial J_s^v}{\partial m}\right)_t \tag{2-15}$$

$$-\left[\frac{\partial(\phi_n / \phi_p)}{\partial t}\right]_m = \left(\frac{\partial J_n^v}{\partial m}\right)_t \tag{2-16}$$

式中，J^v 为体积通量，其与质量通量 J^w 可由式(2-17)换算

$$J^v = vJ^w \tag{2-17}$$

式中，v 为比体积，$\mathrm{m}^3 \cdot \mathrm{kg}^{-1}$。

将式(2-11)、式(2-12)分别代入式(2-17)可得

$$J_s^v = -v_s L_{sn}\frac{\mathrm{d}\mu_n}{\mathrm{d}z} - v_s L_{ss}\frac{\mathrm{d}\mu_s}{\mathrm{d}z} \tag{2-18}$$

$$J_n^v = -v_n L_{nn}\frac{\mathrm{d}\mu_n}{\mathrm{d}z} - v_n L_{ns}\frac{\mathrm{d}\mu_s}{\mathrm{d}z} \tag{2-19}$$

将式(2-18)和式(2-19)分别代入式(2-15)和式(2-16)，再根据式(2-14)，可得

$$\frac{\partial(\phi_s / \phi_p)}{\partial t} = \frac{\partial}{\partial m}\left(v_s \phi_p L_{sn}\frac{\partial\mu_n}{\partial m}\right) + \frac{\partial}{\partial m}\left(v_s \phi_p L_{ss}\frac{\partial\mu_s}{\partial m}\right) \tag{2-20}$$

$$\frac{\partial(\phi_n / \phi_p)}{\partial t} = \frac{\partial}{\partial m}\left(v_n \phi_p L_{nn}\frac{\partial\mu_n}{\partial m}\right) + \frac{\partial}{\partial m}\left(v_n \phi_p L_{ns}\frac{\partial\mu_s}{\partial m}\right) \tag{2-21}$$

利用式(2-20)和式(2-21)可以判断体系内不同时间不同位置处的各组成浓度。需要注意的是，该模型引入了许多假设与简化，并未考虑过程中的热效应、聚合物的结晶与聚合物的分子量分布。但该模型依然利于理解相转化成膜的基本原理，且可以用该模型定性确定体系发生分相的类型。

2) 蒸发致相分离法

蒸发致相分离法是制备相转化膜最简单的方法，也可称为溶剂蒸发沉淀法。需要指

出的是，虽然该法的简称也是 VIPS，但其分相原理与前文中提到的蒸气致相分离法完全不同。该法的成膜原理是蒸发聚合物溶液中的溶剂使聚合物溶液的组成进入两相区，发生液-液分相(图 2-9 *AB*)，随后完成聚合物的相转变。将聚合物溶液刮涂在适当的支撑物上后，随着聚合物溶液内的溶剂逐渐蒸发，制膜液将发生液-液分相。随着溶剂的蒸发，富聚合物分散相微滴相互接触，体系逐渐凝胶化，最终形成对称结构的致密膜。此外，还有一种与该法原理上十分接近的方法，称为控制蒸发沉淀法。该法与溶剂蒸发沉淀法的区别在于，控制蒸发沉淀法使用的聚合物溶液是由聚合物-溶剂-非溶剂组成的三元溶液，溶剂比非溶剂更易蒸发，随着蒸发过程的进行，溶剂量不断降低，最终导致分相(图 2-10 *AB*)。

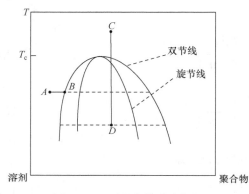

图 2-9   二元聚合物溶液相图

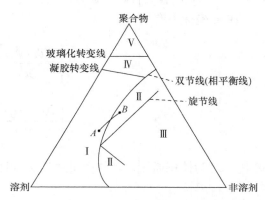

图 2-10   三元聚合物溶液相图

3) 热致相分离法

热致相分离法在 20 世纪 80 年代初由 Castro 提出，该法也称热沉淀法。该法的基本原理是通过降低聚合物溶液的温度使之进入两相区，发生液-液分相并完成聚合物相转变(图 2-9 *CD*)。该法利用溶剂对膜材料的溶解度随温度变化的特性而完成相分离过程，如在高温时为膜材料的良溶剂，低温时为膜材料的非溶剂，适用于热塑性和结晶性聚合物。热致相分离法制备微孔膜的步骤如下：①聚合物-稀释剂均相溶液的制备，选择高温下与聚合物相容、室温下与聚合物不相容的低分子量稀释剂，升高温度，使之与聚合物形成均相溶液；②浇铸，将溶液浇铸成所需的形状，如薄膜或中空纤维等；③冷却，在冷却过程中体系发生液-液分相；④脱除稀释剂，残余的稀释剂可以采用萃取、减压蒸发等方法脱除，随后干燥即得微滤膜。微滤膜的孔性质(如孔隙率和孔径)与稀释剂性质、稀释液中聚合物浓度及冷却速率密切相关。

热致相分离法制备微滤膜的优点在于：①制膜影响因素少，膜结构可控性高，孔径及孔隙率大小可控制；②孔结构形态多样、易调控，孔径分布窄；③扩宽相转化法可用膜材料，低温下难溶的高聚物也可通过升温寻找到合适的溶剂；④制备过程易放大，可连续化生产。该法的局限性在于：①所制膜厚度大，机械强度低，易折断，易形成表面皮层降低通量；②膜孔易呈封闭或半封闭式，抗污染能力差；③可能需较高冷却速率，生产成本较高。

4) 相转化法制膜设备

此处简单介绍相转化法制平板膜、管式膜和毛细管膜、中空纤维膜的制膜设备。其中，平板膜和管式膜需要使用支撑体，毛细管膜和中空纤维膜则为自支撑膜。制备步骤大致相同，均需先配制聚合物溶液，再将聚合物溶液加工成所需形态，随后浸入凝固浴完成相转化，最后进行后处理即可获得所需膜。

对于平板膜(制膜示意图见图 2-11)，制备过程主要包括：①将聚合物和添加剂(溶胀剂)溶于溶剂中制成聚合物溶液(铸膜液)；②用刮刀将铸膜液涂覆于支撑层(如无纺聚酯)上，溶剂于空气中部分挥发；③浸入凝固浴完成相转化；④后处理(漂洗、热处理等)。

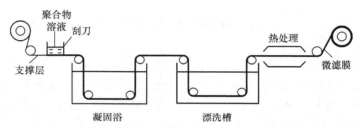

图 2-11　相转化法制平板膜示意图

对于管式膜(制膜示意图见图 2-12)，微滤膜既可在管式支撑体(可用无纺聚酯或多孔碳管等)外表面制备也可在内表面制备，这里以后者为例介绍制备过程，主要包括：①将聚合物和添加剂(溶胀剂)溶于溶剂中制成聚合物溶液(铸膜液)；②以压缩空气为动力将聚合物溶液挤入管式支撑体内部，同时以刮膜棒在管内壁完成刮膜；③浸入凝固浴完成相转化；④后处理(漂洗、热处理等)。

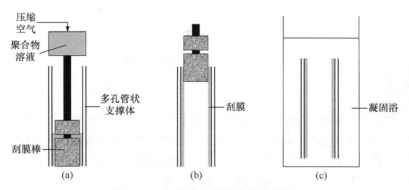

图 2-12　相转化法制管式膜示意图

毛细管膜和中空纤维膜(制膜示意图见图 2-13)均可通过纺丝法制备，通过改变纺丝头的尺寸可分别制得自支撑的毛细管或中空纤维膜。制备过程主要包括：①将聚合物和添加剂(溶胀剂)溶于溶剂中制成聚合物溶液(铸膜液)；②将聚合物溶液和芯液泵出，在空气中短暂停留使溶剂部分挥发；③浸入凝固浴完成相转化；④后处理(漂洗、热处理等)。

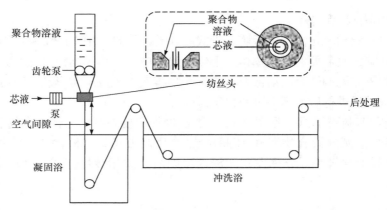

图 2-13   相转化法制毛细管膜/中空纤维膜示意图

2. 径迹蚀刻法

径迹蚀刻法[24]的基本原理是利用放射性同位素裂变产生的高能粒子垂直撞击膜材料薄片，从而损害材料本体，形成的垂直于薄片表面的直通径迹作为膜孔的初始模板，随后用浸蚀剂腐蚀以扩大径迹，最终形成具有窄孔径分布的圆柱形孔。制膜示意图如图 2-14 所示。采用此方法所制膜对微粒的吸附或阻留很弱，适于处理金属等贵重物品。所制膜的孔径范围为 $0.02 \sim 10~\mu m$，但孔隙率较低(10%~20%)。

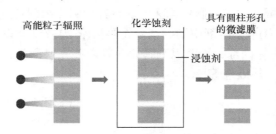

图 2-14   径迹蚀刻法制膜示意图

3. 拉伸法

拉伸法[25]的基本原理是将部分结晶化的聚合物材料(如聚四氟乙烯、聚丙烯、聚乙烯等)进行挤压成膜，将聚合物材料沿垂直于挤压方向拉伸，使结晶区域平行于挤压方向，在机械应力作用下，聚合物内部产生小的断纹，从而形成多孔结构，最终形成所需的膜，制膜过程如图 2-15 所示。该法所制膜孔径范围为 $0.1 \sim 3~\mu m$，具有孔隙率高(可达 90%)的优点，但孔径分布十分不均匀。

4. 辐射固化法

辐射固化法是指以辐照的方式引发聚合物在惰性非挥发性溶剂中聚合成膜的制膜方法。通常使用丙烯酸冠状树脂进行制膜，这是由于丙烯酸基团易于通过辐照被活化[26]。具体方法为将溶有丙烯酸冠状树脂和单体的溶液制成涂层后，以中压汞灯或电子束辐照，聚合反应和相转化过程将在极短时间内同时发生，膜的固化速率高达 $10 \sim 100~m \cdot min^{-1}$，随后利用萃取剂(通常为氟利昂)除去溶剂即可制得微孔膜，制膜过程如图 2-16 所示。该法所制膜孔隙率均匀，孔径范围为 0.05～0.5 μm。

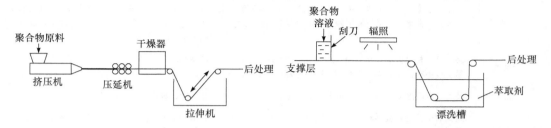

图 2-15　拉伸法制膜示意图　　　　图 2-16　辐射固化法制膜示意图

辐射固化法具有固化速率高、制膜方法清洁、溶剂可循环利用、损耗低等优势，相比于其他技术制膜成本更低，环境友好。通过使用具有不同基团数和骨架结构的丙烯酸树脂和功能化单体作为原料，可制备化学性能多样化的微滤膜。此外，这类膜表面具有侧全氟基，几乎可排斥所有有机溶剂(二乙醚和氟化溶剂除外)，在一些特殊的化工传递过程中具有潜在应用价值。

5. 烧结法

烧结法[27]是将一定尺寸的原料粉体进行压缩，然后在高温下烧结的制膜方法。该法所制膜的孔径范围为 0.1～10 μm，孔隙率较低(10%～20%)，但耐热性极佳，适于需要高温的分离场合。该法是一种简单的制备多孔膜的方法，特别适用于大孔微滤膜的制备。此外，该法对有机材料与无机材料均适用。

总之，上述各种制膜方法均有其优势与局限性，应根据材料特点和对膜结构的期望选择合适的制膜方法。

2.3　微滤膜组件及装置[22, 28]

根据膜孔径不同，常用的微滤过滤器可分为粗过滤器(孔径为 3～10 μm)和亚微米级的精密过滤器(孔径为 0.1～0.45 μm)两类。前者常用于反渗透过程作保安过滤器，可通过滤除水中悬浮物、微生物等保证反渗透过程的高效运行，缓解反渗透膜污染，通常用于工业大规模生产；后者常安装在纯水制造装置末端，以除去水中的细菌及其他有害微粒，在工业化大规模生产和实验室等小规模应用等场景下均可使用。

2.3.1　工业用大型膜组件

工业用大型微滤膜组件包括板框式、折叠筒式、螺旋卷式、管式、毛细管式和中空纤维式(除传统的类管状结构外，还可组装成帘式、浸没式)等多种结构。不同种类微滤组件的优缺点见表 2-3。

表 2-3　不同种类微滤组件的优缺点

构型	优点	缺点
板框式	宜用于小型装置，组装简单，膜易清洗更换，料液流通截面大，不易堵塞，适于黏度较高或成分复杂料液的处理	对膜机械强度要求高，密封边界长，通过板面的渗透液量少，装填密度较低(100～400 m² · m⁻³)，成本高
折叠筒式	装填密度相对板框式高，操作压力低，效率高，易放大，易安装更换，膜为用毕弃式，滤膜阻塞后可换滤芯	需使用罩壳
螺旋卷式	装填密度高(300～1000 m² · m⁻³)，制作简单，价格低廉	易污染，难清洗，膜不可更换
管式	结构简单，易安装拆卸，压力损失小，通量高，易清洗，适于处理黏度较大的流体，膜可更换	装填密度较低(<300 m² · m⁻³)，成本高，运行能耗高
毛细管式	装填密度高(600～1200 m² · m⁻³)，成本低，运行能耗低，膜自支撑	易污染，难清洗，对料液要求相对高，膜不可更换
中空纤维式	装填密度极高(可达 30000 m² · m⁻³)，成本低，运行能耗低，膜自支撑	膜内径小，传质阻力大，易污堵，难清洗，对料液要求高，膜不可更换

板框式微滤膜组件是工业上最常用的膜组件形式之一，采用的微滤膜为平板膜。板框式微滤膜组件通常可分为单层和多层平板式。多层平板式的构型如图 2-17 所示，多层平板式膜组件由多个平板膜元件串并联而成。平板膜元件构型可简要描述如下：两张膜的背面相对构成一个夹层，层内设产水隔网，料液从夹层外侧进入，流向平行于膜面，渗透液在夹层内侧流出。将这些平板膜组件以不同的方式组装起来即可得到微滤膜组件。在膜组件内还可设置挡板用于增加料液的湍流，缓解膜污染。单层平板式微滤膜组件主要用于少量物料的处理，通常适于水和空气的超净处理；多层平板式微滤膜组件可用于大量物料的处理，主要应用于大规模工业生产过程(如医药、饮品工业等)。

与平板式膜组件相比，折叠筒式膜组件的滤膜为圆筒状并具有褶皱，增大了单位体积中的有效膜过滤面积，滤膜两侧具有支撑层用于维持膜的形状，此类膜元件为用毕弃式，可以更换。折叠筒式膜组件的结构示意图见图 2-18，在使用时，料液由膜组件底部

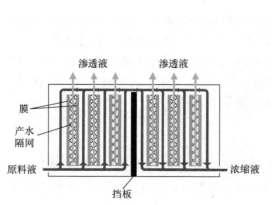

图 2-17　多层平板式微滤膜组件结构示意图

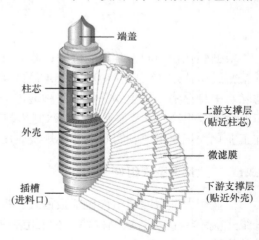

图 2-18　折叠筒式微滤膜组件结构示意图

插槽的进料口流入柱芯，穿过膜上游支撑层，经微滤膜过滤后，渗透液穿过下游支撑层，最终穿过膜组件外壳的孔，通过端盖收集渗透液。由于该类膜组件具有更高的装填密度，适于大量流体的预处理过滤过程。此外，与其他类似作用的滤器(如滤纸、砂棒等)相比，折叠筒式膜组件具有体积小、孔隙率高、过滤面积大、滤速快、滤孔分布均匀等优势。

　　螺旋卷式膜组件也是工业常用的膜组件形式，采用的微滤膜为柔性平板膜。螺旋卷式膜组件常由数个卷式膜元件串联而成。卷式膜元件的构型可简要描述如下：将两张膜背向原料侧的一面相对放置，在二者中间放置产水隔网，用胶封住两张膜的三个边，形成"膜袋"(membrane envelope)结构，将膜袋开口的一侧与中心管相连，在膜袋间再设置一些与中心管相连的进水隔网，最后将其一同卷制，即为卷式膜元件(结构示意图见图 2-19)，再将其串联可得螺旋卷式膜组件。使用过程中，料液从膜组件外腔流入，在膜袋外部发生错流，渗透液进入膜袋内部，再由膜袋未封胶的一侧进入膜组件的中心管流出。螺旋卷式膜组件具有装填密度高、过滤效率高的优势。但因膜无法更换，不宜用于浊液的预处理，通常用于饮料、乳制品、发酵产品和医药与生化行业中。

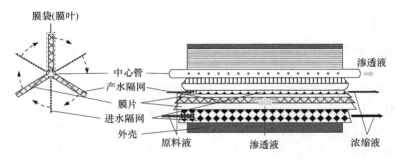

图 2-19　螺旋卷式微滤膜元件结构示意图

　　管式膜组件通常由平行放置的膜管和膜组件外壳组成，采用管状微滤膜，膜管的自由端用环氧树脂等封装，图 2-20 是管式膜组件结构示意图。使用过程中料液既可从膜管的内部流入[图 2-20(a)]，也可从膜管的外部进入[图 2-20(b)]，主要取决于微滤膜位于膜管内部还是膜管外部，渗透液从膜管的另一侧流出。由于管式膜组件易于拆卸清洗，适于高黏度流体的处理。

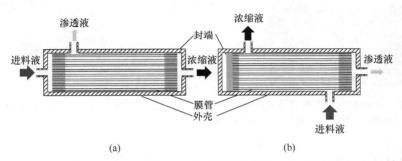

(a)　　　　　　　　　　　　　　(b)

图 2-20　管式/毛细管式/中空纤维式微滤膜组件结构示意图

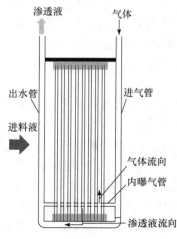

图 2-21　帘式微滤膜组件结构示
意图

毛细管式膜组件结构与管式膜类似，不过使用的是内径更小的毛细管膜。膜组件的安装方式取决于毛细管膜的皮层是处于内侧[图 2-20(a)]还是外侧[图 2-20(b)]。

微滤使用的中空纤维膜组件包括结构类似管式膜，但采用内径极低的中空纤维膜的传统中空纤维膜组件，还包括主要用作膜生物反应器分离单元的不具有外壳的帘式和浸没式中空纤维膜组件。帘式中空纤维膜组件的结构示意图见图 2-21；浸没式膜组件与之相似，不过在使用时浸没式膜组件将完全浸泡在进料液中。对帘式和浸没式膜组件，使用过程中，料液从膜管外侧垂直于中空纤维膜轴向流经膜，渗透液从中空纤维膜管内部流出。同时，在膜管外侧设置气流，以便对膜管进行冲洗。有外壳的中空纤维膜组件一般用于处理较清洁的原料。

2.3.2　小型膜组件

除了工业大规模的微滤装置外，还有一些主要应用于实验室或医学中的小型微滤装置。

实验室常用的微滤膜组件主要分为死端和错流膜组件两种，结构通常为板框式。组件一般由具有一定抗压能力的高分子材料或不锈钢制成，微滤膜装配在组件的中间位置并以 O 形垫圈密封。错流膜组件结构示意图如图 2-22 所示。使用过程中料液从膜组件下方流向膜，透过膜的渗透液从膜组件的上部流道中流出，浓缩液则流入膜组件下部流道。

医学中常用的微型微滤膜组件主要是医用针头过滤器，它以微滤膜为过滤介质，通常装在针头与针筒之间，用于除去注射液中的微粒和细菌。常见的医用微型微滤膜组件如图 2-23 所示。

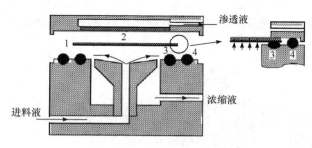

图 2-22　错流板框式不锈钢膜组件结构示意图
1. 微滤膜；2. 不锈钢金属网；3、4. O 形垫圈

图 2-23　医用微型微滤膜组件

2.3.3　微滤装置

工业用微滤装置主要包括由膜组件组成的膜单元、动力设备(泵)及置于膜单元前的

保安过滤器等。图 2-24 是一个典型微滤装置的工艺流程图。在造水过程中,原水经进水泵运送至过滤器进行预处理,随后在膜单元中完成净化过程,产出的浓水回流至工艺前端,产水则进入产水池。在反洗(参见 3.3.2 小节)过程中,利用产水和气体(压缩空气)进行反洗,反洗液从膜单元上端进入,压缩空气从膜单元下端进入,反洗后,清洗污水既可从膜单元上方流出也可从下方流出。

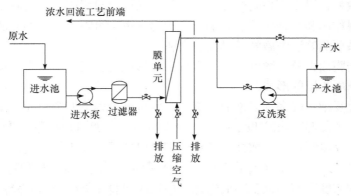

图 2-24　典型微滤装置工艺流程

2.4　微滤膜污染及控制

2.4.1　膜污染机理[29-34]

微滤膜污染是指由待分离物质(物料中的悬浮颗粒、胶体粒子或大分子)与膜之间的相互作用导致的这些物质在膜面或膜孔内部的吸附、沉积,引发膜孔径变小甚至堵塞,最终导致膜渗透通量大幅降低的现象。

对微滤膜而言,由于其具有较大的孔径,主要的污染物是料液中所含的悬浮颗粒;此外,分子间具有强烈相互作用的大分子量物质如多糖、蛋白质等也可通过堵塞膜孔或在膜面形成凝胶层引发膜污染。膜污染严重影响膜分离效果,限制微滤技术更广泛的应用。如图 2-25 所示,微滤膜污染主要分为膜孔堵塞和膜面污染两种形式。其中,膜面污染又可分为膜面发生的吸附污染和凝胶层的形成。

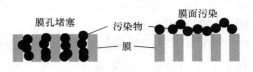

图 2-25　微滤膜污染的两种表现形式

膜孔堵塞是指胶体或颗粒物质在膜孔聚积,导致膜孔部分乃至全部关闭的现象。该现象是引发错流微滤过程膜污染的主要原因。膜孔堵塞通常在过滤的初始阶段迅速发生,主要分为机械堵塞、架桥作用和孔壁吸附三种类型。机械堵塞指固体颗粒完全堵住膜孔的情况,受到进料液中固体颗粒的浓度、形状、刚性及粒径分布和膜孔结构等因素的影响。由于微孔膜过滤大多是表面过滤,因此膜表面的孔结构对膜的抗堵性能影响最大。一般认为,膜抗堵性能与膜面孔径分布有直接关系,膜面孔径分布越宽,膜抗堵性能越差。架桥作用是指固体颗粒不完全堵塞膜孔,而是在膜孔上方形成架桥的情况。此类膜孔堵塞相比于机械堵塞，对通量的负面影响较弱。孔壁吸附则是指尺寸低于膜孔径的颗粒在孔壁上吸附使孔径变小的情况。

吸附污染是指进料液中的大分子、胶体或细菌与膜面发生相互作用吸附在膜面上的过程，该过程将改变膜特性。关于该过程的理论主要有 DLVO 理论和热动力学理论。由 Derjaguin、Landau、Verwey 和 Overbeek 提出的 DLVO 理论结合范德华力和双电层排斥作用，可预测微粒在膜表面黏附的性质。但是，该理论只考虑微粒与膜面的相互静电作用，未考虑位阻作用和水合作用的影响。热动力学理论可根据膜材料和所吸附微粒的比表面能间的关系预测溶液中微粒对膜面的亲和力。

凝胶层是当膜面大分子浓度增至一定浓度时形成的，凝胶层没有流动性，吸附和浓差极化都会影响凝胶层的形成。

膜污染过程复杂，受多种因素的影响，主要可分为以下四个方面：①膜表面性能，包括膜面亲/疏水性、表面粗糙度、孔径、表面电荷和官能团分布等；②污染物的性质，包括浓度、尺寸、溶解性、扩散性、疏水性和带电性等；③进料液特征，包括温度、酸碱度、共存有机/无机物质；④操作条件，包括膜两侧压差、膜通量和料液错流流速等。料液中污染物的浓度和特性以及料液的化学性质决定膜污染的类型，降低污染物与膜面的相互作用可削弱膜污染倾向。

2.4.2　膜污染控制策略

为保证膜过滤过程的长期稳定运行，学者们开发了多种缓解膜污染的方法。目前，在微滤膜的应用过程中，削弱膜污染主要是通过操作条件改进及膜和膜材料优化实现的，常见途径包括：进料液预处理、膜清洗、膜或膜材料改性、操作条件优化等。下面分别简单介绍上述策略，更详细的介绍参见 3.3.2 小节。

(1) 进料液预处理。对进料液进行预处理可防止颗粒或大分子污染物在膜面沉积，避免膜组件堵塞[35]，延缓膜污染。处理方法包括物理方法和化学方法。物理方法是通过过滤去除进料液中的悬浮颗粒，防止颗粒污染物吸附在膜面引发膜组件堵塞。化学方法包括通过沉淀、混凝和絮凝及采用化学药剂消毒等方法去除大分子污染物及细菌等。此外，还可通过调节溶液 pH 使之偏离污染物的等电点，强化膜面对污染物的静电排斥，降低凝胶层的形成概率。

(2) 膜清洗。膜清洗的主要方法有物理清洗方法和化学清洗方法。物理方法指利用机械力去除污染物。化学方法是采用对膜材料本身无破坏性，但对污染物有溶解作用或置换作用的化学试剂对膜进行清洗。

(3) 膜或膜材料改性[18]。对微滤膜进行抗污染改性可抑制污染物在膜面或膜孔内的吸附，制备亲水膜是最常见的微滤膜抗污染改性方法。亲水性膜具有较高的表面张力，在水溶液中膜表面将形成水合层以防止污染物的吸附。亲水化改性一般用于疏水性较强的微滤膜，如 PVDF 膜。

(4) 通过调整工艺参数进行操作条件的优化也是一种延缓膜污染的有效方式。采取合理的操作条件可使污染物在膜面脱附，利于膜污染控制，关于该策略详见 2.5.3 小节。

2.5　微滤性能强化措施

2.5.1　膜材料改性及膜改性

膜材料改性及膜改性可解决膜污染问题，也是提高膜渗透选择性能的有效途径。常见的膜亲水化改性方法主要包括表面改性和共混改性。

1) 表面改性

表面改性的方法包括膜面涂覆或膜面接枝亲水性物质。膜面涂覆常用的亲水性物质主要有甘油、聚乙烯醇、聚乙烯吡咯烷酮、壳聚糖等。这类方法的问题在于亲水性涂层与微滤膜之间的相互作用通常较小，因而稳定性差；另外，涂层通常会降低膜孔径，引发水通量下降。相比之下，接枝改性膜因亲水性物质与膜面通过化学键直接相连，引入的亲水性物质具有相当好的稳定性。然而，这种方法需要膜面具有化学活性位，对反应活性低的膜通常需要先使用复杂的引发方法(包括辐射引发、化学引发和低温等离子体引发等)在膜面形成活性位以便在膜面进行亲水性物质的接枝。因此，表面接枝法的制备工艺更加复杂，制膜成本通常更高。

2) 共混改性

共混改性是在制膜过程中原位将亲水性添加剂引入所制膜的策略，常用的添加剂主要有亲水性高分子聚合物、两亲嵌段共聚物和亲水性无机纳米颗粒。将此方法用于相转化法时，除了引入的亲水性物质对膜化学性质的影响外，这些添加剂也会影响相转化过程，改变膜本身的孔结构。通过调控这些添加剂和膜主体材料的相互作用，除了可以提高膜的亲水性以提高其抗污染能力，还可以优化膜孔结构，实现膜选择渗透性能的优化。相比于表面改性，这种方法无需增加新的操作步骤，因而更易工业放大；且表面改性方法通常难以用于除平板膜外其他形式膜的改性，共混改性则具有更优的泛用性，不仅可用于平板膜改性，管式膜、中空纤维膜也均可采用此方法；最重要的是，相比于仅提高膜面亲水性的表面改性方法，共混改性可同时改变膜面和膜孔的亲水性，实现膜抗污染性能的进一步提升，并同时提高膜渗透性。

2.5.2　膜组件结构优化[36]

性能良好的膜组件应达到以下要求：①对膜能提供足够的机械支撑并可使高压原料液(气)和低压渗透液(气)严格分开；②在能耗最小的条件下，使原料液(气)在膜面上的流动状态均匀合理，以减少浓差极化；③具有尽可能高的填装密度(单位体积的膜组件中填充较多的有效膜面积)并使膜的安装和更换方便；④装置牢固、安全可靠、价格低廉和容易维护。

膜分离过程中，除可通过优化膜自身特性提高渗透通量外，调控膜面的流动条件也可以显著影响膜渗透通量。膜面的流动条件可通过两种途径进行改善：一种是通过优化膜组件的设计改变流体的流动行为，达到削弱膜污染和浓差极化的目的；另一种是通过操作策略优化改变流体的流动行为(见 2.5.3 小节)。本小节主要讨论第一种方法。

1) 设置流道内构件

此类方法的基本原理是通过在膜组件的料液侧流道内设置构件强化料液在膜表面的湍流，从而起到破坏膜面浓差极化层和剥离污染物的作用。对于板框式膜组件，最常见的构件设置方法是直接在平板膜上每隔一定距离即放置一些突起物或波纹状物体。但由于贴近膜面的边界层流速较低，产生的旋涡强度也相对低。可用的改进方法主要包括：①将突起物延伸至流速较高区域；②将板框式组件优化为沟槽型，流体进入沟槽后将形成滚珠状旋涡；③将突出物设置在距膜面有一定距离的流道中央。对于管式膜组件，可以采用环形挡板或圆形挡板作为强化旋涡的构件。

2) 基于 Taylor 旋涡法的旋转同心圆柱膜组件设计

这类膜组件是由两个同心圆柱壳组成的，膜紧贴内圆柱的外层或外圆柱的内层，在分离过程中，使内圆柱旋转，外圆柱静止，料液沿圆柱的轴向在两层圆柱壳之间流动。当内圆柱的转速逐渐提高时，周围流体由层流发展至带有 Taylor 旋涡的层流，进而发展为带 Taylor 旋涡的湍流直至最终发展为完全的湍流。在 Taylor 旋涡出现的情况下，膜传质系数增加，从而提高膜渗透通量。该方法的优势在于壁剪切速率高，主体流混合好，且渗透通量与料液的轴向流速基本无关，利于降低轴向压降。然而，内圆柱旋转同样需耗能，且难以维修，膜的密封及更换也较为困难，组件难以放大。这些问题制约了该类组件的工业化应用。

3) 基于 Dean 旋涡法的弯曲流道膜组件设计

Dean 旋涡法相比于 Taylor 旋涡法更易产生旋涡，依据该法设计的膜组件不具有密封的问题，也无须耗费过多能量。这种组件的基础设计思想是，当流体流经弯曲流道时，由于离心力的作用流体元沿径向向外运动，为保持流体连续性，同样数量的流体由相反方向流入该处，即形成二次流。当流速达到一定值时，该二次流得到强化，弯曲流道中出现规律分布的成对反向旋涡即 Dean 旋涡。因而，在膜组件内引入弯曲流道有助于产生 Dean 旋涡从而强化膜通量。这种改进策略仅优化膜组件形态而不改变其本质结构，易于工业放大。

4) 其他方法

对于管式膜组件，可通过在其入口设一直径小于管径的喷嘴，控制流体周期性地进入组件以产生旋涡；而对于中空纤维膜组件，可通过膜组件的设计，使料液流向正交于中空纤维膜，这样可以利用中空纤维膜本身产生湍流。

2.5.3 操作条件优化

通过优化微滤过程的操作条件也可以强化微滤性能，降低过程能耗及设备费用，提高过程经济性。

1. 死端过滤过程优化

研究表明[37]，对于死端过滤过程，可以通过调整操作温度、压力与进料液浓度优化微滤膜通量。随温度和压力提高，膜初始通量提高，温度提高导致水黏度降低，更高的压力提供更大的过程驱动力，因而膜初始通量提高，但二者不影响膜稳态通量，这是由于死端过滤形成滤饼层，膜稳态通量主要取决于滤饼层的阻力；随进料液浓度提高，膜初始通量降低，稳态通量也降低，这是由于在更高浓度下，单位时间内膜面吸附、沉积的微粒增加，滤饼层形成更快。

2. 错流过滤过程优化[38]

考虑到死端过滤将不可避免地形成滤饼层，其优化空间相对小。而对于错流过滤过程，由于流体在膜面具有横向剪切力，通过优化操作条件，可以避免滤饼层的形成，将膜通量始终维持在高水平，从而实现高效过滤。

1) 低压操作模式

使用低压操作可以有效避免膜污染的发生。这是由于低压下膜的渗透通量相对低，污染物沉积或吸附在膜上的概率低，易于在错流条件下脱离膜面，从而使膜通量始终维持在较高水平。

2) 恒通量操作模式

该模式是指将跨膜压差从较低值缓慢增加，使膜通量稳定在适当值的操作模式。相比于低压操作，在同等的初始跨膜压差情况下，恒通量操作模式可获得更高的稳态通量。

3) 亚临界通量过滤模式

对于错流过滤过程，存在一个临界通量[39]，当操作通量低于临界通量时，料液通量与操作压力呈线性关系，此时，膜或者无污染发生，或者未形成停滞的滤饼层，即膜污染具有可逆性；当操作通量高于临界通量时，形成滤饼层，发生不可逆污染，料液通量不再随操作压力的增加线性增长。使渗透通量始终处于临界通量以下的亚临界通量过滤模式可以有效缓解膜污染。临界通量与料液错流速率、浓度、pH、颗粒尺寸、膜材料、膜荷电性等因素均相关。通过优化上述因素提高微滤过程的临界通量可以强化错流过程的微滤性能。更高的错流速率、更低的料液浓度利于提高临界通量，大颗粒和小颗粒物质对应的临界通量均较高。料液的 pH 主要通过影响微粒和膜的荷电性对临界通量产生影响，当微粒和膜存在静电排斥时，临界通量高。亲水性膜材料因更高的抗污染性能相比于疏水性材料具有更高的临界通量。

4) 脉动流操作模式

利用控制系统使料液以脉动流的形式流过膜面可以有效缓解浓差极化和膜污染，提高渗透通量。

5) 鼓泡操作

将压缩空气通向膜组件的料液侧，利用气泡产生的二次流促进膜面附近流体的混合以减轻浓差极化和膜污染，提高渗透通量。该法的通量强化效果与膜组件形式相关，对管式膜组件提升最明显，其次是中空纤维式，最后是平板式。

2.6　微滤技术应用

微滤膜可分离流体中尺寸为 0.1～10 μm 的微生物和颗粒，通常用于过滤澄清含微量悬浮颗粒的液体，或用来分离检测流体中残存的微量不溶性物质。微滤在制药行业、电子工业、超纯水生产、反渗透进料液预处理和城市污水处理[40]中均有广泛应用。表 2-4 简要概括了微滤技术在不同领域中的应用实例。后文对其中部分应用领域进一步展开介绍。

表 2-4　微滤膜的应用[41]

领域	应用实例
实验分析	收集沉淀、澄清溶液等
微生物学	浓集微生物
医疗	注射液除菌、脱除微粒等
制药	空气过滤除菌系统、液体药品的除菌除杂、处理制药废水、中药提取液过滤澄清分离等
电子	各种气体的过滤分离、清除超净生产环境中的微粒、清除超净高纯试剂中的杂质等
给水处理	超纯水及饮用纯净水生产中微粒、细菌的去除等
污水回用	作为污水回用中的预处理单元除去其中的大颗粒杂质等
石油	固体催化剂催化的反应产物液固分离、含油"三泥"中回收油品、低渗油田注入水的处理、石化气体的净化分离等
临床治疗和化验	眼疗和眼科手术、注射液的净化处理、化验诊断脱敏制剂的净化、器官创面清洗液的净化、血液净化等
食品	酒类的除菌和澄清、果汁等澄清过滤、鲜奶过滤除菌、植物油的过滤等
冶金	冶金废水处理

2.6.1　实验室应用

在实验室中，微滤膜可用于检测有形微颗粒(主要是微生物和微粒子)。常见的可用微滤技术检测的微生物主要包括大肠杆菌、酵母、寄生虫卵等。利用微滤技术可获得水中的微生物含量，从而可应用微滤进行游泳池水质检测、饮用水水质检测、医药制品细菌检测等。可用微滤技术检测的微粒子主要包括不溶性微粒、粉尘等。因而，通过微滤技术可以检测空气中 $PM_{2.5}$ 的含量，还可以检测一些要求绝对洁净产品的质量，如注射剂、航空燃料等。

使用具有不同孔径的微滤膜还可实现不同尺寸粒子的分离，通常可采用微滤分离细胞器、微生物标本，或收集酶、蛋白等用于进一步研究。在生物化学研究中应用微滤具有简单方便、高重复性等优点。因而，微滤在实验室中已广泛用于溶液澄清、微生物标本分离、酶活性测定、细菌生长研究等。

2.6.2　制药工业

在制药业中，微滤技术主要可用于制备无菌空气、液体药品的除菌除杂、制药生产废水的处理、中药提取液过滤澄清及活性炭脱色液残留物的清除等。

1) 制备无菌空气

在生物发酵工艺过程中需使用无菌空气,先行脱水脱油后的压缩空气还需进一步使用微滤处理以除去其中的细菌才可达到无菌的要求。

2) 液体药品的除菌除杂

液体药品的生产线通常包括药品原液制备、中间容器准备、受器准备及灌装、产品密封及消毒四个步骤。微滤膜主要在前三个步骤中用于对药液中的微粒及细菌进行脱除。

3) 处理制药废水

制药过程中产生大量废液,工业上可联用微滤技术和反渗透技术处理废液并对其进行回用。图 2-26 为联用微滤技术和反渗透技术处理金霉素生产废水的工艺流程。

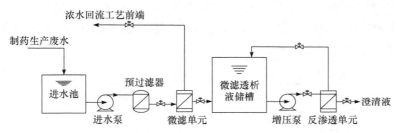

图 2-26 联用微滤技术和反渗透技术处理金霉素生产废水的工艺流程

4) 中药提取液中微细絮状物的过滤澄清

以水或醇提取中药原药的有效成分可制得粗中药提取液,但粗中药提取液中除含有所需的活性组分外,还含有单宁酸、蜡质等杂质,这些杂质除了可能降低药物的有效成分和疗效外,还可能产生毒副作用。因而需要通过微滤技术对中药提取液进行深度处理以保证产品质量,工艺流程见图 2-27。

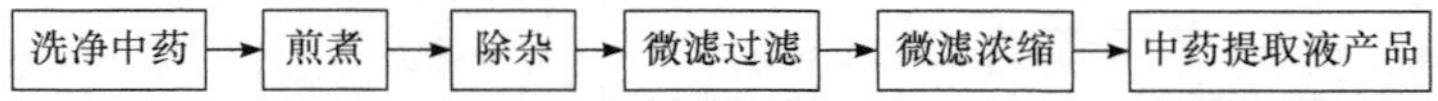

洗净中药 → 煎煮 → 除杂 → 微滤过滤 → 微滤浓缩 → 中药提取液产品

图 2-27 微滤技术用于制备中药提取液工艺流程

除此之外,微滤技术还可应用于昆虫细胞的获取,大肠杆菌的分离,组织液的培养及抗生素、血清、血浆蛋白质等溶液的灭菌过程。

2.6.3 电子工业

纯水在电子元件的生产中起重要作用,主要用于配制各种溶液及在工序中进行清洗,纯水的质量将显著影响半导体器件、集成电路等产品的成品率和产品质量。电子元件的主要原料是硅片,若所用纯水中含有固体颗粒杂质,生产过程中这些固体颗粒将吸附在硅片表面,形成如针孔、小岛等缺陷,因而导致电路断路或短路,改变电器特性。另外,若纯水中含有机物杂质,有机物杂质所含杂质元素可能在高温工序中进入硅片,导致电路性能的改变。因此,电子工业一般要求所用纯水中无可溶性有机物、无尺寸在 0.5 μm 以上的颗粒、无离子、无菌体。

微滤膜在电子工业高纯水制备中的主要用途包括:①在反渗透或电渗析装置前作为

保安过滤器除去细小的悬浮物质；②在阳、阴离子交换柱后作为末级过滤手段滤除处理后的水中可能含有的树脂碎片和细菌等杂质。图 2-28 是电子工业制备高纯水常用的工艺流程。

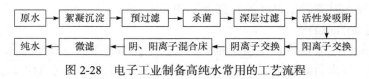

图 2-28　电子工业制备高纯水常用的工艺流程

2.6.4　饮用水生产

1) 矿泉水生产

矿泉水的水源是富含无机盐、杂质胶体和微粒的地下水，需经处理后才可作为饮用水。在矿泉水制造中，应用的膜分离技术有两种，即微滤和超滤。图 2-29 为联用超滤-微滤技术制造矿泉水的工艺流程图。

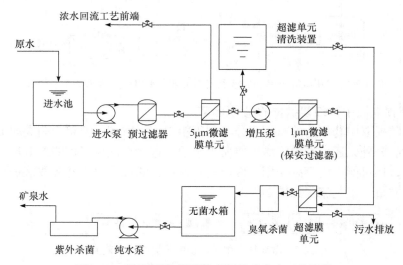

图 2-29　联用超滤-微滤技术制造矿泉水工艺流程

2) 净水生产

由于纯净水中不允许添加任何消毒剂、灭菌剂，若其中混入微生物，其将在纯净水中大量繁殖。因而在纯净水的生产过程中，灭菌是最重要的工艺环节之一，常用微滤技术除去纯净水中的微生物。

2.6.5　污水处理

1) 市政污水处理

污水处理后产水排放标准逐步提高，对污水处理的产水质量提出了更高的要求。微滤技术与生物技术的耦合，即膜生物反应器(membrane bioreactor，MBR)技术因其更高的产水水质和更低的运行成本在市政污水处理中展现出广泛的应用前景。

2) 污水回用

在众多的微滤应用领域中，关于微滤工艺在废水处理的应用方面所发表的论文超过58%[16]，图 2-30 是微滤工艺在纺织、制药、石油化工等领域的废水处理中所发表文章数量。面对水资源短缺的问题，许多国家都在积极推进城市废水回用，微滤技术在水的深度处理方面必不可少[42-43]。例如，新加坡建立的污水处理厂预计可满足其全国 50% 的用水需求。该厂的污水处理工艺基于三级净化系统，即微滤、反渗透和紫外消毒，最终实现从污水到饮用水的转变[44]。图 2-31 为产水量 500 t·d⁻¹ 的循环冷却排污水深度处理微滤-反渗透装置。

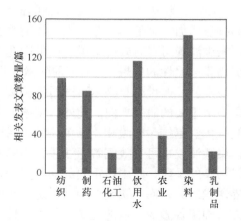

图 2-30 微滤在不同领域的废水处理中发表文章数量(2009～2018 年)

(a) 反渗透装置

(b) 微滤装置

图 2-31 产水量 500 t·d⁻¹ 的循环冷却排污水深度处理微滤-反渗透装置

2.7 微滤技术存在的问题及发展前景

下面简要从微滤膜材料、膜抗污染能力、制膜工艺、膜组件设计和微滤的潜在研究领域五个方面介绍现阶段微滤技术存在的问题及发展前景。

(1) 微滤膜材料主要可分为有机材料和无机材料两种。无机材料成本较高，制膜方法单一，在大多数微滤应用场景下经济性较低，更常用的是有机材料。在所有有机微滤膜材料中，研究最为广泛深入的是 PVDF 材料，这是由于其具有优秀的化学稳定性、热稳定性和良好的成膜能力。然而由于 PVDF 疏水性强，易发生膜污染，限制了 PVDF 膜的实际应用。尽管可通过如表面涂覆、接枝等策略提高 PVDF 膜表面亲水性，但这些方法或是对膜通量有负面影响，或是改性稳定性差，或是工艺复杂，均具有一定的局限性。因而需开发新型的具有高化学稳定性、良好热稳定性、优秀成膜能力的亲水性微滤膜材料。此外，微滤的应用场景复杂，针对不同应用场景开发具有特殊功能的微滤膜材料也是微滤技术重要的发展方向之一。

(2) 实际应用中，微滤膜面临的最大问题是膜污染。膜污染严重影响微滤膜通量，提高操作压力，降低膜寿命，大大提高微滤过程的设备费用和操作费用。一方面，制备抗污染微滤膜可以有效缓解膜污染的问题。现有的微滤膜抗污染改性策略绝大部分是基于提高膜亲水性的思想，然而当前的微滤膜亲水化改性方法均有一定缺陷。开发简单易行、环境友好、改性效果稳定，同时提高膜孔和膜面亲水性、保证膜通量的亲水化改性方法是一个重要的研究方向。此外，反渗透膜的相关研究结果[45]显示，联合多种抗污染策略制备多机制抗污染膜相比于单一的抗污染策略可实现更高的抗污染能力。开发多机制抗污染微滤膜也可有效缓解微滤膜污染的问题。另一方面，优化操作条件也是重要的控制膜污染的手段，其中最重要的参数之一是临界通量。当前，对于某些因素如膜孔径与临界通量的关系尚不明确。未来需进一步明晰滤饼层形成的影响因素，并通过实验与数学方法确定各影响因素的主次，从而理性优化微滤过程工艺条件，进而实现微滤过程在更广泛应用领域内的高效节能运行。此外，还需建立临界通量的预测模型，为微滤过程的放大、自动化等提供理论基础。

(3) 对于聚合物微滤膜，最常用的制膜方法是相转化法，然而该法需要使用大量溶剂，除了需耗费大量成本在后处理过程除去膜内残留的溶剂外，凝胶过程中形成的溶剂与非溶剂的混合物难以分离，直接排污会对环境造成严重负面影响。此外，在一些需要精确分离的场景下，需使用孔径高度均一的微滤膜。然而，除径迹蚀刻法外，绝大部分制膜工艺都难以制备孔径高度均一的微滤膜，而径迹蚀刻法所制膜孔隙率低，通量仍有很大提升空间。上述问题限制了微滤技术的发展。未来需开发新型的环境友好的低成本制膜工艺(如使用超临界流体作为溶剂进行相转化法制膜)并实现微滤膜孔径分布的精准调控。

(4) 通过膜组件设计优化可抑制膜污染和浓差极化，提高生产效率，降低过程能耗。尽管当前已经有诸多关于膜组件优化的研究，但相关的理论研究还不成熟。未来应结合实验、模拟手段逐步完善相关理论模型的构建，为膜组件的理性设计提供依据。此外，当前工业上仍普遍采用传统膜组件，这可能是由于传统膜组件生产工艺成熟，应用成本较低。因而，在研发新型膜组件的过程中，不仅要考虑其通量强化效果，也应更多地关注其是否易于工业放大，并综合考察膜组件的设备成本及与之配套的操作成本，与当前的商用膜组件进行对比。

(5) 当前对微滤的相关研究主要集中于废水处理、制膜工艺、膜改性、膜污染，尚有一些应用领域缺乏更深入的研究结果。例如，微滤可用于降低海水的淤泥密度指数、去除进料液中微生物缓解反渗透膜生物污染等，在海水淡化中是高效的料液预处理步骤，未来可开展将微滤与常规预处理步骤结合的研究以进一步降低生产成本。此外，微滤也可用于乳制品的除菌，相比热处理过程，对乳制品的营养物质影响更小，但常规的微滤膜在除去细菌的同时，也会导致乳制品中大分子营养物质如蛋白质的损失，如何在除去料液中不需要微粒的同时尽可能保留料液中有价值的物质仍有待进一步研究。

微滤技术与其他技术的耦合也越来越受到关注并广泛应用。例如，与生物处理技术相结合的膜生物反应器，或与化学絮凝、沉淀技术相结合，以及将不同级别孔径的微滤膜相结合的分级过滤等。耦合可以减少多单元的处理模式，合理设计微滤与其他技术的耦合过程也是扩大微滤膜应用的途径之一。

习 题

2-1 简述微滤分离机理。

2-2 微滤膜的性能包括哪些?

2-3 常用的微滤膜材料有哪些?

2-4 列出不同微滤膜材料适用的分离场景。

2-5 常见的制备微滤膜的方法有哪些?

2-6 简述相转化法制备微滤膜的基本原理。

2-7 简述非溶剂致相分离法所制膜结构的影响因素。

2-8 非溶剂致相分离法制备微滤膜的溶剂/非溶剂体系的选择原则是什么?

2-9 工业用微滤膜组件主要有哪些?

2-10 列出不同工业用微滤膜组件的应用场景。

2-11 简述膜污染的发生机理。

2-12 缓解膜污染的方法有哪些?

2-13 微滤过程性能强化的主要方法包括哪些?

2-14 微滤膜的工业应用有哪些?

参 考 文 献

[1] Ismail N, Salleh W, Ismail A, et al. Hydrophilic polymer-based membrane for oily wastewater treatment: A review. Separation and Purification Technology, 2020, 233: 116007.

[2] Hermans P. Principles of the mathematical treatment of constant-pressure filtration. Journal of the Indian Chemical Society, 1936, 55: 1.

[3] Baker R, Cussler E, Eykamp W, et al. Membrane separation system: Recent developments and future directions. Park Ridge: Noyes Data Corporation, 1991.

[4] Jiraratananon R, Uttapap D, Sampranpiboon P. Crossflow microfiltration of a colloidal suspension with the presence of macromolecules. Journal of Membrane Science, 1998, 140(1): 57-66.

[5] Dal-Cin M, Mclellan F, Striez C, et al. Membrane performance with a pulp mill effluent: Relative contributions of fouling mechanisms. Journal of Membrane Science, 1996, 120(2): 273-285.

[6] Barzin J, Safarpour M, Kordkatooli Z, et al. Improved microfiltration and bacteria removal performance of polyethersulfone membranes prepared by modified vapor-induced phase separation. Polymers for Advanced Technologies, 2018, 29(9): 2420-2439.

[7] Liu F, Hashim N A, Liu Y, et al. Progress in the production and modification of PVDF membranes. Journal of Membrane Science, 2011, 375(1-2): 1-27.

[8] Zhao Y, Qian Y, Zhu B, et al. Modification of porous poly(vinylidene fluoride) membrane using amphiphilic polymers with different structures in phase inversion process. Journal of Membrane Science, 2008, 310(1-2): 567-576.

[9] Yang L, Liu L, Wang Z, et al. Preparation of PVDF/GOSiO$_2$ hybrid microfiltration membrane towards enhanced perm-selectivity and anti-fouling property. Journal of the Taiwan Institute of Chemical Engineers, 2017, 78: 500-509.

[10] Park H M, Oh H, Jee K Y, et al. Synthesis of PVDF/MWCNT nanocomplex microfiltration membrane via atom transfer radical addition (ATRA) with enhanced fouling performance. Separation and Purification

Technology, 2020, 246: 116860.

[11] 张翠兰, 王志, 李凭力, 等. 热致相分离法制备聚丙烯微孔膜. 膜科学与技术, 2000, 20(6): 36-41, 54.

[12] Yu H, Xu Z, Lei H, et al. Photoinduced graft polymerization of acrylamide on polypropylene microporous membranes for the improvement of antifouling characteristics in a submerged membrane-bioreactor. Separation and Purification Technology, 2007, 53(1): 119-125.

[13] Yan M, Liu L, Tang Z, et al. Plasma surface modification of polypropylene microfiltration membranes and fouling by BSA dispersion. Chemical Engineering Journal, 2008, 145(2): 218-224.

[14] Hua F, Tsang Y, Wang Y, et al. Performance study of ceramic microfiltration membrane for oily wastewater treatment. Chemical Engineering Journal, 2007, 128(2-3): 169-175.

[15] Plakas K, Mantza A, Sklari S, et al. Heterogeneous Fenton-like oxidation of pharmaceutical diclofenac by a catalytic iron-oxide ceramic microfiltration membrane. Chemical Engineering Journal, 2019, 373: 700-708.

[16] Anis S, Hashaikeh R, Hilal N. Microfiltration membrane processes: A review of research trends over the past decade. Journal of Water Process Engineering, 2019, 32: 100941.

[17] Castro A. Methods for making microporous products. Google Patents, 1981. https://www.freepatentsonline.com/4247498. html.

[18] Kang G, Cao Y. Application and modification of poly(vinylidene fluoride) (PVDF) membranes: A review. Journal of Membrane Science, 2014, 463: 145-165.

[19] Ghasemi S, Mohammadi N. The trend of membrane structure evolution under shear and/or elongation flow fields of immersion precipitated spun tapes. Journal of Membrane Science, 2014, 460: 185-198.

[20] Guillen G, Pan Y, Li M, et al. Preparation and characterization of membranes formed by nonsolvent induced phase separation: A review. Industrial & Engineering Chemistry Research, 2011, 50(7): 3798-3817.

[21] Strathmann H, Scheible P, Baker R. A rationale for the preparation of Loeb-Sourirajan-type cellulose acetate membranes. Journal of Applied Polymer Science, 1971, 15(4): 811-828.

[22] 米尔德 M. 膜技术基本原理. 2 版. 李琳, 译. 北京: 清华大学出版社, 1999.

[23] Reuvers A. Membrane formation: Diffusion induced demixing processes in ternary polymeric systems. Enschede: University of Twente, 1987.

[24] Wang P, Wang M, Liu F, et al. Ultrafast ion sieving using nanoporous polymeric membranes. Nature Communications, 2018, 9(1): 569.

[25] 陈珊妹, 李敖琪. 双向拉伸 PTFE 微孔膜的制备及其孔性能. 膜科学与技术, 2003, 23(2): 19-23.

[26] 张志诚, 黄夫照, 朱柏华. 超滤技术研究与应用. 北京: 海洋出版社, 1993.

[27] 黄培, 徐南平, 时钧. 粒子烧结法制备氧化铝微滤膜. 水处理技术, 1996, (3): 129-134.

[28] 王湛, 王志, 高学理, 等. 膜分离技术基础. 3 版. 北京: 化学工业出版社, 2019.

[29] Nguyen S, Roddick F, Harris J. Membrane foulants and fouling mechanisms in microfiltration and ultrafiltration of an activated sludge effluent. Water Science and Technology, 2010, 62(9): 1975-1983.

[30] Koo C, Mohammad A, Suja F, et al. Review of the effect of selected physicochemical factors on membrane fouling propensity based on fouling indices. Desalination, 2012, 287(1): 167-177.

[31] Zhao J, Yang J, Li Y, et al. Improved permeability and biofouling resistance of microfiltration membranes via quaternaryammonium and zwitteriondual-functionalized diblock copolymers. European Polymer Journal, 2020, 135: 109883.

[32] Zhang Y, Fu Q. Algal fouling of microfiltration and ultrafiltration membranes and control strategies: A review. Separation and Purification Technology, 2018, 203: 193-208.

[33] Zuo G, Wang R. Novel membrane surface modification to enhance anti-oil fouling property for membrane distillation application. Journal of Membrane Science, 2013, 447: 26-35.

[34] Xu H, Xiao K, Wang X, et al. Outlining the roles of membrane-foulant and foulant-foulant interactions in organic fouling during microfiltration and ultrafiltration: A mini-review. Frontiers in Chemistry, 2020, 8: 417.

[35] Sun W, Liu J, Chu H, et al. Pretreatment and membrane hydrophilic modification to reduce membrane fouling. Membranes, 2013, 3(3): 226-241.

[36] 伍艳辉, 王志, 伍登熙, 等. 膜过程中防治膜污染强化渗透通量技术进展(Ⅱ)膜组件及膜系统的结构设计. 膜科学与技术, 1999, (4): 12-16, 22.

[37] 王湛, 张新妙, 武文娟. 操作条件对死端微滤膜通量的影响——温度、压力、浓度的影响. 膜科学与技术, 2006, 26(1): 26-30.

[38] 王志, 甄寒菲, 王世昌, 等. 膜过程中防治膜污染强化渗透通量技术进展 (Ⅰ)操作策略. 膜科学与技术, 1999, 19(1): 1-5, 11.

[39] 姚金苗, 王湛, 梁艳莉, 等. 超、微滤过程中临界通量的研究进展. 膜科学与技术, 2008, (2): 69-73.

[40] Manni A, Achiou B, Karim A, et al. New low-cost ceramic microfiltration membrane made from natural magnesite for industrial wastewater treatment. Journal of Environmental Chemical Engineering, 2020, 8(4): 103906.

[41] 穆春霞. 抗污染聚偏氟乙烯微滤膜的制备及其性能研究. 天津: 天津大学, 2010.

[42] Uzal N, Yilmaz L, Yetis U. Microfiltration/ultrafiltration as pretreatment for reclamation of rinsing waters of indigo dyeing. Desalination, 2009, 240(1-3): 198-208.

[43] Al-Shammari S, Bou-Hamad S, Al-Tabtabaei M. Comparative performance evaluation of microfiltration submerged and pressurized membrane treatment of wastewater. Desalination and Water Treatment, 2012, 49(1-3): 26-33.

[44] Lee H, Tan T P. Singapore's experience with reclaimed water: NEWater. International Journal of Water Resources Development, 2016, 32(4): 611-621.

[45] Wang Y, Wang Z, Wang J, et al. Triple antifouling strategies for reverse osmosis membrane biofouling control. Journal of Membrane Science, 2018, 549: 495-506.

第3章

超　滤

3.1　超滤过程特性

超滤(UF)现象早在 150 年前就已经被发现，1861 年，Schmidt 采用天然膜材料——牛心包膜完成第一次超滤试验。1865 年，Fick 用硝酸纤维材料制备人工超滤半透膜。1936 年，纤维素及其衍生物首次应用于超滤膜的制备。1963 年，Michaels 开发出不同孔径的不对称醋酸纤维素(CA)膜。基于 CA 理化性质的限制，1965 年开始不断出现新品种的高聚物超滤膜。1965～1975 年，超滤膜得到极大的发展，膜材料从 CA 扩大到聚砜(PSf)、聚偏氟乙烯(PVDF)、聚碳酸酯(PC)、聚丙烯腈(PAN)、聚醚砜(PES)和尼龙(PA)等多种高分子。

国内有机超滤膜的研究于 20 世纪 70 年代起步，70 年代初期成功研制出醋酸纤维管式超滤膜，80 年代成功研制出聚砜中空纤维膜。在此基础上，先后研制出耐高温、耐腐蚀、抗污染能力强、截留性能优越的超滤膜及膜组件。

3.1.1　过程原理及特点

超滤是以膜两侧的压力差(0.1～0.5 MPa)作为推动力进行的膜分离过程。超滤膜的孔径为 5～40 nm，截留分子量(molecular weight cutoff，MWCO)为 1000～300000，可以有效截留溶液中的大分子如蛋白质，此外还可以截留胶体、微粒、细菌等，实现溶液的浓缩、纯化和分离。

超滤膜技术的特点如下：①杂质去除效率高，超滤膜技术对细菌、悬浮物、胶体等物质的去除效率在 99% 以上；②杜绝二次污染，超滤膜技术操作过程中无需添加化学试剂及额外的添加剂，有效杜绝二次污染问题；③运行简单，超滤过程操作简单，运行易于程序化和自动化，操作过程便捷；④耐受性特点，超滤膜的化学稳定性较强，具有耐酸、耐碱、耐水解、耐高温性能，不仅可以借助高温蒸气实现有效消毒，还能满足多种环境下的水处理要求。

3.1.2　分离机理及膜通量模型

如图 3-1 所示，超滤的分离机理主要是孔径筛分，即在一定压力差的驱动下，当进料液与超滤膜表面接触时，分子尺寸大于膜表面孔径的大分子有机物(如蛋白质)、细菌、胶体、微粒等容易被截留在膜表面上，而分子尺寸小于膜表面孔径的小分子通过孔道渗透出超滤膜，从而达到分离或提纯的目的。除尺寸外，原料液和膜的其他物理化学特性也对超滤分离有很大影响。超滤过程中溶质的截留有三种方式：①在膜表面的机械截留(筛分)；②在膜孔中停留而被除去(阻塞)；③在膜表面及膜孔内的吸附。

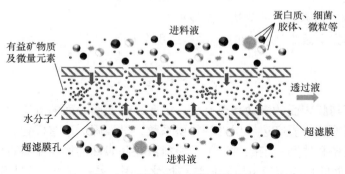

图 3-1　超滤的分离机理示意图

超滤膜通量模型与微滤类似，可参见 2.1.4 小节，但超滤过程浓差极化现象显著，而且浓差极化导致的渗透压变化明显，从而对膜通量产生重要影响，下面将对此进行介绍。

3.1.3　浓差极化

在膜分离过程中，一部分或全部溶质受到膜的截留而停留在膜面附近，形成一个边界层，称为浓差极化边界层。由原料侧膜表面的溶质浓度 C_w 与原料侧主体液的溶质浓度 C_b 之差导致从膜表面向原料液主体的溶质扩散传递，当溶质的这种扩散传递通量与随着透过膜的溶剂(水)到达膜表面的溶质主体流动通量完全相等时，上述过程达到不随时间而变化的定常状态[1-2]。图 3-2 是定常状态时膜表面浓差极化示意图。当 C_w 逐渐增大继而超过溶质的溶解度或凝胶点(C_g)时，溶质就会析出而形成凝胶层，故浓差极化模型的极限形式即为凝胶层模型。

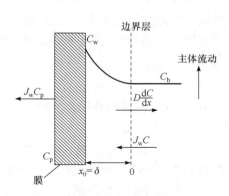

图 3-2　膜表面浓差极化示意图

基于物料衡算可得到如下的浓差极化模型：

$$J_w C_p + D \frac{\mathrm{d}C}{\mathrm{d}x} = J_w C \tag{3-1}$$

边界条件为：$x=0$，$C=C_b$；$x=\delta$，$C=C_w$。

对式(3-1)进行积分并代入边界条件，得

$$J_w = k \ln \frac{C_w - C_p}{C_b - C_p} \tag{3-2}$$

式中，J_w 为膜通量；k 为传质系数；C_w、C_b 和 C_p 分别为原料侧膜表面的溶质浓度、原料侧主体液的溶质浓度和透过液侧的溶质浓度，$g \cdot L^{-1}$。

$$k = \frac{D}{\delta} \tag{3-3}$$

式中，D 为溶质扩散系数；δ 为边界层厚度，m。

当溶质被膜完全截流($C_p = 0$)时，式(3-2)可转化为

$$\frac{C_w}{C_b} = \exp\left(\frac{J_w}{k}\right) \tag{3-4}$$

边界层厚度与膜表面的流动状况有关，因此，改变膜表面的流体力学条件可以减小浓差极化边界层厚度，提高边界层内的传质系数，进而降低浓差极化，减轻膜污染。一方面，在分离设备和体系一定的情况下，原料液在膜表面的切向流速直接影响浓差极化程度，提高膜表面的切向流速可以降低浓差极化作用。另一方面，通过设置湍流促进器、提供脉冲压力或采用脉动流等技术也可以加快膜表面的传质过程，有效降低浓差极化和膜污染。

3.1.4　渗透压传质模型

如 3.1.2 小节所述，超滤过程中大分子物质被膜截留而小分子自由通过，因此低浓度时被截留大分子的渗透压与操作压力相比可以忽略，但是当 C_w 远大于 C_b 时，膜两侧的渗透压差 $\Delta\pi$ 较高，此时渗透压不能忽略。渗透压传质模型[3-4]一般形式如下：

$$J_w = \frac{\Delta p - \Delta \pi}{\mu R_m} \tag{3-5}$$

式中，Δp 为膜两侧静压差，Pa；$\Delta\pi$ 为膜两侧渗透压差，Pa；μ 为渗透液黏度，$Pa \cdot s$；R_m 为膜阻力，m^{-1}。

随 Δp 增大，J_w 上升，浓差极化[式(3-2)]导致 C_w 也增大，$\Delta\pi$ 随 C_w 增大而增大，因此增大压力会(部分地)被渗透压增大而抵消。

对于低分子量溶质的稀溶液，若将其近似看作理想稀溶液，渗透压与浓度之间则存在线性关系，即 van't Hoff 定律：

$$\pi = \frac{RT}{M_r}C_w \tag{3-6}$$

式中，R 为摩尔气体常量；T 为热力学温度，K；M_r 为溶质分子量。

而大分子溶液的渗透压与溶质浓度间的关系一般为指数形式而非线性关系[3]：

$$\Delta\pi = \alpha C_w^n \tag{3-7}$$

式中，α 为常数；n 为指数，一般来讲，$n > 1$，n 随大分子溶液的浓度而变化，对于浓度较大的溶液，$n > 2$。

大分子溶液的渗透压还可以用下式表示[4]：

$$\Delta\pi = \frac{RT}{M_r}C_w + A_2 C_w^2 + A_3 C_w^3 + \cdots \tag{3-8}$$

式中，A_2、A_3 是作为体积、水合作用、Donnan 效应等参数函数的位力系数。

将式(3-4)和式(3-7)代入式(3-5)中，得

$$J_w = \frac{\Delta p - \alpha C_b^n \exp\left(\dfrac{nJ_w}{k}\right)}{\mu R_m} \tag{3-9}$$

式中，J_w 对 Δp 求导得

$$\frac{\partial J_w}{\partial \Delta p} = \left[\mu R_m + \alpha C_b^n \frac{n}{k}\exp\left(\frac{nJ_w}{k}\right)\right]^{-1} = \frac{1}{\mu R_m}\left(1 + \frac{n\Delta\pi}{k\mu R_m}\right)^{-1} \tag{3-10}$$

由此可见，当 $\Delta\pi \approx 0$ 时，$\dfrac{\partial J_w}{\partial \Delta p} \approx \dfrac{1}{\mu R_m}$，正如纯溶剂过滤；当 $\Delta\pi$ 很大时，随 Δp 增大，$\dfrac{\partial J_w}{\partial \Delta p}$ 趋向于 0，即通量达到极限通量 J_∞，不再随压力增大而增大。

3.1.5　膜结构及表征

超滤膜结构有对称型和非对称型，如图 3-3 所示。对称膜为结构与方向无关的膜，孔径不规则，所有方向上的孔隙都是一致的，没有皮层。非对称膜为致密分离层和以指状结构或海绵状结构为主的多孔支撑层共同构成，分离层厚度小于 0.1 μm，具有排列有序的微孔，支撑层厚度为 200～250 μm。非对称结构又可以分为两类：一类为整体不对称膜(膜的分离层和支撑层为同一种材料)，另一类为复合膜(膜的分离层和支撑层为不同种材料)。工业使用的超滤膜一般为非对称膜。

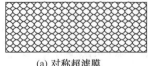
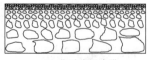

(a) 对称超滤膜　　　　　　　　　(b) 非对称超滤膜

图 3-3　超滤膜结构示意图

超滤膜的结构表征手段与微滤膜类似，参见 2.1.5 小节。

3.1.6　膜性能及评价

超滤膜性能主要包括渗透性能、截留性能及抗污染性能。渗透性能越高，膜对原料液处理效率越高；对所脱除物截留性能越高，料液处理质量越好；抗污染性能越好，通量衰减越小，膜清洗次数越少，使用寿命越长，成本越低。超滤膜的渗透性能和截留性能不仅与膜的形貌结构有关，还与膜表面化学性质有关，而膜的抗污染性能除了与膜表面化学性质和形貌结构有关，还与污染物的理化性质、污染物与膜表面的相互作用及浓差极化等因素有关。另外，除了这些主要性能，超滤膜还要具备良好的机械性能、耐热

性能、耐酸碱性能等。

超滤膜渗透性能评价与微滤膜相同(参见 2.1.6 小节),超滤膜截留性能评价有其特点。

1. 截留性能

超滤膜用截留分子量表示膜型号及其对溶质的截留能力。通过测定不同分子量的球形蛋白质或水溶性聚合物的截留率,获得截留率与溶质分子量之间的关系曲线,即截留曲线。一般将截留率大于 90%的溶质分子量定义为膜的截留分子量。超滤膜截留曲线与截留分子量的关系示意图如图 3-4 所示。截留曲线 A 表现为曲线陡直,孔径分布小,膜具有较好的分子量切割作用,可使不同分子量的溶质分离较完全;而曲线 B 相反,孔径分布较宽,膜的分子量切割作用较差,将导致溶质分离不完全。

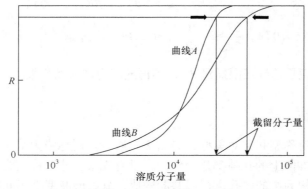

图 3-4 超滤膜截留率与截留分子量的关系示意图

截留率的表述方式有表观截留率和真实截留率。表观截留率是由于膜表面极化浓度不易测定,只能测定料液的体积浓度。因此,表观截留率的表达式为

$$R_{表观} = 1 - \frac{C_p}{C_b} \tag{3-11}$$

式中,C_p 和 C_b 分别为透过液侧和原料侧主体液的溶质浓度,$g \cdot L^{-1}$。

在实际膜分离过程中,由于存在浓差极化现象,真实截留率的表达式为

$$R_{真实} = 1 - \frac{C_p}{C_w} \tag{3-12}$$

式中,C_w 为原料侧膜表面的溶质浓度,$g \cdot L^{-1}$。

若 $R = 1$,则 $C_p = 0$,表示溶质全部被截留;若 $R = 0$,则 $C_p = C_w$,表示溶质能自由透过膜;显然,若不存在浓差极化现象,$R_{表观} = R_{真实}$。

对于中性超滤膜,其截留率主要与膜表面平均孔径、孔径分布及被截留物的理化性质有关。对于同种被截留物分子,当超滤膜表面孔径分布相差不大时,平均孔径越小,截留性能越好;当平均孔径相差不大时,孔径分布中含较大孔径时,截留性能较差。对于不同被截留物分子,越大的分子穿过膜的阻力越大,截留率越大;反之,被截留物分

子尺寸越小，截留率越小。当分子量相同时，线性分子截留率较低，支链分子截留率较高，球形分子截留率最大。对于荷电超滤膜，截留性能不仅与膜表面孔结构有关，还与被截留物是否荷电及类型有关。当被截留物分子的荷电性质与膜表面荷电性质相同时，静电斥力有利于污染物分子截留。当被截留物分子的荷电性质与膜表面荷电性质相反时，静电吸引力有利于被截留物分子渗透，使得截留性能降低。

2. 抗污染性能

超滤膜的抗污染性能与多方面因素有关，包括膜表面亲疏水性、污染物分子尺寸大小、污染物分子间及污染物分子与膜表面之间的静电作用、膜表面形貌结构及浓差极化。首先，膜表面亲水性越强，越容易通过氢键作用结合更多的水分子，在膜表面形成一层水化层，阻碍污染物分子与膜表面的直接接触，抑制污染物分子堵塞膜孔或黏附在膜表面，降低膜污染程度。其次，当污染物分子尺寸远大于膜表面孔径时，膜污染方式主要为在膜表面形成污染层，容易清洗。当污染物分子尺寸小于膜表面孔径时，污染物分子容易堵塞膜孔，并渗透进入内部孔道。再次，当污染物分子间及污染物分子与膜表面之间存在强烈斥力作用时，污染物分子不易黏附在膜表面，且污染物之间的沉积会相对疏松，使膜污染程度降低并容易被清洗；反之，当污染物分子间及污染物分子与膜表面之间存在强烈的引力作用时，污染物容易吸附并沉积在膜表面，膜污染加剧并且难以清洗。

3.2　超滤膜材料及膜制备

超滤膜材料与微滤膜的相同或类似，膜制备方法有些也与微滤膜相似，但具体制膜工艺参数不同，以得到比微滤膜更小的孔结构。

3.2.1　膜材料

超滤膜材料主要分为两大类：有机膜材料和无机膜材料[5]。

1. 有机膜材料

用于制备超滤膜的有机膜材料不完全等同于微滤膜材料，这是因为许多微滤膜是通过烧结法、径迹蚀刻法和拉伸法制得，这些制膜方法所形成的最小孔径为 0.05～0.1 μm，而无法得到更小的孔，因此无法制备孔径为纳米级的超滤膜。绝大多数超滤膜都是用相转化法制备的。有机膜材料主要包括纤维素类、聚砜类、聚烯烃类、含氟高分子类等[6]。

1) 纤维素类

参见 1.3.2 小节"1. 天然高分子类"。

2) 聚砜类

聚砜类超滤膜的特点如下：pH 范围宽，聚砜和聚醚砜超滤膜可连续在 pH 为 1～13 的体系中运行，这对膜的清洗是有利的；具有较宽的膜孔径范围，膜孔径可以为 1～2 μm；可制成不同的膜组件形式如中空纤维式、卷式、平板式及管式；具有较好的耐氯性，大部分膜的制造商允许清洗时游离氯的浓度达到 200 μg·g⁻¹，然而长时间暴露于高浓度的游离氯中将对膜造成危害。

3) 聚烯烃类

聚丙烯腈常用来制备超滤膜的聚烯烃类膜材料。虽然氰基是强极性基团，但聚丙烯腈并不十分亲水。通常引入另一种共聚单体(如乙酸乙烯酯或甲基丙烯酸甲酯)以增加链的柔韧性和亲水性，从而改善其可加工性。

4) 含氟高分子类

聚偏氟乙烯常用来制备超滤膜的含氟高分子类膜材料。可以高压消毒，耐一般溶剂，耐游离氯性强于聚砜超滤膜，广泛用于超滤和微滤过程。但该膜是疏水性的，经膜表面改性后可改善其亲水性，如 Millipore 公司的 Duraporemo。

2. 无机膜材料

相对于有机膜材料而言，无机膜材料通常具有非常好的化学和热稳定性。但无机材料用于制膜还很有限，目前无机膜的应用大部分限于微滤和超滤领域。无机膜材料主要包括金属及金属氧化物、陶瓷、多孔玻璃、沸石等[7]。

金属膜主要通过金属粉末(如不锈钢、钨和铝)的烧结而制成。陶瓷是将金属与非金属氧化物、氮化物或碳化物结合而制成，一般采用固态粒子烧结法或溶胶-凝胶法制备，其中以氧化铝和氧化锆(ZrO_2)制成的膜最为重要。玻璃膜(SiO_2)主要通过对分相玻璃进行浸提制成。沸石膜具有非常小的孔，可用于气体分离和全蒸发。

相对于有机材料，无机材料原料种类少、脆性大、造价高、成型加工困难，这些缺点限制了人们对其进行广泛研究及应用。相反地，有机材料因具有品种多、成本低、柔韧性好、易于改性、可以制成各种膜组件等优点，被广泛地研究、开发和应用，但也存在强度低、通量小的缺点。近些年来，为了进一步提升有机膜的渗透通量、抗污染性能、机械强度等性能，随着纳米技术的发展出现了一类有机-无机杂化膜，这类膜以有机高分子为膜基质材料，纳米无机材料为填料，主要形式涵盖了纳米粒子(氧化钛、二氧化硅、氧化锌、三氧化二铝、氧化锆等)、纳米片(氧化石墨烯等)、纳米管(碳纳米管、埃洛石纳米管等)、纳米纤维 (氧化亚铜等)、纳米棒(氧化锗锌等)等[8]。

3.2.2 有机膜制备

关于有机膜的制备方法可参见 1.5.1 小节及 2.2.2 小节，工业上应用最广泛的有机超滤膜制备方法是静电纺丝法和相转化法，可根据不同要求选择使用。

1. 静电纺丝法

静电纺丝法能够制备从亚微米级到纳米级的纤维。与传统制膜方法不同，静电纺丝法制备超滤膜示意图如图 3-5 所示，具体的制膜工艺为：将聚合物溶解或熔融后加入到喷丝器中，在毛细喷丝头与接收器

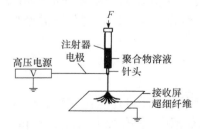

图 3-5　静电纺丝法制备超滤膜示意图

之间的高压电场作用下，聚合物溶液或者熔融体克服自身的表面张力和黏弹性力形成射流，随着溶剂的挥发或熔融体的冷却而固化成聚合物超细纤维，然后在接收装置上无规排列形成具有一定厚度的膜。静电纺丝技术具有以下特点：①制备的纤维直径小、比表面积大，制备的膜孔隙率高、孔径小且分布均匀、连通性好；②制备的纤维膜能够有效应用于废水处理、油水分离、空气过滤及预过滤等方面。此外，静电纺丝法是制备超滤膜纤维的一种简单有效的方法，也是目前唯一能够直接、连续制备聚合物纳米纤维的方法。

2. 相转化法

1960 年由 Loeb 和 Sourirajan 提出的相转化法是将具有一定形状的聚合物溶液与另一相接触，通过两相间的溶剂交换或者热交换诱导聚合物溶液发生相分离和聚合物固化，得到具有不同结构聚合物膜的方法[9]。在相图里描绘相分离过程中体系相点的连续变化形成的传质轨迹是运用相图解读相分离过程的基本方法[10]，关于相图理论及相转化制膜法较为详细的介绍可参见 2.2.2 小节 "1. 相转化法"。

3.2.3 无机膜制备

目前制备无机超滤膜具有工业应用前景的主要为固态粒子烧结法[11]和溶胶-凝胶法[12]。无机陶瓷膜的制备过程如图 3-6 所示。

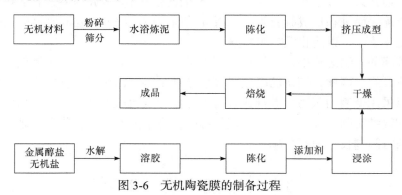

图 3-6 无机陶瓷膜的制备过程

1. 固态粒子烧结法

固态粒子烧结法是将粉状无机材料均匀加热，控制温度和压力，使粉粒间存在一定孔隙，只使粉粒表面熔融，从而相互黏结形成多孔薄层或管状结构。膜孔径大小主要由料粉粒度及温度控制。烧结温度根据成膜材料粒度、烧结压力、大气环境及增塑剂确定。固态粒子烧结法可用于金属材料(不锈钢、钨)、陶瓷(氧化铝、氧化锆)、石墨(碳)和玻璃(氧化硅)等膜材料的成膜工艺。除使用单一的成膜材料外，还可在烧结过程中混入另一种不相融合的材料，待烧结完毕后再用溶剂萃取将其除去。

2. 溶胶-凝胶法

溶胶-凝胶法是以金属醇盐及其化合物为原料，在一定介质和催化剂存在的条件下，进行水解-缩聚反应，使溶液由溶胶变成凝胶，再经干燥、热处理而得到合成材料。主要反应涉及溶剂化、水解反应和缩聚反应。

(1) 溶剂化：金属阳离子 M^{2+} 吸引水分子形成溶剂单元 $M(H_2O)_n^{2+}$，为保持其配位数，具有强烈释放 H^+ 的趋势。

(2) 水解反应：非电离式分子前驱体，如金属醇盐 $M(OR)_n$ 与水反应。

(3) 缩聚反应：按其所脱去分子种类，可分为两类

失水缩聚 $$M{-}OH + HO{-}M \longrightarrow M{-}O{-}M + H_2O$$

失醇缩聚 $$MOR + HO{-}M \longrightarrow M{-}O{-}M + ROH$$

溶胶-凝胶法的工艺过程主要包括：制备溶胶、膜件预处理、涂膜、干燥、焙烧。即将无机盐或金属有机物前驱体(如醇盐)在溶液中进行水解反应得到溶胶溶液，并使其在多孔载体上发生缩聚反应凝结成无机聚合物凝胶，干燥除去多余的溶剂后进行焙烧，得到多孔的无机膜。

根据水解工艺路线，溶胶过程又可分为颗粒溶胶路线和聚合溶胶路线。颗粒溶胶路线是醇盐在水中快速完全水解形成水合氧化物沉淀，加入酸等电解质以得到初级粒子粒径为 3～15 nm 的稳定溶胶；聚合溶胶路线是在溶有醇盐的有机溶液中加入少量水，控制水解反应，形成聚合分子胶体。

之后，通常采用浸渍涂膜技术在毛细管力作用下将分散介质渗透到支撑体中，胶体粒子在支撑体表面堆积形成凝胶膜。支撑体的孔径和孔径分布应当与胶体颗粒粒径相配，表面粗糙度尽量小，以防止膜产生缺陷。

在凝胶膜的干燥过程中，由于各孔道中干燥速率不同，会产生干燥应力，导致膜弯曲、变形或开裂。因此，制备的凝胶膜强度必须足够高以承受干燥应力。干燥过程应当缓和，可以采用低表面张力分散剂或者溶胶内添加表面活性剂以降低表面张力。此外，烧结温度和烧结时间对膜结构也有一定的影响。烧结温度越高，膜孔径越大，孔径分布越宽。烧结时间越长，膜孔径越大。

3.3　超滤膜污染及控制

3.3.1　膜污染机理

超滤膜的污染机理与微滤膜的污染机理类似(参见 2.4.1 小节)。由于将大分子溶质与小分子溶质分离是超滤膜的特点，因此大分子溶质对超滤膜的污染及小分子溶质在一定条件下对超滤膜的污染，是超滤膜特别要关注的。溶质分子对超滤膜的污染由吸附引起。溶液在膜表面的吸附过程比较复杂。从微观的角度来看，膜表面吸附的难易程度及吸附层的稳定性与溶质分子和膜表面、溶质分子间的相互作用力有关，其作用力一般分为范德华力和双电层作用力。

1) 范德华力

范德华力是一种分子之间的相互作用力，常用比例系数 H (Hamaker 常数)表征。

Hamaker 常数与粒子性质(如单位体积内的原子数、极化率等)有关，是物质的特征常数，是计算表面力、表面能等物理量经常用到的常数，具有较高密度且原子中有较多电子层的化合物的 Hamaker 常数较高。对于水(1)、溶质(2)和膜(3)三元体系，决定膜和溶质间范德华力的 Hamaker 常数 H_{213} 为

$$H_{213} = \left[H_{11}^{1/2} - (H_{22}H_{33})^{1/4} \right]^2 \tag{3-13}$$

式中，H_{11}、H_{22} 和 H_{33} 分别为水、溶质和膜的 Hamaker 常数。对疏水性膜，H_{33} 下降；对疏水性溶质，H_{22} 下降；两者均会导致 H_{213} 增加，即膜与溶质之间的范德华力增大，加重膜污染。

2) 双电层作用力

膜与溶液相接触时，离子吸附、偶极取向、氢键作用会使膜表面带电荷。表面电荷能够影响附近溶液的离子分布。带异性电荷的离子受到表面电荷吸引而趋向膜表面；同性电荷的离子被表面电荷排斥而远离膜表面，使得膜表面附近溶液中的正负离子发生相互分离的趋势；同时，热运动又使正负离子趋于恢复到均匀混合的状态。在这两种趋势的综合下，过剩的异号离子以扩散方式分布在膜表面附近的介质中，形成双电层。当膜所带电性质与溶质电性相同时，污染吸附较小；反之，吸附较大。

3.3.2　膜污染控制策略

超滤膜污染控制策略与微滤膜污染控制策略大体类似，通常有原料液预处理、抗污染膜制备、膜清洗和操作工艺优化等。操作工艺优化可参见 2.5.3 小节及 3.5.3 小节具体内容。需要注意，由于一般超滤膜的孔径比微滤膜小得多，因此对原料液预处理的要求比微滤膜严格些。另外，超滤过程操作压力较大，污染层一旦形成，更容易发展及致密化，因此对超滤过程膜污染的监控更重要，更需要及时进行清洗。

1. 预处理

通过在膜过程之前增加预处理步骤来控制污染物的数量，以减轻污染物与膜之间的相互作用。常见的预处理工艺有混凝、吸附、氧化、生物处理等[13-16]。

1) 混凝和吸附

常用的无机混凝剂如铝盐和铁盐。当阳离子混凝剂遇到带负电荷胶体或天然有机物(natural organic matter, NOM)时，会起到混凝作用。然而，当过量的阳离子混凝剂遇到带负电荷的膜表面时，可能会产生膜表面的双电层压缩效应，这可能促进 NOM 吸附在膜表面。在确定混凝剂剂量、类型和混合条件时，需要通过对混凝/超滤体系进行操作条件的优化，以减少膜污染。粉末活性炭吸附剂由于相对高的分散性和孔隙率，具有良好的去除污染物的能力，具有广阔的商业应用前景。在适当的 pH 条件下，粉末活性炭可以黏附到膜表面形成滤饼层，避免污染物接近膜表面，还能够促进有机物的去除，在保持超滤膜性能不发生大幅变化的情况下控制膜污染[17]。

2) 氧化

氧化剂通过改变膜表面与溶液组分之间的相互作用来调节膜污染。氧化剂可以抑制

微生物生长或改变 NOM 的结构和性质，并可作为消毒剂使用。常见的氧化剂有臭氧、高锰酸盐和氯。Kim 等[18]在氧化和超滤混合系统处理天然水的实验中，研究臭氧剂量和水动力条件对膜通量的影响，研究表明，在合适的操作压力条件下，混合臭氧氧化-陶瓷超滤系统可以显著降低膜污染。高锰酸盐和氯也被广泛用于水处理的预氧化。Liang 等[19]研究高锰酸盐和氯在混凝/超滤工艺处理含藻水时的膜污染程度，发现 1 mg·L^{-1}氯和 0.5 mg·L^{-1}高锰酸盐能有效降低膜污染。

2. 抗污染膜制备

缓解膜污染的最根本和最直接途径是研究开发高效、高强度、耐污染性能的膜材料。目前，国内外学者对抗污染膜材料的研究主要包括亲水性膜材料和低表面能膜材料两大类[20-22]。

1) 亲水性膜材料

(1) 聚乙二醇(polyethylene glycol，PEG)类。聚乙二醇又称聚氧乙烯，是一种线型水溶性聚合物。PEG 能完全溶于水，有很好的稳定性和润滑性，且低毒、无刺激性。在水溶液中，线型 PEG 能与水形成大量氢键，因而高度定向的水分子围绕形成水化层。因此，PEG 及其衍生聚合物在抗污染膜的制备中应用最为广泛，抗污染效果优异。

(2) 两性离子类。两性离子聚合物指分子内含有正离子和负离子的聚合物。其中，阳离子基团多为季铵基团，阴离子基团包括磺酸基团、羧酸基团和磷酸基团。两性离子聚合物对蛋白质吸附的抑制作用非常显著，因而应用于抗污染膜的制备与改性。

2) 低表面能膜材料

低表面能膜材料是指表面自由能较低，不利于任何物质在其表面吸附的膜材料。研究表明，低表面能膜材料可在近表面流体流动的条件下，利用其低表面能的特性使得膜表面污染物迅速从表面脱除。

3. 膜清洗

不同形式的膜污染应采用不同清洗方法[23]。膜清洗分为物理清洗和化学清洗。

1) 物理清洗

物理清洗指人工、机械清洗等不使用化学药剂来剥离膜表面污染物的清洗方法。清洗过程不发生化学反应。物理清洗设备简单，但清洗效果有限，不能彻底清除膜污染，通常作为一种简单的维护手段。

(1) 水反冲洗。水反冲洗是指在膜透过侧施加一个反冲洗压力，使处理水或者处理水与空气混合流体反穿通过膜而进行的冲洗。水反冲洗可以在一定程度下维持膜通量，但对膜性能要求较高。为避免膜损伤，反冲洗应在低压状态下操作。

(2) 超声波清洗。超声波清洗是利用超声波在水中引起剧烈紊流、气穴和震动而达到去除膜污染的目的，具有清洗速度快、清洗效果好的特点。

2) 化学清洗

化学清洗是利用化学药品与膜表面有害物质进行化学反应来达到膜清洗的目的。选择化学药品的原则，一是不能与膜及其他组件材料发生化学反应，二是不能引起二次污染。常见的化学清洗剂包括酸清洗剂、碱清洗剂、螯合剂、氧化剂、酶等。

(1) 酸清洗剂。酸清洗剂可以溶解并去除无机矿物质和盐类,溶出结合在凝胶层中的铜、镁等无机金属离子,将凝胶层从膜表面彻底清洗以恢复其渗透能力。常用的酸类清洗剂有盐酸、柠檬酸、草酸等。

(2) 碱清洗剂。在碱性条件下,有机物、二氧化硅和生物污染物易被清除。此外,碱清洗剂可以有效去除蛋白质污染物,破坏凝胶层,使其从膜表面剥离下来。对于大分子物质在膜表面形成的凝胶层,水反冲洗效果甚微,可用碱溶液浸泡清洗污染膜。

(3) 螯合剂。除了强酸和碱外,螯合剂也可用于去除膜面污染物。常用的螯合剂有乙二胺四乙酸(ethylene diamine tetraacetic acid,EDTA)、有机磷酸、葡萄糖酸和柠檬酸等。其中,EDTA 常用于溶解碱土金属硫酸盐,葡萄糖酸可用于除去铁盐。

(4) 氧化剂。当碱清洗剂不起作用时,可以用活性氯进行清洗,对于聚砜类膜,其用量为 $200\sim400\ \text{mg} \cdot \text{L}^{-1}$ 活性氯(相当于 $400\sim800\ \text{mg} \cdot \text{L}^{-1}\ \text{NaClO}$),其最适 pH 为 $10\sim11$。活性氯特别适合于膜孔污染的清除,它似乎能将孔打开,在压力下将膜孔中的污染物挤出来。

(5) 酶。由醋酸纤维素等材料制成的膜,由于不能耐高温和极端 pH,并且其膜通量用其他清洗方法难以恢复时,需采用能水解蛋白质的含酶清洗剂清洗。酶常用于蛋白质污染物的清洗,但酶清洗剂采用不当时会造成新的污染,因此,建议酶清洗后再采用一次化学清洗。

需要注意的是:不能等到膜污染很严重时才清洗,这样将会增加清洗难度,使清洗步骤增多和清洗时间延长。对于各种膜,选择化学清洗剂时要慎重,以防止化学清洗剂对膜的损害。

3.4 超滤膜组件及过程设计

3.4.1 膜组件

为了使膜分离技术在工业中大规模应用,首先要有性能优良的合成高分子膜,其次要有紧凑可靠、经济的设备,即要将符合性能要求的膜装配成合适的膜组件。超滤膜组件的基本形式有板框式、卷式、管式、毛细管式和中空纤维式五种类型,与微滤膜组件类似(参见 2.3 节)。超滤膜的配套设备也与微滤类似,包括动力设备和控制仪表。其中,动力设备包括料液泵、循环泵和冲洗泵。控制仪表包括压力表、阀门、流量计、温度控制系统等。

一套膜装置常需要大量膜组件,这些组件如何排布既与分离纯化目标有关,也与膜污染防控有关,如果排布不合理,可能造成某一段膜组件水通量过大,而另一段的膜组件水通量过小,不能充分发挥其作用。这样水通量超过膜组件的标准通量时,污染速度加快,导致频繁的膜元件清洗,有损膜组件的使用寿命,造成相应的经济损失。

膜组件如何排布特别是每个组件进出口流体的来源及去向是膜过程设计的核心内容。膜过程设计中有两个至关重要的概念——“级”和“段”。级是指透过液透过膜的次数。段是指截留液流经包含膜元件的压力容器的次数。多级膜过程是为了得到更高纯度的透过物，多段膜过程是为了得到更高纯度的截留物。

3.4.2　一级一段流程

如图 3-7 所示为一级一段连续流程：经过膜的处理，透过液和浓缩液被连续引出系统的过程，这种方式的特点是水的回收率不高。如图 3-8 所示为一级一段循环流程：将部分浓缩液返回进料液储槽与原料液混合，再次通过膜组件进行分离的过程，这种方式的特点是透过液水质有所下降。

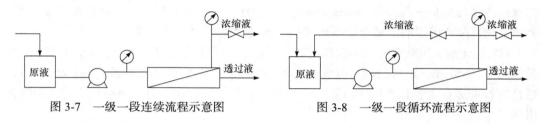

图 3-7　一级一段连续流程示意图　　　　　图 3-8　一级一段循环流程示意图

3.4.3　一级多段流程

如图 3-9 所示为一级多段连续流程：把前一段的浓缩液作为下二段的原料液，割断的透过液连续排出的过程。特点：适合水处理量大的场合，回收率较高，浓缩液量减少，但是浓缩液溶质浓度较高。如图 3-10 所示为一级多段循环流程：将下一段的透过液作为上一段的原料液再进行分离的过程，这样浓缩液能获得更高的浓缩度，适用于浓缩为主要目的的分离。

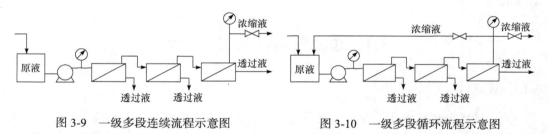

图 3-9　一级多段连续流程示意图　　　　　图 3-10　一级多段循环流程示意图

3.4.4　多级流程

如图 3-11 所示为多级流程：将第一级的透过液作为下一级的进料液再次进行分离，如此连续，将最后一级的透过液引出系统。浓缩液从后一级向前一级的进料液进行混合，再进行分离，这种方式提高了回收率和水质，因此在工业中应用广泛。

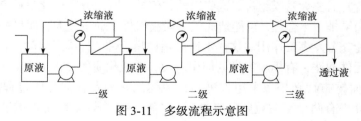

图 3-11　多级流程示意图

3.5　超滤性能强化措施

超滤膜在食品、医药、生物、环保、化工、水处理等各个领域已经得到广泛应用，但由于受基体材料及制膜工艺的影响，超滤膜在使用过程中仍然存在渗透通量低、选择性差、易污染的问题。产生这些问题的原因主要涉及污染物种类及尺寸、操作条件(压力、流速、操作时间及温度)、膜形貌结构及化学性质等。为使超滤膜得到更广泛的应用，超滤性能强化措施是必不可少的。

3.5.1　膜材料改性及膜改性

对于指定的待处理液及膜过程，无法对原料液的理化性质及操作条件有过多调整或干涉，但可以对超滤膜自身的形貌结构及化学性质进行改性。具体地，多孔的表面结构有利于水分子的渗透、通量增加，但表面开孔率的增大往往会使表面孔径也有所增大，从而造成截留率的减小。渗透通量与截留率之间的这种"trade-off"效应，就成为制约膜整体性能提高的一个瓶颈，因此，如何在保证高渗透通量的同时维持较高的截留率是开发高性能膜的关键。另外，亲水的表面不仅有利于水分子的渗透，而且会在膜表面形成水化层，使膜表面的抗污染性能增强。超滤膜渗透通量的提高及抗污染性能的增强不仅能够提高对原料液的处理效率，而且能够延长膜的使用寿命，降低生产成本。因此，适当提高膜的开孔率及增强膜表面的亲水性成为超滤膜改性的关键。超滤膜材料改性及膜改性方法主要有本体改性、共混改性及表面改性，具体阐述如下。

1. 本体改性

本体改性是通过化学反应在膜基体材料的分子链段上直接引入亲水性的基团或链段，从而改变基体材料的化学性质以及铸膜液在相转化过程中的热力学及动力学行为，进而改变膜的形貌结构及表面性质。该方法具有可以实现对膜表面和膜基质的均匀、彻底、综合改性，改性效果明显且持久性强等，但同时也可能存在膜基体材料改性位点活性较弱、改性位点和可引入亲水链段有限、改性膜材料机械性能及热性能下降等缺点。

Liu 等[24]通过先磺化后聚合的方法制备了一系列磺化度不同的聚苯砜(sulfonated polyphenylsulfone，SPPSU)，与纯的聚苯砜(polyphenylsulfone，PPSU)超滤膜相比，SPPSU超滤膜表面荷电量及亲水性明显增强，并且随着磺化度的提高，其开孔率、渗透通量及抗污染性能明显提高。

2. 共混改性

共混改性是指将亲水性的填料与膜基体材料共同溶解或分散在同一溶剂中形成均匀的铸膜液，然后通过相转化的方法制备得到复合膜。其中，亲水性的填料主要包括亲水性聚合物、亲水性无机纳米材料及亲水性有机纳米粒子。共混改性的作用机制主要有两方面：①在相分离过程中，亲水性填料的添加可以增加溶剂与非溶剂的交换速率，在动力学上有助于多孔结构的生成，提高渗透通量；②在成膜的过程中，亲水性填料会自发地向表面迁移、富集，有助于增强膜表面亲水性，提高水分子的渗透能力及增强膜的抗污染性能。共混改性具有操作简单、成本较低及可供改性的材料种类繁多等优点，但同时存在填料与膜基质之间较差的相容性、掺杂量有限，并且在相分离或使用过程中填料容易溢出，导致膜缺陷、截留率降低及整体性能不稳定等缺点。

Sun 等[25]将聚(甲基丙烯酸磺基甜菜碱)[poly(sulfobetaine methacrylate)，PSBMA]成功接枝在一种金属有机骨架材料(MOF)UiO-66-NH$_2$ 上得到 UiO-66-PSBMA，并以 UiO-66-PSBMA 为填料与 PSf 共混通过浸渍-沉淀相转化法制备了一系列的 PSf 复合超滤膜。结果表明，经过改性的 UiO-66-PSBMA 表现了良好的亲水性、分散性及与膜基质材料很好的相容性；所制备的 UiO-66-PSBMA/PSf 复合膜的通量高达 602 L·m^{-2}·h^{-1}，是纯 PSf 超滤膜的 2.5 倍，同时保持了较高的蛋白质截留率，这主要归因于 UiO-66-PSBMA 良好的亲水性及与聚合物基质之间良好的相容性，使得膜形成均匀、多孔、无缺陷的形貌结构。

3. 表面改性

在超滤过程中，待处理液最先与分离膜的表面接触，并在膜表面处实现分离与提纯，膜皮层的形貌结构及化学性质很大程度上决定了超滤膜的整体性能。表面改性的优点在于对膜的抗污性能及选择性有明显提高且不会对膜的机械性能造成影响，但也存在会对膜的渗透通量提高不大或下降的缺点。膜表面改性的方法主要包括：表面涂敷与表面接枝。表面涂敷是通过各种涂敷方式(旋涂、刮涂等)在膜表面包覆一层改性物质，实现膜表面性质的变化。其具有操作简单、不要求基体材料有活性官能团的优点，但也存在涂层与基体材料结合力不强、改性持久性差的缺点。表面接枝改性是通过不同能量引发并促使待接枝物质在膜表面发生化学反应，从而将待接枝物质固定在膜表面。其中能量引发方式有很多种，常见的主要有紫外光引发、等离子体引发、高能辐照引发、臭氧引发及氧化还原引发。表面接枝具有抗污染性能提高明显且持久的优点，但也存在接枝率低且无法控制、对膜表面造成不同程度的损害、有些方法设备较为昂贵等缺点。Ganj 等[26]使用相转化法制备了 PSf 膜，用响应面法研究丙烯酸自由基接枝聚合对 PSf 超滤膜的表面改性。与未改性的膜相比，改性膜表面亲水性更好、更光滑，抗污染性能明显增强。

3.5.2 膜组件结构优化

超滤膜组件结构优化符合以下膜组件结构优化的一般原则。

首先，性能良好的超滤膜组件应达到以下要求：①对膜能提供足够的机械支撑并可使高压原料液(气)和低压透过液(气)严格分开；②在能耗最小的条件下，使原料液(气)在膜面上的流动状态均匀合理，以减少浓差极化；③具有尽可能高的填装密度(单位体积的膜组件中填充较多的有效膜面积)并使膜的安装和更换方便；④装置牢固、安全可靠、价格低廉和容易维护。

膜组件结构优化的方法有：①设计高度为 0.3～1.0 mm 的薄沟，其产生的高剪切速率有利于减少污染物在膜表面的吸附；②在流道贴近膜面处放置由隔网、金属格栅、塑料细棒或螺杆等组成的湍流促进器，诱发低速层流料液的湍动，从而减少浓差极化和膜污染，提高通量；③设计回转膜构型，使高速回转膜筒产生的离心力在膜表面诱发 Tayler 旋涡，使溶质迁离膜表面,减少浓差极化,提高膜通量;④在膜组件流道内加装表面粗糙的扰流元件,增强流体的湍流程度,从而强化流体对膜面的横向剪切力,减轻浓差极化和膜污染[27]。

3.5.3　操作条件优化

超滤在操作压力为 $0.1\sim0.5$ MPa、温度为 $60℃$ 以下时,超滤膜的纯水渗透通量为 $20\sim1000$ L·m^{-2}·h^{-1},但实际中由于料液体系不同,膜的溶液渗透通量为 $1\sim100$ L·m^{-2}·h^{-1}。当超滤膜渗透通量低于 1 L·m^{-2}·h^{-1} 时,过程缺乏经济效益,因此必须优化操作条件以达到超滤性能强化目的[28]。

1) 操作压力

以压力为驱动力的膜过滤过程,渗透膜两侧压差是使膜分离过程得以实现的动力,其压差直接影响膜的渗透性能。一般膜渗透通量随着操作压力的增加而增加,但也存在一个临界值,膜操作压力过大会将工业废水中部分可压缩性物质压入膜孔而造成膜孔堵塞,使膜渗透通量降低。选择合适的操作压力是膜分离实验的首要条件。

2) 膜面流速

膜面流速的影响与流体力学有关,一般认为增大流速可以提高膜的渗透通量,这是因为增大膜面流速,膜面剪切应力随之增大,较高剪切应力有利于带走吸附于膜面的小颗粒、凝胶等,使污垢层或凝胶层变薄,阻力减小。同时,增大剪切应力还会减小膜面浓差极化,使得膜渗透通量得以部分恢复。

3) 操作温度

操作温度主要取决于所处理料液的化学、物理性质和生物稳定性,应在膜设备和处理物质允许的最高温度以下进行操作。其中,温度与扩散系数的关系可以用下式表示:

$$\frac{\mu D}{T} = 常数 \tag{3-14}$$

式中,μ 为黏度;D 为扩散系数;T 为温度,K。

由式(3-14)可见,温度 T 越高,黏度 μ 变小,而扩散系数 D 则变大。例如,酶的最高操作温度为 $25℃$,涂料为 $30℃$,蛋白质为 $55℃$,制奶工业为 $50\sim55℃$,纺织工业脱浆废水中回收聚乙烯醇时为 $85℃$。

溶液黏度一般随着温度升高而减小,膜分离过程中升高操作温度有利于降低料液黏度,料液中部分溶质溶解度增加,溶质扩散系数增大,促进膜表面溶质向主体流体运动,使膜表面浓差极化层减薄,从而提高过滤流率,膜渗透通量增加。

4) 操作时间

随着膜分离过程运行时间的增加,膜表面受到的污染会逐渐加剧,膜表面出现的浓差极化层或凝胶层会逐渐增厚,导致超滤膜透过通量越来越小。其透过通量随时间的衰减情况与膜组件的水力特性、料液的性质和膜的特性有关。一般在膜通量下降到 60%左右时需要对膜进行清洗,只有定期对膜进行清洗才能使膜保持较高的膜通量。这段时间称为一个运行周期,当然运行周期的变化还与清洗情况有关。

5) 进料浓度

随着超滤过程的进行,料液(主体液流)的浓度增大,黏度变大,边界层厚度扩大,这对超滤来说无论从技术上还是经济上都是不利的，因此对超滤过程主体液流的浓度应有限制，即最高允许浓度。

3.6 超滤技术应用

超滤技术在许多需将大分子组分与低分子量物质分离的场合得到广泛应用，包括药物分离、饮用水处理、生活污水和工业废水处理、食品工业等。

3.6.1 药物分离

膜分离技术尤其是超滤技术在近几年已经在医药工业领域中取得了非常广泛的应用，发展势头呈现良好的趋势，前景十分乐观。超滤技术目前主要应用在口服液的生产、中药有效成分的提取、热源的去除、制药废水中有效成分的回收等。图 3-12、图 3-13 分别为抗生素提炼传统工艺和膜分离工艺流程示意图，利用超滤技术提炼抗生素，通过毒性、药效及化学分析实验表明，超滤法可提高药效、除去杂质、安全无毒并且可以保留更多的有效成分。吴桐[29]以药用植物葛花和川芎为研究对象，采用超滤质谱活性筛选技术，得到 3 个潜在的乳酸脱氢酶抑制剂、3 个潜在的 α-葡萄糖苷酶(α-glucosidase)抑制剂，对葛花和川芎中有效成分进行了活性筛选及结构鉴定。周冉等[30]在超滤膜浓缩鹿茸提取液的工艺中发现用聚醚砜膜和改性聚醚砜膜，当压力为 0.3 MPa、pH 为 12 时能够有效地分离浓缩胰岛素样生长因子-1，为鹿茸资源的合理开发利用提供了理论依据。

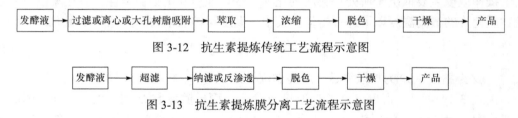

图 3-12   抗生素提炼传统工艺流程示意图

图 3-13   抗生素提炼膜分离工艺流程示意图

3.6.2 饮用水处理

随着生活水平的提高，居民的用水安全意识逐步提升，这也对饮用水净化技术提出了更高要求。如图 3-14 所示为饮用水处理工艺流程示意图。与传统处理方法相比，超滤膜技术的净水优势尤为突出，能去除几乎水中全部致病微生物，有效保障饮用水的生物安全性。自 2009 年我国首座 10 万 $m^3 \cdot d^{-1}$ 的大型超滤水厂山东东营南郊水厂运营以来，以超滤膜为主的第三代工艺在我国饮用水处理领域得到快速发展，至 2020 年，我国超滤水厂产水规模超过 800 万 $m^3 \cdot d^{-1}$。超滤膜在第三代净水工艺中的应用，按其工艺流程组合和进出水水质特点，可初步划分为三级应用目标：初级目标是去除水中颗粒物(包括易引起人畜腹泻的隐孢子虫和贾第鞭毛虫、病毒、细菌、藻类等)；中级目标是简化工艺流程(直接超滤、混凝超滤、混凝沉淀超滤等)和提高出水水质保障率；高级目标是通过组合工艺(吸附超滤、预氧化耦合超滤、臭氧活性炭超滤等)全面提升水的化学与生物安全性。上述三级目标是超滤膜面向不同场景、不同对象、不同产品的差异化供给选择[31-32]。

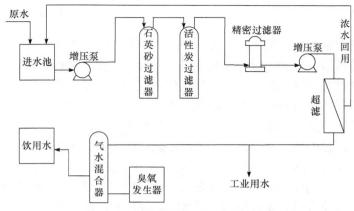

图 3-14 饮用水处理工艺流程示意图

3.6.3 生活污水和工业废水处理

水资源越来越缺乏,生活污水和工业废水的循环利用备受关注。超滤工艺可以有效分离生活污水中较大的杂质分子,而且分离过程中不需要施加较大的外力就可以达到良好的分离效果,可见超滤工艺对于资源的消耗相对较小,而且该技术所能处理的水量一般较大,特别适用于生活污水深度处理。在日本该工艺不仅应用于生活污水的深度处理,在污水回用中也得到广泛应用,一般将超滤工艺技术处理得到的回用水应用到中水管道系统中,实现洗车、坐便冲水等应用。彭婷等[33]将聚氯乙烯超滤膜采用错流过滤直接处理某污水处理厂生活污水,并采用脉冲进料控制膜污染。结果表明,生活污水经三级过滤后,相关指标达到一级 A 排放标准:污水浊度降到 0.1 NTU(散射浊度,nephelometric turbidity unit)以下;COD 由 120.97 mg·L^{-1} 降到 47.34 mg·L^{-1},去除率为 60.9%;可溶性有机碳(dissolved organic carbon,DOC)由 8.95 mg·L^{-1} 降到 4.08 mg·L^{-1},去除率为 54.4%;细菌截留率为 99.6%。张新妙等[34]通过超滤装置、纳滤装置、反渗透装置、第一蒸发结晶装置和第二蒸发结晶装置的配合使用,充分结合了各装置的优势,解决了石化企业催化裂化烟气脱硫废水处理困难的问题,有效实现了水资源和盐类资源化利用,同时有效利用了低温热源。图 3-15 为污水处理工艺流程示意图。

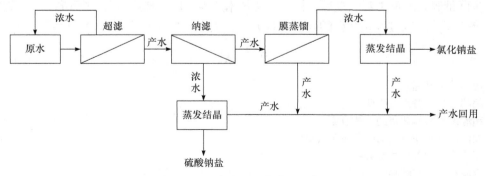

图 3-15 污水处理工艺流程示意图

3.6.4 食品工业

与其他分离技术相比，膜分离为物理过程，无需引入外源物质，在节约能源的同时，减少了对环境的污染；其次，膜分离在常温下进行，过程中没有相变，适宜对食品工业中生物活性物质进行分离及浓缩。将膜分离技术应用于食品工业的浓缩、澄清及分离，可以较好地保持产品原有的色、香、味和多种营养成分。超滤膜技术在食品方面的应用主要是果汁的浓缩、澄清，啤酒生产和营养成分的提取等[35-36]。施锴云等[37]采用超声辅助自由基法降解阿拉伯半乳聚糖，采用 5 kDa 超滤膜组件，膜通量和多糖透过率分别达到 25.3 L·m^{-2}·h^{-1} 和 130.3 g·m^{-2}·h^{-1}，损失率为 3.11%。经检测，所得到的纯化多糖组分纯度为 91.2%。相较于阿拉伯半乳聚糖，经过降解和膜分离的阿拉伯低聚半乳糖对动物双歧杆菌的生长有明显促进作用，可将其活菌数对数值提高 14.34%。

3.7 超滤技术存在的问题及发展前景

尽管超滤技术在全世界范围内已得到广泛应用，但是超滤技术在膜产品和应用过程中仍然存在诸多问题，严重阻碍该技术的健康发展。首先，新型超滤膜材料的研发与工业化存在脱节，研发的纳米复合膜材料等涉及昂贵的试剂，并且制备工艺较为烦琐，难以进行工程放大；其次，超滤过程在应用过程中仍然存在严重的膜污染和膜劣化问题，这不仅需要高性能超滤膜的研发，还要求膜工艺的优化。目前大多数研究主要针对单一污染物研究超滤过程，忽略多种污染物对超滤过程的综合影响，因而需要对混合污染物的超滤过程进行评估和分析，并通过耦合其他技术提高超滤技术对多种污染物的处理效率。

针对以上存在的问题，超滤技术在膜材料、膜清洁工艺和工程设计等方面仍然需要寻求突破[23,38-41]。首先，膜结构调控应当结合分子结构设计理论和膜内传递机理，对膜材料进行导向性的设计与制造；针对分离物系和目标开发高性能的功能高分子膜材料和无机膜材料，综合提高膜的渗透性、选择性、抗污染性、抗氧化性和耐高温性；其次，加强膜过程传递现象的基础研究工作，在流体力学理论指导下用数学模型进行关联，建立膜组件的传质模型和污染模型，预测和预防膜污染的形成和发展，并优化膜组件的清洗工艺，进一步降低膜过程的能耗；最后，针对超滤技术所涉及的集成膜过程进行研究，开发超滤与传统分离及反应过程相结合的新型耦合方式，进一步扩大超滤技术的应用领域。

习 题

3-1 简述什么是超滤。

3-2 超滤过程的特点有哪些？

3-3 超滤过程溶质截留的方式有哪些？

3-4 如何缓解超滤过程的浓差极化现象？

3-5 超滤膜的制备方法有哪些？

3-6 超滤膜组件有哪些？

3-7 简述超滤膜技术的优缺点。

3-8 简述常见的超滤膜污染类型及相应控制策略。

3-9　超滤过程的强化措施包括哪些?

3-10　简述超滤膜过程设计内容。

3-11　超滤技术的主要工业应用有哪些?

3-12　谈谈你对超滤未来前景的认识。

参 考 文 献

[1] 米尔德 M. 膜技术基本原理. 2 版. 李琳, 译. 北京: 清华大学出版社, 1999.

[2] 许振良. 膜法水处理技术. 北京: 化学工业出版社, 2001.

[3] Wijmans J G, Nakao S, Smolders C A. Flux limitation in ultrafiltration: Osmotic pressure model and gel layer model. Journal of Membrane Science, 1984, 20(2): 115-124.

[4] Wijmans J G, Nakao S, Van D, et al. Hydrodynamic resistance of concentration polarization boundary layers in ultrafiltration. Journal of Membrane Science, 1985, 22(1): 117-135.

[5] 孙雪飞, 陈全虎, 于洋. 超滤膜的制膜材料及工业化应用. 石化技术, 2020, 27(9): 1-3.

[6] Vatanpour V, Ghadimi A, Karimi A, et al. Antifouling polyvinylidene fluoride ultrafiltration membrane fabricated from embedding polypyrrole coated multiwalled carbon nanotubes. Materials Science and Engineering: C, 2018, 89: 41-51.

[7] Goh P S, Ismail A F. A review on inorganic membranes for desalination and wastewater treatment. Desalination, 2018, 434(1): 60-80.

[8] Mahmoudi C, Demirel E, Chen Y. Investigation of characteristic and performance of polyvinyl chloride ultrafiltration membranes modified with silica-oriented multi walled carbon nanotubes. Journal of Applied Polymer Science, 2020, 137(45): 49397.

[9] Loeb S, Sourirajan S. High flow porous membranes for separating water from saline solutions: US3133132A. 1964-05-12.

[10] 唐元晖, 李沐霏, 林亚凯, 等. 相转化法制膜过程的模型与模拟研究进展. 膜科学与技术, 2020, 40(1): 266-274.

[11] 闫笑, 同帜, 王佳悦, 等. 低成本无机陶瓷膜制备研究进展. 人工晶体学报, 2019, 48(7): 1208-1213.

[12] 张伟, 陈献富, 范益群. 溶胶-凝胶法制备 TiO_2 掺杂 α-Al_2O_3 高通量陶瓷超滤膜. 膜科学与技术, 2020, 40(5): 16-22.

[13] Gao W, Liang H, Ma J, et al. Membrane fouling control in ultrafiltration technology for drinking water production: A review. Desalination, 2011, 272(1): 1-8.

[14] Stoquart C, Servais P, Bérubé P R, et al. Hybrid membrane processes using activated carbon treatment for drinking water: A review. Journal of Membrane Science, 2012, 411-412: 1-12.

[15] Lee E J, Yun S, Kim H. Effects of steam pretreatment on fouled membrane in chemical cleaning for flux recovery in drinking water treatment. Environmental Science and Pollution Research, 2020, 27(28): 35703-35711.

[16] Ding Q, Yamamura H, Yonekawa H, et al. Differences in behaviour of three biopolymer constituents in coagulation with polyaluminium chloride: Implications for the optimisation of a coagulation-membrane filtration process. Water Research, 2018, 133(1): 255-263.

[17] Shao S L, Cai L Y, Li K, et al. Deposition of powdered activated carbon (PAC) on ultrafiltration (UF) membrane surface: Influencing factors and mechanisms. Journal of Membrane Science, 2017, 530: 104-111.

[18] Kim J, Davies S H R, Baumann M J, et al. Effect of ozone dosage and hydrodynamic conditions on the permeate flux in a hybrid ozonation-ceramic ultrafiltration system treating natural waters. Journal of Membrane Science, 2008, 311(1-2): 165-172.

[19] Liang H, Gong W, Li G. Performance evaluation of water treatment ultrafiltration pilot plants treating

algae-rich reservoir water. Desalination, 2008, 221(1-3): 345-350.

[20] Sulaiman A H I, Lau W J, Mohd Y A R, et al. Synthesis of functional hydrophilic polyethersulfone-based electrospun nanofibrous membranes for water treatment. Journal of Environmental Chemical Engineering, 2020, 9(1): 104728.

[21] Wang Z F, Chen P Y, Liu Y, et al. Exploration of antifouling zwitterionic polyimide ultrafiltration membrane based on novel aromatic diamine monomer. Separation and Purification Technology, 2021, 255: 117738.

[22] Rong G L, Zhou D, Pang J H. Preparation of high-performance antifouling polyphenylsulfone ultrafiltration membrane by the addition of sulfonated polyaniline. Journal of Polymer Research, 2018, 25(3): 66.

[23] Chang H Q, Liang H, Qu F S, et al. Hydraulic backwashing for low-pressure membranes in drinking water treatment: A review. Journal of Membrane Science, 2017, 540: 362-380.

[24] Liu Y, Yue X G, Zhang S L, et al. Synthesis of sulfonated polyphenylsulfone as candidates for antifouling ultrafiltration membrane. Separation and Purification Technology, 2012, 98: 298-307.

[25] Sun H Z, Tang B B, Wu P Y. Development of hybrid ultrafiltration membranes with improved water separation properties using modified super-hydrophilic metal-organic framework nanoparticles. ACS Applied Materials & Interfaces, 2017, 9(25): 21473-21484.

[26] Ganj M, Asadollahi M, Mousavi S A, et al. Surface modification of polysulfone ultrafiltration membranes by free radical graft polymerization of acrylic acid using response surface methodology. Journal of Polymer Research, 2019, 26(9): 1-19.

[27] 伍艳辉, 王志. 膜过程中防治膜污染强化渗透通量技术进展（Ⅱ）膜组件及膜系统的结构设计. 膜科学与技术, 1999, 19(4): 12-16+22.

[28] Zhang W X, Luo J Q, Ding L H, et al. A review on flux decline control strategies in pressure-driven membrane processes. Industrial & Engineering Chemistry Research, 2015, 54(11): 2843-2861.

[29] 吴桐. 药用植物葛花、川芎中抗缺血性脑卒中有效成分的分离提取及活性评价研究. 长春：长春师范大学, 2020.

[30] 周冉, 王飞, 郝洁, 等. 超滤浓缩技术分离鹿茸中胰岛素样生长因子-1. 中草药, 2013, 44(10): 1257-1262.

[31] 梁恒, 李圭白. 饮用水净化工艺的代际认知与融合. 给水排水, 2021, 57(1): 1-3.

[32] 郑根江. 中国膜产业发展状况与展望. 水处理技术, 2020, 46(6): 1-3.

[33] 彭婷, 史载锋, 林强, 等. PVC超滤膜处理生活污水及膜污染控制研究. 膜科学与技术, 2015, 35(2): 75-81.

[34] 张新妙, 焦旭阳, 栾金义, 等. 工业废水处理系统及其应用: CN111847742A. 2020-10-30.

[35] 张明玉, 刘玉青. 膜分离技术及其在食品工业中的应用. 现代食品, 2018, (2): 136-138.

[36] Guo S W, Luo J Q, Yang Q J, et al. Decoloration of molasses by ultrafiltration and nanofiltration: Unraveling the mechanisms of high sucrose retention. Food and Bioprocess Technology, 2019, 12(1): 39-53.

[37] 施锴云, 杨波, 李琴, 等. 基于膜分离的阿拉伯低聚半乳糖的制备. 食品工业, 2020, 41(11): 46-51.

[38] 赵冰, 王军, 田蒙奎. 我国膜分离技术及产业发展现状. 现代化工, 2021, 41(2): 6-10.

[39] Ren Y, Ma Y L, Min G Y, et al. A mini review of multifunctional ultrafiltration membranes for wastewater decontamination: Additional functions of adsorption and catalytic oxidation. Science of the Total Environment, 2020, 762: 143083.

[40] Nicholas H, Werber J R, Yarn C W, et al. Next-generation ultrafiltration membranes enabled by block polymers. ACS Nano, 2020, 14(12): 16446-16471.

[41] Pronk W, Ding A, Morgenroth E, et al. Gravity-driven membrane filtration for water and wastewater treatment: A review. Water Research, 2019, 149: 553-565.

第4章

纳　滤

4.1　纳滤膜特点及发展历程

纳滤(NF)作为一种介于反渗透(RO)与超滤(UF)之间的压力驱动膜分离过程，已经成为当今分离膜领域的研究热点之一。20 世纪 70 年代，纳滤技术首次出现，起源于美国 Film Tech 公司对 NS-300 反渗透复合膜的开发。同时，Cadotte 研究员利用哌嗪和 1, 3, 5-均苯三甲酰氯、间苯二甲酰氯混合反应制备出一系列高通量的薄层复合膜(thin-film composite，TFC)，所制的膜具有较低的氯离子截留率和较高的硫酸根离子截留率。研究初期，纳滤膜被作为"疏松反渗透膜"、"致密型超滤膜"或者"选择性反渗透膜"。直到 20 世纪 90 年代，美国的 Film Tech 公司将其命名为"纳滤膜"。

随着研究的逐步深入，纳滤膜的品种正在不断增加，性能在不断提升，适用领域也越来越广泛，如废水处理、染料回收、制药与生物工艺、食品工程等。随着纳滤膜在主流膜处理技术中地位的不断攀升，一大批纳滤膜的研发生产企业开始涌现，如美国 Film Tech、TriSep、GE Osmonics 公司，日本 Toray、Nitto 公司，德国 Kalle、Nanoton 公司，以及荷兰 Lenntech 公司。商品纳滤膜的型号、生产厂商及性能见表 4-1。

表 4-1　商品纳滤膜的型号、生产厂商及性能

型号	生产厂商	截留分子量	操作条件	
			最高温度/℃	pH 范围
NF270	Film Tech	200～400	45	2～11
NF200	Film Tech	200～400	45	3～10
NF90	Film Tech	200～400	45	3～10
TS80	TriSep	150	45	2～11
TS40	TriSep	200	50	3～10
XN45	TriSep	500	45	2～11
UTC20	Toray	180	35	3～10
TR60	Toray	400	35	3～8
CK	GE Osmonics	2000	30	5～6
DK	GE Osmonics	200	50	3～9

续表

型号	生产厂商	截留分子量	操作条件	
			最高温度/℃	pH 范围
DL	GE Osmonics	150~300	90	1~11
HL	GE Osmonics	150~300	50	3~9
NFX	Synder	150~300	50	3~10
NFW	Synder	300~500	50	3~10
NFG	Synder	600~800	50	4~10
TFC SR100	Koch	200	50	4~10
SR3D	Koch	200	50	4~10
SPIRAPRO	Koch	200	50	3~10
ESNA1	Nitto-Denko	100~300	45	2~10
NTR7450	Nitto-Denko	600~800	40	2~14

我国纳滤膜研究始于 20 世纪 80 年代末期。1993 年，高从堦院士首次在国内利用界面聚合法制备出芳香聚酰胺复合纳滤膜，同年在兴城举办的"全国 RO、UF、MF 膜技术报告会"上提出纳滤膜的概念。随着研究单位与研究力度的不断增加，工业化纳滤膜材料如醋酸纤维素、三醋酸纤维素、芳香聚酰胺、磺化聚醚砜类等被逐渐开发出来。目前，我国部分工业化生产的纳滤膜性能已接近国际同类产品的水平。

纳滤膜的基本结构及其表征手段与反渗透膜类似，参见 5.1.3 小节。此外，纳滤膜组件类型、纳滤装置的其他配套设备和纳滤过程设计也都与反渗透相似，具体参见 5.4 节和 5.6 节。

4.2 纳滤分离机理及模型

纳滤过程以压力差为驱动力，纳滤膜截留分子量为 200~1000。纳滤膜对物质的有效分离是由尺寸筛分效应和静电排斥效应共同实现的。纳滤过程及纳滤膜的特点如下。

1) 操作压力低

相比于反渗透过程，纳滤过程的操作压力低，通常为 0.5~2.0 MPa。较低的操作压力大大降低了纳滤过程的运行成本。

2) 纳米级的膜孔径

纳滤膜孔径通常在 1 nm 左右，可用于不同分子量的有机物分子的高效分离。

3) 离子选择性

纳滤膜表面的荷电基团赋予其表面荷电性，这使膜表面与高价态离子间的静电作用较强，与低价态离子间的静电作用较弱。利用这一特点，纳滤膜可实现对含不同价态离子无机盐的高效分离。

纳滤与超滤、反渗透同属压力驱动膜过程，但传质机理不尽相同。一般认为，孔径较大的超滤膜的传质过程主要是孔流形式，致密反渗透膜的传质过程主要是溶解扩散形式。纳滤膜对无机盐的分离不仅受化学势控制，也受电势梯度的影响，因此纳滤膜的分离机理与模型更为复杂。以下介绍针对不同分离体系的纳滤膜分离机理及模型。

4.2.1 中性溶质体系

1. 不可逆热力学模型

纳滤过程与反渗透等膜分离过程一样，是不可逆过程，膜内传递现象可用非平衡热力学(不可逆热力学)模型进行表征。该模型中膜被认为是一个"黑匣子"，纳滤膜本征结构及传递机理可不考虑，分离过程的驱动力是膜两侧溶液的电化学势差[1]。

根据非平衡热力学描述传递过程的基本原理[2]，经过一系列推导，可得到纳滤过程溶质和溶剂透过膜的通量表达式为

$$J_V = L_P(\Delta p - \sigma \Delta \pi) \tag{4-1}$$

$$J_S = (1-\sigma)C_S J_V + \omega \Delta \pi \tag{4-2}$$

式中，J_V 为体积通量，$m^3 \cdot m^{-2} \cdot s^{-1}$；$J_S$ 为溶质摩尔通量，$mol \cdot m^{-2} \cdot s^{-1}$；$\Delta p$ 为膜两侧压力差，Pa；L_P 为水渗透系数，$m^3 \cdot m^{-2} \cdot s^{-1} \cdot Pa^{-1}$；$\Delta \pi$ 为膜两侧渗透压差，Pa；σ 为反射系数，其值在 0～1 之间；C_S 为溶液中溶质浓度，$mol \cdot m^{-3}$；ω 为溶质渗透系数，$mol \cdot m^{-2} \cdot s^{-1} \cdot Pa^{-1}$。

式(4-1)、(4-2)即为著名的 K-K(Kedem-Katchalsky)方程。对于体积流量大和浓度梯度高的情况，K-K 模型并不适用，因此提出了 K-K 模型的微分形式——S-K(Spiegler-Kedem)模型[3]：

$$J_V = -P_W \left(\frac{dp}{dx} - \sigma \frac{d\pi}{dx} \right) \tag{4-3}$$

$$J_S = (1-\sigma)C_S J_V - P_S \frac{dc_S}{dx} \tag{4-4}$$

式中，p 为压力，Pa；x 为与膜面的垂直距离，m；P_W 为描述膜局部水渗透性的参数，$L_P = \dfrac{P_W}{\Delta x}$，$m^2 \cdot s^{-1} \cdot Pa^{-1}$；$P_S$ 为描述膜局部溶质渗透性的参数，$\omega = \dfrac{P_S}{2RT\Delta x}$，$m^2 \cdot s^{-1}$；$\Delta x$ 为膜厚，m。一些文献将 P_W 和 P_S 分别称为局部分水渗透率和局部溶质渗透率[4]。

S-K 模型方程对溶质浓度范围要求较为宽松，可适用于透过通量较大、浓度梯度较高的情况。与 K-K 模型一样，S-K 模型用于溶剂(水)和一种非电解质溶液。

在不可逆热力学模型中，截留率 R 的表达式为

$$R = \frac{\sigma(1-F)}{1-F\sigma} \tag{4-5}$$

$$F = \exp\left(-\frac{(1-\sigma)J_V}{2RT\omega} \right) \tag{4-6}$$

式中，F 为转换因子。

2. 细孔模型

细孔模型(pore model)是在 Stokes-Maxwell 摩擦模型的基础上引入立体阻碍的影响因

素构建而成。该模型假定膜存在均一细孔结构，溶质为刚性球体且受孔壁影响很小[4]。应用细孔模型应遵循五点基本假设：①膜分离层具有均一的细孔结构，细孔半径为 r_p，且细孔长度远大于 r_p；②溶质为一定大小的刚性球体，且能够在细孔中缓慢移动；③溶剂在细孔中的流动符合 Poiseuille 规则；④膜分离过程为过滤速率恒定的稳态一维流动过程；⑤溶液浓度很小，即细孔中溶质分子间无相互作用。溶质半径 r_S 可通过 Stokes-Einstein 方程进行估算：

$$r_S = \frac{kT}{6\pi\mu D_S} \tag{4-7}$$

式中，k 为 Boltzmann 常量；T 为热力学温度，K；μ 为溶液黏度；D_S 为溶质扩散系数，$m^2 \cdot s^{-1}$。

根据细孔模型的以上假设，不可逆热力学模型中的膜性能参数可与膜结构参数和溶质特性参数联系起来，如膜的反射系数和膜的溶质渗透率可根据下列方程得到：

$$\sigma = 1 - \left(1 + \frac{16}{9}\lambda^2\right)(1-\lambda)^2\left[2 - (1-\lambda)^2\right] \tag{4-8}$$

$$P = (1-\lambda)^2 D_S\left(A_k/L\right) \tag{4-9}$$

式中，$\lambda = r_S/r_p$；A_k/L 为膜的孔隙率与膜分离层厚度之比。通过膜的微孔结构和溶质大小，可运用细孔模型计算膜性能参数，进而得到膜截留率与膜通量之间的关系；反之，如果溶质大小已知，由透过实验得到膜截留率与膜通量的关系，便可借助细孔模型确定膜结构参数。该模型中的孔壁效应被忽略，因此该模型只反映膜孔对溶质的空间位阻，而不能反映孔壁对溶质的阻碍作用。

3. 溶解扩散模型

溶解扩散模型(solution-diffusion model)可以较好地描述渗透物分子在聚合物膜中的传递过程。根据溶解扩散模型，分离组分在膜内的传质过程可分为三步：①液体混合物在膜表面被选择性吸附溶解，即溶解过程(此步与待分离组分及膜材料的热力学性质有关，是热力学过程)；②膜表面吸附的组分在膜中扩散，即扩散过程(此步涉及速率问题，是动力学过程)；③渗透组分在膜下游侧解吸脱附，这一步的传质阻力基本可以忽略。在溶质和溶剂分子透过膜的过程中，一般假设第一步和第三步进行得非常快，第二步为控制步骤，决定透过速率。因此，溶质和溶剂分子在膜中的溶解度和扩散性差异影响着溶液透过膜的速率。

如果将膜看作连续体，假定膜表面液相和膜相的化学势间达到平衡，所有组分的扩散系数与浓度无关，各组分在膜内的扩散传递可以用 Fick 定律描述，则得到如下表达式：

$$J_W = A(\Delta p - \Delta\pi) \tag{4-10}$$

$$J_S = B\Delta C_S \tag{4-11}$$

式中，J_W 和 J_S 分别为水和溶质通量；$\Delta p - \Delta\pi$ 为膜两侧有效压差；A 为膜对水的渗透系数；B 为膜对溶质的渗透系数；ΔC_S 为膜两侧溶质浓度差。

可见，J_W 与膜两侧的有效压差($\Delta p - \Delta \pi$)成正比，J_S 与膜两侧溶质浓度差 ΔC_S 成正比。一般情况下可认为比例系数 A 和 B 与溶质浓度无关，且不受压力影响，与温度相关。因此，在一定温度下，A、B 值为常量，可通过实验测定。

该理论认为完整的膜是由均质膜或非均质膜及多孔膜的表面致密分离层组成，但忽略了膜结构对传递性能的影响，对指导实践存在一定的缺陷。在应用纳滤膜进行不同溶质的选择性分离时，中性溶质的主要特性参数为 Stokes 直径、当量分子直径或分子直径等分子尺寸，因此纳滤膜对不同中性有机分子的选择性能主要由分子尺寸和分子极性共同决定[1]。

需要指出，以上不可逆热力学模型中的 L_P 和 ω，溶解扩散模型中的 A 和 B，本书采用文献中较普遍的命名方式，将上述参数命名为渗透系数(permeability)[3, 5-11]。但从物理含义和量纲分析，此处的渗透系数与气体分离膜中的渗透系数不同，而与气体分离膜中的渗透率(permeance)相同。造成这种不一致的情况有其历史原因。一些文献已经对表征膜渗透性能的参数进行了统一定义，即将扩散系数和溶解度系数的乘积命名为"渗透系数(permeability)"，将扩散系数和溶解度系数乘积与膜厚之比命名为"渗透率(permeance)"[12-13]。一直以来，人们描述气体分离膜渗透性能的术语都与此相符(见 7.2.2 和 7.3.2)。然而，描述液体分离膜渗透性能的术语，到目前仍有很多文献与上述统一定义不符。实际上，S-K 模型中的 P_W($L_P = \dfrac{P_W}{\Delta x}$)和 P_S($\omega = \dfrac{P_S}{2RT\Delta x}$)其物理含义才符合上述统一定义中的渗透系数。但因人们已习惯于称 L_P 和 ω 为"渗透系数"，一些文献就将 P_W 和 P_S 称为"渗透率"，这正与统一定义相反。

4.2.2　电解质体系

纳滤膜对电解质的分离特性主要依据电荷效应或 Donnan 效应，建立的数学模型包括 Donnan 平衡模型、扩展的 Nernst-Planck 方程模型、电荷模型等。

1. Donnan 平衡理论及 Donnan 平衡模型[7]

对于渗析平衡体系，若半透膜一侧的不能透过膜的大分子或胶体粒子带电，则体系中本来能自由透过膜的小离子在膜的两边浓度不再相等，产生附加的渗透压，即 Donnan 效应或称 Donnan 平衡。

将表面带有荷电基团的膜置于盐的稀溶液时，反离子(所带电荷与膜表面固定电荷相反的离子)在膜内的浓度高于其在主体溶液中的浓度，而同离子(所带电荷与膜表面固定电荷相同的离子)在膜内的浓度低于其在主体溶液中的浓度。同离子因与膜固定电荷带有同种电荷，故受到排斥而离开界面。为了保持溶液电中性，反离子也被膜截留。

Donnan 平衡模型常用于荷电膜的脱盐过程。假设荷电膜为固定负电荷型(P^-)，平衡时膜与主体溶液的化学势相等，则理想条件下：

$$C_{Na^+}^m C_{Cl^-}^m = C_{Na^+} C_{Cl^-} \tag{4-12}$$

由于膜和主体溶液呈电中性，则

$$C_{Na^+}^m = C_{Cl^-}^m + C_{P^-}^m \tag{4-13}$$

$$C_{Na^+} = C_{Cl^-} \tag{4-14}$$

式中，$C_{Na^+}^m$、$C_{Cl^-}^m$ 和 $C_{P^-}^m$ 分别为膜相中 Na^+、Cl^- 和固定离子 P^- 的浓度，$mol \cdot cm^{-3}$；C_{Na^+} 和 C_{Cl^-} 分别为主体溶液中 Na^+ 和 Cl^- 的浓度，$mol \cdot cm^{-3}$。

将式(4-13)与式(4-14)代入式(4-12)可得

$$\left(C_{Cl^-}^m\right)^2 + C_{Cl^-}^m C_{P^-}^m = \left(C_{Cl^-}\right)^2 \quad \text{或} \quad \frac{C_{Cl^-}}{C_{Cl^-}^m} = \sqrt{\frac{C_{P^-}^m}{C_{Cl^-}^m}+1} \tag{4-15}$$

膜中固定电荷为负，对于稀溶液来讲，同离子 Cl^- 在膜中的浓度远低于固定电荷浓度，因此膜中固定电荷浓度与 Cl^- 浓度之和约等于固定电荷浓度，此时式(4-15)可简化为

$$C_{Cl^-}^m = \frac{\left(C_{Cl^-}\right)^2}{C_{P^-}^m} \tag{4-16}$$

该式给出了当荷电膜的固定电荷为负时，带电溶质的 Donnan 平衡或离子平衡。当原料液浓度较低且固定电荷浓度较高时，Donnan 排斥是非常有效的。但随着原料液浓度升高，Donnan 排斥的有效性降低。

离子溶液通常不具备理想行为，因此必须使用活度矫正非理想性。通过引入平均离子活度系数 $\gamma_\pm$ 和 $\gamma_\pm^m$，式(4-15)变为

$$\frac{C_{Cl^-}\gamma_\pm}{C_{Cl^-}^m\gamma_\pm^m} = \sqrt{\frac{C_{P^-}^m}{C_{Cl^-}^m}+1} \tag{4-17}$$

假设浓度为 C 的 NaCl 溶液被半透膜隔开，然后向半透膜左侧(a 相)引入 NaX(NaX 浓度为 y)，小离子 Na^+、Cl^- 和溶剂分子 H_2O 能够透过半透膜，X^- 不能透过半透膜，如图 4-1 所示。

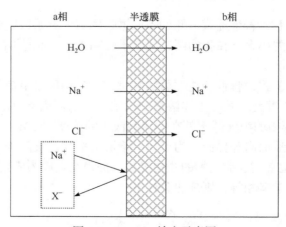

图 4-1　Donnan 效应示意图

由于 X^- 不能透过膜，a 相中 Na^+ 浓度的升高导致 Na^+ 从 a 相向 b 相渗透。同时，为保持溶液电中性，a 相中的 Cl^- 会逆着浓度梯度由 a 相扩散到 b 相，产生 Donnan 效应。设平衡后从 a 相向 b 相渗透的 Cl^- 和 Na^+ 浓度为 x，则有

$$c_{Na^+}^a = C - x + y, \ c_{Cl^-}^a = C - x, \ c_{Na^+}^b = c_{Cl^-}^b = C + x \tag{4-18}$$

式中，$c_{Na^+}^a$、$c_{Cl^-}^a$、$c_{Na^+}^b$ 和 $c_{Cl^-}^b$ 分别为平衡后 a 相中 Na^+ 浓度、a 相中 Cl^- 浓度、b 相中 Na^+ 浓度和 b 相中 Cl^- 浓度，$mol \cdot L^{-1}$。平衡时膜两侧电化学势相等，X^- 不渗透，不参与平衡，因此对于稀溶液可得到

$$(C - x + y)(C - x) = (C + x)^2 \tag{4-19}$$

平衡时，a 相中 Cl^- 均来自于 a 相中的 NaCl，b 相中仅含 NaCl，由此可知

$$c_{NaCl}^a = c_{Cl^-}^a = C - x, \ c_{NaCl}^b = c_{Na^+}^b = c_{Cl^-}^b = C + x \tag{4-20}$$

式中，C_{NaCl}^a 和 C_{NaCl}^b 分别为平衡后 a 相和 b 相中 NaCl 浓度，$mol \cdot L^{-1}$。将式(4-20)化简可得浓缩倍率

$$\frac{c_{NaCl}^b}{c_{NaCl}^a} = \frac{C + x}{C - x} = \frac{\sqrt{(C - x + y)(C - x)}}{C - x} = \sqrt{1 + \frac{y}{C - x}} \tag{4-21}$$

由式(4-21)可知，a 相中 NaX 浓度 y 越高，浓缩倍率越高，因此通过加入一种不能通过膜的 NaX 造成膜两侧浓度差，可以达到从稀溶液中提取贵重组分的目的。但要注意的是，半透膜两侧电解质分配是不均匀的，此时除考虑大分子化合物本身的渗透压外，还需考虑由于电解质分配不均匀所产生的额外压力 π。

2. 扩展的 Nernst-Planck 方程模型[14]

扩展的 Nernst-Planck 方程用于描述离子通过荷电膜的传递，当忽略压力梯度对离子通量的贡献时，离子透过膜的通量为

$$J_i = -C_i u_i RT \frac{d}{dx} \ln a_i - z_i C_i u_i F \frac{d}{dx} \psi + \beta_i C_i J_m \tag{4-22}$$

式中，J_i 为膜孔中 i 离子通量，$mol \cdot m^{-2} \cdot s^{-1}$；$C_i$ 为 i 离子在膜内的浓度，$mol \cdot m^{-3}$；u_i 为摩尔流动性，$mol \cdot m^2 \cdot J^{-1} \cdot s^{-1}$；$a_i$ 为活度；z_i 为 i 离子的价态；β_i 为对流耦合系数；J_m 为膜孔中的流体通量，$mol \cdot m^{-2} \cdot s^{-1}$；$F$ 为法拉第常量，$C \cdot mol^{-1}$；ψ 为膜孔内静电势，V；x 为膜孔内轴向距离，m。式(4-22)中第一项为扩散对离子传递的贡献，第二项为电场对离子传递的贡献，第三项为对流对离子传递的贡献。

在加压扩散被忽略的条件下，膜内各离子被认为是满足电中性条件的，这是纳滤膜在处理含盐溶液过程中传质的基础。由于在扩展的 Nernst-Planck 方程模型中涉及的参数过多，因此很难得到确定的定量值。

3. 空间电荷模型[1, 8, 15]

空间电荷模型(space-charge model)是表征电解质及其离子在荷电膜内的传质和动电

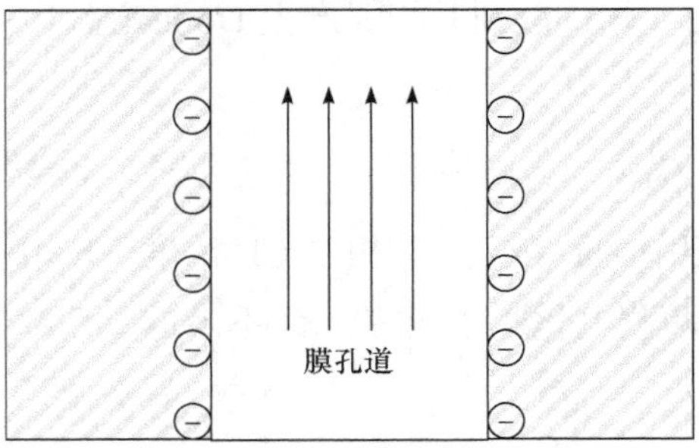

图 4-2 空间电荷模型示意图

现象的精确模型。该模型假设膜由孔径均一且孔壁上电荷均匀分布的微孔组成。如图 4-2 所示，将离子看作点电荷，离子大小的空间效应可忽略。

该模型的基本方程由描述微孔内流体流动的 Navier-Stokes 方程、描述微孔内离子传递的 Nernst-Planck 方程及描述微孔内离子浓度和电场电势分布的 Poisson-Boltzmann 方程等组成。

(1) Nernst-Planck 方程用于描述稳态时轴向(x)和径向(r)的离子通量大小，有

x 方向
$$J_{x,i} = u_x C_i + D_i \frac{\partial C_i}{\partial x} - \frac{D_i}{RT} z_i C_i F \frac{\partial \Phi}{\partial x} \quad (i=1,2) \tag{4-23}$$

r 方向
$$J_{r,i} = u_r C_i - D_i \frac{\partial C_i}{\partial r} - \frac{D_i}{RT} z_i C_i F \frac{\partial \Phi}{\partial r} \quad (i=1,2) \tag{4-24}$$

式中，u_x 和 u_r 分别为轴向和径向的体积通量，$m^3 \cdot m^{-2} \cdot s^{-1}$；$D_i$ 为离子 i 的扩散系数，$m^2 \cdot s^{-1}$；C_i 为离子浓度，$mol \cdot m^{-3}$；z_i 为离子的价态；F 为法拉第常量；Φ 为总静电势，V；$i=1$ 时为阳离子，$i=2$ 时为阴离子。

(2) Poisson-Boltzmann 方程设电势的轴向变化与径向变化相比可忽略，则有

$$\frac{1}{\bar{r}} \frac{\partial}{\partial \bar{r}} \left(\bar{r} \frac{\partial \bar{\psi}}{\partial \bar{r}} \right) \approx \frac{1}{\bar{r}} \times \frac{d}{d\bar{r}} \left(\bar{r} \frac{d\bar{\psi}}{d\bar{r}} \right) = \frac{1}{2} \left(\frac{r_p}{\lambda_D} \right)^2 (k_1 - k_2) \tag{4-25}$$

其中：

$$\lambda_D = \left[\frac{2\upsilon_1 z_1^2 F^2 C(x)}{RT \varepsilon_r \varepsilon_0} \right]^{-0.5} \tag{4-26}$$

$$\bar{r} = \frac{r}{r_p} \tag{4-27}$$

$$\bar{\psi} = -\frac{z_1 F \psi}{RT} \tag{4-28}$$

式中，r_p 为孔径，m；ψ 为径向静电势，V；k_1 和 k_2 分别为阳、阴离子的局部分布系数；ε_r 和 ε_0 分别为电解质溶液的相对介电常数(78.303)和真空介电常量(8.8542×10^{-12} $C^2 \cdot J^{-1} \cdot m^{-1}$)；$\lambda_D$ 为德拜长度，它是双电层的特征长度；υ_1 为电解质中阳离子化学计量系数；z_1 为阳离子电化学价；r 为膜孔内径向距离，m。

毛细管中心和表面的边界条件分别为

$$\left. \frac{\partial \bar{\psi}}{\partial \bar{r}} \right|_{\bar{r}=0} = 0, \quad \left. \frac{\partial \bar{\psi}}{\partial \bar{r}} \right|_{\bar{r}=1} = \left(-\frac{z_1 F}{RT} \right) \frac{r_p q_w}{\varepsilon_r \varepsilon_0} = 4q_0 \tag{4-29}$$

式中，q_0 为孔表面电势梯度；q_w 为孔表面电荷密度。当 $\frac{r_p}{\lambda_D}$ 和 q_0 给定时，Poisson-

Boltzmann 方程就可以求解。

(3) 对于径向对称的体系而言，从 Navier-Stokes 方程可导出：

x 方向

$$0 \cong -\frac{\partial p}{\partial x} - \rho_c \frac{\partial \Phi}{\partial x} + \frac{\mu}{r}\frac{\partial}{\partial r}\left(r\frac{\partial u_x}{\partial r}\right) \tag{4-30}$$

r 方向

$$0 \cong -\frac{\partial p}{\partial r} - \rho_c \frac{\partial \Phi}{\partial r} \tag{4-31}$$

式中，p 为压力，Pa；μ 为溶液黏度，Pa·s；ρ_c 为电解质的过量电荷密度。

空间电荷模型是一种理想模型，主要用于描述和表征电解质及离子在膜内传递和动电现象等。此外，空间电荷模型忽略了离子的大小，不考虑溶质在膜孔内运动时受到的摩擦力，可能会使模拟结果偏离实际过程，同时对 Poisson-Boltzmann 方程进行数值求解的计算工作十分繁重，因此，它的应用受到一定限制。

4. 固定电荷模型[8, 16-19]

固定电荷模型(fixed charge model)最早是由 Teorell、Meyer 和 Sievers 共同提出的，因此也被称为 Teorell-Meyer-Sievers(TMS)模型。TMS 模型假设膜分离层是一个忽略膜微孔结构的凝胶相，且膜分离层中固定电荷的分布是均匀的，仅在膜面垂直的方向因 Donnan 效应和离子迁移存在一定的电势分布和离子浓度分布，如图 4-3 所示。TMS 模型是空间电荷模型简化形式的特例。该模型最早被用于离子交换膜，后用于表征荷电性反渗透膜和纳滤膜的截留特性和膜电势。该模型的特点是数学分析简单，未考虑结构参数，假定固定电荷在膜中分布是均匀的。但当膜孔半径较大时，固定电荷、离子浓度及电势均匀分布的假设不能成立，因而 TMS 模型的应用受到一定限制。

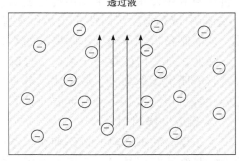

透过液

原料液

图 4-3　固定电荷模型示意图

TMS 模型的优点是数学分析简单，但由于假定固定电荷在膜中分布是均匀的，有一定的理想性。在固定电荷模型的基础上，王晓琳教授将细孔模型和固定电荷模型相结合，建立了静电排斥和立体阻碍模型(简称静电位阻模型)。通过结合膜的结构参数(孔径、孔隙率、膜分离层厚度)和电荷特性参数(膜的体积电荷密度)，可以运用静电位阻模型对已知分离体系中各种溶质透过膜的传递分离特性进行预测。因此，在中性溶质和电解质混合体系中，可使用静电位阻模型。

4.3　纳滤膜材料及膜制备

4.3.1　有机膜材料

目前，商品化纳滤膜材料主要有聚酰胺类、聚乙烯醇-聚酰胺类、磺化聚砜类和醋酸纤维类。此外，为满足耐有机溶剂、耐氯性、抗污染和高通量等使用要求，聚酯类、聚电解质类与聚酰亚胺类等新型膜材料被相继开发出来。

1) 天然高分子材料

用于制备纳滤膜的天然高分子材料主要包括醋酸纤维素(CA)和壳聚糖(CS)。关于 CA和 CS 的较详细介绍参见 1.3.2 小节"1. 天然高分子类"。

一般采用非溶剂诱导相分离法制备非对称 CA 纳滤膜，但用该种方法制备的纳滤膜分离层一般较厚，传质阻力较大，导致纳滤膜通量不大，因此，需对 CA 材料或 CA 纳滤膜进行改性，进而提升所制纳滤膜渗透性能：①由于 CA 的羟基和酰基具有一定活性，因此可选择对 CA 进行化学改性(如羧甲基化作用等)，提升纳滤膜分离层亲水性，进而提升膜的渗透性；②引入致孔剂或纳米颗粒填料(如多壁碳纳米管、氧化石墨烯等)，提升膜的渗透性；③采用聚合物共混法制备 CA 纳滤膜，即选用不同聚合物与 CA 共混，通过利用不同材料之间良好的协同作用，可改善膜渗透选择性能。早期研究的共混体系主要是将 CA 与三醋酸纤维素(cellulose triacetate，CTA)进行共混，后来将 CA 与 CS[20-22]或聚醚砜(PES)[23]等聚合物共混的方法也被研究者们陆续开发出来。

与可溶于多数有机溶剂的 CA 衍生物相比，CS 可溶于加入少量乙酸的水溶液，但这一特性不利于使用共混法或相转化法制备 CS 纳滤膜，需要通过加入表面活性剂来改善。CS 结构中带有强反应活性的羟基和氨基，易进行酰基化、硫酸酯化、羧甲基化等化学改性，从而制备得到可满足不同需求的 CS 衍生膜。

除此之外，广泛存在于茶树、荨麻五倍子等植物组织中的单宁酸与儿茶酚类等多酚羟基官能团类天然高分子或单体，具有强反应活性、抗菌性、抗氧化性、亲水性和生物相容性等特点，也是一类有发展前景的天然高分子纳滤膜材料。

2) 聚酰胺类材料

关于聚酰胺类材料的较详细介绍参见 5.2.1 小节。虽然聚酰胺纳滤膜性能仍不理想，但聚酰胺纳滤膜仍是目前市场上销售最多、工业上应用最广泛的纳滤膜。根据材料划分，聚酰胺纳滤膜主要可分为聚哌嗪酰胺纳滤膜和芳香聚酰胺纳滤膜两种，其中聚哌嗪酰胺纳滤膜是目前应用最多的纳滤膜。通过改变界面聚合单体种类可以制备得到具有不同膜孔结构、分离层厚度、粗糙度、亲水性、交联度与官能团等结构特性的分离层，进而优化膜性能。因此，为制备具有理想膜结构与性能的纳滤膜，大量单体被开发并应用于聚酰胺纳滤膜的制备。表 4-2 列出了常见的用于制备纳滤膜的反应单体。

表 4-2 常见的用于制备聚酰胺纳滤膜的反应单体

胺类单体/酰氯单体	化学结构	分子量
哌嗪(piperazine，PIP)	HN◯NH	86.14
间苯二胺 (*m*-phenylenediamine，MPD)	H_2N⬡NH_2	108.10
对苯二胺 (*p*-phenylenediamine，PPD)	H_2N—⬡—NH_2	108.10

续表

胺类单体/酰氯单体	化学结构	分子量
3,5-二氨基-N-(4-氨苯基)-苯甲酰胺 (triamine-3,5-diamino-N-(4-aminophenyl)-benzamide，DABA)		774.71
1,3-环己二甲胺 (1,3-cyclohexadimethylamine，CHMA)		142.24
4-甲基间苯二胺 (4-methyl-m-phenylenediamine，MMPD)		122.17
均苯三甲酰氯 (trimesoyl chloride，TMC)		265.48
间苯二甲酰氯 (isophthaloy dichloride，IPC)		203.02
5-异氰酸酯基间苯二甲酰氯 (5-isocyanato-isophthaloyl- chloride，ICIC)		244.04

3) 聚砜类材料

关于聚砜类材料的较详细介绍参见 1.3.2 小节"4. 聚砜类"。常见聚砜类膜材料包括 PSf、PES、磺化聚砜(sulfonated polysulfone，SPSf)、聚苯砜(polyethylenesulfone，PPSU)、磺化聚醚砜和磺化聚醚砜酮等。选择 PSf 作为制备纳滤膜的膜材料有比较明显的缺点，如可塑性差、抗污染性能差等。在非溶剂相转化过程中，改变铸膜液或凝胶浴配方等可调控膜孔径及分布，但所制纳滤膜性能不稳定。而将 PSf 作为基膜，通过界面聚合法在 PSf 表面制备超薄的聚酰胺分离层，可制备得到性能稳定且优异的复合纳滤膜。与 PSf 相同，PES 膜也可作为制备复合纳滤膜的基膜，同时，通过表面改性(如磺化聚醚醚酮、甲基丙烯酸羟乙酯和丙烯酸等)或聚合物共混(如 SPSf 等)的方法，也能够得到性能优异的 PES 膜。

4) 聚电解质类材料

聚电解质材料是一类荷电聚合物，具有良好的亲水性、荷电性、耐有机溶剂性和抗污染性能等，因此聚电解质材料成为一种极具潜力的纳滤膜材料。为制备得到高通量及结构可控(厚度、孔径与亲水性等)的纳滤膜，通常选择基于阴阳离子聚合物之间静电作用力的自组装法来制备[24]。常见的用于制备纳滤膜的聚电解质材料有聚丙烯酸、海藻酸钠、聚乙烯亚胺、季铵盐羟基纤维素和聚二甲基二烯丙基氯化铵等。

除此之外，静态吸附、动态吸附及静态-动态相结合等自组装技术也被用于制备多层聚电解质复合膜[25-26]。

5) 其他材料

除了以上常用纳滤膜材料外，其他材料也被发掘用于纳滤膜的制备研究，如聚乙烯醇(PVA)[27]、聚丙烯腈[28]、聚酯类[29]、聚酰亚胺[30]及聚苯胺[31]等。

4.3.2   无机膜材料

与有机纳滤膜相比，无机纳滤膜具有耐高温、耐溶剂、高通量和使用周期长等优点，但也存在制备工艺复杂、能耗高、韧性差的缺点，且目前关于无机纳滤膜的应用研究也相对较少，大多集中在渗透蒸发与气体分离领域等。无机纳滤膜主要包括陶瓷膜、玻璃膜、金属膜和分子筛膜。其中，多孔陶瓷膜的研究较多，如 Al_2O_3、SiO_2、ZrO_2 和 TiO_2 膜等。

4.3.3   无机-有机杂化类材料

有机纳滤膜具有柔韧性、成膜性好，密度低，价格低廉等优点，无机纳滤膜具有机械强度高、耐腐蚀、耐溶剂等优点。无机-有机杂化纳滤膜结合了传统有机膜和无机膜材料的优良性能，拥有良好的物化稳定性及分离性能。作为一种新型膜材料，近年来无机-有机杂化类材料受到了高度重视。无机填料主要可分为无孔(银纳米粒子、二氧化钛、二氧化硅)、有孔(碳纳米管、氧化石墨烯)和聚合物包覆纳米填料。

4.3.4   膜制备

以下分别介绍非对称纳滤膜、复合纳滤膜和疏松纳滤膜的制备方法，以及膜材料改性及膜改性方法。

1. 非对称膜制备

1) L-S 相转化法

关于 L-S 相转化法的详细描述参见 2.2.2 小节"1. 相转化法"。利用 L-S 相转化法能够简单方便地制备得到纳滤膜，但由于纳滤膜具有孔径较小的特点，有些高分子材料难以通过 L-S 相转化法制备得到这样小的孔结构。因此，在利用该种方法制备纳滤膜的时候，需要进行细致的材料选择。在 L-S 相转化法制备纳滤膜过程中常见的膜材料有聚酰亚胺、聚醚酰亚胺、聚间苯二甲酰苯二胺、PVA 等。

当一种聚合物膜材料无法满足膜制备需求时，通常可以利用共混的方式将两种或多种高聚物在溶剂中进行共混溶解，形成多组分体系，然后再进行相转化制备纳滤膜。通过合理调节铸膜液中各组分的相容性差异，可对所制备纳滤膜的结构性能进行调控。常见的用于共混-相转化法制备纳滤膜的聚合物组合包括 SPSf/PES、高分子嵌段共聚物与水通道蛋白等。

2) 荷电化表层处理法

荷电法主要有聚合、表面化学处理、接枝、交联等方法。首先利用带有反应基团的聚合物制成超滤膜，在所制超滤膜的基础上，再用荷电试剂处理表层，即可制得荷电纳滤膜。荷电膜的耐压密性、耐腐蚀性及抗污染性高，同时可利用膜表面电荷与电解质间 Donnan 效应来分离含不同价态离子的盐。

2. 复合膜制备

复合法是应用最广泛、最有效的纳滤膜制备方法。复合膜的制备包括微孔基膜制备和超薄分离层的制备。在保证分离要求的前提下应尽可能减小复合膜超薄分离层厚度。以下主要介绍复合膜超薄分离层的制备方法。

1) 涂覆法

关于涂覆法可参见 7.4.5 小节。涂覆法制备纳滤复合膜示意图如图 4-4 所示。常见的用于涂覆法制备纳滤复合膜的膜材料主要包括聚酰亚胺、海藻酸钠、磺化聚醚酮、PVA、N,O-羧甲基壳聚糖及 2-羟丙基三甲基氯化铵壳聚糖等。当浸涂所得到的分离层的化学或机械稳定性能较差时，通常还需要进一步的交联处理。

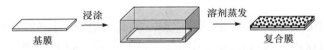

图 4-4　涂覆法制备纳滤复合膜示意图

2) 界面聚合法

关于界面聚合法的详细描述参见 5.2.2 小节 "2. 界面聚合法"。在纳滤膜制备方法中，界面聚合法是目前应用最为广泛的。目前，国内外对界面聚合法制备纳滤膜的研究主要集中在选择与调控单体种类、界面聚合反应条件、制膜工艺参数等，优化膜结构进而提升膜性能。界面聚合法制备高分子复合纳滤膜时，水相单体主要有二胺(如 MPD、PPD、PIP 等)、PVA 和双酚等，有机相单体主要有二酰氯、三酰氯等。根据反应所使用的单体不同，复合纳滤膜可分为芳香聚酰胺类纳滤膜、聚哌嗪酰胺类纳滤膜、磺化聚砜类纳滤膜。

3) 层层自组装法

关于层层自组装(layer-by-layer self-assembly，LbL)的描述参见 5.2.2 小节 "3. 新型制膜方法"。LbL 法制备纳滤复合膜的膜材料种类广泛，包括聚电解质、荷电有机小分子、蛋白质等生物大分子和无机纳米粒子等。目前常用的 LbL 膜材料主要是聚电解质材料。常见的用于 LbL 法制备纳滤复合膜的膜材料主要包括聚二甲基二烯丙基氯化铵/聚苯乙烯磺酸钠、聚乙烯亚胺/聚苯乙烯磺酸钠等。

4) 溶胶-凝胶法

关于溶胶-凝胶法的详细描述参见 3.2.3 小节 "溶胶-凝胶法"。通过溶胶-凝胶的转变过程，可以制备得到玻璃、玻璃陶瓷、陶瓷及其他一些无机材料。溶胶-凝胶法制备纳滤膜中常见的膜材料有 Al_2O_3、SiO_2、TiO_2、ZrO_2、SiO_2-ZrO_2 和 TiO_2-ZrO_2 等。

5) 化学气相沉积法

化学气相沉积法(chemical vapor deposition，CVD)是无机纳滤膜制备中应用较广泛的一种方法。该方法是先将化合物(如硅烷)在高温下变成能与基膜(如氧化铝基膜)反应的气态物质，并在一定温度、压力下通过与基膜表面发生反应生成固态沉积物，得到基膜孔径缩小至纳米级的纳滤膜。CVD 必须满足以下三个条件：①在沉积温度下，反应必须有足够的蒸气压；②反应生成物，除需要的沉积物为固态外，其余都必须是气态；③沉积物的蒸气压要足够低，以保证在整个沉积反应进行的过程中，能维持在加热的载体上。

6）水热法

水热法是指在特制的密闭反应容器内，用水溶液作为反应介质，通过对反应体系加热形成一个高温、高压反应环境，将难溶或不溶的物质溶解并且重结晶的方法。基于水热法的原理，将多孔支撑层浸于水热反应体系，可在支撑层表面生长无机分离层。

3. 疏松纳滤膜制备

传统纳滤膜通常具有致密分离层，可通过尺寸筛分效应和静电作用选择性截留有机物和二价或多价无机盐，但难以选择性分离有机物和二价或多价无机盐。因此，传统纳滤膜不适用于从有机物中脱除高价盐的工业领域。例如，印染及纺织工业中，染料合成及织物着色不同阶段都会产生大量高浓度盐和染料的混合液，均要求将染料和无机盐选择性分离。

近年来，针对分离有机物和高价盐的应用需求，疏松纳滤膜的研究越来越多。与传统纳滤膜不同，疏松纳滤膜可以高效截留溶解性有机物、胶体、细菌和病毒等成分，但允许透过无机盐，从而实现有机物纯化、脱盐及回收利用。现阶段研究开发的疏松纳滤膜多为高分子膜，包括非对称膜和复合膜。

相转化法制备疏松纳滤膜主要通过在铸膜液中加入亲水性纳米材料后再通过浸没相转化获得疏松分离层。该方法操作简单、可控性较强、易规模化。亲水纳米材料的加入可调控相转化过程中形成的膜孔结构，提高膜对水与无机盐的渗透性。此外，相转化法可以通过改变铸膜液配方(铸膜液浓度、致孔剂成分、亲水纳米材料含量)以及成膜条件(蒸发时间、凝固浴温度及组成)对所制膜物理化学结构进行调控，进而实现膜性能的最优化。复合法制备疏松纳滤膜即在多孔支撑层上制备具有疏松结构的超薄分离层，可通过界面聚合法、聚多巴胺沉积法和原位聚合法等制备疏松纳滤膜。界面聚合法可通过减缓界面聚合反应速率制备具有疏松多孔结构的活性分离层。由于界面聚合过程受水相单体迁移速率的影响很大，因此减缓聚合速率有利于形成疏松的超薄分离层。减缓聚合速率的手段包括选择空间位阻较大的二胺单体、与酰氯反应较慢的醇类单体，或在界面聚合过程中加入多孔纳米材料等。聚多巴胺沉积法是利用多巴胺在碱性溶液中氧化自聚并沉积到支撑层表面得到亲水皮层。在多巴胺自聚过程中加入改性材料(聚乙烯亚胺或铜纳米粒子)可抑制聚多巴胺非共价聚集形成致密结构，进而得到疏松纳滤膜。

4. 膜材料改性及膜改性

对纳滤膜改性的研究方向主要集中在膜材料改性和膜改性两方面，膜改性主要包括膜表面修饰和后处理。

1）膜材料改性

对膜材料进行改性主要包括使用新型功能性单体、交联改性、共混改性和添加改性剂四类方法：①开发新型功能性单体，能够从根本上优化所制纳滤膜的物理化学结构，进而大幅提升膜性能；②通过加入交联剂或加热交联，使所制纳滤膜的分离层具有网状结构,缩小分子间间隙,降低膜截留分子量;③通过将两种或多种膜材料物理共混可拥有单一材料不具有的特性,有望解决单一材料制膜存在的性能不足的问题;④在铸膜液或界面聚合水、油相溶液中加入添加剂或无机填料,可影响成膜过程,进而改变膜分离层物理化学结构,降低膜分离层厚度,增加溶剂传输通道,提升膜表面亲水性等。

2) 膜表面修饰

在制膜过程中,往往需要对纳滤膜进行表面修饰,以提高膜性能或增加膜长期稳定性。通过适当的膜表面修饰,可以调控所制膜的膜孔径、向膜面引入官能团、改变膜表面荷电性和亲水性等。膜表面修饰的方法包括等离子体处理、化学反应改性、聚合物接枝、光化学反应和表面活性剂改性等。

3) 后处理

对纳滤膜进行热处理、化学处理和溶剂处理可以改变膜性能。有研究表明,对纳滤复合膜进行热处理能够改变膜孔尺寸:①热处理温度较低时,膜孔尺寸增加;②热处理温度较高时,膜孔尺寸减小。此外,一些化学反应(如磺化、硝化和酸碱反应)处理以及有机溶剂处理可用于改变纳滤膜的荷电性、亲水性,或者是改变膜分离层孔结构,从而优化纳滤膜性能。

4.4　纳滤过程浓差极化与膜污染

4.4.1　浓差极化

对浓差极化现象的较详细描述参见 3.1.3 小节。浓差极化会造成纳滤通量降低,操作压力升高,出水水质变差。浓差极化是水力可逆的,即通过改善膜面料液的流体力学条件,如提高流速、采用湍流促进器和设计合理的流通结构等方法,可以减小浓差极化边界层厚度,提高边界层内的传质系数,从而减轻浓差极化,使纳滤膜的分离性能得以部分恢复。此外,浓差极化和膜污染并不等同,但浓差极化往往是导致和加剧膜污染的一个重要因素。

4.4.2　膜污染机理和种类

纳滤膜既能截留有机物也能截留无机物,既能截留大分子也能截留小分子,而且纳滤膜处理的物系其成分往往较复杂,所以纳滤的膜污染可能会比微滤和超滤更复杂和严重。膜污染问题造成的水通量下降、运行能耗增加、膜寿命缩短、产水质量下降是限制纳滤膜技术发展的重要因素。纳滤过程的原水水质、预处理工艺、运行条件、膜材料和组件选择等都会影响膜污染的形成机理、发展速率和程度及清洗难度。

关于膜污染机理的较详细阐述参见 2.4.1 小节和 3.3.1 小节。一般的膜污染类型包括的有机污染、胶体污染、无机污染和生物污染,纳滤膜都可能发生。由于纳滤膜污染非常复杂,受膜表面性质、污染物特性、水体物化条件和过滤操作条件等多种因素的影响,目前对纳滤膜污染的机理并没有一个统一而权威的阐释,也没有可用于预测膜污染性质和程度的通用规则。

1. 有机污染

天然有机物(NOM)是水中主要的有机物成分。NOM 包括溶解性有机物(dissolved organic matter，DOM)和有机胶体。根据官能团的不同，NOM 主要分为腐殖质、多糖和蛋白类物质。其中最主要的成分是腐殖质(占 60%~90%)[32]。腐殖质分为腐殖酸(humic acid，HA)、富里酸(fulvic acid，FA)和胡敏素(humin，HM)，分子量范围从 1000 到 500000 不等[33]。NOM 根据亲疏水性差异可以分为疏水性、过渡疏水性和亲水性。疏水性有机物主要指 HA；过渡疏水性有机物主要指 FA；亲水性有机物主要包括多糖、蛋白质和氨基酸等物质。

NOM 被认为是主要的纳滤膜污染物之一[34]。首先 NOM 附着在膜表面，改变膜的表面特性，在膜表面形成促进无机物、微生物附着的有机质，并为微生物生长提供营养物质；其次小分子 NOM 可以堵塞膜孔，造成通量下降；浓差极化现象使 NOM 的浓度超过其溶解度时会在膜表面形成凝胶层，造成不可逆膜污染。

阳离子对有机污染也有不同程度的影响。已有充分的证据证明 DOM 造成的膜污染在二价阳离子(如 Ca^{2+})的存在下明显增强[35]。Ca^{2+}可减少 NOM 和膜的表面电荷，在 NOM 和膜之间形成分子间架桥，并在两个腐殖酸的自由基团间形成架桥，促进腐殖质的附着；另外，Ca^{2+}还可以与有机物形成络合物，在较高盐浓度下形成凝胶层。有研究表明当溶液是高离子强度、低 pH、二价阳离子共存的情况时，NOM 将卷绕蜷缩，最终形成致密坚固的滤饼层[36]。

2. 胶体污染

膜表面的胶体污染一般是指由原水中存在的无机胶体及微粒造成的污染，不包括由溶解态无机组分造成的结垢。胶体大小通常为 1~1000 nm，根据其尺寸和膜孔的相对大小，可在膜表面沉积形成滤饼层或进入膜孔后堵塞膜孔。纳滤进水中的无机胶体包括铁、铝、硅等氧化物和氢氧化物，以及铁盐、铝盐等混凝剂絮体。

胶体的含量及表面电荷、尺寸和形状对所形成的污染层结构和水力阻力有显著影响。胶体表面带有电荷而引起的双电层(electric double layer，EDL)效应，对胶体的相互聚集和沉积现象起决定性的作用。通过测量胶体在悬浮液中的电泳迁移率，并经过适当的理论计算(如 Smoluchow ski 方程)确定 Zeta 电势，可定性说明胶体物质物理化学性质。溶液 pH 和离子强度会直接影响 Zeta 电势，进而影响胶体相互作用。通过动态光散射或电势法可确定胶体粒子的水力学直径，与 Zeta 电势结合使用可预测胶体相互作用的影响。

3. 无机污染

浓差极化会使溶盐超过溶解度极限(溶度积)进而形成无机垢，这种情况通常发生在高产水率的脱盐系统中。无机垢的主要成分包括钙、钡、锶等二价阳离子的碳酸盐、硫酸盐、磷酸盐及 SiO_2、铁和铝的氢氧化物等物质，其中 $CaCO_3$ 和 $CaSO_4$ 最常见。一般可以通过朗格利尔饱和指数(Langelier saturation index，LSI)衡量碳酸钙在水中的沉积倾向。$CaCO_3$ 结垢可通过降低水的 pH 加以控制或清除，而 $CaSO_4$ 结垢不能通过降低 pH 或化学清洗有效地去除，因此 $CaSO_4$ 的控制是在高压膜脱盐工艺发展过程中的重要挑战之一。

目前关于结垢机理有两种说法，Okazaki 和 Kimura[37]认为结垢过程分为两步：首先晶核在膜表面形成，而后晶核长大并且联结在一起，形成薄的结垢层，即异相结晶。另外，Pervov[38]则认为是由于溶质在高过饱和水体中不稳定，会形成晶体，而后以膜表面的沉淀物为基点形成均质结晶。在实际的结垢过程中，以上两种情况可能同时发生。SiO_2 在天然水体中也广泛存在。SiO_2 在水体中可以溶解态(活性硅)、胶体态和悬浮态(非活性硅)等多种形式存在且相互转化，其结垢过程更为复杂。其结垢机理分为两种：其一是异质成核过程，即单体硅酸直接在膜表面上结垢[39]；另一个是均匀成核过程，即高压膜的浓缩作用先使单体 SiO_2 在水体中发生聚合反应，而后形成的 SiO_2 胶体附着在膜表面[40]。

4. 生物污染

生物污染主要是由微生物及其代谢产物组成的生物黏泥。Flemming 和 Schaule[41]将生物污染过程分为 4 个阶段：首先是原水中的有机物及微生物的代谢产物等大分子物质吸附在膜表面形成一层基质；而后原水中的微生物开始黏附到膜表面；附着的微生物利用膜表面有机质和溶液中的营养物质进行生长代谢，释放胞外有机物进一步加重膜污染；最后这些微生物菌落相互联结在膜表面形成一层生物膜，使产水阻力增加，甚至堵塞膜孔。

DOM 和无机物可以作为微生物生长基质，生物膜的形成也会反过来影响其他膜污染行为。膜表面形成的生物膜很难通过化学药剂彻底清洗，同时细菌、真菌和其他微生物组成的生物膜，还可通过酶作用直接降解或通过局部 pH 变化或还原电势作用，间接降解膜表面的聚合物或其他纳滤单元组件，造成膜寿命缩短，膜结构完整性被破坏。

4.4.3　膜污染控制策略

纳滤膜污染的控制可以从抗污染纳滤膜开发、原料液预处理和对受污染膜清洗三个方面进行。开发抗污染纳滤膜可以从源头上提高膜的抗污染性能；预处理可以缓解通量下降、过滤阻力增加；清洗可以在一定程度上恢复膜性能，延长其使用寿命。

1) 抗污染纳滤膜开发

纳滤膜的膜污染受到膜表面粗糙度、亲疏水性和表面电荷影响。研究发现增强膜表面的亲水性、减小粗糙度、增强膜与污染物之间的静电排斥力、引入具有抗菌性的聚合物或无机纳米颗粒可以显著提高膜的抗污染性能。抗污染纳滤膜的制备可分为膜材料改性和膜表面改性两种：①大多数纳滤膜为由界面聚合反应制备的聚酰胺纳滤膜，因此可通过改变聚合单体和引入亲水性纳米颗粒或添加剂等方式优化膜物理化学结构，提升所制膜的抗污染性能；②利用表面涂覆、物理吸附、表面接枝和引入纳米颗粒等方式对纳滤膜进行表面改性，降低膜表面粗糙度，提升膜表面亲水性，改变膜表面荷电性。

2) 原料液预处理和膜清洗

纳滤过程的原料液预处理工艺和膜清洗与微滤过程和超滤过程相似，详细介绍可参见 2.4.2 小节和 3.3.2 小节。

4.5   纳滤技术应用

纳滤技术应用主要集中在不同分子量有机物的分离、有机物与小分子无机物分离、二价或多价盐与一价盐分离。基于上述纳滤技术特点，纳滤膜被广泛应用于粗染料纯化、高盐废水分盐、饮用水处理和污水深度处理与回用等领域中。

4.5.1   粗染料纯化

在染料的生产过程中，粗染料浆液中除含约 10% 的粗染料外，还含有大量的无机盐(主要是 NaCl，有时高达 40%，其次是 Na_2SO_4)、异构体、未反应完的原辅染料、中间体和副产物等。无机盐会导致染料稳定性、着色强度和色牢度降低；副产物会导致染料颜色发生无法预测的偏离。因此为了提高染料的品质，往往需要对合成染料进行脱盐浓缩，以实现纯化精制。使用传统的盐析法进行粗制染料提纯会导致成品染料中无机盐含量增多，染料品质降低，同时废水中含有的大量染料和无机盐会加剧水污染，提升处理难度。纳滤膜分离技术可有效用于粗制染料的脱盐和浓缩，所得染料溶液可直接制成高浓度、低盐度、高附加值的液体染料，也可经喷雾干燥后制成固体粉状染料[42]。

采用纳滤技术对含盐粗染料浆液进行脱盐和浓缩(图 4-5)，通常包括恒容脱盐和浓缩两个过程。在恒容脱盐过程中，需要向粗染料浆液中不断加入纯水以保持料液体积不变。浆液经过纳滤膜时，染料溶液中的无机盐、低分子有机物等透过纳滤膜，而染料则被截留并进入浓缩槽中，直到含盐量低至符合产品要求。接下来对染料溶液浓缩，水不断透过纳滤膜后物料中染料含量不断提高，直到能满足喷雾干燥要求。粗染料经过纳滤系统后，染料浓度可提高至 30% 左右，脱盐率大于 98%，后续蒸发能耗可降为传统工艺的 1/4[43]。1993 年，我国研发了用于染料分离清洁生产的纳滤膜，对水溶性染料进行脱盐和浓缩，浓缩液中染料质量分数超过 25%，而无机盐的质量分数则低于 1%，所制膜的使用寿命长达 3 年[44]。综上，采用纳滤技术将粗制染料纯化精制，很大程度上提高了染料产品质量，降低了染料产品的生产成本和废水的处理成本，提高了经济和社会效益。

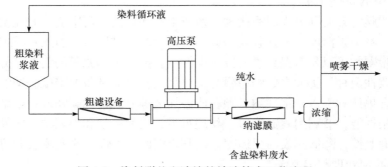

图 4-5   染料脱盐和浓缩的纳滤技术工艺流程

4.5.2   高盐废水分盐

随着我国工业行业的快速发展，工业规模的不断扩大，工业生产所带来的工业废水排放问题日益严重，工业废水量的迅速增加使我国对工业废水的处理面临巨大的挑战。高盐废水是工业废水中的重要一类，主要来源包括工业生产、海水淡化所产生的浓水及居民生活污水等，具有含盐量高的特点(所含总溶解性固体质量分数通常大于 3.5%)，水体中含有大量的氯离子、硫酸根离子、钠离子和钙离子等无机盐离子，这些高浓度的无机盐离子会在一定程度上抑制微生物的生长。此外，高盐废水中往往还含有一定的有机污染物。我国每年都要排放大量的高盐废水，而未经处理的高盐废水直接被排放至下游的污水处理厂，会对污水处理厂的生物处理单元造成严重的影响，因此高盐废水的处理至关重要。

　　针对工业高盐废水处理，我国对水环境的管理与保护正不断加强，对处理高盐废水往往要求达到"零排放"标准。目前，主要是通过分离水和无机盐，进而得到回用水和结晶盐的处理方法来达到国家的"零排放"标准，但利用这种方法处理得到的结晶盐通常是含有多种无机盐的混合盐，属于危险废弃物的范畴，进一步处理成本较高，且处置不当会造成严重的环境污染。因此，如何将高盐废水中的盐以单质盐的形式回收并进行资源化利用，成为工业高盐废水处理研究中的重点与难点[45]。处理工业高盐废水的方法主要包括纳滤膜分离技术、热浓缩技术(多效蒸发技术、热力蒸汽再压缩蒸发技术、机械蒸汽再压缩蒸发技术)、膜蒸馏技术及生物处理技术。纳滤膜可以选择性地分离无机盐混合物水溶液中一价盐和二价盐或多价盐，在一价/二价或多价盐溶液分离领域具有广阔的工业化应用潜力[46]。但在长期运行时会面临膜污染问题(膜污染问题是限制纳滤分盐工艺应用的重要因素)，因此需要将纳滤膜分离技术与其他技术组合，形成组合分盐工艺。通过结合纳滤分盐工艺和蒸发浓缩-冷却结晶或蒸发-热结晶工艺，可以形成具有多级分盐功能的组合分盐工艺。研究结果表明，组合分盐工艺可以达到较好的单质分盐效果，且目前已被应用于实际工程项目中[47]。图 4-6 中给出了一种纳滤分盐+膜浓缩+蒸发结晶工艺流程示意图。总之，解决目前组合分盐工艺中存在的弊端并对现有工艺进行优化，将成为未来工业高盐废水处理研究中的重要方向。

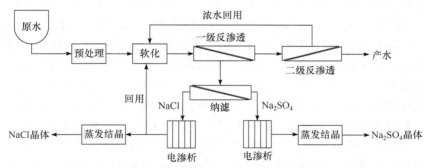

图 4-6　一种纳滤分盐+膜浓缩+蒸发结晶工艺流程示意图

4.5.3　饮用水处理

　　随着我国经济的飞速发展，生活污水和工业废水的大量排放造成了严重的水资源危机，使我国饮用水资源的供需矛盾进一步恶化。传统的饮用水处理工艺，如"混凝—沉淀—过滤—消毒"和臭氧活性炭技术，已经逐渐难以满足我国日益增长的饮用水需求。

　　将膜分离技术应用于饮用水处理，能够很好地缓解我国的饮用水问题，满足目前的饮用水水质标准。作为膜分离技术中最受人们关注的技术之一，纳滤技术不仅可以去除水中残留的微量化学物质(如农药、杀虫剂等)和饮用水消毒过程产生的副产物(三卤甲烷、卤乙酸等)，截留水中藻类、细菌及病原微生物，去除重金属等有害的多价离子，保留对人体有益的矿物质，还能够在水源水质波动和应急条件下保证最终供水水质稳定，满足不同水源条件下的用水需求[48]。此外，我国大部分农业地区，原水中含有的硝酸盐、亚硝酸盐都超过了安全标准含量，且容易转化成亚硝胺，有致癌的风险。超标的硝酸盐、亚硝酸盐等物质会给饮用水处理带来影响，纳滤膜可以高效地去除水体中的硝酸盐和亚硝酸盐[49]。纳滤膜技术用于饮用水处理的流程图如图 4-7 所示。纳滤膜在低压下具有较高通量，对一价、多价盐选择性分离程度较高，运行过程中的实际能耗和成本比反渗透膜更低。对于水源条件复杂且用水要求较高的经济较发达地区，纳滤膜技术作为饮用水深度处理工艺可能是更为合适的选择[50]。

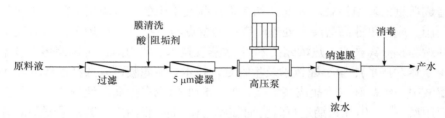

图 4-7   纳滤膜技术用于饮用水处理流程图

4.5.4   污水深度处理与回用

　　纳滤膜在污水深度处理与回用领域有广泛的应用，主要包括城市污水、电镀污水和纺织印染污水等[51]。

　　在水回用的驱动力下，纳滤膜技术在城市污水回用中得到了广泛应用，并取得了良好的效果。所得水可用于农业灌溉、城市杂用、工业应用及传统的地表地下水源的补给。电镀工厂往往产生大量废液，通常采取的处理方法有酸化、化学无害化、沉降和分离污泥等，但都存在处理步骤复杂、处理后产水中含盐量仍较高的问题，不能满足回用的需求[52]。目前膜分离法处理电镀污水以微滤+反渗透的双膜法组合工艺为主，其中反渗透对离子具有很高的截留率，但由于膜污染及对进水水质要求高等问题，水回收率至多能达到 50%～65%。加入纳滤处理来进一步浓缩电镀废水，可将系统的水回收率提高到 90%[53]。

　　含盐染料废水有两个主要来源，一是染料生产过程中的废水即染料废水，二是纺织印染过程中的废水即印染废水。染料生产过程中产生的染料废水常含有染料产品、中间体、副产物和无机盐等。染料废水色度深，成分复杂，环境污染非常严重。目前，实际应用中多采用物理化学方法和生物方法对染料、印染废水进行处理。作为当下最热门的分离膜之一，纳滤膜以其高水通量、高染料截留率和低盐截留率等特点，常被用来去除染料、印染废水的色度并回收含盐废水中的染料，因此在染料、印染废水处理方面有巨大的潜力。采用纳滤的方法对染料生产或印染过程中产生的废水进行脱色处理，色度去除率可达 99%，透过液几乎无色。纳滤工艺可将废水分离为透过液和浓缩液，其中透过液可回用或排入污水处理系统，浓缩液可用于回收染料，若浓缩液中染料回收困难或回收价值低，可经过臭氧氧化、高温焚烧等后续处理系统。采用纳滤技术处理染料、印染废水的工艺流程如图 4-8 所示。

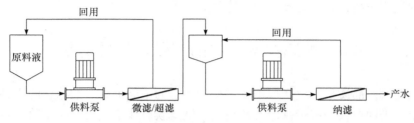

图 4-8　纳滤膜技术用于染料回收浓缩流程图

4.5.5　活性药物成分浓缩

药物生产特别是抗生素的生产过程中，原料液有效成分浓度较低，一般需采用离子交换吸附与脱附进行活性药物成分的提纯，并通过蒸馏的方法对药物进行浓缩。离子交换脱附过程会使用大量有机试剂并产生很多淋洗液，直接蒸馏浓缩结晶能耗很高，且回收率较低；同时，浓缩过程所需温度较高，高温会破坏有效成分的抗菌活性，且不能除去物料中的无机盐，导致产品纯度下降。

纳滤技术凭借分离过程能耗低、无相变、无化学试剂添加、常温操作等特点在生物医药行业得到了广泛应用。以抗生素生产为例，通过使用纳滤膜可改进现有抗生素生产的工艺流程，主要分为两方面：一是用亲水性纳滤膜浓缩未经溶剂提取的抗生素发酵液，至较小体积后再用有机溶剂抽提，这种方法可大幅提高现有萃取设备的生产能力，并可大量减少抽提过程中有机溶剂的使用量；二是仍然利用有机溶剂从发酵滤液中萃取出抗生素，然后用有机溶剂纳滤膜进行进一步浓缩，透过膜的有机溶剂可循环给下一步萃取过程使用，这种方法可减少溶媒蒸发设备的投资。苏保卫等[54-55]通过选择合适的纳滤膜，成功对克林霉素磷酸酯(clindamycin phosphate，CLP)乙醇水溶液进行了浓缩，并借助纳滤浓缩工业装置对 CLP 树脂解吸液进行了分离实验，CLP 纳滤浓缩工艺流程简图见图 4-9。

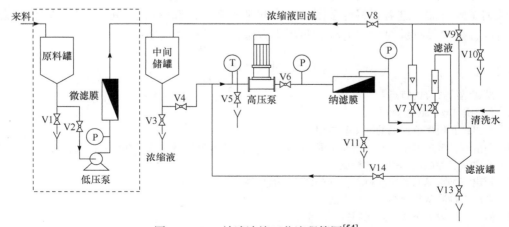

图 4-9　CLP 纳滤浓缩工艺流程简图[54]

实验结果表明，当进料压力为 $1.2\sim1.7$ MPa，温度为 $40\sim50\,^{\circ}$C 时，CLP 浓缩倍率可超过 3 倍，透过液中 CLP 浓度为 $0.6\sim1.4$ g·L^{-1}，截留率约为 98%。经过半年运行后的测试结果表明，纳滤膜性能稳定。经济分析表明，利用纳滤浓缩工业装置对 CLP 进行浓缩，具有很好的经济效益，且社会效益和环境效益显著。

4.6   纳滤技术存在的问题及发展前景

随着人们对产品质量、生产成本及零排放要求的不断提高，纳滤膜的优势将会变得越来越突出，进而取代一些传统的分离技术。纳滤膜有非常广阔的应用前景与巨大的应用潜力，但由于纳滤膜本身发展时间较短，目前仍存在制备与应用研究不成熟等问题，如膜分离性能仍不理想、实际应用过程中膜易被污染等。因此，应对纳滤膜进行更加深入的研究，具体的研究应从新型膜材料研发及膜过程强化两方面入手。

(1) 新型膜材料研发有望从根本上优化所制纳滤膜物理化学结构，大幅提升所制纳滤膜的渗透选择性能、抗污染性能和耐氯性能等，实现对具有不同尺寸、荷电特性等溶质的精确分离(尤其是对染料分子/无机盐及不同价态盐间的分离)，对开发高性能纳滤膜有重要意义。高性能新型膜材料的设计与选择应满足以下几点：应使所制纳滤膜分离层中垂直稳定排布直通的、孔径精准可控的纳米孔道，从而降低膜内传质阻力，大幅提升膜渗透性能，同时强化膜孔道的位阻效应，实现对不同尺寸溶质的高效分离；应具有一些特定基团，使膜对透过溶质亲和性提升，对截留溶质亲和性下降；应具有优异的化学稳定性及机械强度，以延长膜使用寿命及拓宽应用领域；应有良好的抗污染性能，以降低膜的清洗频率和运行成本；应具有广泛的材料来源及廉价的生产成本，且具有易放大生产、环境友好及成膜性好等优点。

(2) 纳滤膜实际应用的水体环境通常十分复杂，无论是哪种类型的纳滤膜，往往都存在膜孔堵塞、膜表面形成黏性附层等膜污染问题，这些问题严重地降低了系统的产水能力，增加了运行成本，阻碍了纳滤膜的实际工业应用。因此，应研究开发出一种普适的强化膜过程分离技术，以减少纳滤膜在实际使用过程中的膜污染、提升纳滤膜产水能力、延长纳滤膜寿命。这需要将许多因素结合起来考虑，如选择合适的膜材料，设计合理的膜组件，提出具有针对性的清洗和防污染方法，以及规划周密的工艺流程。

习　　题

4-1　简述纳滤过程的特点。

4-2　什么是 Donnan 效应？

4-3　列出细孔模型所遵循的五点基本假设。

4-4　在溶解扩散模型中，水与溶质的通量计算公式是什么？其中各物理量都代表什么意义？

4-5　简要叙述静电位阻模型的特点。

4-6　列出三种常见的有机膜材料，并分别论述其优缺点。

4-7　列出三种制备复合纳滤膜的方法。

4-8　简要叙述浓差极化对纳滤膜过程的影响。

4-9　列出四种常见的纳滤膜污染类型。

4-10　简要叙述三种膜污染控制策略。

4-11　与传统的粗染料精制工艺相比，纳滤膜有什么优势？

参 考 文 献

[1] 王晓琳，丁宁. 反渗透和纳滤技术与应用. 北京: 化学工业出版社, 2005.

[2] Kedem O, Katchalsky A. Thermodynamic analysis of the permeability of biology membranes to non-electrolytes. Biochimica et Biophysica Acta, 1958, 27 (2): 229-246.

[3] Spiegler K, Kedem O. Thermodynamics of hyperfiltration (reverse osmosis) criteria for efficient membranes. Desalination, 1966, 1(4): 311-326.

[4] Nakao S, Kimura S. Models of membrane transport phenomena and their applications for ultrafiltration data. Journal of Chemical Engineering of Japan, 1982, 15(3): 200-205.

[5] 邓麦村，金万勤. 膜技术手册. 2 版. 北京: 化学工业出版社, 2020.

[6] Mulder M. Basic principles of membrane technology. Dordrecht: Kluwer Academic Publishers, 1991.

[7] 米尔德 M. 膜技术基本原理. 2 版. 李琳，译. 北京: 清华大学出版社, 1999.

[8] 王湛，王志，高学理，等. 膜分离技术基础. 3 版. 北京: 化学工业出版社, 2019: 104-130.

[9] Wang L, Cao T, Dykstra J, et al. Salt and water transport in reverse osmosis membranes: Beyond the solution-diffusion model. Environmental Science and Technology, 2021, 55: 16665-16675.

[10] Xu X, Elimelech M. Fabrication of desalination membranes by interfacial polymerization: History, current efforts, and future directions. Chemical Society Review, 2021, 50: 6290-6307.

[11] Qasim M, Badrelzaman M, Darwish N, et al. Reverse osmosis desalination: A state-of-the-art review. Desalination, 2019, 459: 59-104.

[12] Geise G, Park H, Sagle A, et al. Water permeability and water/salt selectivity tradeoff in polymers for desalination. Journal of Membrane Science, 2011, 369: 130-138.

[13] Baker R W. Membrane technology and applications. 3rd ed. Hoboken: John Wiley & Sons, 2012.

[14] Tsuru T, Nakao S, Kimura S. Calculation of ion rejection by extended Nernst-Planck equation with charged reverse osmosis membranes for single and mixed electrolyte solutions. Journal of Chemical Engineering of Japan, 1991, 24(4): 511-517.

[15] Wang X, Tsuru T, Nakao S, et al. Electrolyte transport through nanofiltration membranes by the space-charge model and the comparison. Journal of Membrane Science, 1995, 103(1): 117-133.

[16] Teorell T. Transport processes and electrical phenomena in ionic membranes. Progress in Biophysics and Biophysical, 1953, 3: 305-369.

[17] Teorell T. Zur quantitativen behandlung der membranpermeabilitat-eine erweiterte theorie. Elektrochem, 1951, 55(6): 460-469.

[18] Meyer K, Sievers J. The permeability of membranes Ⅳ analysis of the structure of vegetable and animal membranes. Helvetica Chimica Acta, 1936, 19: 987-995.

[19] Wang X L, Tsuru T, Togoh M, et al. The electrostatic and steric-hindrance model for the transport of charged solutes through nanofiltration membrane. Journal of Membrane Science, 1997, 135(1): 19-32.

[20] 陈慧娟，纪晓声，陈霄翔，等. 纤维素/壳聚糖共混纳滤膜的制备及其染料脱盐性能研究. 膜科学与技术, 2018, 38 (4): 27-32.

[21] Ghaee A, Shariaty M, Barzin J, et al. Preparation of chitosan/cellulose acetate composite nanofiltration membrane for wastewater treatment. Desalination and Water Treatment, 2016, 57 (31): 14453-14460.

[22] Boricha A, Murthy Z. Preparation of N, O-carboxymethyl chitosan/cellulose acetate blend nanofiltration membrane and testing its performance in treating industrial wastewater. Chemical Engineering Journal,

2010, 157(2-3): 393-400.

[23] Ali S, Abdallah H. Treatment of dyed saline water using developed polyethersulfone/cellulose acetate nanofiltration blend membranes. Desalination and Water Treatment, 2020, 198: 80-89.

[24] Ji Y, An Q, Zhao Q, et al. Fabrication and performance of a new type of charged nanofiltration membrane based on polyelectrolyte complex. Journal of Membrane Science, 2010, 357(1-2): 80-89.

[25] Ba C, Ladner D, Economy J. Using polyelectrolyte coatings to improve fouling resistance of a positively charged nanofiltration membrane. Journal of Membrane Science, 2010, 347(1): 250-259.

[26] Su B W, Wang T T, Wang Z W, et al. Preparation and performance of dynamic layer-by-layer PDADMAC/PSS nanofiltration membrane. Journal of Membrane Science, 2012, 423-424: 324-331.

[27] 韩璐, 许振良, 杨虎. 抽滤法制备 PVA/PVDF 复合纳滤膜的结构及性能评价. 膜科学与技术, 2018, 35 (5): 69-76.

[28] Wang H Z, Yu J H, Bai H, et al. Preparation of PAN nanofiltration membranes by supercritical-CO_2-induced phase separation. The Journal of Supercritical Fluids, 2016, 118: 89-95.

[29] Xue J, Jiao Z W, Bi R, et al. Chlorine-resistant polyester thin film composite nanofiltration membranes prepared with beta-cyclodextrin. Journal of Membrane Science, 2019, 584: 282-289.

[30] Qiang R R, Wei C J, Lin L G, et al. Bioinspired: A 3D vertical silicon sponge-inspired construction of organic-inorganic loose mass transfer nanochannels for enhancing properties of polyimide nanofiltration membranes. Separation and Purification Technology, 2021, 259: 118038.

[31] Shen J J, Shahid S, Sarihan A, et al. Effect of polyacid dopants on the performance of polyaniline membranes in organic solvent nanofiltration. Journal of Membrane Science, 2018, 204: 336-344.

[32] Zularisam A, Ismail A, Salim R. Behaviours of natural organic matter in membrane filtration for surface water treatment : A review. Desalination, 2006, 194(1-3): 211-231.

[33] Jaouadi M, Amdouni N, Duclaux L. Characteristics of natural organic matter extracted from the waters of Medjerda dam (Tunisia). Desalination, 2012, 305(1): 64-71.

[34] Hong S K, Elimelech M. Chemical and physical aspects of natural organic matter (NOM) fouling of nanofiltration membranes. Journal of Membrane Science, 1997, 132(2): 159-181.

[35] Jucker C, Clark M. Adsorption of aquatic humic substances on hydrophobic ultrafiltration membranes. Journal of Membrane Science, 1994, 97: 37-52.

[36] Seidel A, Elimelech M. Coupling between chemical and physical Interactions in natural organic matter (NOM) fouling of nanofiltration membranes: Implications for fouling control. Journal of Membrane Science, 2002, 203(1-2): 245-255.

[37] Okazaki M, Kimura S. Scale formation on reverse-osmosis membranes. Journal of Chemical Engineering of Japan, 1984, 17(2): 145-151.

[38] Pervov A. Scale formation prognosis and cleaning procedure schedules in reverse osmosis systems operation. Desalination, 1991, 83(1-3): 77-118.

[39] Mi B, Elimelech M. Silica scaling and scaling reversibility in forward osmosis. Desalination, 2013, 312(Special SI): 75-81.

[40] Gill J. Inhibition of silica-silicate deposite in industrial waters. Colloid Surface A, 1993, 74(1): 101-106.

[41] Flemming H, Schaule G. Biofouling on membranes: A microbiological approach. Desalination, 1988, 70(1-3): 95-119.

[42] 石紫, 王志, 王宠, 等. 染料分离有机纳滤膜制备技术研究进展. 膜科学与技术, 2020, 40 (1): 340-351.

[43] 耿锋, 戴海平. 膜技术在纺织印染工业清洁生产中的应用. 水处理技术, 2005, 31 (11): 1-4.

[44] Yu S, Gao C, Su H, et al. Nanofiltration used for desalination and concentration in dye production.

Desalination, 2001, 140 (1): 97-100.

[45] 卞晓彤, 黄永明, 郭如涛, 等. 高盐废水单质分盐与资源化利用的研究进展. 无机盐工业, 2019, 51 (8): 7-12.

[46] 杨丰瑞, 王志, 燕方正, 等. 纳滤用于一价/二价无机盐溶液分离研究进展. 化工学报, 2021, 72 (2): 799-813.

[47] 吴雅琴, 申屠勋玉, 杨波, 等. 膜集成技术在煤化工高盐废水资源化中的应用. 煤化工, 2016, 44 (4): 6-9.

[48] 秦磊, 王玲, 王燕, 等. 饮用水的微污染控制工艺及技术关键. 环境科学与技术, 2010, (2): 403-407.

[49] 李艾铧, 朱云杰, 朱昊辰, 等. 纳滤技术在饮用水处理中的应用. 净水技术, 2019, 38 (6): 51-56.

[50] 毕飞. 饮用水纳滤深度处理系统优化设计与工程示范研究. 杭州: 浙江大学, 2016.

[51] 芮玉青, 王薇, 杜启云. 纳滤技术的应用进展及存在问题. 工业水处理杂志, 2009, 29 (9): 15-18.

[52] 包子健, 郑豪, 杨岳平. 电镀综合废水的纳滤膜深度处理研究. 浙江大学学报(理学版), 2013,(3): 314-318.

[53] 张铭. 膜技术深度处理印染废水及回用技术研究. 济南: 山东大学, 2014.

[54] 苏保卫. 克林霉素磷酸酯乙醇水溶液的纳滤浓缩及其传递特性的研究. 天津: 天津大学, 2004.

[55] Su B W, Wang Z, Wang J, et al. Concentration of clindamycin phosphate aqueous ethanol solution by nanofiltration. Journal of Membrane Science, 2005, 251(1-2): 189-200.

第 5 章

反 渗 透

5.1 反渗透过程特性

水危机已经连续多年位列全球最具影响力的五大危机之一，研究预测这一情况将会持续恶化[1]。面对水资源短缺的严峻形势，人们采取蓄水、节约用水、跨流域调水和再生水利用等一系列有效措施。然而，以上措施只能改善现有水资源的使用情况，无法增加水资源供应量。海洋覆盖了地球上 70%的面积，海水资源取之不尽用之不竭。早在世界大航海时代，英国王室就曾悬赏征求经济合算的海水淡化方法。随着海水淡化技术的快速发展，已发展出反渗透、低温多效蒸馏、多级闪蒸、电渗析、压汽蒸馏、膜蒸馏、露点蒸发、真空冷冻等淡化方式。

反渗透技术是稳定高效的淡水获取技术[2]。通过蒸馏法能够从海水中获取淡水，但淡化过程中存在水的相变，即需要将水汽化或加热到一定温度。该过程能耗大，即使采用多级闪蒸和多效蒸馏方式获取 1 t 淡水也需 $15\sim20\ kW\cdot h$ 的等效能耗。反渗透法获取淡水的过程无相变，在常温下就能实现盐和水的分离，理论上能耗仅需大于盐和水分离的 Gibbs 自由能($\leqslant2\ kW\cdot h$)，能耗较低[3]。除此之外，反渗透技术还具有操作简单、易于集成放大、产水水质稳定、不受气候和季节限制等优点。2008 年以后，新增海水淡化装机容量采用反渗透技术的已达 80%以上。随着反渗透技术的不断完善，反渗透应用领域越来越广泛，如苦咸水淡化、化工、生物、电力、电子、制药、市政、环保等行业的水处理过程[4-7]。

5.1.1 过程原理及特点

1748 年，法国科学家 Nollet 将装有乙醇或蔗糖溶液的猪膀胱放入水中时，首次发现水可以自发地透过膀胱膜扩散进入乙醇或蔗糖溶液中，而乙醇或蔗糖不能透过膀胱膜扩散进入水中，这是人们首次认识到自然界中的渗透现象[8]。20 世纪，van't Hoff 和 Gibbs建立完整的稀溶液理论，揭示渗透现象与其他热力学性能之间的关系。如图 5-1 所示，一张理想半透膜将浓溶液和稀溶液隔开，假设半透膜本身没有阻力，仅允许溶剂透过，而对溶质实现截留。半透膜两侧溶液中溶质浓度的差异引起化学势的差异。稀溶液一侧的溶剂相对含量较高，溶剂的化学势也较高，这必然导致溶剂从稀溶液一侧扩散到浓溶液一侧，这种现象即为渗透(osmosis)[9]。此外，尽管浓溶液一侧溶质的化学势高于稀溶液一侧，但是由于半透膜不允许溶质透过，因此浓溶液一侧的溶质并不能向稀溶液一侧扩散。

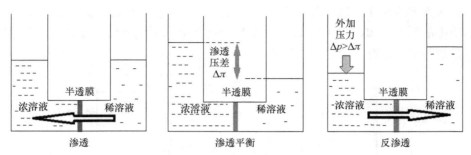

图 5-1　渗透和反渗透原理示意图

随着渗透过程的进行，浓溶液一侧液面不断升高，溶质浓度降低；稀溶液一侧液面不断降低，溶质浓度升高。渗透进行一定时间后，溶剂在膜两侧的扩散达到平衡，半透膜两侧溶剂的化学势相等，同时膜两侧的溶液出现了液位差。根据式(5-1)所示的 van't Hoff 渗透压公式，在温度恒定时，溶液渗透压由溶质浓度决定[9]，膜两侧的液位差代表浓溶液和稀溶液的渗透压差 $\Delta\pi$

$$\pi = C_{B}RT \tag{5-1}$$

式中，π 为溶液的渗透压，Pa；C_{B} 为溶液中溶质 B 的摩尔浓度，$mol \cdot m^{-3}$；R 为摩尔气体常量，$8.314\ J \cdot mol^{-1} \cdot K^{-1}$；$T$ 为溶液的温度，K。

当在浓溶液一侧施加大于渗透压差的外界压力时($\Delta p > \Delta\pi$)，与渗透过程相反，溶剂透过半透膜由浓溶液进入稀溶液中，而浓溶液中的溶质则被半透膜截留，这种现象称为反渗透。当半透膜一侧为氯化钠水溶液，另一侧为纯水时，外加压力 Δp 克服了氯化钠水溶液和纯水的渗透压差 $\Delta\pi$ (氯化钠水溶液的渗透压)，可以实现从氯化钠"盐水"中获取"淡水"的脱盐过程。一般地，允许水分子透过而对一价离子(如 Na^+ 和 Cl^-)实现有效截留的半透膜为反渗透膜[7]。

5.1.2　分离机理及模型

反渗透技术的应用主要涉及盐水溶液和有机溶质水溶液的分离，部分涉及有机溶质有机溶液的分离。不同膜结构对不同溶质、溶剂的渗透选择机理不尽相同。本节主要介绍非荷电膜对盐水溶液的分离机理及模型。荷电膜对盐水溶液的分离机理及模型可参见 4.2.2 节，涉及有机溶剂反渗透膜的研究较少，可参阅相关文献[10]。

1. 分离机理

1) 溶解扩散机理

溶解扩散机理是 1965~1967 年由 Lonsdale 和 Riley 等提出的[11]。溶解扩散机理将反渗透膜的活性层看作致密无孔的膜，并假设溶质和溶剂都能溶解于活性层中，溶解量服从 Henry 定律。如图 5-2 所示，溶质和溶剂透过膜的过程分为三步：溶质和溶剂在膜表面处吸附和溶解，在化学势差推动下溶质和溶剂向膜的另一侧扩散，溶质和溶剂在透过侧的膜表面解吸。一般认为，溶质和溶剂在膜两侧的溶解和解吸过程进行很快，溶质和溶剂的透过速率取决于扩散过程并服从 Fick 定律。扩散速率的限制步骤是打开和关闭聚合物基质中的瞬态间隙(自由体积)，这是由聚合物链受热刺激的局部分段动力学所致，从而允许渗透剂的扩散跃迁[12-13]，参见 4.2 节。

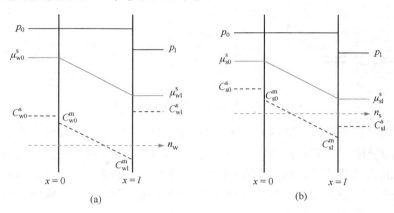

图 5-2   水(a)和盐(b)在致密无孔的反渗透活性层中的渗透过程描述

流体压力 p，化学势 μ，浓度 C，活性层厚度 l，上标 s 和 m 分别指外部溶液相和聚合物(膜)相，下标 0 和 1 分别指膜的上表面和下表面；n_w 和 n_s 分别指渗透过活性层的水和盐

2) 氢键理论

氢键理论是 1959 年由 Reid 等提出的[14]。氢键理论认为反渗透膜的分离层是致密的，有大量活化点。进料液中的水分子可在压力下与膜的活化点形成氢键而缔合，缔合后的水分子失去溶剂化能力，原料液中的盐不能溶于其中。水分子在膜中的传递是通过在活化点上不断地缔合与解缔完成的。这些分子与膜的一侧结合后，从一个氢键位点迁移到另一个氢键位点，最后从膜的另一侧排出，而不能进入氢键的离子和分子通过孔型扩散穿过膜。也就是说，它们的扩散取决于膜上孔形成的概率。值得注意的是，分离层的聚合物链有两种排列方式，当链以有序的方式彼此平行运行时，就形成结晶区；当链以无序方式排列时，聚合物之间的空间就大得多，形成非晶区。例如，醋酸纤维素膜具有中等程度的结晶度，其中可以通过氢键与膜结合并能适应结合水结构的离子和分子被认为是通过氢键与膜结合而跨膜运输的。醋酸纤维素中结晶度高的区域可充分减小布朗运动和孔径，使结合水能够填满空隙，大大降低孔形成的可能性。因此，氯化钠在其中的扩散速率很低。如果膜被压缩，会发生更多的交联，结合水会变得更稳定，扩散速率会变得更慢。

3) 优先吸附-毛细孔流动理论

1963～1970 年间，Sourirajan 和 Matsura 提出和发展了优先吸附-毛细孔流动理论[15]。如图 5-3 所示，优先吸附-毛细孔流动理论认为反渗透膜对溶质具有排斥作用且膜表面存在细孔。因此，反渗透过程由两个因素控制：平衡效应，指膜表面附近的优先吸附情况；动态效应，指溶质和溶剂通过膜孔的流动性。根据 Gibbs 吸附方程，水是优先吸附，溶质是负吸附。在膜表面有一层极薄的纯水层，纯水层厚度 t 与膜表面化学性质密切相关。当细孔直径为 $2t$ 时($2t$ 为膜的临界孔径)，透水速率大而脱盐率高；孔径小于 $2t$ 时，透水速率变小；孔径大于 $2t$ 时，脱盐率下降。作为一张理想的膜，膜表面存在尽可能多的孔径为 $2t$ 的细孔且 t 值尽可能大。因此，膜表面具有合适的化学性质，具有合适尺寸的孔径和合适的孔数是理想反渗透膜必不可少的条件。反渗透膜的表层应尽可能薄以减小液体流动的阻力，膜的整个孔结构必须非对称。膜性能也会因溶质化学性质、溶剂化学性质或膜表面材料化学性质的改变而变化[16]。

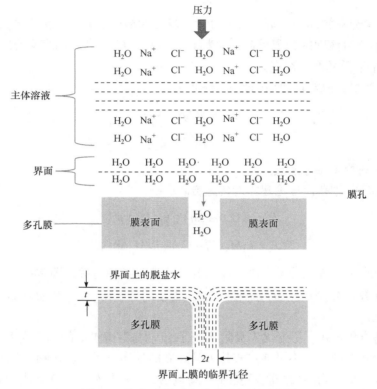

图 5-3　优先吸附-毛细孔流动机理示意图

其他反渗透脱盐理论还有 Sherwood 等提出的扩散-细孔流理论、Yasuda 等提出的自由体积透过机理和孔隙开闭学说、孔道模型、摩擦模型等[16]。

2. 传递方程

已经提出的反渗透过程盐水溶液的传递方程主要有以下四种。

(1) 根据不可逆过程热力学建立的传递方程[7]：

$$J_V = L_P(\Delta p - \sigma \Delta \pi) \tag{5-2}$$

$$J_S = \omega \Delta \pi + (1 - \sigma) J_V \overline{C_S} \tag{5-3}$$

式中，J_V 为体积通量，$\mathrm{m^3 \cdot m^{-2} \cdot s^{-1}}$；$J_S$ 为溶质透过速率，$\mathrm{mol \cdot cm^{-2} \cdot s^{-1}}$；$L_P$ 为水的渗透系数，$\mathrm{mol \cdot cm^{-2} \cdot s^{-1} \cdot Pa^{-1}}$；$\omega$ 为溶质渗透系数，$\mathrm{mol \cdot cm^{-2} \cdot s^{-1} \cdot Pa^{-1}}$；$\sigma$ 为膜的反射系数(大多数实用反渗透膜的 σ 接近 1)；Δp 为膜两侧压力差，Pa；$\Delta \pi$ 为溶液渗透压差，

Pa；$\overline{C_S}$ 为膜两侧溶液的平均浓度，量纲为一。

(2) 根据优先吸附-毛细孔流动理论建立的传递方程[15]：

$$J_V = A(\Delta p - \Delta \pi) \tag{5-4}$$

$$J_S = \frac{D_{AM}}{K\delta}(C_1 - C_2) \tag{5-5}$$

式中，A 为水渗透系数，$mol \cdot cm^{-2} \cdot s^{-1} \cdot Pa^{-1}$；$D_{AM}$ 为溶质在膜中的扩散系数，$mol \cdot cm^{-2}$；K 为溶质在膜与溶液间的分配系数；δ 为膜厚，cm；C_1 为高压侧膜面溶质的摩尔浓度；C_2 为透过液中溶质的摩尔浓度。

(3) 根据溶解扩散机理建立的传递方程[13]：

$$J_V = A(\Delta p - \Delta \pi) \tag{5-6}$$

$$J_S = B(C_1 - C_2) \tag{5-7}$$

式中，B 为膜的溶质渗透系数。

(4) 根据扩散-细孔流理论建立的传递方程[7]：

$$J_V = k_1(\Delta p - \Delta \pi) + k_2 M_W \Delta p C_W \tag{5-8}$$

$$J_S = k_3 M_S(C_1 - C_2) + k_2 M_S \Delta p C_1 \tag{5-9}$$

式中，k_1 为与水扩散有关的膜常数；k_2 为与孔内流动扩散有关的膜常数；k_3 为与溶质扩散有关的膜常数；M_S 为溶质的分子量；M_W 为水的分子量；C_W 为水在高压侧膜表面的浓度，$mol \cdot cm^{-3}$。

以上传递方程显示，尽管优先吸附-毛细孔流动与溶解扩散的理论模型不同，但其传递方程基本形式相同。由不可逆过程热力学建立的传递方程，若 $\sigma = 1$，则与溶解扩散机理的传递方程相似。当溶质与膜不变时，J_V 与 Δp、J_S 与 $(C_1 - C_2)$ 呈线性关系。通过实验可以得到溶液透过速率和膜两侧溶质浓度数据，由实验测得的渗透侧溶质浓度可求得溶质透过速率。进而可根据上述方程求得水的渗透系数和溶质渗透系数。

5.1.3　膜结构及表征

反渗透膜的形态结构和化学结构对膜的分离性能、耐受性能等起到决定性作用。现代分析技术的不断进步为膜结构研究提供可能，促使人们更加深入地理解膜的形成过程所涉及的客观本质，如成膜机理、微观结构、构效关系等，进而指导膜结构与性能调控、新型膜材料开发等研究工作。可以说，膜结构的表征在反渗透膜发展中占据着极其重要的地位。表 5-1 列出反渗透膜结构的表征技术及内容。值得特别指出的是，典型芳香聚酰胺反渗透膜的分离层并不是光滑平坦的，而是由许多微米或纳米级"峰谷"(ridge and valley)结构组成，这与其他膜分离层结构有很大不同。图 5-4 所示的膜表面扫描电子显微镜和断面扫描电子显微镜与透射电子显微镜图像很好地展示了反渗透膜的"峰谷"结构特点。

表 5-1 反渗透膜结构的表征技术及内容[16]

	分析测试方法	提供信息或应用
光谱	红外光谱	化学组成、化学结构、交联度
	紫外光谱	化学组成、化学结构
	拉曼光谱	化学组成、化学结构
	漫反射分光光谱	界面聚合过程研究
能谱	X 射线光电子能谱	表面元素和化学组成、化学结构、交联度
	俄歇电子能谱	表面元素和化学组成、化学结构
	X 射线能谱分析	元素组成
	卢瑟福背散射能谱分析	元素组成、界面聚合过程研究
显微镜	扫描电子显微镜	微观形貌、皮层厚度
	透射电子显微镜	微观形貌、皮层厚度、皮层空隙结构、膜中纳米粒子分散状况
	电子探针	微观形貌(粗糙度、比表面等)、皮层厚度
其他	正电子湮灭寿命谱	自由体积(网络孔和聚集孔)
	核磁共振波谱	化学结构、分子动力学信息
	小角/广角 X 射线/中子散射	微观结构(孔径及聚合物团簇尺寸)、纳米复合膜界面性质等
	表面 Zeta 电位分析	表面荷电性
	石英晶体微天平	皮层空隙结构
	原子力显微镜-红外/拉曼光谱联用	微相区分析(低至 10 nm 以下)、纳米粒子分布分析
	接触角测试仪	润湿性、表面能及成膜过程分析

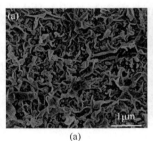
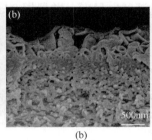
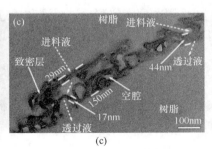

(a)　　　　　　　　　　(b)　　　　　　　　　　(c)

图 5-4 反渗透膜表面扫描电子显微镜图(a)、断面扫描电子显微镜图(b)和断面透射电子显微镜图(c)

5.1.4 膜性能及评价

反渗透膜性能包括渗透选择性能和耐受性能。渗透选择性能(选择性和渗透性)是膜的核心评价指标,耐受性能(抗污染、耐氧化、耐酸碱、耐清洗、耐溶剂、抗背压)是膜的重要评价指标。

1. 渗透选择性能

反渗透膜渗透选择性能的评价一般通过测试反渗透膜对氯化钠水溶液的渗透通量和

脱盐率实现。反渗透膜的渗透通量是指单位时间透过单位面积反渗透膜水的体积[17]。膜渗透选择性能的测试可参考《反渗透膜测试方法》(GB/T 32373—2015)进行。典型测试系统如图 5-5 所示。其中，膜池为径向错流形式，测试选用不同浓度的氯化钠溶液作为原料液，调节高压泵将原料液加压到预订压力和流速。测试过程中保持原料液温度为预订温度，并记录一定时间内透过液的质量，进而根据式(5-10)计算反渗透膜的渗透通量

$$J = \frac{V}{At} \tag{5-10}$$

式中，J 为反渗透膜渗透通量，$L \cdot m^{-2} \cdot h^{-1}$；$t$ 为两次采样间隔的时间，h；V 为时间 t 内透过液的体积，L；A 为膜池的有效面积，m^2。

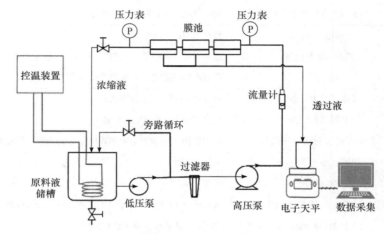

图 5-5   反渗透膜渗透选择性能的评价装置

采用电导率仪测量进料液和透过液的电导率，并根据 NaCl 浓度与电导率对应关系得到进料液和透过液浓度，按式(5-11)计算得到脱盐率：

$$R = (1 - \frac{C_p}{C_f}) \times 100\% \tag{5-11}$$

式中，R 为反渗透膜的脱盐率(又称截留率)；C_p 为透过液浓度，$mg \cdot L^{-1}$；C_f 为进料液浓度，$mg \cdot L^{-1}$。

2. 抗污染性能评价

反渗透膜抗污染性能评价的主要步骤如下。首先，在初始操作条件下测试反渗透膜对氯化钠溶液的初始渗透通量，当渗透通量稳定时，取此时渗透通量为初始渗透通量 J_0；接着，在氯化钠溶液中添加一定量污染物并混合均匀，保持测试条件不变，利用含污染物的氯化钠水溶液进行膜污染实验，实时记录单位时间内透过液的质量，计算出实时渗透通量[18]。膜污染实验持续一定时间后，记录此时的实时渗透通量，即为污染后反渗透膜的渗透通量 J_1；随后，将系统中含污染物的氯化钠溶液全部排净，换成去离子水，在低跨膜压力、高表面流速条件下冲洗一定时间，进而重新在初始操作条件下测试清洗后

反渗透膜的渗透通量J_2。反渗透膜污染后的通量下降率(flux decline ratio after fouling，FD)和清洗后的通量恢复率(flux recovery ratio after rinsing，FR)分别根据式(5-12)和式(5-13)进行计算：

$$FD = \left(1 - \frac{J_1}{J_0}\right) \times 100\% \tag{5-12}$$

$$FR = \frac{J_2}{J_0} \times 100\% \tag{5-13}$$

反渗透膜污染后的FD体现污染物在膜表面的沉积速度，清洗后的FR体现膜表面污染物清洗的难易程度，可以间接衡量污染物与膜表面结合力的大小。反渗透膜较好的抗污染性能意味着较低的FD值和较高的FR值。此外，为表征污染物在反渗透膜表面的沉积情况，还对污染和清洗前后的膜表面进行扫描电子显微镜表征。

3. 杀菌性能测试

反渗透膜的杀菌性能测试可参照《有机分离膜抗菌性能测试方法》(GB/T 37206—2018)进行。通常来说，选取革兰氏阳性枯草杆菌与革兰氏阴性大肠杆菌与膜表面接触一段时间后，计算膜表面细菌的死亡率以评价膜表面的杀菌性能。实验主要包括制备无菌LB 培养液与固体培养基、制备无菌生理盐水、实验仪器灭菌准备、配制菌悬液、菌悬液与膜片接触、恒温培养、涂菌与计数等步骤[19]。实验可获得初始菌悬液中的细菌个数 A 和与膜片接触后的菌悬液中细菌个数 B。

细菌死亡率(R)可根据式(5-14)计算得到，通过比较不同膜样品的 R 可比较不同膜的杀菌性能。

$$R = \frac{A - B}{A} \times 100\% \tag{5-14}$$

4. 耐氧化(耐氯)性能测试

反渗透膜的耐氯性能测试可将反渗透膜置于高浓度次氯酸钠溶液中进行加速氯化处理，测试氯化后膜的渗透选择性能变化以表征耐氯性能。氯化处理强度可采用活性氯溶液浓度与浸泡时间的乘积(mg·L^{-1}·h)表示[20-21]。余氯指活性氯投入水中后，除与水中微生物、有机物、无机物等作用消耗部分氯量外剩下的部分氯量。余氯包括游离性余氯(水中 ClO^-、$HClO$ 和 Cl_2 等)和化合性余氯(水中氯与氨的化合物，如 NH_2Cl 和 $NHCl_2$)。

加速氯化处理分为静态氯化和动态氯化两种。静态氯化实验是用纯水反复冲洗膜片，将其浸泡于纯水中一定时间后取出，在特定温度下(一般为室温)进行以下氯化降解实验。首先，配制一定浓度的活性氯溶液，余氯浓度用余氯比色计测定。然后，根据测试需要，调节次氯酸钠溶液 pH(一般为 4～10)，并将膜片置于不同浓度的活性氯溶液中避光浸泡一定时间。之后，用纯水反复冲洗氯化处理后的膜，并用余氯比色计测试清洗液中残余氯的含量，直至检测不到余氯为止。

动态氯化实验是在测试液中加入活性氯溶液，并用余氯比色计测定活性氯溶液的余氯浓度，之后使反渗透膜在含一定浓度余氯的测试液下运行。运行过程中需不断检测余氯浓度，当低于预设值时及时补加。值得注意的是，动态氯化实验中，增压泵、高压泵、管路等部件也会受活性氯攻击，选型时应有所考虑。

除以上性能评价外，反渗透膜耐受性的测试还有耐酸碱、耐清洗、耐溶剂、抗背压等，此处不展开介绍。

5.2　反渗透膜材料及膜制备

高性能反渗透膜的开发能够降低产水能耗、提高膜系统稳定性，最终降低投资和运行成本。因此，反渗透膜研究主要集中在膜材料和膜制备两方面。

许多膜材料和膜制备技术已被用于制造反渗透膜。早期研究的主要目标是海水淡化，海水含盐量(质量分数)约 3.5%，这需要脱盐率大于 99.3% 才能获得含盐量低于 $500\ \mathrm{mg \cdot L^{-1}}$ 的淡水。随着膜性能的提高，海水淡化的操作压力逐步由 10 MPa 降至 5~6 MPa。随着膜应用的扩展，研究者们又针对性地开发进料液盐浓度(质量分数)为 0.1%~0.5% 的脱盐膜，膜的工作压力通常为 1~3 MPa，目标脱盐率约 99%。

5.2.1　膜材料

以醋酸纤维素和芳香聚酰胺为代表的聚合物是最为经典的反渗透膜材料，目前已实现了大规模的商业化应用。除聚合物材料外，随着纳米和生物技术的发展，一些新型膜材料也逐渐得到产业界和学术界的重视。为此，这里以表 5-2 中列出的聚合物材料为主，重点介绍经典的醋酸纤维素材料、芳香聚酰胺材料，以及具有重大发展潜力的新型纳米材料和生物材料。更详细的膜材料介绍可以参考一些文献综述[5, 22-23]。

表 5-2　常见聚合物膜材料及分子式[13]

膜材料	分子式
醋酸纤维素 (cellulose acetate)	
交联芳香聚酰胺 (cross-linked aromatic polyamide)	
芳香聚酰亚胺 (aromatic polyimide)	

膜材料	分子式
直链芳香聚酰胺 (straight-chain aromatic polyamide)	
聚苯并咪唑-吡咯啉酮 [poly(benzimidazopyrrolone)]	
聚酰胺-酰肼 [poly(amide-hydrazide)]	
交联聚哌嗪酰胺 (cross-linked polypiperazine-amide)	
磺化聚砜 (di-sulfonated polysulfone)	
后聚合磺化聚砜 (post-polymerization sulfonated polysulfone)	
后聚合磺化聚氧苯 (post-polymerization sulfonated polyphenylene oxide)	
磺化全氟聚合物 [sulfonated perfluorinated polymer (Nafion®)]	
交联磺化聚苯乙烯-聚二乙烯苯 (sulfonated polystyrene cross-linked with divinylbenzene)	

1. 醋酸纤维素

醋酸纤维素是最早发现的高性能反渗透膜材料[7]，参见 1.3.2 小节"1. 天然高分子类"。尽管醋酸纤维素膜的通量和截留率已经被界面复合膜所超越，但它仍然保持着一小部分市场，这主要是因为具有制造简单、机械强度高、耐活性氯和其他氧化剂降解的特点。醋酸纤维素膜可以承受余氯浓度高达 $1\,mg\cdot L^{-1}$ 的连续进水，在高微生物污染的进水水质下具有明显优势。醋酸纤维素的乙酰化程度对盐和水渗透性的影响显著，膜的水渗透性和盐渗透性均随乙酰化程度的升高而降低，但盐渗透性下降更加明显，因此膜的选择性随乙酰化程度的升高而升高[11]。同时，退火过程可通过消除微孔制得更致密、更高截留率的分离层，以此调控膜的渗透选择性能。需要注意的是，醋酸纤维素膜的性能会随温度和应用环境的 pH 发生变化，因此醋酸纤维素膜的使用温度一般不高于 $35\,℃$，给水 pH 一般为 $4\sim6$[24]。

2. 芳香聚酰胺

芳香聚酰胺反渗透膜可采用的制备方法包括浸没沉淀相转化法和界面聚合法。传统芳香族聚酰胺主要包括聚间苯二甲酰间苯二胺和聚对苯二甲酰对苯二胺，相关研究主要集中在界面聚合法制备方面。在界面聚合制膜过程中，芳香族多元酰氯和多元胺类常被用于构建反渗透超薄功能皮层，且相关技术已实现大规模工业化生产，所制膜已成为当前反渗透膜市场的标杆。但是，芳香族聚酰胺具有耐氯性和抗污染性差的缺点，限制它的进一步推广及应用，因此提高耐氯性和抗污染性成为该类膜材料的重点研究内容。

3. 新型膜材料

以醋酸纤维素和芳香聚酰胺为代表的聚合物材料已经发展了几十年，但膜选择性和渗透性往往存在此消彼长的现象。这是由于由聚合物材料构筑的分离层面临孔径不精准、传递路径曲折的问题，大大限制了反渗透膜渗透选择性能的提升。近年来，新型纳米和生物材料的研发为反渗透膜分离层本体的构筑提供了新的选择。

与聚合物材料不同，以沸石分子筛、碳纳米管、金属有机骨架、共价有机骨架、石墨烯、氧化石墨烯、MoS_2、Fe 酞菁 FePc 纳米片等纳米材料构成的孔道(内部孔道或层间隙)具有尺寸精确可调控的特点，模拟研究显示制备的膜可有超高的盐水分离能力，可比聚酰胺反渗透膜的渗透性能高 $2\sim6$ 个数量级。

除以上纳米材料外，生物材料也是新型反渗透膜材料研发的重点。水通道蛋白(AQP)由嵌入细胞膜中的六个跨膜 α 螺旋束组成，氨基末端和羧基末端通向细胞内部，在细胞膜上构成"孔道"，可控制水在细胞的进出。在适当的条件下，AQP 形成的水通道每秒可传输多达 30 亿个水分子，同时排斥所有溶质。因此，基于 AQP 的仿生膜有可能同时获得高的渗透性和选择性，成为新型高效的反渗透膜材料。

5.2.2　膜制备及装置

反渗透膜的制备方法主要包括相转化法、界面聚合法、层层自组装法、静电喷涂法等。其中，相转化法和界面聚合法是研究最为广泛的制膜方法。

1. 相转化法

相转化法制膜过程的主要步骤参见 1.5.1 小节 "2. 非对称膜的制备"。对于制备反渗透膜的相转化过程，需要形成致密的表面层。当控制制膜液中溶剂向外扩散速率大于非溶剂向制膜液内扩散的速率时，膜面上聚合物浓度提高，表面将形成高浓度聚合物致密层。致密层的形成使溶剂外扩散速率下降，使膜内聚合物浓度降低，形成多孔支撑层。随着溶剂与非溶剂不断交换，液-液相分离后的膜液进入玻璃化转变区，产生玻璃化转变而形成固态，最后得到表皮层致密、底层疏松多孔的非对称膜。为了制备具有不同应用特性的反渗透膜，可改变制膜液组成和成膜条件，如蒸发温度和时间、凝固浴的组成和温度、热处理温度和时间等[25]。有关相转化法成膜机理的详细介绍参见 2.2.2 小节 "1. 相转化法"。

2. 界面聚合法

界面聚合法是使高反应活性单体在互不相溶的溶剂界面接触并发生聚合反应，从而形成纳米级分离层的过程。1965 年，Morgan 首次提出界面聚合的概念。1972 年，Cadotte 及同事发现界面聚合可用于高渗透选择性能反渗透膜的制备。界面聚合过程最常见的反应单体为多官能团胺和多官能团酰氯。如图 5-6 所示，当两相在多孔膜支撑体上接触时，由于水相和有机相溶液不互溶，在它们之间便形成了一个界面。由于酰氯在水中的溶解度可以

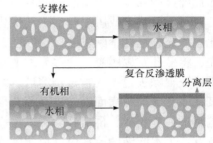

图 5-6 界面聚合过程示意图

忽略不计，而胺在有机溶剂中的溶解度较高，因此反应发生在界面的有机相一侧。高反应活性的两相单体接触后可快速聚合，进而在界面处形成聚合物初生层；随着反应的进行，两相单体向界面处扩散，使得初生层不断生长；而不断生长的初生层又会阻碍两相单体的扩散、限制自身的生长，最终生成纳米级无缺陷的分离层。从以上界面聚合反应过程描述可知，界面聚合法具有操作简单、反应速率快和所制膜薄而无缺陷的特性，这使得稳定、高效、经济的反渗透膜的规模化制备成为可能。在过去的 30 年中，界面聚合技术在反渗透膜制备中的应用彻底改变了复合膜的工业化生产工艺，应用范围迅速拓展至纳滤膜、压力延迟渗透膜及气体分离膜制备领域，成为科学研究和工业生产的主流[26]。

界面聚合是快速的反应-扩散耦合过程，从微观的层次认识界面聚合成膜过程有助于指导高性能反渗透膜的研制。界面聚合的成膜过程描述如下：在由单体制膜过程中，水相和油相单体间反应形成芳香聚酰胺聚合物分子链；分子链受共价作用及弱相互作用的影响形成分子内间隙；分子链通过各种弱相互作用协同配合构筑分子聚集体，形成分子间间隙；最终由分子聚集体聚并形成芳香聚酰胺分离层的本体。这种由聚酰胺分子链弯曲、折叠和堆积形成的分子内间隙和分子间间隙统称膜内间隙。芳香聚酰胺分子构成的膜内间隙(通道)的尺寸、数量及稳定性决定了膜的本体结构，从而对膜的综合性能产生重要影响。而研究者们正是通过优化界面聚合工艺参数、使用添加剂及开发新单体等方式，从微观上对膜内间隙(孔道)的尺寸、数量及性质入手，调控了宏观的分离层厚度、交联度、致密程度及分离层表面的粗糙度、亲水性和荷电性等性质，最终制得了众多高性能

反渗透膜。下面对上述各种方式的研究进展进行介绍。

界面聚合工艺参数涉及单体类型、浓度、单体浓度比、有机溶剂类型、反应速率、反应时间等。例如，单体浓度高、反应速率快和反应时间长通常会降低膜的渗透性，提高膜选择性。界面聚合中所使用的添加剂包括表面活性剂、共溶剂、酸接收剂、相转移催化剂及纳米材料和生物材料等。以上添加剂的使用，旨在通过在单体溶液中加入添加剂的方式来改变聚合反应过程，或在分离层中引入新型传递通道的方式来最终实现对膜结构与性质的调控。例如，在界面聚合过程中引入超亲水性沸石纳米颗粒添加剂，可增强水的渗透性，同时保持较高的脱盐率。改变工艺参数或者使用添加剂能在一定程度上调控分离层的结构和性质，但调控范围有限。而开发新单体有可能从根本上改变单体扩散和反应速率，进而改变所形成分离层的结构和性质，有望大幅提高反渗透膜的分离性能。例如，使用5,5′-联苯四酰氯和间苯二甲酰氯共单体与间苯二胺反应制备的反渗透膜相比经典的均苯三甲酰氯和间苯二胺反应制备的膜具有更高的通量和截留率。

对界面聚合成膜过程和工艺优化的研究取得长足进步的同时，基于界面聚合的工业化制膜流程也在不断发展。最初的工业化制膜流程称为浸渍被覆法，如图5-7(a)所示。首先，将多孔支撑膜浸入含多元胺的水溶液中，使该水溶液被覆多孔支撑膜的两面，接着用橡胶辊除去过剩的被覆水溶液，之后将多孔支撑膜浸入含多元酰氯的有机溶液中，使其在多孔支撑膜表面经过界面聚合形成聚酰胺薄膜，然后将膜热处理，使膜中未反应的端基进一步交联，再清洗除去未反应的胺和酸[27-28]。该方法装置和操作比较简便，但缺点有：①水溶液的涂覆厚度控制困难，容易过剩涂覆，导致聚酰胺薄膜形成后也在多孔支撑膜体中残留过剩的胺，需用化学药品清洗或醇萃取，导致生产成本上升和环境污染；②被覆胺水溶液的多孔支撑膜浸入有机溶液槽中引起酰氯失活，需要定期更换新溶液，导致大量废弃溶剂的排放；③由于多孔支撑膜的两面被覆，因此容易在背面形成聚酰胺薄膜，导致膜渗透性能降低[29]。为克服浸渍被覆法的缺点，人们经过几次技术改进，形成目前最先进的制膜方法，即采用具有温度调节功能的狭缝模涂机涂覆水溶液和有机溶液，以及采用橡胶刮板擦拭器或气刀除去水溶液被覆层，如图5-7(b)所示。与浸渍被覆法相比，该方法具有以下优点[29]：①能够大幅降低多元胺水溶液和多元酰氯有机溶液的

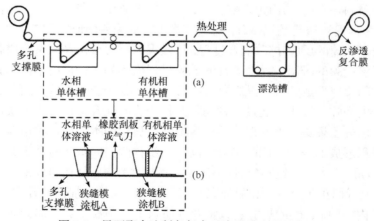

图5-7 界面聚合法制备复合反渗透膜流程示意图

用量；②由于能够降低复合反渗透膜中的未反应物，因此能简化后续清洗操作，降低生产成本和环境污染；③能够稳定且高速制造高性能复合反渗透膜。

3. 新型制膜方法

基于界面聚合的复合膜制备方法是反渗透膜科学研究和工业生产的主流。然而，该方法制备的膜存在渗透选择性能和耐受性能不理想的问题；界面聚合法需在基膜上进行，基膜材料的选择有限、分离层表征困难，这也限制了膜应用领域的拓展和对膜结构的深入认识。因此，尽管界面聚合法是反渗透膜制备的主流工艺，但是研究者们也一直在开展非界面聚合方法的研究，以下对几种新型制备方法进行介绍。

1) 分子层层沉积技术

使用旋涂或浸涂法在基膜上交替沉积反应物，通过共价键键合获得分离层的制膜方法。分子层层沉积法可从分子尺度控制膜结构，沉积过程不受传统界面聚合法的动力学和传质限制，具有精确且独立控制的特性。具体来讲，分子层层沉积技术通过控制沉积循环的数量控制选择层厚度，通过选择沉积物类型和顺序控制分离层的化学组成和拓扑结构。因此，利用分子层层沉积技术可以制得具有均匀、薄且光滑分离层的反渗透复合膜。分子层层沉积技术在分离层的分子级别可控制备方面优势明显，但其制膜过程过于复杂，限制了这种技术的大规模应用。

2) 电喷雾制膜技术

电喷雾制膜技术也称 3D 打印技术，是将溶液在强电场作用下雾化为小于 1 μL 的液滴，并均匀喷涂到接收基板上。基于此，将水相和油相单体从多喷嘴的喷雾器中重复喷涂到基膜上，使单体在接触时反应获得复合膜。电喷雾技术与分子层层沉积过程类似，一方面微小液滴的界面张力更大，单位时间反应热小，这为界面反应提供了更为稳定的条件，使分离层的粗糙度较小；另一方面这种逐滴沉积的方式使得所制膜的厚度、均匀性更易控制。制膜过程中可以通过控制喷嘴数、喷雾体积和溶液浓度等控制单体的沉积量。电喷雾制膜技术在保证分离层的可控均匀制备前提下，极大地简化了制膜过程。同时，单体和溶剂的使用量少，可通过喷嘴阵列实现规模化制备。电喷雾技术为反渗透膜分离层的可控、均匀、快速和绿色制备提供了一条新途径。

3) 纳米材料独立成膜法

以沸石分子筛、碳纳米管、金属有机骨架、共价有机骨架、石墨烯、氧化石墨烯等纳米材料作为新型反渗透膜材料。这些纳米材料可以作为"增强剂"引入分离层中制备混合基质膜，但是这种方式限制了这些纳米材料孔道结构的作用。通过纳米材料颗粒组装方式制备以纳米材料为主要结构的分离层才能最大限度地发挥纳米材料作用。然而，受限于纳米材料成膜性差的根本问题，采用纳米材料制备大面积、无缺陷反渗透膜是十分困难的。当前，纳米材料分离层的构筑研究取得重要进展。例如，通过一维纳米材料的垂直阵列、二维片层材料的堆叠及三维材料的原位生长等方式制备新型反渗透复合膜，使得纳米材料制备脱盐分离层获得极大的突破，证明这类材料在液体分离膜中应用的可行性。然而，利用纳米材料制备反渗透膜的模拟和实验结果存在巨大的差距，并且制造成本居高不下。因此，以纳米材料为分离层的反渗透复合膜的研发仍然是一项重大挑战。

5.3   反渗透膜污染及控制

自反渗透技术诞生以来，膜污染问题一直是制约反渗透技术推广和发展的瓶颈。膜污染会导致膜性能的下降或丧失，进而降低产水水质、增加产水能耗、缩短反渗透膜使用寿命[30-31]。在实际应用中，给水的预处理、操作条件的优化和膜清洗是减少反渗透膜装置运行期间膜污染的常用操作[31-32]。而且，随着膜质量的提高和膜成本的降低，反渗透膜在污水处理等场景的应用越来越广泛，膜污染问题日趋严重。总之，膜污染问题严重制约反渗透技术的进一步应用与发展，被称为反渗透技术的"阿喀琉斯之踵"。

5.3.1   膜污染机理

反渗透膜污染是由膜表面或内部残留的颗粒、胶体、大分子、盐等的沉积造成的。如图 5-8 所示，根据污染物性质的不同，膜污染可大致分为四类：胶体污染、有机污染、无机污染和生物污染[33]。关于四种膜污染的详细介绍参见 4.4.2 小节。膜污染是一种复杂的物理化学现象，膜表面的化学组成及其物理化学特性决定它们与给水中污染物的相互作用[34]。每类污染行为可简化为靠近—吸附—累积阶段[35]。首先，污染物由压力驱动靠近膜表面；其次，这些污染物通过静电相互作用、疏水相互作用、范德华力、氢键等附着在膜表面上；最后，污染物彼此聚集在一起，在膜表面上形成污染层或生物膜。相关膜污染机理的详细介绍参见 2.4.1 小节和 3.3.1 小节。

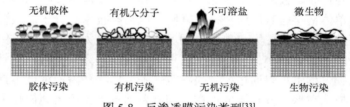

图 5-8   反渗透膜污染类型[33]

5.3.2   膜污染防治措施

1. 影响膜污染的因素

影响反渗透膜污染的因素众多，主要包括膜的性质、进水组成和水动力学条件，如图 5-9 所示[36]。膜的性质包括膜的亲水性、粗糙度、表面电荷等特性。一般情况下，亲水、表面光滑、表面电荷低的膜是首选的抗初期污染的膜。进水组成中污染物种类和浓度对膜污染有显著影响。例如，含高浓度、难溶盐的水容易形成水垢，而微生物和营养物质的存在可能会促进生物絮凝。另一方面，溶液的化学性质，如 pH、离子强度和特定离子等，可以极大地改变污染物的理化性质。水动力学条件包括水通量、操作压力、错流速度、回收率、隔离器设计等。高的水通量会导致严重的浓差极化，促进膜表面凝胶的形成。增加错流速度可以加快污染物和盐分在膜表面的转移，减少浓差极化现象，减少污染物的沉积。进水隔网有助于增加流动的湍流度，从而增强传质，但需要注意的是，进水隔网的不当设计(如存在水力死区)可能会促进污积。

2. 膜污染控制

基于以上认识，人们通过对给水进行预处理、操作中使用化学试剂及频繁清洗来控制膜污染。

合理设计反渗透系统和操作条件：选择合适的膜组件和操作条件(回收率、横流速度、压力或流量水平等)。

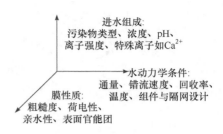

图 5-9　影响膜污染的因素[36]

提高膜的防污性能：通过涂覆、接枝等方式对膜表面进行改性，使膜表面更光滑、更亲水，是提高膜的防污性能的常用策略[19, 30, 37-39]。近年来，利用银纳米粒子和氧化石墨烯等新型材料赋予反渗透膜抗生物污染性能成为一个热点方向。

原料液预处理：根据原料组成和反渗透膜材料的不同，选择不同的预处理工艺。预处理常用的方法有混凝和颗粒介质过滤、UF/MF、活性炭吸附、氯化等[40]。需要指出的是，反渗透膜需要无菌的进水，预处理过程中的氯化是必不可少的。

反渗透过程中使用化学药品：添加络合剂乙二胺四乙酸降低游离钙离子可以有助于无机污垢控制；pH 调节可以改变蛋白质的电荷，从而影响污染物与污染物或污染物与膜之间的相互作用[40]。

清洗：物理清洗和化学清洗是反渗透膜常用的方法。典型的物理清洗方法包括以高流速循环清洗溶液冲洗膜组件、浸泡、二次冲洗等。常用的化学清洗剂包括酸、碱、螯合剂、洗涤剂和消毒剂[40]。

5.4　反渗透膜组件及装置

反渗透膜组件一般分为螺旋卷式、中空纤维式、碟管式和管式。虽然螺旋卷式的设计在市场上占主导地位，但其他类型也有各自的特点和应用场合。

5.4.1　螺旋卷式膜组件

螺旋卷式膜组件是工业中应用最广泛的反渗透膜组件[17]。螺旋卷式膜元件的结构示意图如图 5-10(a)所示。平板膜的三面密封形成一叶膜袋，开口的一边黏附在中心管上。在每叶膜袋内放置一个产水隔网以支持膜，并允许透过液流到中心管。膜袋之间放置进料隔网以增加进料液的湍流度。几叶膜袋和进料隔网缠绕在中心管周围，形成一个膜元件。进料间隔层厚度和隔网与进水水流之间的角度与膜污染相关。同时，进料隔网厚度也与膜面积之间存在权衡。由于进料隔网和产水隔网的存在，螺旋卷式膜组件的填充密度低于中空纤维膜组件。一个典型的膜组件由 6～8 个螺旋卷式膜元件串联而成。实际应用中，当膜组件暴露在较高的进料盐度时，膜组件产水量会降低，并可能导致胶体污染、有机污染和生物污染的减少。然而，无机污染即结垢现象可能会变得严重。反渗透系统

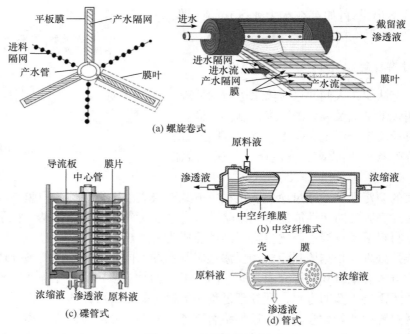

图 5-10   反渗透膜组件

中由胶体、有机物和微生物所造成的污染通常在膜组件的前两个膜元件中更为明显，而后两个膜元件则更容易发生无机结垢。

5.4.2   中空纤维式膜组件

将大量中空纤维膜丝封装在膜壳中组装成中空纤维膜组件，如图 5-10(b)所示。中空纤维反渗透膜的直径较小且具有自支撑性，通常采用外压进料模式，压力高达 6.9 MPa。目前，唯一一家生产中空纤维反渗透膜组件的公司是日本 Toyobo 公司。反渗透膜由三乙酸纤维素制成，具有高耐氯性能，但通量较低。由于中空纤维膜组件具有装填密度高的优点，可以获得较高的单膜回收率。中空纤维膜组件内的进水流动形式为层流，进料液对膜的冲刷作用很小，因此需要加强预处理来控制膜污染[17]。

5.4.3   碟管式膜组件

碟管式膜组件由导流盘、反渗透膜、上下端法兰、中心拉杆、中心轴套等组成，具有通道宽、流程短、湍动强的特点[7]，如图 5-10(c)所示。碟管式膜组件是针对反渗透组件回收率低、浓水量大、易堵塞、常清洗等问题而研发的。碟管式膜组件回收率高、耐高压、对进水水质和预处理的要求低，已广泛应用在垃圾渗滤液处理、市政废水深度处理、新生水回用、电厂脱硫废水零排放、高盐水处理和海水淡化等应用场合。

5.4.4   管式膜组件

管式膜组件采用类似于中空纤维膜但管径更大的管式膜，如图 5-10(d)所示。膜材料通常为醋酸纤维素[7]。与板框式膜组件相似，管式膜组件的装填密度相对较低，方便清洗，因此常用于处理固体含量高或油脂和脂肪含量高的进料液。为了控制浓差极化，需要通过加大进料量的方式增加流体的湍动度。

5.4.5 膜装置配套设备

为发挥膜组件的功用，需要将其与配套设备组成完整的膜装置。图 5-11 为典型反渗透装置工艺流程图。反渗透膜装置配套设备主要包括高压泵、增压泵、能量回收装置、高压管路、紧急开关、阀门、仪表、传感器、电控制系统、支架、水箱(原水水箱、产水水箱、产水回吸水箱、加药箱和清洗水箱)，以及相关取水设备、预处理设备和后处理设备等。从腐蚀的观点来看，反渗透膜装置的运行环境普遍比较恶劣，因此其设备材质须具备相当程度的抗腐蚀性，包括暴露于有飞溅、潮湿和含盐雾中的设备外表面及接触不同水质的设备内表面。一般而言，高压泵、能量回收装置、高压管路及保安过滤器材质均应选用不锈钢，而产品水输送和储槽一般采用耐腐蚀的优质 PVC、UPVC、ABS 工程塑料和玻璃钢复合材料等。

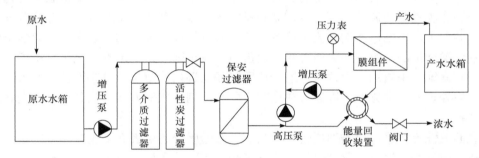

图 5-11　典型反渗透装置工艺流程

需特别指出，能量回收装置是反渗透膜装置配套设备中的重要节能设备，可有效降低能耗，降低运行费用，在大型海水淡化工程中广泛应用。海水的含盐量高，约为 $35000\ \mathrm{mg \cdot L^{-1}}$，渗透压大，反渗透海水淡化中需要提供较高的压力(约 5.5 MPa)。例如，一级过程的回收率一般为 35%～55%，即高压浓盐水的排放量可占进水流量的 45%～65%。这部分浓盐水排出时还有 5 MPa 左右的压力。通过使用能量回收装置，把高压浓水的能量回收，可大大降低能源的浪费，同时降压后的浓盐水排放更为安全。1980 年，海水淡化能耗约为 $8\ \mathrm{kW \cdot h \cdot m^{-3}}$，随着膜性能和能量回收装置的进步，当前最高效的海水淡化过程能耗已接近 $2\ \mathrm{kW \cdot h \cdot m^{-3}}$。这与 50%回收率下的热力学最小能耗 $1.1\ \mathrm{kW \cdot h \cdot m^{-3}}$ 已十分相近。能量回收装置按照工作原理主要可分为透平式和正位移式两种类型。透平式能量回收装置主要有水力透平式，通常需要经过"压能—机械能—压能"两步转换过程，能量回收效率一般为 50%～70%。水力透平式出现最早，技术成熟，流程简易，组装方便，但由于能量回收过程中存在二次能量转换和能量损失，因此能量回收效率较低。正位移式能量回收装置利用反渗透系统排出的高压浓水直接增压进料海水的方式来回收能量，能量回收效率非常高，可达 95%以上。然而，正位移式能量回收装置的设备投资较高、运行控制较复杂。对于不同场合，要根据自身项目特点合理选择能量回收装置。

5.5　反渗透性能强化措施

反渗透性能强化主要是从膜材料改性及膜改性、膜组件结构优化和操作条件优化三方面提升膜的渗透选择性能和耐受性能。

5.5.1　膜材料改性及膜改性

膜材料改性及膜改性是通过物理或化学手段调控材料及膜结构，进而强化反渗透膜的渗透选择性能和耐受性能的过程。如前所述，基于界面聚合的复合膜制备方法是反渗透膜科学研究和工业生产的主流。因此，近年来针对反渗透膜的膜材料改性及膜改性主要围绕界面聚合法制备的薄层复合反渗透膜展开。

膜改性主要是针对分离层进行的，分为主体改性和表面改性两大类。主体改性方法包括分离层材料的设计、新型制膜工艺的开发、成膜过程的调控、水传递通道的构筑及后处理等。分离层材料的设计主要为聚合物或界面聚合单体的设计；新型制膜工艺的开发主要为成膜过程的调控，可通过控制膜材料的浓度及配比、反应温度、环境湿度，以及引入共溶剂、表面活性剂、质子接收剂等方式调控成膜过程的热力学与动力学条件实现。水传递通道的构筑主要为通过水通道蛋白、分子筛、碳纳米管、氧化石墨烯等材料的引入和修饰，来增加孔道数量、缩短传质路径及调控孔道尺寸以获得更好的渗透选择性能。后处理的改性方式可以通过热处理交联、溶剂活化等方式调控分离层的交联度与自由体积。

表面改性方法是通过物理或化学方法在反渗透膜分离层表面构筑改性层以赋予其特定功能，包括物理涂覆、化学接枝、化学气相沉积、分子层层自组装等。常用于改性层构筑的材料包括具有亲水性和(或)空间位阻效应的抗黏附材料、具有低表面能和(或)刺激响应效应的污染驱除材料、具有释放杀菌和(或)接触杀菌能力的抗菌材料及具有物理保护和(或)牺牲保护功能的耐氯材料等。

除了分离层改性外，复合反渗透膜的制备还可对膜的支撑层进行改性。随着人们对反渗透膜研究的不断深入，学者们逐渐认识到支撑层对分离层结构的形成及溶质在膜内的传质过程具有重要影响。

5.5.2　膜组件结构优化

膜组件结构优化可发挥膜片自身性能、延长膜元件使用寿命。随着膜片性能的提高和反渗透技术应用领域的拓展，膜组件结构优化显得越来越重要。螺旋卷式反渗透膜组件由于其紧凑的设计、低廉的价格占据了大部分市场份额。因此，螺旋卷式膜组件的研究是反渗透膜组件结构优化的重点，主要包括进料隔网、产水隔网和组件尺寸的优化设计。

1) 进料隔网

最常用的进料隔网为厚度 0.6～0.9 mm 的聚丙烯网。进料隔网有两种功能，一是维持两层膜之间的孔隙，使进料液可以通过该孔隙流动；二是促进进料液的混合，减少浓差极化。螺旋卷式膜组件的浓差极化一般为 1.05～1.1，即膜表面附近的浓度比进料液主体浓度高 5%～15%。针对进料隔网的优化，研究者们考察进料间隔层对减缓结垢、生物污染和胶体污染的影响，研究含银和铜等抗菌材料的改性进料隔网对缓解生物污染的作用，提出通过改变垫片形状来改进进料隔网的方法。在保证膜元件压降和膜填充密度可接受的前提下，通过优化进料隔网结构促进料液湍动，进而强化膜组件性能及工业化应用。

2) 产水隔网

产水隔网提供一个使渗透液从膜流到中心管的通道，在工业组件中常使用梭织涤纶织物做产水隔网。产水隔网对膜组件性能有两种影响：一是增大跨膜压差，这导致膜组件产水量减小；二是影响跨膜压差分布。一般来讲，中心管孔附近的跨膜压差高，可能发生严重的浓差极化；膜叶末端跨膜压差最低，容易导致膜利用不足。因此，产水隔网应根据膜叶的长度进行针对性的结构设计，进而提高组件效率。例如，可通过调控纵筋(与集水管平行)和横筋(与集水管垂直)的长度与密度，使产水隔网密集的一端远离集水管，稀疏的一端靠近集水管，以降低产水侧的压降。

3) 组件尺寸

通过增加组件尺寸可以显著降低投资成本。然而，市场对更大尺寸的组件(>8 in①)的接受速度一直较慢。大组件被认为更容易被污染，这一观点被新加坡 Bedok N E Water 工厂的数据否定，表明大组件和小组件的污染趋势几乎相同。此外，大的尺寸和质量仍然是使用 16 in 组件的障碍。尽管如此，大尺寸组件已经安装在许多工业反渗透装置中，显示出良好的运行状况及性能与成本优势。

5.5.3 操作条件优化

对于给定的反渗透膜，虽然其水渗透系数和盐渗透系数固定，但通量和截留率仍然会受到跨膜压力、进料液流速、回收率和进料液温度(图 5-12)等操作条件的影响。在较低的跨膜压差下(低通量水平)，通量随跨膜压力线性增加，根据溶解扩散模型关于截留率与跨膜压差关系的式(5-15)可知，截留率随压差的增加而增加[13]

$$R = \frac{\dfrac{A}{B}(\Delta p - \Delta \pi)}{\dfrac{A}{B}(\Delta p - \Delta \pi)+1} \tag{5-15}$$

式中，A 为膜的水渗透系数；B 为膜的溶质渗透系数；Δp 为跨膜压差；$\Delta \pi$ 为原料侧与渗透侧的渗透压差。

然而，在较高跨膜压差下，由于浓差极化程度的增大，膜表面盐浓度的增加会导致较低的表观截留率。提高进料液流速会降低浓差极化程度以增加通量和截留率。提高回收率会增大溶液的渗透压，致使通量和截留率降低。因此，海水淡化厂的回收率一般控制在 50%以下，水处理厂的回收率一般控制在 80%以下[40-41]。提高分离体系的温度会同时提高水和溶质在膜分离层内的扩散系数，因此通量会有明显提高。而溶质通量的增加

---

① 1 in=2.54 cm。

一般比水通量的增加幅度大，因此在较高的温度下，截留率倾向于减小。

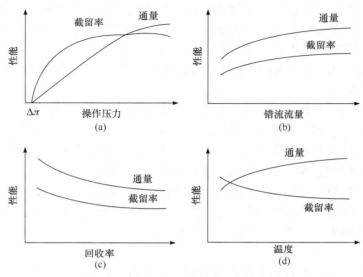

图 5-12　操作条件对反渗透膜性能的影响

5.6　反渗透膜过程设计

5.6.1　膜过程设计原则

反渗透膜过程设计一般包括预处理、膜系统设计和后处理三部分。此处对反渗透膜过程设计进行简要介绍，详细内容可参见相关膜技术手册[40]。

预处理是提高反渗透过程效率的保障。针对原水水质情况和系统回收率等主要设计参数要求，选择适宜的预处理工艺减少污堵、结垢和膜降解，从而大幅提高系统效能，实现系统产水量、脱盐率、回收率和运行费用的优化。适宜的预处理方案取决于水源、原水组成和应用条件，而且主要取决于水源。例如，对井水、地表水和市政废水要区别对待。通常情况下，井水水质稳定，污染可能性低，仅需简单的预处理，如设置加酸或加阻垢剂和 5 μm 保安过滤器即可。而地表水是一种直接受季节影响的水源，有发生生物污染和胶体污染的可能性。需要的预处理步骤包括氯消毒、絮凝/助凝、澄清、多介质过滤、脱氯、加酸或加阻垢剂等。工业和市政废水含有更为复杂的有机和无机成分，某些有机物可能会严重影响膜性能，引起水通量的下降或膜的降解，因此必须设计更加周全的预处理。一旦确定了水源就要进行全面的水质分析。这是确定合适预处理方案和膜系统排列设计最关键的依据。此外，用户对产水水质的要求也会影响预处理的类型或复杂程度。例如，在电子行业，其预处理比市政膜法水处理行业要复杂和严格得多。

膜系统设计是反渗透膜过程设计的核心。膜系统设计包括膜元件、压力容器、高压泵、能量回收装置、仪表、管道、阀门、装置支架及就地清洗系统等。膜系统设计一般是在给定的进水水质、进水压力的前提下，针对所需产水水质，为降低运行成本和设备投资成本，提高系统回收率和长期稳定性而进行的过程优化。膜系统设计的最大影响因素是原水的潜在污染趋势。原水中存在的颗粒和胶体会随着进水的逐渐浓缩而积累在反渗透膜表面，膜表面污堵物的浓度与系统的通量和回收率成正比，通量设计得越高出现污堵的频率及所需的清洗频率越高。回收率是膜系统设计的另一个重要因素，取决于系统进水中难溶盐的溶解度、浓水渗透压及元件耐压能力。一般苦咸水系统回收率的最大值约为 90%，海水系统的回收率约为 45%。膜系统设计是基于设计考虑周全、运行管理良好、每年进行 4 次化学清洗的假设，因此膜系统设计时应保证系统内每个膜元件都处在推荐的运行范围内，以便减少污堵和损坏，膜元件的运行条件范围包括：膜元件的最高回收率、最大通量、最小浓水流量和最高进水流量。当然，如果用户的关注重点在初期投资，可选择高的设计通量；而关注重点在长期运行成本，则应选择较低的设计通量。此外，系统设计应根据项目特点进行针对性优化，以满足用户需求。

在膜系统设计中，可根据产水量和产水水质需求对膜组件进行并联、串联或组合。在一个典型的海水淡化装置中，膜组件以并联和串联两种方式排列。如图 5-13(a)所示，第一段各压力容器的进料是相似的，因为它们是并联的。第一段的截留侧溶液作为进料液进入第二段，然后进入第三段，以提高总回收率。随着第二段和第三段的进料体积减小，并联的压力容器数量逐步减少，称为多段锥形排列。采用如图 5-13(b)所示的双级过程可获得较高的溶质去除效率，如硼[40]。在这种布置中，来自第一级的透过液作为进料液进入第二级，可获得高质量的产水。此外，在大型海水淡化膜过程设计中，一般需设计合适的能量回收装置以降低过程能耗和运行费用。

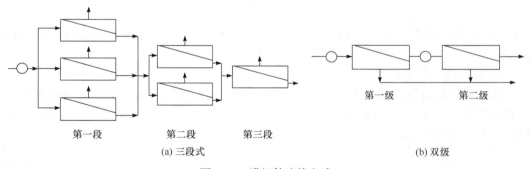

(a) 三段式   (b) 双级

图 5-13   膜组件连接方式

除预处理和膜系统设计外，为了达到最终产品水的水质要求，有时还需要进行后处理设计。例如，在海水淡化领域，后处理通常是进行 pH 调节、重新调整水中的硬度并进行杀菌处理。在超纯水制备过程中，膜系统的产水后处理通常是采用离子交换的方式深度除盐。

5.6.2   膜过程设计步骤

反渗透膜过程是最为广泛应用的膜过程之一。在 5.6.1 小节中分析了反渗透膜过程的设计原则。而在各种复杂环境或者超大型工程中把反渗透系统设计好、优化好，达到最优水力分布、最节能、最稳定、最易检修等是非常难的。此处简要列出反渗透膜过程的设计步骤，供读者参考。

1) 分析进水与产水的水质、流量

膜过程的设计取决于将要处理的原水和处理后产水用途，因此必须进行详细的原水分析，并明确产水用途。

2) 选择过程排列方式

常规的膜过程排列结构为进水一次通过式，而在多数的商用水处理过程、工艺物料浓缩过程和废水处理过程通常采用浓水循环排列方式。制药、医用和海水淡化中常选用多级排列方式。

3) 膜元件的选择

根据进水含盐量、进水污染可能性、所需系统脱盐率、产水量和能耗要求选择膜元件。当过程产水量大于 $2.3\ m^3 \cdot h^{-1}$ 时，宜选用 8040 型膜元件(直径 8 in、长度 40 in)，当过程产水量较小时宜选用小型元件。而当水质要求极高时，通常还要使用离子交换树脂对反渗透产水进行深度处理。

4) 膜平均通量的确定

平均通量设计值 $f(L \cdot m^{-2} \cdot h^{-1})$ 的选择可以基于现场实验数据、以往的经验或参照典型设计通量值。

5) 计算所需膜元件数量

将产水量设计值除以设计通量，再除以所选膜元件的膜面积，即可以得出所需元件数量：

$$N_E = \frac{Q_P}{fS_E} \tag{5-16}$$

式中，N_E 为所需元件数量；Q_P 为产水量设计值数；f 为设计通量；S_E 为膜元件的膜面积。

6) 计算所需压力容器数

将膜元件数量除以每支压力容器可安装的元件数量，就可以得出圆整到整数的压力容器的数量。对于大型膜过程，常选用 6 芯或 7 芯装的压力容器。对于小型或紧凑的膜过程，大多选择较短的压力容器

$$N_V = \frac{N_E}{N_{EPV}} \tag{5-17}$$

式中，N_V 为压力容器数量；N_E 为膜元件数量；N_{EPV} 为每支压力容器可安装的元件数量。

虽然此部分描述的方法适用于所有系统，但最适合于以一定方式排列，且使用较多 8 in 膜元件和压力容器的场合。仅含有一支或几支的小型系统大多设计成串联排列和部分浓水回流，以确保膜元件进水与浓水流道有最低的流速。

7) 段数的确定

由多少压力容器串联在一起就决定了段数，而每一段都有一定数量的压力容器并联。段的数量是系统设计回收率、每支压力容器所含元件数量和进水水质的函数。系统回收率越高，进水水质越差，串联的元件就应该越多。例如，第一段使用 4 支 6 元件外壳，第二段使用 2 支 6 元件外壳的系统，就有 12 支元件串联；一个三段系统，每段采用 4 元

件的压力外壳，如果以 4：3：2 排列，就是 12 支元件串联在一起。一般地，串联元件数量与系统回收率和段数如表 5-3 所示。

表 5-3　苦咸水淡化膜系统的段数

系统回收率/%	串联元件的数量	含 6 支元件压力容器的段数
40~60	6	1
70~80	12	2
85~90	18	3

如果采用浓水循环的方式，单段系统也可以设计成较高的回收率。

在设计海水淡化系统时，其回收率应比苦咸水系统的回收率低，膜系统的段数取决于系统回收率，如表 5-4 所示。

表 5-4　海水淡化膜系统的段数

系统回收率/%	串联元件的数量	压力容器的段数		
		6 芯	7 芯	8 芯
35~40	6	1	1	
45	7~12	2	1	1
50	8~12	2	2	1
55~60	12~14	2	2	

8）排列比的确定

相邻段压力容器的数量之比称为排列比，如第一段为 4 支压力容器，第二段为 2 支压力容器所组成的系统，排列比为 2：1。当采用常规 6 元件外壳时，相邻段间的排列比通常接近 2：1。如果采用较短的压力容器时，应该减低排列比。另一个确定压力容器排列比的重要因素是第一段的进水流量和最后一段每支压力容器的浓水流量。根据产水量和回收率确定进水和浓水流量。对于 8 in 膜元件来说，第一段配置的压力容器数量必须为每支元件提供 $8\sim12\ m^3\cdot h^{-1}$ 的进水量，同时最后一段压力容器的数量必须使每支元件的最小浓水流量大于 $3.6\ m^3\cdot h^{-1}$。

9）分析和优化膜过程

利用反渗透系统分析软件(如 ROSA、IMSDesign 等)可通过模拟运算的方式对膜过程进行分析和优化。利用该软件可计算进水压力、系统产水水质和每支元件的运行参数，并据此改变膜元件种类、数量和排列来优化系统设计。

5.6.3　膜过程设计方程与参数[40]

膜过程性能包括给定进水压力条件下的系统产水量和脱盐率。反渗透膜系统的产水量与有效膜面积及推动力成正比，比例常量为膜的水渗透系数 A。而盐通量与膜两侧盐分的浓度差成正比，比例常量为膜的盐渗透系数 B。根据此基本规律可采用如下两种方法计算某一具体膜过程的性能。

1) 元件逐渐逼近法

元件逐渐逼近法是膜过程设计方法中最精确的一种。该计算方法需预先假设第一支元件的所有操作条件，然后计算出该元件浓水的流量及压力，离开第一支元件的浓水就是第二支元件的进水。在计算完所有元件的结果之后，可能会发现原假设的进水压力过高或过低，因此必须假设一个新的第一支元件的进水压力，在此进行试差法计算。利用该方法计算的方程式和参数如表 5-5 所示，所有符号的定义列于表 5-7。产水流量的计算公式为式(5-18)，产水浓度的计算公式为式(5-28)。然而，该方法的计算量很大，采用人工手算相当麻烦，比较适合计算机运算。

表 5-5   反渗透系统性能设计计算方程：单支元件性能

计算项目	方程式	公式编码
产水流量	$Q_i = A_i S_E (\text{TCF})(\text{FF})\left(p_{fi} - \dfrac{\Delta p_{fci}}{2} - p_{pi} - \bar{\pi} + \pi_{pi} \right)$	(5-18)
进水和浓水间平均渗透压	$\bar{\pi} = \pi_{fi} \left(\dfrac{C_{fci}}{C_{fi}} \right)(pf_i)$	(5-19)
产水侧平均渗透压	$\bar{\pi}_{pi} = \pi_{fi}(1 - R_i)$	(5-20)
i 元件进水和浓水间浓度算术平均值 与进水浓度之比	$\dfrac{C_{fci}}{C_{fi}} = \dfrac{1}{2}\left(1 + \dfrac{C_{ci}}{C_{fi}} \right)$	(5-21)
i 元件浓水与进水浓度之比	$\dfrac{C_{ci}}{C_{fi}} = \dfrac{1 - Y_i(1 - R_i)}{1 - Y_i}$	(5-22)
进水渗透压	$\pi_f = 0.077(273 + T)\sum m_j$	(5-23)
温度校正系数*	$\text{TCF} = \exp\left[2640\left(\dfrac{1}{298} - \dfrac{1}{273 + T} \right) \right];\ \ T \geqslant 25℃$	(5-24)
	$\text{TCF} = \exp\left[3020\left(\dfrac{1}{298} - \dfrac{1}{273 + T} \right) \right];\ \ T \leqslant 25℃$	(5-25)
元件浓差极化系数*	$pf_i = \exp(0.7 Y_i)$	(5-26)
系统回收率	$Y = 1 - \prod\limits_{i=1}^{n}(1 - Y_i)$	(5-27)
产水浓度	$C_{pi} = B(C_{fci})(pf_i)(\text{TCF})\dfrac{S_E}{Q_i}$	(5-28)

*该计算项目方程式为经验公式，适用于美国陶氏公司 BW30 系列膜元件。

2) 系统整体逼近法

该方法较为容易，如果已知进水水质、温度、产水流量与元件数量，即可计算出进水压力与产水水质的平均值。例如，已知进水压力而元件数目未知，则经过几次反复的计算即可推算出所需元件的数量，该方法与元件逐渐逼近法计算结果的差距可在 5%以内，设计计算方程式如表 5-6 所示，所有符号的定义列于表 5-7。

表 5-6 反渗透性能设计方程：系统平均性能

计算项目	方程式	公式编码
总产水量	$Q = N_{\mathrm{E}} S_{\mathrm{E}} \overline{A}(\mathrm{TCF})(\mathrm{FF}) p_{\mathrm{f}} - \dfrac{\Delta \overline{p}_{\mathrm{fc}}}{2} p_{\mathrm{p}} - \pi_{\mathrm{f}} \left[\dfrac{C_{\mathrm{fc}}}{C_{\mathrm{f}}} p_{\mathrm{f}} - (1 - \overline{R}) \right]$	(5-29)
进水和浓水间系统平均浓度值 与进水浓度之比	$\dfrac{C_{\mathrm{fc}}}{C_{\mathrm{f}}} = \dfrac{-\overline{R} \ln(1 - Y/ Y_{\mathrm{L}})}{Y - (1 - Y_{\mathrm{L}}) \ln(1 - Y/ Y_{\mathrm{L}})} + (1 - \overline{R})$	(5-30)
极限系统回收率	$Y_{\mathrm{L}} = 1 - \dfrac{\pi_{\mathrm{f}} \left(\overline{pf} \right)(\overline{R})}{p_{\mathrm{f}} - \Delta \overline{p}_{\mathrm{fc}} - p_{\mathrm{p}}}$	(5-31)
进水和浓水间系统对数平均浓度值 与进水浓度近似比值	$\left. \dfrac{C_{\mathrm{fc}}}{C_{\mathrm{f}}} \right\|_{Y_{\mathrm{L}}, \overline{R}=1} = -\dfrac{\ln(1 - Y)}{Y}$	(5-32)
平均元件回收率	$Y_i = 1 - (1 - Y)^{1/n}$	(5-33)
平均浓差极化系数	$\overline{pf} = \exp(0.7 \overline{Y_i})$	(5-34)
进水和浓水间系统平均渗透压值	$\overline{\pi} = \pi_i \left(\dfrac{C_{\mathrm{fc}}}{C_{\mathrm{f}}} \right) \overline{pf}$	(5-35)
8 in 两段系统，进水和浓水间系统压降平均值*	$\Delta \overline{p}_{\mathrm{fc}} = 0.04 \overline{q}_{\mathrm{fc}}^2$	(5-36)
	$\Delta \overline{p}_{\mathrm{fc}} = \left[\dfrac{0.1(Q/1440)}{Y N_{\mathrm{V2}}} \right] \left(\dfrac{1}{N_{\mathrm{VR}}} + 1 - Y \right)$	(5-37)
单支 8 in 元件或单段系统进水 和浓水间压降*	$\Delta p_{\mathrm{fc}} = 0.01 n \overline{q}_{\mathrm{fc}}^{1.7}$	(5-38)
进水和浓水间平均渗透压函数的 膜水渗透系数*	$\overline{A} = 3.081; \overline{\pi} \leqslant 1.72 \text{ bar}$	(5-39)
	$\overline{A} = 3.081 - 0.271 \left(\dfrac{\overline{\pi} - 1.72}{2.41} \right); 1.72 \text{ bar} \leqslant \overline{\pi} \leqslant 13.79 \text{ bar}$	(5-40)
	$\overline{A} = 3.081 - 0.025 (\overline{\pi} - 13.79); 13.79 \text{ bar} \leqslant \overline{\pi} \leqslant 27.59 \text{ bar}$	(5-41)
产水浓度	$C_{\mathrm{p}} = B C_{\mathrm{fc}} \overline{pf}(\mathrm{TCF}) \left(\dfrac{N_{\mathrm{E}} S_{\mathrm{E}}}{Q} \right)$	(5-42)
高压泵能耗 （一级一段过程无能量回收）	$E_{\mathrm{hp}} = \dfrac{Q p_{\mathrm{f}}}{Y \eta_e \eta_{\mathrm{p}}}$	(5-43)
高压泵与增压泵能耗 （一级一段过程有能量回收）	$E_{\mathrm{hp}} + E_{\mathrm{bp}} = \dfrac{Q \left[\dfrac{p_{\mathrm{f}}}{Y} - (p_{\mathrm{f}} - \Delta \overline{p}_{\mathrm{fc}}) \left(\dfrac{1}{Y} - 1 \right) \eta \right]}{\eta_e \eta_{\mathrm{p}}}$	(5-44)

*该计算项目方程式为经验公式，适用于美国陶氏公司 BW30 系列膜元件。

表 5-7 符号定义

符号	符号定义	符号	符号定义
Q_i	元件 i 产水量($\mathrm{m^3 \cdot h^{-1}}$)	$C_{\mathrm{p}i}$	元件 i 产水浓度($\mathrm{mg \cdot L^{-1}}$)
A_i	25℃时元件 i 水渗透系数，为进水和浓水间 平均渗透压的函数($\mathrm{L \cdot m^{-2} \cdot h^{-1} \cdot bar^{-1}}$)	B	25℃时膜的盐渗透系数

符号	符号定义	符号	符号定义
S_E	元件膜面积(m^2)	Q	系统产水量($m^3 \cdot h^{-1}$)
TCF	膜产水温度校正系数	N_E	系统中元件数量
FF	膜流量因子	$\bar{Q}$	元件平均产水量($m^3 \cdot h^{-1}$) = Q/N_E
p_{fi}	元件 i 进水压力(MPa)	$\bar{A}$	25℃时系统中膜的水渗透系数,为进水和浓水间平均渗透压的函数($L \cdot m^{-2} \cdot h^{-1} \cdot bar^{-1}$)
p_{fci}	元件 i 进水和浓水间平均压降(MPa)	p_f	系统进水压力(MPa)
p_{pi}	元件 i 产水侧压力(MPa)	$\Delta \bar{p}_{fc}$	进水和浓水间系统平均压降(MPa)
$\bar{\pi}_i$	进水和浓水间平均渗透压(MPa)	p_p	系统产水侧压力(MPa)
π_{fi}	元件 i 进水渗透压(MPa)	C_{fc}	进水和浓水间系统平均浓度($mg \cdot L^{-1}$)
π_{pi}	元件 i 产水侧渗透压(MPa)	$\bar{R}$	系统平均脱盐率
pf_i	元件 i 浓差极化系数	$\bar{\pi}$	系统进水、浓水间平均渗透压(MPa)
R_i	元件 i 脱盐率	C_f	系统进水浓度($mg \cdot L^{-1}$)
C_{fci}	元件 i 进水和浓水间平均浓度($mg \cdot L^{-1}$)	Y_L	(最大)极限系统回收率
C_{fi}	元件 i 进水浓度($mg \cdot L^{-1}$)	$\bar{Y}_i$	平均元件回收率
C_{ci}	元件 i 浓水浓度($mg \cdot L^{-1}$)	$\overline{pf}$	平均浓差极化系数
Y_i	元件 i 回收率	$\bar{q}_{fc}$	进水和浓水间算术平均流量($m^3 \cdot h^{-1}$) = 1/2(进水流量+浓水流量)
π_f	待处理进水渗透压(MPa)	P_{fc}	单支元件或单段系统进水和浓水间压降(MPa)
T	进水温度	N_V	系统中 6 芯压力容器数量
m_j	第 j 种离子摩尔浓度	N_{V1}	两段系统中第一段的压力容器数量($\approx 2/3 N_V$)
$\sum_j$	所有离子总和	N_{V2}	两段系统中第二段的压力容器数量($N_V/3$)
Y	系统回收率	N_{VR}	两段间压力容器排列比($= N_{V1}/N_{V2}$)
$\prod_{i=1}^{n}$	n 项串联乘积	C_p	系统产水浓度($mg \cdot L^{-1}$)
n	串联元件数量	E_{hp}	高压泵能耗($kW \cdot h \cdot m^{-3}$)
E_{bp}	增压泵能耗($kW \cdot h \cdot m^{-3}$)	η_p	高压泵效率
η_e	高压泵电机效率	η	能量回收效率

表 5-5 和表 5-6 中方程式的下标 i 表示系统水流方向 n 支元件相串联中的第 i 支元件,为了计算出精确的系统性能,须采用式(5-18),根据一组进水条件对每支元件进行逐步计算,计算结果取决于每支膜元件的质量平衡,每支膜元件参数关系式如下:由于进水水质已知,因此根据式(5-22)算出的浓水与进水浓度之比,可计算得到浓水浓度,式(5-28)计算产水浓度,式(5-37)计算进水和浓水间平均流体阻力 $\Delta \bar{p}_{fc}$,式(5-24)和式(5-25)

计算温度校正系数 TCF，式(5-26)计算浓差极化系数 pf_i，式(5-39)、式(5-40)和式(5-41)计算元件 i 的水渗透系数 A_i。这些结果通常涉及进水和产水侧的运行压力和渗透压的平均值。对于单元件低回收率系统，仅利用进出口间条件的算术平均值就可以得到精确的计算结果。而不知道出口条件时，仍需采用试差逐步逼近法计算。

根据原水、处理目标(如产水需求、原水处理需求或浓缩需求)以及上述计算公式，可得出系统设计方案。然而，方案设计过程中存在随机性(如需用到经验参数)，无法保证各设定方案的最优性。因此，设定的设计方案需要一个从可行到最优的修正过程，以实现过程优化。在反渗透产水成本中，能耗往往达到 50%～60%。因此，对过程能耗进行计算和优化具有重要意义。过程能耗包括取水系统能耗、预处理系统能耗、反渗透系统能耗和后处理过程能耗。其中反渗透系统的高压泵(或增压泵)电耗是过程的最主要能耗。式(5-43)和式(5-44)分别列出了一级一段过程无能量回收装置的高压泵能耗和一级一段过程有能量回收装置的高压泵与增压泵能耗，以供读者参考。

5.7　反渗透技术应用

20 世纪 80 年代末至今的 30 多年里，反渗透膜与膜过程的研究全面开展。其间，低污染、中压、低压及超低压复合反渗透膜成功研发，同时伴随着压力容器、高压泵、能量回收装置、预处理、膜清洗等设备与技术的稳步提升，反渗透膜过程成本逐步下降、应用范围迅速扩张。至今，反渗透技术已成功应用于海水和苦咸水淡化、工业废水与生活废水处理、锅炉补给水制备、超纯水制备、食品工业、医药卫生、船舰净水和家用净水等方方面面。反渗透技术正在影响和改变着人类的生活和生产方式[4, 17]。

5.7.1　盐水(海水、苦咸水)淡化

地球上天然水的储量达 14 亿立方千米，其中淡水(包括江河湖泊和地下水)仅占 0.77%。海水盐含量约为 35000 mg·L^{-1}，反渗透海水淡化的技术难点在于要把这样高的盐含量降低到 500 mg·L^{-1} 以下。通常把盐含量大于 1000 mg·L^{-1} 的水称为苦咸水；小于 3000 mg·L^{-1} 的水称为低盐度苦咸水；3000～10000 mg·L^{-1} 的水称为中盐度苦盐水；大于 10000 mg·L^{-1} 的水称为高盐度苦咸水。由于苦咸水来源多样，其中所含杂质差异悬殊，反渗透苦咸水淡化的技术难点在于预处理的复杂性。反渗透技术自从 20 世纪 70 年代进入海水和苦咸水淡化市场以来，现在已经成为主流的淡化技术。有数据统计，在 2008 年以后的新增海水淡化装机容量中，采用反渗透技术的已达 80% 以上。21 世纪初出现的能量回收技术更是极大地提高了反渗透淡化系统的能量使用效率，使得反渗透技术的产水成本大大降低。目前，反渗透海水淡化系统的单位立方米淡水所需能耗已经降至 3 kW·h 以下[3, 42]。

全球规模最大的反渗透海水淡化厂——以色列 Sorek 反渗透海水淡化厂，始建于 2011 年，于 2013 年 10 月投入全面运营[43]。由以色列 IDE 技术有限公司与和记黄埔水务国际控股有限公司共同合作完成。Sorek 反渗透海水淡化厂产水规模达 62.4 万 t·d^{-1}，其

中约 54 万吨的水直接供应给以色列的供水系统，为超过 150 万人提供纯净的饮用水，占以色列市政供水的 20%。该厂产水量大、能耗低、占地面积小，有效缓解了该国饮用水短缺的问题，同时很大程度上减小了对陆地及海洋环境的影响。

我国是一个缺水国家，还存在大面积苦咸水地区，因此盐水淡化技术受到包括我国在内的世界各国的高度重视。我国反渗透膜海水淡化关键技术已取得重大突破，开发了一批海水淡化关键设备，并先后建成一批具有自主知识产权的千吨级和万吨级示范工程，且有多台装备出口海外，具有规模化、产业化发展的条件。根据自然资源部于 2020 年 10 月 20 日发布的《2019 年全国海水利用报告》所公布数据，截至 2019 年底，全国现有海水淡化工程 115 个，工程规模 1573760 t·d^{-1}。其中，应用反渗透技术的工程 97 个，工程规模 1000930 t·d^{-1}，占总工程规模的 63.60%。图 5-14 和图 5-15 为浙江嵊泗列岛上反渗透海水淡化装置及其工艺流程图。在淡水资源严重匮乏的海岛地区建设海水淡化装置，可为保障海岛生活用水，保护海岛生态环境，促进海岛旅游发展提供重要支撑。

(a) 多介质过滤器　　　　(b) 高压泵　　　　(c) 能量回收装置　　　　(d) 反渗透单元

图 5-14　嵊泗列岛反渗透海水淡化装置

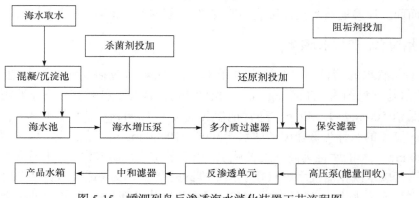

图 5-15　嵊泗列岛反渗透海水淡化装置工艺流程图

5.7.2　工业废水与生活废水处理

工业与生活废水都含有不同浓度的化学成分，其中不少既具毒性又有较高的经济价值。用反渗透技术处理废水，可收到净化水质与回收有用物质的效果。当前，反渗透已广泛用于石化、电镀、印染、矿山、造纸、放射性等工业废水和城市生活废水的处理，取得了明显的经济与社会效益。图 5-16 为中国石化集团北京燕山石油化工有限公司炼油厂炼油废水处理装置的工艺流程图[44]。炼油废水是包括含油废水、含盐废水、含硫废水、含醛废水及酸碱废水等的混合废水，是高含油和高 COD 浓度的工业废水。该废水经生化处理后，进入超滤与反渗透的双膜法处理设备。经深度处理，达到一定水质标准后回用至炼油厂的锅炉补给水系统，实现了废水资源化。循环冷却水是工业用水中的用水大项，在石油化工、电力、钢铁、冶金等行业，循环冷却水的用量占企业用水总量的 50%～90%。循环冷却水浓缩到一定倍数必须排出一定的浓水，并补充新水。排出的浓水称为循环冷却排污水，一般含大量的盐分、COD、胶体和悬浮物。采用反渗透技术对循环冷却排污水进行处理与回用，可大幅降低企业耗水量和污水排放量。

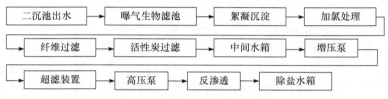

图 5-16　30000 t·d⁻¹ 废水回用(超滤+反渗透)装置工艺流程图

用反渗透法处理城市生活污水也是一个重要的应用方向。目前常规的污水处理技术基本上是将其处理到排放标准，而城市水源的日益紧缺促使人们将注意力逐渐转移到回用技术上。反渗透技术不仅可以除去传统污水处理方法所无法解决的高含量固形物，而且对有机物、色素和亚硝酸盐均有良好的截留效果。

5.7.3　锅炉补给水制备

火力发电站锅炉补给水要求水质好、水量大，且能连续供水。以前采用的离子交换法，环境污染严重，若遇到高盐量水源出水水质不能保证。国外从 20 世纪 70 年代开始已普遍采用反渗透-离子交换流程。

1979 年自天津大港发电厂引进美国 Du Pont 公司的反渗透装置以来，上海宝山钢铁总厂自备热发电厂、天津军粮城发电厂、沧州发电厂、郑州热电厂等相继在锅炉补给水处理中采用了反渗透与离子交换相结合的水处理工艺，多年的运行证明其效果良好。图 5-17 为

图 5-17　天津泰达热电公司西区第二热源厂锅炉补给水(反渗透+电去离子)装置

天津泰达热电公司西区第二热源厂锅炉补给水(反渗透+电去离子)装置[45]。锅炉补给水系统原水水源采用天津经济技术开发区市政自来水，产水供电厂高温高压锅炉蒸气发电使用。反渗透工艺引入大大提高了产水水质，降低了产水成本。

5.7.4   超纯水制备

超纯水广泛应用于电子工业领域、实验室及制药领域等。反渗透水处理技术常与连续电去离子(EDI，又称电除盐)技术联用进行超纯水的制备。反渗透技术一般用于超纯水制备流程前段，对进入离子交换装置的水进行预脱盐，并除去水中微粒和微生物。目前，二级反渗透过程已广泛应用于超纯水的制备领域。

近年来，基于反渗透的超纯水制备技术在我国得到了广泛应用。例如，基于反渗透加连续电去离子技术的换代超纯水器已上市，可制备出产水电阻率为 $18\ \mathrm{M\Omega \cdot cm}$ 的超纯水。另外，四川某大型电子超纯水项目采用预处理系统+反渗透脱盐系统+精处理系统+后续的精处理工艺得到电子超纯水。该过程中运用二级反渗透水处理技术，系统的进水电导率在 $300\sim400\ \mathrm{\mu S \cdot cm^{-1}}$ 之间波动，产水电导率始终在 $5\ \mathrm{\mu S \cdot cm^{-1}}$ 以下，系统脱盐率在 98.5% 以上，平均产水量在 $100\ \mathrm{m^3 \cdot h^{-1}}$ 左右，系统水回收率维持在 75% 左右，此系统运行良好，能够提供稳定水质[46]。

5.7.5   食品工业

反渗透技术能耗低、可在常温下操作、能回收副产品，在果蔬汁浓缩和乳品加工等食品加工中广泛应用。美国 Du Pont 公司在 20 世纪 80 年代已出售反渗透橘子汁浓缩装置，可以生产浓度为 45°Bx 的橘子汁；1984 年意大利建立了世界上第一条反渗透浓缩番茄汁生产线。我国已成功用反渗透和超滤技术对山楂进行加工，用该工艺生产的山楂果汁色泽鲜艳，果香浓郁，其品质要明显优于传统方法生产的制品；浓缩葡萄汁、柑橘汁、佛手柑汁、澄清柠檬汁等也取得很好的效果。

反渗透技术也广泛应用于奶酪的生产中，经超滤或反渗透使乳浓缩，可减少后序生产过程中产生的乳清，减少酪蛋白的损失。2007 年甘肃省膜科学技术研究院有限公司采用反渗透技术对原料乳浓缩的研究，可以将原料乳中的非脂乳固体从 12% 浓缩至 24%。此外，反渗透技术还广泛应用于酒类酿造、茶饮料制备、饮料用水等其他食品加工领域[47]。

5.7.6   医药卫生

反渗透在医药方面主要用于药品的浓缩、脱盐及工艺用水、制剂用水、洗涤用水和无菌水制备。匈牙利 Biogal 公司的新霉素、意大利 Pharmitalia 公司的头孢菌素、保加利亚 Pharmachim 公司和日本窒素公司的 6-APA 等均采用反渗透技术浓缩。美国在 1975 年药典中已确认反渗透法生产的精制水可作注射水。使用反渗透的天然的和半合成的抗生素生产技术以及稀溶液中抗生素浓缩回收技术已被国外多数药厂采用。

我国已研制出用预处理—反渗透—活性炭吸附—离子交换—超滤制备注射用水的流程。也有药厂引进 DDS 公司的板框式反渗透装置用于抗生素生产。我国大连制药厂在 1989 年就引进丹麦 DDS 卫生型反渗透膜设备与技术，对硫酸链霉素的脱色液进行浓缩，多项技术指标均比过去的减压蒸发浓缩法有较大提高[48]。

2012 年，Toray 公司将反渗透膜应用于医疗及医药用水领域。特殊医疗及医药领域中要求水处理系统禁止使用化学品药剂，Toray 公司的耐热性反渗透膜元件最高能承受的温度为 85℃，可用于高温消毒杀菌水的处理，为特殊用水领域提供了高质量产水[49]。

5.7.7　舰船净水

法国潜艇早在 20 世纪 70 年代后期，就安装了反渗透海水淡化装置。英国海军在马尔维纳斯群岛战争中，20 多艘军舰和军辅船上使用了反渗透海水淡化装置。日本、法国等也在大型船舶和渔船上使用反渗透海水淡化装置。美国于 1988 年在"弗莱彻"号军舰上安装了标准设计的反渗透装置，随后大部分新建海军船舰都安装了反渗透装置[50]。目前，阿根廷、委内瑞拉、阿拉伯联合酋长国、肯尼亚、法国、挪威等十几个国家的海军都采用反渗透海水淡化技术。

在国内，虽然反渗透海水淡化研究起步较晚，但随着我国造船业的蓬勃发展和反渗透海水淡化装置组装技术的逐渐成熟，近年来新建船舶以装备反渗透海水淡化装置为主。但反渗透装置的核心部件包括膜、高压泵、能量回收装置等主要依赖进口。

除舰艇外反渗透技术还用于其他军事设备[51]，如装在汽车上流动净化作战地区不合格水源、就地供应野战部队用水、用于战地医院废水处理等。

5.7.8　家用净水

饮用水污染会对人体产生严重危害，饮用水安全引起了广泛的关注[52]。目前，我国 90%以上自来水处理仍采用 20 世纪初形成的混凝、沉淀、过滤和加氯消毒的常规工艺。这些工艺以去除浊度和细菌为主要目的，对有机物尤其是溶解性有机物的去除能力仅达 20%～30%。加之由自来水管网陈旧造成的出厂水二次污染(导致细菌和其他有害物质含量增加)，使家庭用水不合格率增加 20%左右。甚至有些城市已多次出现由管网污染引起的水污染事故。为了保证饮用水安全，许多家庭选择使用家用反渗透净水设备对自来水进行处理。反渗透膜在家用净水方面的应用发展迅猛，相关产品也随着政策、标准的出台而逐步规范。

5.8　反渗透技术存在的问题及发展前景

水危机是 21 世纪最具影响力的十大危机之一，反渗透技术正在为水危机的缓解做出重大贡献。近年来，反渗透技术备受关注，15%的年投资增长率也证明该技术具有十分广泛的认可度。尽管反渗透技术优势明显，但仍面临两个方面的挑战。其一，经济成本相对高。投资成本及产水能耗较高仍是制约反渗透技术发展的最主要问题。其二，浓盐水对环境影响大。反渗透过程会产生大量含卤化有机化合物、阻垢剂、酸等污染物的浓盐水，如果直接排放将对自然环境产生危害，成为制约海水淡化产业发展的瓶颈。针对以上问题，既要从技术层面加快膜与膜过程的开发力度，又要从政策层面加强反渗透技术发展的保障措施。

反渗透膜开发是反渗透技术发展的迫切需求。近年来，反渗透技术越来越多地拓展到工业废水回用与零排放处理领域，这对反渗透膜的抗污染、耐清洗及渗透选择性能提出了更高的要求。在膜开发中既要立足实际需求解决技术瓶颈，又要聚焦科学前沿探索新的原理。一方面，改变游戏规则的技术不可能一夜之间产生，因此基于芳香聚酰胺的反渗透膜仍是近期反渗透膜研发的重点。另一方面，纳米与生物材料科学的不断发展也为新型反渗透膜材料研发带来希望，并可能引领反渗透膜未来的发展。此外，作为一项广泛应用的膜分离技术，反渗透膜的研发不仅要从理论上确定水和盐的选择性机制、阐明水分子在膜表面和膜中的传递行为、利用先进的分析表征手段和分子动力学模拟手段解析新型膜结构的传递机理，更要基于科学研究成果，形成稳定、低成本和可放大的膜制备技术。

膜过程开发是实现膜功用的必然手段。其中，高效能量回收装置与高压泵、反渗透工程系统集成技术、新能源与反渗透结合技术和浓盐水高效利用技术开发将是未来膜过程开发的重中之重。高压泵和能量回收装置是反渗透技术中最重要的水力机械设备。开发高效的高压泵及能量回收装置是进一步降低海水淡化工程造价和运行成本的必要和有效途径。膜过程的集成不仅可以降低经济和环境压力，通过针对性设计优化可以更大程度地发挥反渗透技术的优势，进而解决原有技术和产业的难题。同时，反渗透技术与可再生能源和盐化工产业集成也将进一步降低膜过程的经济成本和环境影响，促进产业间的协同发展。

我国反渗透技术发展较晚，而随着技术、人才和经验的积累，国产反渗透膜及膜装备与进口品牌之间的技术差距正在消失，国产膜及膜装备全面取代进口产品只是时间问题。此外，由于我国是全球最主要的工业废水回用与零排放市场，这为国产反渗透技术在未来实现技术超越提供了有利条件。同时，良好的政策支持也有利于反渗透技术的发展和进步。例如，海水淡化产业政策将淡化水纳入水资源的重要补充，统一配置优化用水结构；加强创新研究投入，形成产学研战略发展联盟，协同发展海水淡化，加快实现核心技术、材料和关键装备的国产化；积极推动细分市场技术标准体系建设，完善装置设计、施工、验收等方面标准体系内容，为海水淡化产业规范发展提供保障；联合上游能源行业，下游需水产业、盐化工产业乃至海洋产业协同发展，降低海水淡化产业经济成本，实现循环经济，支持产业联盟健康发展。

展望未来，反渗透技术还将不断拓展应用领域与规模。预计到21世纪中叶，将有10亿多人消费经反渗透技术处理的水。反渗透技术相关的研究将共同发展、相互促进，为技术成本和环境影响的降低做出重要贡献，让人类低成本、高质量、源源不断地获取淡水成为可能。同时，反渗透技术作为膜分离技术的代表，其研究和应用的进步也将促进相关学科和产业的发展。

习　　题

5-1　计算 35000 mg·L^{-1} 氯化钠溶液的渗透压。
5-2　列出反渗透过程的典型分离机理并简要说明。

5-3 列出几种常见反渗透膜材料。

5-4 列出反渗透膜性能的重要评价指标。

5-5 列出反渗透膜结构的表征手段。

5-6 简要说明如何进行反渗透过程设计。

5-7 简要说明反渗透性能强化措施。

5-8 谈谈你对反渗透技术存在的问题及发展前景的认识。

参 考 文 献

[1] World Economic Forum. The Global Competitiveness Report 2016-2017. (2016-09-28)[2021-07-13]. http://www3.weforum.org/docs/GCR2016-2017/05FullReport/TheGlobalCompetitivenessReport2016-2017_FINAL.pdf.

[2] Elimelech M, Phillip W A. The future of seawater desalination: Energy, technology, and the environment. Science, 2011, 333(6043): 712-717.

[3] Zarzo D, Prats D. Desalination and energy consumption. What can we expect in the near future?. Desalination, 2018, 427(1): 1-9.

[4] Amimul A, Ahmad F. Nanotechnology in Water and Waste Water Treatment: Theory and Applications. Amsterdam: Elsevier, 2019 .

[5] Fane A G, Wang R, Hu M X. Synthetic membranes for water purification: Status and future. Angewandte Chemie, 2015, 54(11): 3368-3386.

[6] Peñate B, García-Rodríguez L. Current trends and future prospects in the design of seawater reverse osmosis desalination technology. Desalination, 2012, 284(1): 1-8.

[7] 米尔德 M. 膜技术基本原理. 2 版. 李琳, 译. 北京: 清华大学出版社, 1999.

[8] Cheryan M. Ultrafiltration and Microfiltration Handbook. Boca Raton: CRC Press, 1998.

[9] 天津大学物理化学教研室. 物理化学(上册). 4 版. 北京: 高等教育出版社, 2009.

[10] Chau J, Basak P, Sirkar K K. Reverse osmosis separation of particular organic solvent mixtures by a perfluorodioxole copolymer membrane. Journal of Membrane Science, 2018, 563: 541-551.

[11] Lonsdale H K, Merten U, Riley R L. Transport properties of cellulose acetate osmotic membranes. Journal of Applied Polymer Science, 1965, 9(4): 1341-1362.

[12] Geise G M, Park H B, Sagle A C, et al. Water permeability and water/salt selectivity tradeoff in polymers for desalination. Journal of Membrane Science, 2011, 369(1-2): 130-138.

[13] Geise G M, Paul D R, Freeman B D. Fundamental water and salt transport properties of polymeric materials. Progress in Polymer Science, 2014, 39(1): 1-42.

[14] Reid C E, Breton E J. Water and ion flow across cellulosic membranes. Journal of Applied Polymer Science, 1959, 1(2): 133-143.

[15] 刘廷惠. 反渗透和超滤膜材料学介绍. 水处理技术, 1984,(6): 19-28.

[16] 王湛, 王志, 高学理, 等. 膜分离技术基础. 3 版. 北京: 化学工业出版社, 2019.

[17] Baker R W. Membrane Technology and Applications. 3rd ed. Hoboken: John Wiley & Sons, 2012.

[18] Wu J, Wang Z, Wang Y, et al. Polyvinylamine-grafted polyamide reverse osmosis membrane with improved antifouling property. Journal of Membrane Science, 2015, 495: 1-13.

[19] Wang J, Wang Z, Liu Y, et al. Surface modification of NF membrane with zwitterionic polymer to improve anti-biofouling property. Journal of Membrane Science, 2016, 514: 407-417.

[20] Wang Y, Wang Z, Wang J. Lab-scale and pilot-scale fabrication of amine-functional reverse osmosis membrane with improved chlorine resistance and antimicrobial property. Journal of Membrane Science,

2018, 554: 221-231.

[21] Verbeke R, Gómez V, Vankelecom I F J. Chlorine-resistance of reverse osmosis (RO) polyamide membranes. Progress in Polymer Science, 2017, 72: 1-15.

[22] Lee K P, Arnot T C, Mattia D. A review of reverse osmosis membrane materials for desalination: Development to date and future potential. Journal of Membrane Science, 2011, 370(1-2): 1-22.

[23] Song N, Gao X, Ma Z, et al. A review of graphene-based separation membrane: Materials, characteristics, preparation and applications. Desalination, 2018, 437: 59-72.

[24] Vos K D, Burris Jr F O, Riley R L. Kinetic study of the hydrolysis of cellulose acetate in the pH range of 2~10. Journal of Applied Polymer Science, 1966, 10(5): 825-832.

[25] 刘茉娥. 膜分离技术. 北京: 化学工业出版社, 1998.

[26] Qasim M, Badrelzaman M, Darwish N N, et al. Reverse osmosis desalination: A state-of-the-art review. Desalination, 2019, 459: 59-104.

[27] 汪锰, 王湛, 李政雄. 膜材料及其制备. 日用化学工业信息, 2003, (17): 16.

[28] Cadotte J E. Interfacially synthesized reverse osmosis membrane: US4277344. 1981-07-07.

[29] 石塚浩敏, 高田政胜, 名仓克守, 等. 复合反渗透膜的制造方法: JPN, ZL200580033707.1. 2007-09-12.

[30] Kang G D, Cao Y M. Development of antifouling reverse osmosis membranes for water treatment: A review. Water Research, 2012, 46(3): 584-600.

[31] Belfort G. Membrane filtration with liquids: A global approach with prior successes, new developments and unresolved challenges. Angewandte Chemie International Edition in English, 2018, 58(7): 1892-1902.

[32] Goh P S, Lau W J, Othman M H D, et al. Membrane fouling in desalination and its mitigation strategies. Desalination, 2018, 425: 130-155.

[33] Jiang S, Li Y, Ladewig B P. A review of reverse osmosis membrane fouling and control strategies. Science of the Total Environment, 2017, 595: 567-583.

[34] Greenlee L F, Lawler D F, Freeman B D, et al. Reverse osmosis desalination: Water sources, technology, and today's challenges. Water Research, 2009, 43(9): 2317-2348.

[35] Zhao X, Zhang R, Liu Y, et al. Antifouling membrane surface construction: Chemistry plays a critical role. Journal of Membrane Science, 2018, 551: 145-171.

[36] Tang C Y, Chong T H, Fane A G. Colloidal interactions and fouling of NF and RO membranes: A review. Advances in Colloid and Interface Science, 2011, 164(1-2): 126-143.

[37] Zhang R, Liu Y, He M, et al. Antifouling membranes for sustainable water purification: Strategies and mechanisms. Chemical Society Reviews, 2016, 45(21): 5888-5924.

[38] Yu H Y, Liu L Q, Tang Z Q, et al. Surface modification of polypropylene microporous membrane to improve its antifouling characteristics in an SMBR: Air plasma treatment. Journal of Membrane Science, 2008, 311(1-2): 216-224.

[39] Miller D J, Dreyer D R, Bielawski C W, et al. Surface modification of water purification membranes. Angewandte Chemie International Edition in English, 2017, 56(17): 4662-4711.

[40] 美国陶氏公司. 反渗透和纳滤膜元件产品技术手册. 2016.

[41] Fane A, Tang C, Wang R. Membrane technology for water: Microfiltration, ultrafiltration, nanofiltration, and reverse osmosis. Treatise on Water Science, 2011, 113(4): 301-335.

[42] Shrivastava A, Rosenberg S, Peery M. Energy efficiency breakdown of reverse osmosis and its implications on future innovation roadmap for desalination. Desalination, 2015, 368: 181-192.

[43] 徐子丹. 全球规模最大的反渗透海水淡化厂. 水处理技术, 2014, 40(6): 17.

[44] 张利, 杨万万. UF/RO 工艺在炼油废水处理回用工程中的应用经验总结. 中国给水排水, 2013, 29(10): 91-94.

[45] 孙圣东. "一级 RO+膜脱气+EDI"工艺在热电行业成功应用. 膜科学与技术, 2010, 30(2): 111.

[46] 仲惟雷, 赵芳, 康燕, 等. 反渗透技术在大型电子超纯水项目中的应用. 工业水处理, 2015, 35(5): 106-108.

[47] 韩虎子, 杨红. 膜分离技术现状及其在食品行业的应用. 食品与发酵科技, 2012, (5): 23-26.

[48] 郝常明, 黄雪菊. 膜分离技术及其在医药生产中的应用. 医药工程设计, 2004, 25(2): 1-4.

[49] 沈彬蔚, 朱列平. 东丽反渗透膜在医疗及医药领域的技术特点及应用. 南京: 全国医药行业膜分离技术应用研讨会, 2012.

[50] 陈械端, 吕东方, 于开录, 等. 舰用海水淡化技术装备现状及发展趋势. 舰船科学技术, 2014, (8): 1-5.

[51] 苑英海, 宿红波, 朱孟府, 等. 车载式反渗透净水机的结构设计. 医疗卫生装备, 2014, 35(3): 17-18, 22.

[52] 张梦, 于慧, 李强, 等. 反渗透膜技术在家用净水领域应用现状. 盐业与化工, 2016, (4): 1-4.

第6章

正 渗 透

6.1 正渗透发展历程

渗透是一种常见的自然现象，指在半透膜的两侧，水分子自发地从水化学势高的一侧向水化学势低的一侧运动的现象。植物体内的细胞从胞外吸收水分就是一种常见的渗透现象。正渗透是基于渗透的原理，在 21 世纪初迅速发展起来的一种新型膜技术。与其他膜过程(如反渗透过程和纳滤过程)相比，正渗透过程无需额外的高压，完全以膜两侧渗透压的差值作为驱动力。正渗透过程具有水回收率高、膜面不易污染、能耗低等突出优点。目前，已有众多国内外高校和科研机构的工作者投身到正渗透技术的研究。随着正渗透技术的不断发展，正渗透在废水处理、海水/苦咸水淡化、医药与食品加工等领域的应用前景越来越广阔[1-5]。然而，目前正渗透过程仍面临诸多技术难题，如浓差极化现象严重及汲取液回收困难等。受上述因素影响，正渗透技术在实际应用中的经济效益远没有达到人们的预期。2016 年，最早投产正渗透膜的 HTI 公司停产，正渗透技术的应用前景也变得充满不确定性。因此，发展正渗透技术并推广该技术的应用需要研究者们理性认识正渗透技术的特点，进一步明确正渗透技术的应用领域。

6.2 正渗透过程原理及特点

6.2.1 过程原理

如前所述，在正渗透过程中，将具有不同渗透压的原料液与汲取液分别放置在正渗透膜的两侧，由于水的化学势在膜两侧存在差值(水的渗透压差)，水会自发地从原料液侧透过正渗透膜，传递到汲取液侧，从而完成原料液的浓缩与汲取液的稀释。正渗透过程的顺利进行需要同时满足两个前提条件：①正渗透过程中所采用的半透膜，应允许水分子自由传递且能够截留膜两侧溶液中的溶质分子或离子；②高渗透压的汲取液在被稀释后，应具有便于浓缩的特点，以便能够降低汲取液再生所需的能耗。因此，发展正渗透技术的两个关键点是研制满足上述条件的理想正渗透膜与汲取液[6-12]。

在正渗透过程的基础上，人们发展了压力阻尼渗透(pressure retarded osmosis，PRO)。压力阻尼渗透过程中，膜的汲取液侧被施加一定的额外压力，水在渗透压的驱动下，从原料液侧跨膜传递至汲取液侧并克服汲取液侧施加的压力做功,从而将渗透压转化为水力压力来发电[13]。

正渗透与压力阻尼渗透过程的水通量计算公式如式(6-1)所示:

$$J_W = A(\sigma\Delta\pi - \Delta p) \tag{6-1}$$

式中,J_W 为膜的水通量;A 为膜的水渗透系数;σ 为膜的反射系数(与膜选择性相关,通常为 0~1);Δp 为汲取液侧额外施加的压力;$\Delta\pi$ 为汲取液与原料液的渗透压差。

在正渗透过程中,$\Delta p = 0$,水从原料液侧流向汲取液侧;在压力阻尼过程中,$\Delta\pi > \Delta p > 0$,水从原料液侧流向汲取液侧。正渗透与压力阻尼渗透两种过程中,水分子的跨膜传递如图 6-1 所示。两种过程中,水通量与汲取液侧施加压力之间的关系如图 6-2 所示。

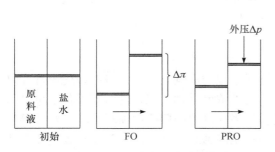
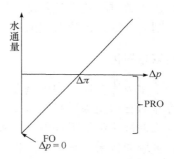

图 6-1　正渗透和压力阻尼渗透的溶剂渗透方向　　图 6-2　正渗透和压力阻尼渗透水通量与外压关系

正渗透生产纯水的基本工艺流程如图 6-3 所示。在渗透压差的驱动下,原料液中的水分子通过正渗透膜流到汲取液中。被稀释的汲取液通过回收系统实现汲取液的浓缩再生,同时得到产品水。

内浓差极化(internal concentration polarization,ICP)和外浓差极化(external concentration polarization,ECP)是正渗透过程中的两种常见现象,它们会导致膜两侧的渗透压差小于主体溶液的渗透压差,进而降低了正渗透过程的产水能力。通常,外浓差极化发生在正渗透膜的致密层表面,内浓差极化则发生在多孔支撑层的内部区域。以正渗透膜分离层朝向原料液侧为例,两种浓差极化的现象如图 6-4 所示。图中,J_W 表示正渗透过程的水

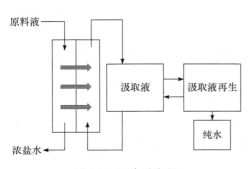
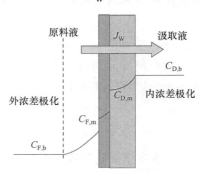

图 6-3　正渗透流程　　　　　　　　　图 6-4　正渗透浓差极化示意图

通量，$C_{F,b}$ 和 $C_{F,m}$ 分别表示原料液的溶质在原料液主体中的浓度和在该侧膜面的浓度，$C_{D,b}$ 和 $C_{D,m}$ 分别表示汲取液的溶质在汲取液主体中的浓度和在该侧膜内的浓度。

6.2.2　外浓差极化

正渗透分离过程中，当膜分离层表面朝向原料液一侧时，原料液在渗透压差的推动下透过膜。然而，由于膜的渗透选择性，溶质被截留聚集在膜表面附近，溶质在膜表面的浓度远高于其在本体溶液中的浓度，这种现象称为浓缩的外浓差极化[2]。类似地，当膜分离层朝向汲取溶液一侧时，汲取液被渗透过来的水不断稀释，降低了膜面处的汲取液浓度，使其小于本体汲取液的浓度，这种现象称为稀释的外浓差极化。浓缩的外浓差极化和稀释的外浓差极化现象都会降低膜面附近溶液间的渗透压差，减少有效的渗透驱动力，导致正渗透过程效率的降低。增加正渗透膜表面流速而形成湍流，减小边界层厚度可以有效削弱外浓差极化对正渗透膜过程的不利影响。

6.2.3　内浓差极化

与外浓差极化相比，内浓差极化对于正渗透过程的影响更大。内浓差极化出现在复合型或者非对称型正渗透膜的多孔区域一侧。与外浓差极化类似，内浓差极化也可分为浓缩的内浓差极化和稀释的内浓差极化。当膜的多孔区域一侧朝向原料液时，水和溶质通过多孔区域向致密区域传递，最终水分子透过正渗透膜，而溶质被截留在膜内的多孔区域内，从而发生浓缩的内浓差极化。相反，当多孔区域朝向汲取液时，则发生稀释的内浓差极化[14]。有效的渗透压驱动力会因为内浓差极化的影响而大幅降低。

以发生浓缩的内浓差极化正渗透过程为例，水通量 J_W 和溶质的反向通量 J_S 分别为

$$J_W = A(\pi_{Hi} - \pi_{Sub}) \tag{6-2}$$

$$J_S = B(C_{Hi} - C_{Sub}) \tag{6-3}$$

式中，A 和 B 分别为正渗透膜的水渗透系数和溶质渗透系数；π_{Hi} 和 π_{Sub} 分别为汲取液和膜内分离层与支撑层界面处的渗透压；C_{Hi} 和 C_{Sub} 分别为汲取液和膜内分离层与支撑层界面处的溶质浓度。

根据浓缩的内浓差极化正渗透过程的特点，此过程溶质在膜内的传递存在如下平衡：

$$J_W C + J_S = D_e \frac{dC}{dx} \tag{6-4}$$

式中，C 为距离膜分离层与支撑层界面 x 处的膜内溶质浓度；D_e 为溶质的有效扩散系数。式(6-4)的边界条件如下：

$$C = C_{Sub}, \quad x = 0 \tag{6-5}$$

$$C = C_{Low}, \quad x = l_e \tag{6-6}$$

式中，l_e 为膜支撑层的有效厚度；C_{Low} 为原料液侧溶质的浓度。

结合式(6-4)、式(6-5)和式(6-6)可得

$$\ln \frac{C_{\text{Sub}} + B(C_{\text{Hi}} - C_{\text{Sub}})/A(\pi_{\text{Hi}} - \pi_{\text{Sub}})}{C_{\text{Low}} + B(C_{\text{Hi}} - C_{\text{Sub}})/A(\pi_{\text{Hi}} - \pi_{\text{Sub}})} = \frac{J_{\text{W}}}{K} \tag{6-7}$$

式中，K 为膜的传质系数，其定义为

$$K = \frac{D_{\text{e}}}{l_{\text{e}}} \tag{6-8}$$

式中，D_{e} 为支撑层的孔隙率 A_{k} 与溶质扩散系数 D 的乘积；l_{e} 为有效厚度，可由支撑层厚度 l 与曲折因子 τ 计算得到：

$$D_{\text{e}} = A_{\text{k}}D \tag{6-9}$$

$$l_{\text{e}} = \tau l \tag{6-10}$$

此处，假设所使用的溶液渗透压与溶质浓度呈正比关系，则式(6-7)可简化为

$$\ln \frac{\pi_{\text{Sub}} + B/A}{\pi_{\text{Low}} + B/A} = \frac{J_{\text{W}}}{K} \tag{6-11}$$

将式(6-2)代入式(6-11)可得适用于发生浓缩内浓差极化的正渗透过程控制方程式 (6-12)[15-16]：

$$J_{\text{W}} = K \cdot \ln \left(\frac{B + A\pi_{\text{Hi}} - J_{\text{W}}}{B + A\pi_{\text{Low}}} \right) \tag{6-12}$$

通过相同的方法，可以得到发生稀释内浓差极化的正渗透过程控制方程式(6-13)[17]：

$$J_{\text{W}} = K \cdot \ln \left(\frac{B + A\pi_{\text{Hi}}}{B + J_{\text{W}} + A\pi_{\text{Low}}} \right) \tag{6-13}$$

研究表明，稀释的内浓差极化的控制方程及浓缩的内浓差极化的控制方程都成功地预测了正渗透过程中所得到的结果[15]。

与外浓差极化现象不同，内浓差极化现象发生在正渗透膜的多孔区域内部，人们无法通过优化膜两侧的流体力学环境缓解这一问题。膜结构参数 S (图 6-5)是人们用来衡量正渗透膜内浓差极化的一个重要参数，其定义为

$$S = \frac{\tau l}{A_{\text{k}}} \tag{6-14}$$

图 6-5　水渗透系数(A)与膜结构参数(S)示意图

膜结构参数 S 越大，表示正渗透过程中的内浓差极化现象越严重，对膜性能造成的影响越大。人们可以通过降低支撑层厚度、减少支撑层中孔的曲折程度和提高支撑层的孔隙率来优化膜结构参数 S，进而缓解正渗透过程中的内浓差极化现象，增大膜的水通量。同时还有研究表明，正渗透膜的其他特性(如亲水性等)也会一定程度上影响内浓差极化现象[16]。

6.2.4　膜污染

正渗透过程中的污染可分为四种主要类型，包括胶体污染、无机污染、有机污染和生物污染。正渗透过程的膜污染整体上与纳滤和反渗透过程的膜污染类似，具体内容可参见 4.4.2 小节。值得注意的是，反渗透过程的驱动力是水力学压差，这是膜表面形成牢固污染层的主要原因。正渗透过程并没有向膜面施加额外的压力，膜污染趋势相对较低，膜清洗产生的费用也相对较少。然而，正渗透过程常伴随着溶质在支撑层的富集，进而逐渐形成污染层。因此，在改善正渗透过程的膜污染问题时，往往需要对支撑的结构进行优化。

6.3　正渗透膜结构及性能

6.3.1　膜结构参数

如前所述，膜结构参数 S 可作为判断正渗透膜内浓差极化现象的重要工具。理论上，S 越大，正渗透膜发生的内浓差极化现象越严重。结构参数 S 的计算，首先应测定膜的水渗透系数 A 和盐渗透系数 B。这里的 A 和 B 可以通过反渗透膜性能测试的方法获得。测定 A 时，采用纯水作为测试液体，膜致密区域一侧朝向进水侧，进水压力选用 0.2 MPa，计算公式如式(6-15)所示：

$$A = \frac{\Delta J}{\Delta p} \tag{6-15}$$

式中，ΔJ 为测得的膜的纯水通量；Δp 为膜两侧压力差。

盐渗透系数 B 的测定条件为：200 mg·L^{-1} 的氯化钠溶液作为原料液，操作压力为 0.2 MPa。测试系统运行稳定后，分别测定原料液的氯化钠浓度 C_f 和透过液的氯化钠浓度 C_p，根据式(6-16)计算反渗透测试模式下的截留率 R：

$$R = 1 - \frac{C_p}{C_f} \tag{6-16}$$

将式(6-16)~式(6-19)联立，可得到式(6-20)，进而计算 B：

$$J_W^* = A(\Delta p - \Delta \pi) \tag{6-17}$$

$$J_S^* = B\left(C_f - C_p\right) \tag{6-18}$$

$$C_p = \frac{J_S^*}{J_W^*} \tag{6-19}$$

$$B = \frac{1-R}{R} A(\Delta p - \Delta \pi) \tag{6-20}$$

式中，Δp 为膜两侧压力差；$\Delta \pi$ 为原料液和透过液间的渗透压差；J_W^* 和 J_S^* 分别为反渗透测试模式下水通量与溶质通量。

将式(6-9)、式(6-10)、式(6-13)与式(6-14)联立，可得膜结构参数 S 的计算公式：

$$S = \frac{D}{J_W} \ln\left(\frac{B + A\pi_{Hi}}{B + J_W + A\pi_{Low}}\right) \tag{6-21}$$

式中，J_W 为膜在正渗透测试模式下的水通量；D 为溶质的扩散系数；π_{Hi} 和 π_{Low} 分别为汲取液和原料液的渗透压。

6.3.2 膜性能参数与测定

研究者们通常使用 1 mol·L^{-1} 的氯化钠水溶液和去离子水作正渗透膜性能测试的汲取液和原料液，测试温度为 20 ℃[18]。

正渗透膜的水通量 J_W、反向溶质通量 J_S 和盐水比 J_S/J_W 是衡量膜性能的重要指标。膜的水通量用来表征膜的水透过性能，其定义与常规膜过程中的水通量无异。反向溶质通量是指单位时间单位面积从汲取液侧透过膜渗透到原料液侧的盐质量，用来衡量正渗透膜截留汲取液中溶质的能力。两个参数的计算方式如下：

$$J_W = \frac{\Delta V}{A\Delta t} \tag{6-22}$$

$$J_S = \frac{\Delta(C_t V_t)}{A\Delta t} \tag{6-23}$$

式中，Δt 为测试时长；ΔV 为正渗透过程中 Δt 时间内透过的水的体积；A 为膜的有效面积；C_t 为 t 时刻原料液的浓度；V_t 为 t 时刻原料液的体积。

正渗透膜的盐水比(J_S/J_W)是指在相同时间内通过膜的溶质的质量和水的体积的比值，由式(6-24)计算：

$$\frac{J_S}{J_W} = \frac{\Delta(C_t V_t)}{\Delta V} \tag{6-24}$$

6.4 正渗透汲取液

汲取液是为正渗透过程提供驱动力的重要组成部分，对正渗透过程具有重要影响。在正渗透过程中，水从原料液一侧传递至汲取液侧后，需要对稀释后的汲取液进行浓缩回收，同时分离得到产品水。因此，汲取液除了应能提供较高的驱动力外，被稀释后还应该易与水分离，以便浓缩后重复使用。汲取液的筛选需要满足三方面的基本标准：①汲取液应具有较高的渗透压，且必须比原料液的渗透压高，以满足正渗透过程的驱动力要求。因此，汲取液中的溶质应具有高溶解度及较小的分子量，从而可以在相同质量条件下获得更高的渗透压。②稀释后的汲取液应易于浓缩，以便重复使用，维持正渗透过程的连续稳定运行。③在实际正渗透过程中，不可避免地会发生溶质的反向扩散(汲取液侧的溶质透过膜向原料液侧扩散)，这种现象会严重影响正渗透过程的运行。为抑制此现象，应该使用多价离子作为汲取液中的溶质。这样可以有效抑制汲取液溶质的反向扩散现象。此外，在制备饮用水领域，汲取液组成须没有生物毒性。在正渗透的发展中，汲取液的研制也取得了一系列的研究进展，出现了几十种不同的汲取液溶质，其中主要包括：氯化钠和氯化钾等无机化合物，葡萄糖和聚乙二醇等常规有机物，碳酸氢铵等挥发性物质，以及一些新型的材料如磁性纳米粒子、高分子水凝胶等。目前，常见的汲取液溶质种类见表 6-1。

表 6-1   常见的汲取液溶质

汲取液溶质	汲取液再生方法	优点	缺点
NaCl，MgCl₂，Na₂SO₄	纳滤、反渗透、蒸馏	材料成本低	分离难度大
金属碳酸盐或草酸盐	调节 pH，沉淀并过滤	生产成本低	投资成本高
$Al_2(SO_4)_3$	化学沉淀	产品纯度高	比较高的化学品投资成本
SO₂	热法除气	再生过程成本低	有毒
NH₃-CO₂	热分解	汲取液渗透压高	分解产物有毒
醇类	蒸馏	材料成本低	分离难度大
葡萄糖	无	无需分离操作	应用场景有限
蛋白质	加热变性至沉淀分离	溶质水中溶解度高	渗透压较低
聚乙二醇	超滤或纳滤	再生难度低	渗透压较低
聚丙烯酸	超滤	高渗透压	汲取液黏度高
水凝胶	加热或加压去溶胀	操作成本较低	低水通量
磁性纳米粒子	超滤或外加磁场	汲取液易再生，反向溶质通量低	再生过程纳米粒子易团聚

6.4.1   无机汲取液

无机汲取液主要包括各种无机盐。这是正渗透膜研究领域中最常见、应用最广泛的汲取液种类，如 NaCl、MgCl₂、MgSO₄、CaCl₂ 和 Al₂(SO₄)₃ 等。众多种类的无机盐中，相同质量条件下，NaCl 产生的渗透压最高，同时 NaCl 价格低廉，方便易得，无结垢问题。然而，分子量较低的 NaCl 汲取液再生时较为困难，盐的反向渗透现象也会影响正渗透过程的效率。与低分子量的无机盐相比，Al₂(SO₄)₃ 等较高分子量的无机盐能有效避免反向渗透现象，且再生成本较低。

6.4.2   有机汲取液

一般来说，有机物的分子量较高，用作汲取液的溶质时，不易发生反向渗透现象，有利于正渗透过程的稳定运行。常见的有机物汲取液溶质包括：葡萄糖、果糖、有机肥料等。这些物质在被透过的水分子稀释后，大多具有可直接利用的价值，从而在正渗透过程中，不受汲取液稀释后再生问题的束缚。其他具有代表性的有机汲取液有 2-甲基咪唑汲取液。使用 2-甲基咪唑溶液作为汲取液进行海水淡化时，正渗透水通量可达

$20 \text{ L} \cdot \text{m}^{-2} \cdot \text{h}^{-1}$。同时，反向溶质通量明显低于氯化钠汲取液。稀释后的 2-甲基咪唑汲取液可通过膜蒸馏工艺浓缩，再生后的有机汲取液的性能保持稳定，可多次循环使用[19]。除此之外，可作为汲取液溶质的有机物还包括聚乙二醇与聚丙烯酸钠等。

6.4.3 挥发性汲取液

正渗透过程虽然不需要外加压力，但是对汲取液浓缩回收时通常还需要借助反渗透、膜蒸馏等分离工艺，这会有大量的能量消耗，增加了产水的成本。回收挥发型汲取液时可采用简单加热的方式对汲取液进行分离再生，此过程操作简单，能耗较低，对水质也无明显影响。目前，最有代表性的挥发性汲取液是耶鲁大学 McGinnis 等[20]研制出的由氨气和二氧化碳气体组成的汲取液，气体溶于水中生成碳酸氢铵溶液产生渗透压。稀释后的汲取液加热至 60℃，碳酸氢铵分解为氨气和二氧化碳，在收集两种气体重复利用的同时获得纯水。

6.4.4 磁性汲取液

磁性纳米粒子在汲取液中的应用是正渗透汲取液研究中的另一个热点。磁性纳米颗粒粒径较大，不易发生反向渗透现象。此外，可利用外加磁场的方法，将稀释后的汲取液分离再生。此方法工艺简单、成本低、对膜和水质的污染较小。然而，在正渗透过程中，磁性纳米粒子容易发生团聚，从而影响汲取液的性能。为解决这一问题，有研究人员对磁性纳米粒子进行了化学改性，这有效缓解了正渗透过程中的团聚现象，同时提高了磁性汲取液的渗透压[21]。

6.4.5 水凝胶

有研究者将水凝胶置于正渗透膜的汲取液侧。水凝胶可直接作用于正渗透膜的表面，当外界条件发生变化时，水凝胶会吸水膨胀。饱和后的水凝胶可通过简单的加热蒸发方式收集获得纯水，而消胀后的水凝胶可循环利用[22]。

6.5　正渗透膜材料及膜制备方法

正渗透膜材料的选择是正渗透技术的核心。在正渗透膜早期研究中，研究者通常使用反渗透膜和纳滤膜进行正渗透过程的实验。反渗透膜和纳滤膜在正渗透实验中会产生较为严重的浓差极化现象，进而导致驱动力降低，膜的实际产水能力不佳。在 20 世纪末，越来越多的研究者开始制备专门针对正渗透过程的膜。研究者们认为，理想的正渗透膜应具备以下特点：①具有薄而致密的分离层，对汲取液的溶质有高截留率；②支撑层很薄，孔的曲折程度小且具有高的孔隙率，以减小浓差极化；③分离层和支撑层材料均应具有良好的亲水性，以降低膜污染及提高水通量；④膜材料本身相对于汲取液应该保持稳定，如二者之间不发生化学反应或物理吸附，汲取液的分离方式(包括温度引发、pH 调节引发、蒸发挥发引发等)也应对膜的稳定性无影响。

根据材料的不同可以将正渗透膜分为醋酸纤维素膜、聚酰胺薄层复合膜(polyamide thin-film composite，PA TFC 膜)和聚苯并咪唑(polybenzimidazole，PBI)膜等。醋酸纤维正渗透膜是主要的正渗透膜之一，也是最早商品化的正渗透膜。醋酸纤维素膜亲水性好、机械强度高、耐氯性好、抗污染性能强，整体厚度较薄(约 50 μm)。然而，醋酸纤维素膜容易降解，同时盐截留率和水通量均有待进一步提升。聚酰胺薄层复合膜的分离层极薄，且具有优异的选择性，使其在正渗透过程中具有高渗透选择性。此外，聚酰胺薄层复合正渗透膜稳定性和抗水解与生物降解性能良好。然而，这类膜有较高的结垢倾向，耐氯性较差。聚苯并咪唑正渗透膜具有优异的化学稳定性和热稳定性，具有独特的纳滤特性和理想的渗透水通量，对二价离子具有高截留率。但是，聚苯并咪唑材料的韧性较差，且价格高昂，提高了正渗透过程的成本。与此同时，在许多学者的不断研究过程中，多种新型正渗透膜材料不断地涌现。

6.5.1　醋酸纤维素正渗透膜

醋酸纤维素类膜材料是由纤维素和乙酸酐酰基化而制得的，醋酸纤维素有很多优良的性能，如很好的亲水性，从而具有高水通量、低污染倾向。但是，它们容易水解，耐酸碱性差(适用的 pH 为 5～7)，并且易产生生物黏附[23]。

大多数醋酸纤维素膜是通过浸没沉淀相转化法制备的。此方法得到的固态膜通过调节热处理的温度，可以进一步优化膜的孔径分布。

醋酸纤维素正渗透膜的商品化出现在 20 世纪 90 年代。Osmotek 公司(HTI 公司前身)通过上述相转化法生产了第一种商品化的醋酸纤维素正渗透膜[24-25]。在结构上，这类膜由分离层和多孔支撑层两部分组成，整体厚度大约为 50 μm。此类正渗透膜一经问世，便在紧急救援、野外求生和军事战争等多个领域取得广泛应用。

为进一步提高商品化的醋酸纤维素正渗透膜的渗透选择性能，研究者们展开了大量研究。研究者们发现产水通量很大程度上取决于正渗透膜的整体厚度和支撑膜材料的性质。膜的厚度越薄，正渗透过程中水在膜内传递的路径越短，水通量越大。正渗透膜的多孔支撑层与正渗透过程中的内浓差极化现象有着很大的关联。通常认为，减薄多孔支撑层厚度与提高其亲水性，可以减弱内浓差极化现象，进而达到提升膜渗透选择性能的目的。

6.5.2　聚酰胺薄层复合正渗透膜

耶鲁大学 Elimelech 研究团队的 Yip 等于 2010 年首次制备了聚酰胺薄层复合正渗透膜[13]。该膜由间苯二胺与均苯三甲酰氯在聚砜基膜上通过界面聚合工艺制备。此后，越来越多的研究者投身到聚酰胺薄层复合正渗透膜的制备研究中。在结构上，聚酰胺薄层复合正渗透膜一般由分离层和多孔支撑层构成。相转化法制备的支撑层结构和性质会影响正渗透过程中内浓差极化的程度，进而改变正渗透过程实际的驱动力，从而影响正渗透膜的水通量。薄层复合正渗透膜的分离层的制备方法与芳香聚酰胺反渗透膜的分离层相同，大多通过界面聚合工艺制备。分离层的结构和性质决定截盐率和反向溶质通量，由于分离层的结构通常十分致密，因此薄层复合膜(TFC)常具有极其优异的分离效果。

聚酰胺薄层复合正渗透膜的表层分离层与多孔支撑层均对膜的渗透选择性能有很大影响。因此，为进一步提升正渗透膜的渗透选择性能，研究者分别以优化分离层和支撑层的结构与性质为出发点，展开了大量工作。在研制更适宜聚酰胺薄层复合正渗透膜支撑层的研究中，研究者们发现支撑层的形貌与性质会受到聚合物种类、制膜环境温度与湿度、挥发时间及凝胶浴温度等因素的影响。聚酰胺分离层的结构与性质会受到水相和有机相的单体种类与浓度、反应温度、界面聚合反应时间及后处理工艺等因素的影响。此外，支撑层表面的结构与性质也会对分离层产生影响。

值得注意的是，TFC-FO 膜与 TFC-RO 膜在结构上有明显的不同。TFC-RO 膜通常具有较厚、致密、低孔隙率的支撑层，能够承受较高的压力。相比之下，因正渗透或压力阻尼渗透过程中膜两侧的外加压力较低，TFC-FO 膜具有极薄、相对松散和高孔隙率的支撑层。

6.5.3 聚苯并咪唑正渗透膜

聚苯并咪唑材料具有良好的化学和热稳定性，其在相对苛刻的应用条件下也能保持膜性能的稳定。新加坡国立大学 Chung 教授等在 2007 年开发了通过相转化工艺制备的聚苯并咪唑中空纤维膜，并将其应用于正渗透过程。聚苯并咪唑中空纤维膜表现出良好的化学稳定性、热稳定性与较高的机械强度，这使得聚苯并咪唑中空纤维膜在正渗透过程中具有很大的潜力[26]。聚苯并咪唑膜在正渗透过程中对二价离子具有高排斥性。但是，聚苯并咪唑材料价格较高，且聚苯并咪唑中空纤维膜整体厚度较大，导致水通量较低。同时，该类膜对一价盐离子的截留率较低，这阻碍了其在正渗透领域的进一步应用。

6.5.4 其他正渗透膜材料

除了上述正渗透膜材料外，研究者们还开发了多种新型的正渗透膜材料。有学者利用层层自组装方法制备了二氧化硅薄膜。该膜在正渗透过程中展现出较高的透过性能[27]。此外，还有研究者利用水通道蛋白作为原料，制备正渗透薄膜。这类仿生膜具有优异的透过性能，能够大幅提高正渗透膜的产水能力[28]。随着纳米材料的快速发展，合理使用纳米材料制备高性能正渗透膜具有良好的发展潜力。

6.6　正渗透膜组件

相比于已经十分成熟的纳滤和反渗透等压力驱动膜技术，正渗透作为一种新型的膜技术更多地停留在小试或者中试的规模。虽然板框式膜组件、卷式膜组件、管式膜组件及中空纤维式膜组件已有报道，但正渗透膜组件的开发与工程化应用仍需要进一步的研究。

根据正渗透过程的特点，正渗透组件的设计需要考虑原料液侧和汲取液侧各自独立的一进一出的结构特点：首先，考虑到原料液的高污染及高倍率浓缩的特点，膜组件原料液测的流道应该更宽，隔网也应该更厚；其次，渗透侧的水通道设计也必须考虑汲取液的有效循环。

　　不同的正渗透膜组件具有其各自的优点和局限性，在应用时应考虑到这些问题。为了更好地理解不同正渗透膜组件的优点和局限性，需先了解连续操作和批次操作之间的差异。在连续操作的正渗透应用中，汲取液先被稀释，而后被浓缩再生并重复使用。在这种模式下，原料液在膜的进料侧循环，同时浓缩再生的汲取液在渗透侧循环。在压力阻尼渗透应用中，提高汲取液的压力可以实现发电所需的高压，这需要膜的支撑层有足够的强度来承受渗透侧的压力。在压力阻尼渗透的规模化应用过程中，Loeb[29]提出添加辅助程序(压力泵)来实现汲取液在加压条件下的连续流动，这对膜组件的抗压能力提出了更高的要求。对于批次操作的正渗透过程，每次操作中汲取液仅被稀释一次，并且不再浓缩，在这种操作模式下，用于正渗透的设备通常是一次性的，不会重复使用。

6.6.1　板框式膜组件

　　板框式膜组件是正渗透膜组件中最简单的一种，仅需将膜片固定于板框的两面，将原料液与汲取液分隔开即可。板框式膜组件之间没有串联关系，每个膜组件均可独立运行。因此，某个组件出现故障时，不会影响整体膜系统的运行。但是，板框式膜组件的填充密度较低，导致膜系统占地面积较大，投资和运行成本较高，这限制了此类膜组件的进一步推广与应用。

6.6.2　卷式膜组件

　　卷式正渗透膜组件由于结构紧促、装填密度高等优点被人们所熟知，常见的一些卷式正渗透膜组件的尺寸有 4040 与 8040 等。卷式正渗透膜组件的生产商有 HTI 公司和 Hydrowell 公司等[30-32]。由于正渗透过程无外加水力学压力，卷式正渗透膜组件的膜袋内侧液体流动往往容易出现死区，这影响了该类膜组件的产水能力。

6.6.3　管式膜组件

　　管式正渗透膜组件流道较宽，可以有效缓解正渗透过程的浓差极化现象。此外，管式膜组件的安装与拆卸简单，膜面的污染物易于清洗。正渗透过程中，膜两侧的原料液与汲取液均需有效地流动起来，以缓解浓差极化现象。管式膜组件无需特殊设计即可满足这一要求，因此该类型膜组件在正渗透领域具有较为广阔的应用前景。但是，管式正渗透膜组件装填密度较低导致设备体积较大，装置成本较高。

6.6.4　中空纤维式膜组件

　　中空纤维式膜组件具有装填密度大、设备结构紧凑等优点。然而，正渗透过程处理的原料液往往含有大量的污染物，汲取液中溶质浓度也较高。原料液与汲取液的这一特性往往容易堵塞中空纤维式膜组件。此外，中空纤维式膜组件的拆卸与清洗较为困难，进一步限制了该类型膜组件在正渗透过程中的应用。

6.6.5　正渗透水袋

　　正渗透水袋是由正渗透膜制成的密封袋，水袋内装可食用的固体粉末或者浓缩的水溶液，如糖或糖浆。正渗透水袋作为一种正渗透的组件，虽然与其他形式的组件相比，产水速度相对较慢，但是水袋不需要其他额外的设备辅助，仅依靠袋内的汲取液提供的渗透压即可工作。使用时，仅需要把水袋放在水环境中，正渗透水袋能够阻挡各种离子、分子和微生物进入膜袋，确保渗透到水袋中的水是可以饮用的。因此，正渗透水袋在军事、探险、科考、航空航天等领域及救援等应急情况下具有广泛的应用。

6.7　正渗透膜过程的应用

目前，正渗透技术大多处于在实验室规模的研发阶段，商业化大规模的应用相对较少。由于正渗透技术具有低能耗、低污染和可在常温常压下运行等优点，其在能源、食品、水资源及医学等众多领域有着较为广阔的应用前景。如前所述，正渗透膜运行时，原料液被浓缩，而汲取液被稀释。根据这一特点，正渗透技术的应用可具体分为淡化、浓缩、正渗透膜生物反应器和能源等。

6.7.1　淡化

在 20 世纪 60 年代，正渗透就被提出用于淡化领域，但并没有引起人们的足够重视。1976 年，有学者利用正渗透原理，以葡萄糖为汲取液对海水进行淡化，开发了一种可以在救生艇上制备紧急用水的装备，但并不适用于大型的海水淡化工程[1]。时至今日，正渗透技术在海水淡化领域的应用大多仍处于实验室研发阶段。McCutcheon 等[33]使用 CA 正渗透膜，以氨气/二氧化碳作为汲取液溶质，考察了其在海水淡化过程中的性能。当原料液为海水时，渗透压差推动力高达 20 MPa，水通量可达 25 L·m^{-2}·h^{-1}，脱盐率高于 95%。相比于其他正渗透膜，该研究中的正渗透膜在海水淡化中的透过性能十分突出。但是，由于严重的内浓差极化现象，其水通量仅为理想水通量的 20%。此外，要想得到淡水，还需要额外的能耗去分离水中的碳酸氢铵。

正渗透淡化过程中，如果稀释后的汲取液具有可直接使用的价值，将节省用于浓缩回收汲取液的能耗，使得正渗透技术更有优势。基于这种考虑，HTI 公司生产了一种正渗透水袋，以糖或饮料粉作为汲取液的溶质。将正渗透水袋直接置于原料液中，稀释后的汲取液可作为饮料直接饮用。与之类似，Phuntsho 团队[34]利用肥料作为汲取液的溶质，将其置于海水中，稀释后的汲取液可直接应用于农业生产中。

6.7.2　浓缩

反渗透过程中产生的高浓度盐水的处理问题制约海水淡化技术的进一步应用。沿海地区的工厂大多直接将高盐水排放到海里，但是会对海洋环境产生影响。对于内陆地区一般需要先进行浓盐水浓缩再排放，常用的盐水浓缩技术包括电渗析浓缩与蒸发等。这些传统浓缩方式不但操作复杂而且费用很高。针对这一现状，有研究者试图利用正渗透过程对高浓度盐水进行浓缩处理。Tang 等[35]采用正渗透工艺对 1 mol·L^{-1} 的盐水进行浓缩处理。正渗透浓缩过程可以维持一个相对高而稳定的水通量，浓盐水体积降低 76%。

6.7.3　正渗透膜生物反应器

正渗透膜生物反应器是将正渗透膜与活性生物污泥相结合的一种新型水处理工艺。将具有选择性能的正渗透膜和具有降解作用的活性污泥相耦合的正渗透膜生物反应器已经在废水处理和中水回用等领域受到了广泛的关注。与传统的膜生物反应器相比，正渗透膜生物反应器最大的区别是用正渗透膜代替了膜生物反应器中的超滤膜或微滤膜。

正渗透膜生物反应器具有以下优势：①相对于压力驱动的超滤和微滤技术，正渗透技术潜在的膜污染风险小；②相较于超滤膜与微滤膜，正渗透膜的截留效果更为优异，系统产水品质更高。

正渗透膜生物反应器是一种发展潜力巨大的新型水处理工艺，然而现阶段还缺乏针对正渗透膜生物反应器污水处理效果及膜污染的系统研究。

6.7.4　能源

海水相较于淡水有近 2.7 MPa 的渗透压差，其中蕴藏着巨大的能量。为了利用这一宝贵的蓝色能源，人们提出了压力阻尼渗透技术。压力阻尼渗透是正渗透技术的一种，其原理是在浓溶液侧外加一个小于渗透压的压力。在此操作条件下，水分子仍由稀溶液侧渗透到浓溶液侧。此过程中，原料液的渗透压转化为可以利用的能量。压力阻尼渗透技术的一个重要应用领域便是在河流入海口捕获淡水入海时产生的巨大混合能，进而用来发电[36]。本质上，渗透现象发生在任何有浓度差的可溶物质中，不局限于淡水与海水的混合。时至今日，由于膜材料和膜性能的限制，压力阻尼渗透技术的商业化与工业化程度仍十分有限。

6.8　正渗透技术存在的问题及发展前景

正渗透过程因无需外加压力且不易发生膜污染等优点，已经受到研究者们的广泛关注。然而，正渗透作为一种新型的膜技术，相关研究目前还停留在小试和中试阶段，鲜有工业规模的应用。推动正渗透技术的发展，需进一步解决一些重要问题。目前，正渗透过程会受到内浓差极化现象的严重影响，进而导致实际水通量远远低于理论值。为有效缓解内浓差极化现象，研究者应对正渗透膜的结构尤其是支撑层的结构进行优化，如提高支撑层亲水性、降低支撑层厚度和优化支撑层孔结构等。在此基础上，研究者应大力开发新型的正渗透膜，如开发具有足够机械强度的无支撑层正渗透膜，进而从根本上消除内浓差极化现象。在正渗透过程中，汲取液的浓缩再生需要消耗大量的能量。因此，开发易于浓缩再生的汲取液也是正渗透技术面临的一项巨大挑战。此外，研究者应从热力学角度对正渗透过程及其汲取液再生过程进行全面深入评估，进一步理解正渗透过程的物质传递特点，从而能够准确挖掘正渗透过程的优势和适合的应用领域。

习　题

6-1　简述正渗透过程和反渗透过程的相通与不同之处。

6-2　简述实现正渗透过程需满足的两个主要条件。

6-3　画出典型正渗透过程的工艺流程图。

6-4　正渗透过程中的内浓差极化现象是什么？

6-5　简述膜结构参数 S 与内浓差极化之间的关系。

6-6　举例说出三种常见的正渗透膜材料。

6-7　正渗透过程常见的汲取液种类有哪些？

6-8　正渗透膜组件的常见形式有哪些？

6-9　正渗透过程的常见应用有哪些？

参 考 文 献

[1] Wang J, Liu X. Forward osmosis technology for water treatment: Recent advances and future perspectives. Journal of Cleaner Production, 2021, 280(1): 124354.

[2] Wenten I, Khoiruddin K, Reynard R, et al. Advancement of forward osmosis (FO) membrane for fruit juice concentration. Journal of Food Engineering, 2021, 290: 110216.

[3] Ibrar I, Naji O, Sharif A, et al. A review of fouling mechanisms, control strategies and real-time fouling monitoring techniques in forward osmosis. Water, 2019, 11(4): 695.

[4] Lee D, Hsieh M. Forward osmosis membrane processes for wastewater bioremediation: Research needs. Bioresource Technology, 2019, 290: 121795.

[5] Wang J, Gao S, Tian J. Recent developments and future challenges of hydrogels as draw solutes in forward osmosis process. Water, 2020, 12(3): 692.

[6] Yadav S, Saleem H, Ibrar I. Recent developments in forward osmosis membranes using carbon-based nanomaterials. Desalination, 2020, 482: 114375.

[7] Firouzjaei M, Seyedpour S, Aktij S, et al. Recent advances in functionalized polymer membranes for biofouling control and mitigation in forward osmosis. Journal of Membrane Science, 2020, 596: 117604.

[8] Mohammadifakhr M, Grooth J, Roesink H, et al. Forward osmosis: A critical review. Processes, 2020, 8(4): 404.

[9] Suwaileh W, Pathak N, Shon H, et al. Forward osmosis membranes and processes: A comprehensive review of research trends and future outlook. Desalination, 2020, 485: 114455.

[10] Aende A, Gardy J, Hassanpour A. Seawater desalination: A review of forward osmosis technique, its challenges, and future prospects. Processes, 2020, 8(8): 910.

[11] Das P, Singh K, Dutta S. Insight into emerging applications of forward osmosis systems. Journal of Industrial and Engineering Chemistry, 2019, 72: 1-17.

[12] Xu W, Ge Q. Synthetic polymer materials for forward osmosis (FO) membranes and FO applications: A review. Reviews in Chemical Engineering, 2019, 35(2): 191-209.

[13] Yip N, Tiraferri A, Phillip W, et al. High performance thin-film composite forward osmosis membrane. Environmental Science & Technology, 2010, 44(10): 3812-3818.

[14] McCutcheon J, McGinnis R, Elimelech M. Desalination by ammonia-carbon dioxide forward osmosis: Influence of draw and feed solution concentrations on process performance. Journal of Membrane Science, 2006, 278(1-2): 114-123.

[15] Gray G, McCutcheon J, Elimelech M. Internal concentration polarization in forward osmosis: Role of membrane orientation. Desalination, 2006, 197(1): 1-8.

[16] McCutcheon J, Elimelech M. Influence of membrane support layer hydrophobicity on water flux in osmotically driven membrane processes. Journal of Membrane Science, 2008, 318(1-2): 458-466.

[17] Loeb S, Titelman L, Korngold E, et al. Effect of porous support fabric on osmosis through a Loeb-

Sourirajan type asymmetric membrane. Journal of Membrane Science, 1997, 129(2): 243-249.

[18] Cath T, Elimelech M, McCutcheon J, et al. Standard methodology for evaluating membrane performance in osmotically driven membrane processes. Desalination, 2013, 312(S1): 31-38.

[19] Yen S, Haja F, Su M, et al. Study of draw solutes using 2-methylimidazole-based compounds in forward osmosis. Journal of Membrane Science, 2010, 364(1-2): 242-252.

[20] McGinnis R, Elimelech M. Energy requirements of ammonia-carbon dioxide forward osmosis desalination. Desalination, 2007, 207(1-3): 370-382.

[21] Ling M M, Wang K Y, Chung T S. Highly water-soluble magnetic nanoparticles as novel draw solutes in forward osmosis for water reuse. Industrial & Engineering Chemistry Research, 2010, 49(12): 5869-5876.

[22] Li D, Zhang X Y, Yao J F, et al. Stimuli-responsive polymer hydrogels as a new class of draw agent for forward osmosis desalination. Chemical Communications (Camb.), 2011, 47(6): 1710-1712.

[23] Zhao S F, Zou L D, Tang C Y, et al. Recent developments in forward osmosis: Opportunities and challenges. Journal of Membrane Science, 2012, 396: 1-21.

[24] Achilli A, Cath T, Marchand E, et al. The forward osmosis membrane bioreactor: A low fouling alternative to MBR processes. Desalination, 2009, 239(1-3): 10-21.

[25] Klaysom C, Cath T, Depuydt T, et al. Forward and pressure retarded osmosis: Potential solutions for global challenges in energy and water supply. Chemical Society Reviews, 2013, 42(16): 6959-6989.

[26] Kai Y W, Chung T S, Qin J J. Polybenzimidazole (PBI) nanofiltration hollow fiber membranes applied in forward osmosis process. Journal of Membrane Science, 2007, 300(1-2): 6-12.

[27] You S J, Tang C Y, Yu C, et al. Forward osmosis with a novel thin-film inorganic membrane. Environmental Science & Technology, 2013, 47(15): 8733-8742.

[28] Wang H L, Chung T S, Tong Y W, et al. Mechanically robust and highly permeable AquaporinZ biomimetic membranes. Journal of Membrane Science, 2013, 434: 130-136.

[29] Loeb S. One hundred and thirty benign and renewable megawatts from Great Salt Lake? The possibilities of hydroelectric power by pressure-retarded osmosis. Desalination, 2001, 141(1): 85-91.

[30] Attarde D, Jain M, Gupta S. Modeling of a forward osmosis and a pressure-retarded osmosis spiral wound module using the Spiegler-Kedem model and experimental validation. Separation and Purification Technology, 2016, 164: 182-197.

[31] Xu Y, Peng X Y, Tang C Y, et al. Effect of draw solution concentration and operating conditions on forward osmosis and pressure retarded osmosis performance in a spiral wound module. Journal of Membrane Science, 2010, 348(43467): 298-309.

[32] Kim Y, Park S. Experimental study of a 4040 spiral-wound forward-osmosis membrane module. Environmental Science & Technology, 2011, 45(18): 7737-7745.

[33] McCutcheon J, McGinnis R, Elimelech M. A novel ammonia-carbon dioxide forward (direct) osmosis desalination process. Desalination, 2005, 174(1): 1-11.

[34] Phuntsho S, Shon H K, Hong S, et al. A novel low energy fertilizer driven forward osmosis desalination for direct fertigation: Evaluating the performance of fertilizer draw solutions. Journal of Membrane Science, 2011, 375(1-2): 172-181.

[35] Tang W L, Ng H Y. Concentration of brine by forward osmosis: Performance and influence of membrane structure. Desalination, 2008, 224(1-3): 143-153.

[36] McGinnis R, McCutcheon J, Elimelech M. A novel ammonia-carbon dioxide osmotic heat engine for power generation. Journal of Membrane Science, 2007, 305(1-2): 13-19.

第7章

气 体 分 离

7.1　气体分离膜发展历程

气体分离膜的系统性研究起源于 Graham[1]。他在 1866 年研究了橡胶膜对气体的渗透性能，并提出了溶解扩散模型。20 世纪 40～50 年代，Barrer[2]在 Graham 的基础上研究了不同的膜材料，并进一步丰富了气体渗透理论，为气体分离膜的发展奠定了基础。然而，由于当时的膜制备技术还不够先进，膜的渗透性能很低，无法用这些膜材料制备出高效的膜分离系统，膜分离难以与深冷、吸收等传统的分离技术竞争。

20 世纪 60～70 年代，气体分离膜经历了高速发展。1979 年，孟山都公司研制出具有高渗透率和高选择性的 Prism 分离膜，成为气体分离膜技术发展过程中重要的里程碑。孟山都公司使用硅橡胶作为分离层，将其涂覆在聚砜中空纤维膜表面，用于从合成氨弛放气和石油炼厂气中回收氢气，具有较高的经济性。

Prism 分离膜的成功开发促使其他公司开始投身于高性能气体分离膜的研发中。20世纪 80 年代中期，Cynara、Separex 和 Grace 等商业膜系统被成功应用于从天然气中分离 CO_2[3]。此外，美国陶氏公司还推出了第一个从空气中富集氮气的商用膜系统 Generon。随后，美国陶氏公司、Ube 和液化空气公司也相继开发出选择性更高的膜材料用于空气富氮。迄今，全球一半以上的氮气是使用这类膜系统生产的。

随着高性能膜材料的发展，气体膜分离技术已经成功应用于空气富氧/氮、天然气/沼气纯化、氢气回收、天然气富集氦气及有机蒸气脱除与回收。除此之外，全球还有许多小型或示范装置运行的案例，如合成气脱碳、烟道气脱碳和烯烃烷烃的分离。总之，气体膜分离技术的应用范围正在迅速扩大，并具有广阔的应用前景。

7.2　气体分离膜过程原理及特点

气体分离膜是根据不同气体渗透通过膜的速率差异而进行分离的。气体在膜内的渗透是指气体分子与膜接触，在两侧气体压力差或某组分分压差的驱动下透过膜的现象。人们一般采用渗透系数 P(permeability，气体在膜中的溶解度系数和气体在膜内的扩散系数的乘积)和渗透率 R(permeance，$R = P/l$，l 为膜的厚度)来评价分离膜的气体渗透性能(渗

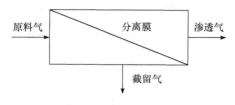

图 7-1　气体膜分离过程示意图

透系数 P 和渗透率 R 的定义详见 7.2.2 节和 7.3.2 节）。如图 7-1 所示，由于各组分在膜表面上的吸附能力及膜内扩散能力的差异，渗透率高的气体将在渗透侧富集，组成渗透气；渗透率低的气体在原料侧富集，组成截留气，进而实现分离混合气的目的。

相比其他气体分离技术，膜分离的主要特点是分离能耗低、设备简单、操作方便、运行可靠性高[4]。膜分离过程的放大通常为线性放大，装置规模依处理量要求可大可小。随着气体处理量的增大，基本按比例增大膜面积就可以满足处理要求。

根据分离层孔道结构的不同，气体分离膜可分成多孔膜和非多孔膜两大类。多孔膜的分离层有较固定的孔道，而非多孔膜分离层没有固定孔道，即使膜中存在一些间隙也很小。气体透过这两类膜的机理是不同的。气体在多孔膜内的传递机理可分为克努森扩散、黏性流、表面扩散、毛细管冷凝和分子筛分。气体透过非多孔膜的传递机理可分为溶解扩散机理、双方式吸附机理和促进传递机理[5]。

7.2.1　多孔膜分离机理

图 7-2 所示即为多孔膜气体分离机理示意图。

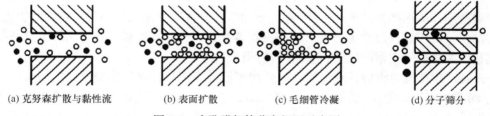

| (a) 克努森扩散与黏性流 | (b) 表面扩散 | (c) 毛细管冷凝 | (d) 分子筛分 |

图 7-2　多孔膜气体分离机理示意图

1) 克努森扩散与黏性流

多孔膜孔径大于 0.1 μm 时，气体在这种膜内的渗透行为遵循 Poiseuille 定律，这种现象称为黏性流。当孔径减小至低于气体分子平均自由程的范围(0.05～0.3 μm)或者气体压力很低时，气体分子与孔壁之间的碰撞概率远大于分子之间的碰撞概率，孔内分子流动受分子与孔壁之间碰撞作用支配，此时气体通过微孔的传递过程属于克努森扩散[6]。图 7-3 为克努森扩散和黏性流示意图。

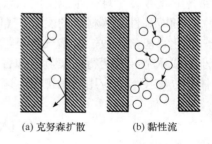

| (a) 克努森扩散 | (b) 黏性流 |

图 7-3　克努森扩散(a)与黏性流(b)示意图

通过计算克努森数 Kn 可以判断气体分子通过微孔是黏性流还是克努森扩散

$$Kn = \frac{\overline{\lambda}}{d} \tag{7-1}$$

式中，$\bar{\lambda}$ 为气体分子的平均自由程；d 为膜的孔径。当 $Kn \gg 1(d/\bar{\lambda} \ll 1)$ 时，气体在微孔中主要是以克努森扩散的方式透过分离膜。根据克努森扩散理论，气体透过通量 q $(\text{mol} \cdot \text{cm}^{-2} \cdot \text{s}^{-1})$ 可以表示为

$$q = \frac{4}{3} r A_k \left(\frac{2RT}{\pi M} \right)^{\frac{1}{2}} \frac{1}{lRT} (p_H - p_L) \tag{7-2}$$

式中，p_H 和 p_L 分别为气体高压侧(进料侧)和低压侧(渗透侧)的分压，Pa；r 为膜孔半径，cm；A_k 为多孔膜的孔隙率；M 为气体分子量；l 为膜孔长度，cm。此时，气体通过膜孔通量与其分子量的平方根成反比，膜的渗透选择性与它们分子量比值的平方根成反比。因此，克努森扩散机理只适用于分离具有不同分子量的气体。这一原理成功地应用于工业上分离 $U^{238}F_6$ 和 $U^{235}F_6$[3]。

当 $Kn \ll 1(d/\bar{\lambda} \gg 1)$ 时，孔内分子流动受分子之间碰撞作用支配，气体在微孔中呈黏性流状态，如图 7-3(b)所示。根据 Hargen-Poiseuille 定律，对黏性流动，气体透过通量 q 为

$$q = \frac{r^2 A_k (p_H + p_L)}{8\mu lRT} (p_H - p_L) = \frac{r^2 A_k}{4\mu lRT} \frac{(p_H + p_L)}{2} (p_H - p_L) \tag{7-3}$$

式中，μ 为气体的黏度，$\text{Pa} \cdot \text{s}$。可见，q 主要取决于被分离气体黏度比。由于气体黏度一般相差不大，因此此类多孔膜一般不具有分离性能。

然而，多孔膜的孔道通常具有一定的孔径分布，在一定压力下气体分子平均自由程可能处于最小孔径与最大孔径之间。因此，如图 7-4 所示，气体总流量通常是黏性流流量和克努森扩散流量共同贡献的结果，且当膜孔径 d 明显小于气体分子平均自由程 $\bar{\lambda}$($d/\bar{\lambda}$ 明显小于 1)时，克努森扩散流量占主导地位；当膜孔径 d 明显大于气体分子平均自由程 $\bar{\lambda}$($d/\bar{\lambda}$ 明显大于 1)时，黏性流流量占主导地位。

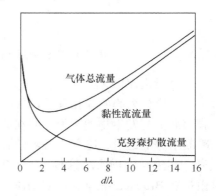

图 7-4 膜孔径与气体平均自由程比值同气体在微孔膜中传递形式关系示意图[3]

2) 表面扩散

表面扩散是指膜孔壁上被吸附的气体分子在浓度梯度的驱动下，在膜孔表面上扩散的现象，如图 7-2(b) 所示。在表面扩散存在的情况下，气体流过膜孔的流量通常由克努森扩散和表面扩散叠加组成。气体分子在膜孔中通过表面扩散流过膜孔的通量 $q_s(\text{mol} \cdot \text{cm}^{-2} \cdot \text{s}^{-1})$ 遵循 Fick 定律：

$$q_s = -D_s \frac{dC_s}{dz} \tag{7-4}$$

式中，D_s 为表面扩散系数，$\text{cm}^2 \cdot \text{s}^{-1}$；$dC_s/dz$ 为气体跨膜浓度梯度，$\text{mol} \cdot \text{cm}^{-3} \cdot \text{cm}^{-1}$。通常情况下，表面扩散效应与环境温度、膜孔尺寸及气体冷凝性有关。操作温度越低、孔径越小，气体分子冷凝性越强，气体分子在膜孔中的表面扩散效应越明显。此外，膜

孔壁表面如果含可与气体分子发生强相互作用的基团，也可促进气体分子在膜孔中的表面扩散。

在室温下，典型的表面扩散系数在 $1\times10^{-3}\sim1\times10^{-4}$ cm$^2\cdot$s^{-1}[7]。尽管表面扩散系数小于未吸附气体的克努森扩散系数，但表面扩散仍对总渗透有重大贡献。如图 7-5 所示为常见气体在 Vycor 微孔玻璃膜中的渗透现象。由式(7-2)可知，气体分子以克努森扩散的方式透过分离膜的渗透通量与分子量的平方根成反比，即气体渗透系数与分子量平方根的乘积（$P\sqrt{M}$，气体分子量归一化的渗透系数）为常量，但是只有低沸点气体(氦气、氢气和氖气)才接近此值。随着气体冷凝性的增强，分子在膜孔表面的吸附效应逐渐增强，表面扩散对气体渗透的贡献逐渐增加。

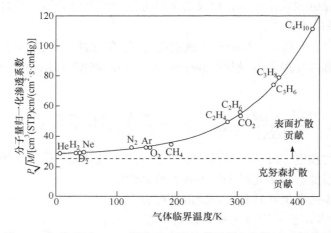

图 7-5　气体通过 Vycor 微孔玻璃膜的分子量归一化渗透系数[8]

3) 毛细管冷凝

如果分离膜的膜孔尺寸比气体分子动力学直径大数埃(1 Å = 0.1 nm)，则气体组分在膜表面上会发生物理吸附，并在膜孔内发生毛细管冷凝。冷凝组分会阻塞孔道并阻止非冷凝组分的透过，冷凝组分经膜孔流动至膜渗透侧后又蒸发离开膜面，从而实现气体分离，如图 7-2(c)所示。这种情况一般发生在温度接近可冷凝组分的冷凝点，其吸附量 S 可由扩展 Brunauar-Emmett-Teller(BET)方程求得[9]：

$$\frac{p_{\mathrm{r}}}{S(1-p_{\mathrm{r}})}=\frac{1}{S_{\mathrm{m}}C_{\mathrm{BET}}}+\frac{1-C_{\mathrm{BET}}}{S_{\mathrm{m}}C_{\mathrm{BET}}}p_{\mathrm{r}} \tag{7-5}$$

$$p_{\mathrm{r}}=\frac{p}{p_0} \tag{7-6}$$

式中，S_{m} 为每克吸附剂所吸附的吸附质的量，g$\cdot$g^{-1}；C_{BET} 为 BET 常数，与吸附温度、吸附热和汽化热有关；p_{r} 为相对压力；p 和 p_0 分别为在吸附温度下达到吸附平衡时的压力和吸附质的饱和蒸气压，mmHg。毛细管冷凝压力与温度和孔径的关系可用 Kelvin 方程求得：

$$\frac{\rho RT}{M} \ln \frac{p_t}{p_0} = -\frac{2\sigma \cos\theta}{r} \tag{7-7}$$

式中，ρ 为凝结组分的密度，$kg \cdot m^{-3}$；σ 为凝结组分的界面张力，$N \cdot m^{-1}$；θ 为凝结组分与吸附剂界面的接触角；r 为毛细管半径，mm；p_t 为毛细管冷凝压力，mmHg。

4）分子筛分

如果分离膜孔径介于不同气体分子动力学直径之间，那么尺寸较小的分子可以通过膜孔，而尺寸较大的分子被截留，即该分离膜具有筛分效果，如图 7-2(d)所示。这是一个比较理想的分离过程。实际上，由于气体分子的动力学直径相差很小，制造精确孔径的多孔膜是很困难的。沸石分子筛是目前研究较多的一类可以实现分子筛分的膜材料，目前其薄膜化问题仍未彻底解决。

7.2.2 非多孔膜分离机理

1）溶解扩散机理

气体透过非多孔膜(包括均质膜、非对称膜、复合膜)现象大多可以用溶解扩散机理解释。根据溶解扩散机理，如图 7-6 所示，气体透过膜的方式可以分为以下四步：①气体分子首先与膜表面接触；②气体分子在膜表面溶解；③气体分子在膜内产生浓度梯度，使气体分子在膜内扩散，到达膜的另一侧；④气体分子在膜的另一侧表面释放[1]。

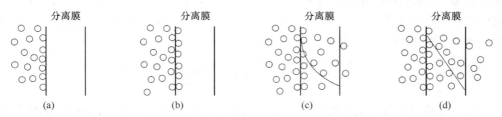

图 7-6　气体分子基于溶解扩散机理透过膜的过程

当气体在膜内的传递达到稳态时，膜中溶解的气体浓度沿传质方向呈均匀的递减关系。此时，根据 Fick 第一定律，气体组分 n 在膜内的扩散通量 q_n 为

$$q_n = -D_n \frac{dC_n}{dz} \tag{7-8}$$

式中，D_n 为组分 n 的扩散系数；C_n 为组分 n 在膜中的浓度；z 为膜进料侧表面开始的膜内传递距离。当传质过程达到稳态时，积分可得气体在膜内的扩散通量 q_n 为

$$q_n = \frac{D_n (C_{n,0} - C_{n,\delta})}{l} \tag{7-9}$$

式中，$C_{n,0}$ 为组分 n 在进料侧气相与膜界面处膜中溶解的气体浓度；$C_{n,\delta}$ 为组分 n 在渗透侧气相与膜界面处膜中溶解的气体浓度；l 为膜的厚度。

气体组分 n 在膜中的平衡浓度 C_n 与气相中组分 n 的分压有关，由于气体在高分子膜中溶解度很低，可以认为溶解行为符合 Henry 定律，即

$$C_n = S_n p_n \tag{7-10}$$

式中，S_n 为气体分子在膜中的溶解度系数；p_n 为该组分的分压。将该式代入式(7-9)中可得

$$q_n = \frac{S_n D_n (p_{n,0} - p_{n,\delta})}{l} \tag{7-11}$$

式中，$p_{n,0}$ 和 $p_{n,\delta}$ 分别为组分 n 在膜进料侧和渗透侧的气体分压。通常将溶解度系数 S 和扩散系数 D 的乘积称为渗透系数 P(permeability)，将渗透系数 P 与膜厚 l 之比称为渗透率 R(permeance)[10-11]，即

$$P = SD, \quad R = \frac{P}{l} \tag{7-12}$$

溶解扩散模型适合于描述膜材料与气体之间没有强相互作用力的理想体系，如低压下的 O_2、N_2、H_2 和 He 等。对于膜材料与气体之间存在较强相互作用的非理想体系，特别是对于 CH_4 或 CO_2 等凝聚性气体，溶解度系数 S 和扩散系数 D 常是温度和气体浓度或分压的复杂函数[12-13]。

2) 双方式吸附模型

1961 年，Vieth[14]对气体在玻璃态聚合物中的溶解度进行测定时发现，玻璃态聚合物对惰性气体具有异常高的溶解度，且溶解等温线是高度非线性的。他假设气体溶质分子在玻璃态聚合物膜中存在两种不同的吸附方式：一部分气体分子在聚合物中溶解，符合 Henry 定律；另一部分气体分子吸附在膜孔中，符合 Langmuir 定律[15]。因此，聚合物膜中的气体分子浓度等于两者之和：

$$C_n = C_{n,\mathrm{H}} + C_{n,\mathrm{L}} = \frac{p_n}{H_n} + \frac{L_n b_n p_n}{1 + b_n p_n} \tag{7-13}$$

式中，$C_{n,\mathrm{H}}$ 为遵循 Henry 定律的气体组分 n 的浓度；$C_{n,\mathrm{L}}$ 为遵循 Langmuir 定律的气体组分 n 的浓度；H_n 为 Henry 系数；p_n 为气体组分 n 的分压；b_n 为膜孔与气体组分 n 的亲和常数；L_n 为气体组分 n 的 Langmuir 容量系数。

双方式吸附模型中假设遵循 Langmuir 吸附方式的气体分子不能扩散。为了进一步完善气体在玻璃态聚合物中传输动力学模型，Petropoulos[16]及 Paul 和 Koros[17]提出部分静置(partial immobilization)理论，假设一部分遵循 Langmuir 吸附方式的气体分子也可以扩散。在部分静置理论中，研究者们假设有两种气体传递方式，从而建立了下面两种气体传递模型。

第一种模型假设膜内遵循 Henry 定律和 Langmuir 定律的气体分子分别以不同的扩散系数 $D_{n,\mathrm{H}}$ 和 $D_{n,\mathrm{L}}$ 在膜内扩散，两者相互独立。此时，气体在膜中的总通量为

$$q_n = -D_{n,\mathrm{H}} \frac{\mathrm{d}C_{n,\mathrm{H}}}{\mathrm{d}z} - D_{n,\mathrm{L}} \frac{\mathrm{d}C_{n,\mathrm{L}}}{\mathrm{d}z} \tag{7-14}$$

与溶解扩散机理的推导方式相似，可得到气体渗透系数表达式：

$$P_n = \frac{D_{n,\mathrm{H}}}{H_n} + D_{n,\mathrm{L}} \frac{L_n b_n}{1 + b_n p_n} = \frac{D_{n,\mathrm{H}}}{H_n} \left(1 + \frac{D_{n,\mathrm{L}}}{D_{n,\mathrm{H}}} \frac{H_n L_n b_n}{1 + b_n p_n} \right) \tag{7-15}$$

第二种模型假设膜内遵循 Henry 定律的全部气体分子和遵循 Langmuir 定律的部分气体分子(比例为 Z_n)以相同的扩散系数 D_n 在膜内扩散。因此膜内扩散的气体溶质总浓度 C_n 为

$$C_n = C_{n,\mathrm{H}} + Z_n C_{n,\mathrm{L}} = \frac{p_n}{H_n} + \frac{Z_n L_n b_n p_n}{1 + b_n p_n} \tag{7-16}$$

将式(7-10)和式(7-16)代入式(7-12)中可得气体组分 n 在玻璃态聚合物膜中的渗透系数 P_n 为

$$P_n = \frac{D_n}{H_n}\left(1 + \frac{Z_n H_n L_n b_n}{1 + b_n p_n}\right) \tag{7-17}$$

由式(7-15)和式(7-17)可知，第一种模型和第二种模型推导出的渗透系数 P_n 在数学上是等价的。

双方式吸附模型可较好地将溶解度系数、扩散系数及渗透系数和气体分压的关系进行关联，具有较强的实用性。但是由于模型参数没有与聚合物的化学结构直接相关联，该模型难以解释当聚合物被透过气体塑化后，渗透系数随着进料气压力进一步的增加而升高。如果考虑到相互扩散系数对浓度的依赖关系，则可以对双方式吸附模型进行改进以用于描述塑化性气体在膜中传递，但这样的改进会使传递机理十分复杂。

3) 促进传递机理

促进传递机理是指在膜内引入与某种组分能够发生特异性可逆反应的载体，使特定组分可以与载体形成中间化合物，并在化学势梯度的作用下扩散，在低化学势处分解为该组分和载体，载体在膜内可继续发挥促进传递作用，因而具有很高的气体渗透性和选择性。此类膜在文献中被称为促进传递膜、载体介质传递膜或反应选择膜[3,18-20]。根据载体类型不同，促进传递膜可以分为移动载体膜和固定载体膜。

一般认为，在促进传递膜中，促进传递作用与溶解扩散作用并存。在促进传递膜内传递机理的研究中，一般用促进因子 F(facilitated factor)来表征载体的促进作用，定义如下：

$$F = \frac{\text{引入载体后特定组分通过膜的传递通量}}{\text{未引入载体时特定组分的传递通量}} = \frac{q_\mathrm{A}}{q_\mathrm{SD}} \tag{7-18}$$

描述被促进传递组分与载体的可逆反应的最简单反应式为

$$\mathrm{A} + \mathrm{X} \underset{k_\mathrm{r}}{\overset{k_\mathrm{f}}{\rightleftharpoons}} \mathrm{AX} \tag{7-19}$$

式中，A、X 和 AX 分别为被促进传递组分、载体和组分-载体配合物；k_f 和 k_r 分别为正反应和逆反应的速率常数。

对于促进传递膜，在一维稳态下，组分 A 的总通量可表示为

$$q_\mathrm{A} = -D_\mathrm{A}\frac{\mathrm{d}C_\mathrm{A}}{\mathrm{d}z} - D_\mathrm{AX}\frac{\mathrm{d}C_\mathrm{AX}}{\mathrm{d}z} = F q_\mathrm{SD} \tag{7-20}$$

式中，q_A 为组分 A 的总通量；q_SD 为没有参与反应的组分 A 的通量；D_A 和 D_AX 分别为未反应组分 A 和组分-载体配合物 AX 在膜内的扩散系数；C_A 和 C_AX 分别为膜内未反应

组分 A 和组分-载体配合物 AX 的浓度；z 为膜进料侧表面开始的膜内传递距离。

为了定量分析促进传递膜的气体分离性能，需结合式(7-19)中的反应，求解如下的反应扩散方程组：

$$R'_A = D_A \frac{d^2 C_A}{dz^2} = k_f C_A C_X - k_r C_{AX} \qquad (7\text{-}21)$$

$$R'_X = D_X \frac{d^2 C_X}{dz^2} = k_f C_A C_X - k_r C_{AX} \qquad (7\text{-}22)$$

$$R'_{AX} = D_{AX} \frac{d^2 C_{AX}}{dz^2} = -k_f C_A C_X + k_r C_{AX} \qquad (7\text{-}23)$$

式中，R'_A、R'_X 和 R'_{AX} 分别为被促进传递组分、载体和组分-载体配合物的反应速率；D_X 为载体 X 在膜内的扩散系数；C_X 为膜内载体 X 的浓度。其中，扩散方程组的边界条件为

$$z = 0, \ C_A = C_{A,0}, \ \frac{dC_{AX}}{dz} = \frac{dC_X}{dz} = 0$$

$$z = l, \ C_A = C_{A,l}, \ \frac{dC_{AX}}{dz} = \frac{dC_X}{dz} = 0 \qquad (7\text{-}24)$$

$$\int_0^l (C_X + C_{AX}) dz = C_T l$$

式中，$C_{A,0}$ 为组分 A 在进料侧气相与膜界面处膜中溶解的气体浓度；$C_{A,l}$ 为组分 A 在渗透侧气相与膜界面处膜中溶解的气体浓度；C_T 为膜内载体总浓度。

Cussler[21]认为传递过程达到稳态，膜内未反应组分 A 及组分 A 和载体 X 所生成配合物 AX 的浓度都呈线性分布。当渗透侧浓度 $C_{A,l}$ 可忽略时，组分 A 的总通量为

$$q_A = \frac{D_A}{l} C_{A,0} + \frac{D_{AX}}{l} \frac{K C_T C_{A,0}}{1 + K C_{A,0}} \qquad (7\text{-}25)$$

$$K = \frac{C_{AX,0}}{C_{A,0} C_{X,0}} \qquad (7\text{-}26)$$

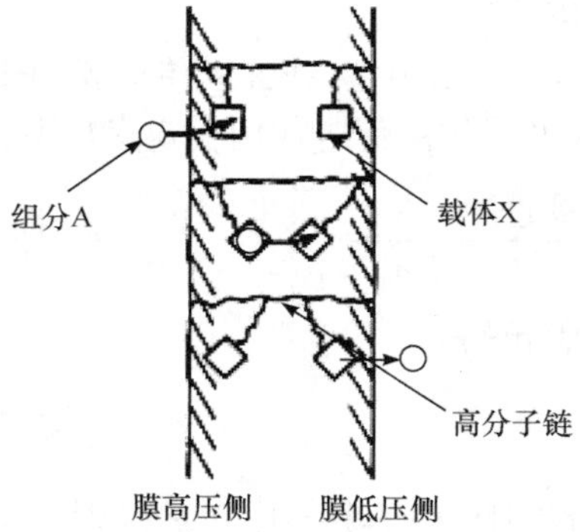

图 7-7　摆动模型示意图

式中，$C_{AX,0}$ 为配合物 AX 在进料侧气相与膜界面处膜中浓度；$C_{X,0}$ 为未反应载体的浓度；K 为在进料侧膜表面可逆反应的平衡常数。

截至目前，研究人员对固定载体膜促进传递机理有不同的认识。Cussler 等[22]提出了固定载体膜摆动模型，认为载体只能在平衡位置上振动，气体分子必须通过载体的摆动才能从进料侧传递到渗透侧(图 7-7)，而不参与反应的气体分子很少，自由扩散可以忽略。

Noble[23]认为气体分子能够沿着高分子链在配合物分子之间迁移。如图 7-8 所示，组分 A 的一部分分子沿着浓度梯度不断向膜渗透侧传递，同时，另一部分分子与载体 X 发生可逆反应，形成载体配合物 AX，这部分分子在不同配合物之间迁移，向渗透侧进行促进传递。此外，两种传递方式之间也发生质量交换。Noble[24]的研究结果也表明，对于移动载体膜和固定载体膜，尽管在微观上膜内传递机理可能不同，但描述两者促进传递机

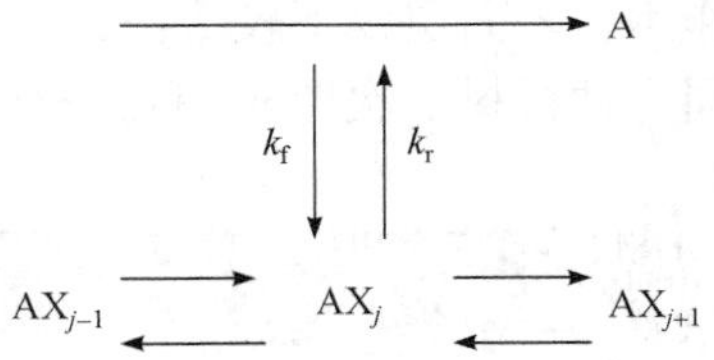

理的模型在数学上是等价的, 只是方程中配合物扩散系数(D_{AX})的物理意义对两者来说是不同的, 固定载体膜中的扩散系数是有效扩散系数, 与载体之间的相互作用有关。

图 7-8 Noble 模型中溶质与相邻三个载体间的相互作用示意图

王志团队对膜内的促进传递机理进行了较深入研究, 建立了可定量描述促进传递膜气体渗透率的数学模型[25-27]:

$$q_A = \frac{hD_A}{lRT}(p_{A,f} - p_{A,l}) + \frac{D_{AX}KhC_TRT(p_{A,f} - p_{A,l})}{l(RT + Khp_{A,f})(RT + Khp_{A,l})} \tag{7-27}$$

$$R_A = \frac{hD_A}{lRT} + \frac{D_{AX}KhC_TRT}{l(RT + Khp_{A,f})(RT + Khp_{A,l})} \tag{7-28}$$

$$h = \frac{C_{A,0}RT}{p_{A,f}} \tag{7-29}$$

式中, h 为 A 组分在膜内的分配系数; $p_{A,f}$ 为 A 组分在进料侧中的分压; $p_{A,l}$ 为 A 组分在渗透侧中的分压; R_A 为 A 组分在膜中的渗透率。从该模型中可以看出, 固定载体膜的渗透通量和渗透率与膜厚度成反比。此外, 被促进气体组分在固定载体膜中的渗透受到进料侧和渗透侧分压的影响, 较低的进料侧和渗透侧分压有利于提高固定载体膜的渗透率, 但被促进组分在膜两侧的分压差与其渗透率无直接关系。因此, 采用进料侧压力较低和渗透侧抽真空的操作方式, 有利于充分发挥固定载体膜的分离性能[25]。

在实验条件下, 分离膜的渗透侧有吹扫气通过, 渗透组分分压可以忽略, 即 $p_{A,l}=0$。此时, 式(7-28)可简化为

$$R_A = \frac{D_A}{lH_A} + \frac{D_{AX}KC_T}{l(H_A + Kp_{A,0})} \tag{7-30}$$

式(7-30)表明, 在实验条件下, 随着原料侧气体分压升高, 促进传递对组分 A 跨膜渗透的贡献逐渐减小, 导致组分 A 的气体渗透率呈现下降趋势。同时, 降低膜厚、增加载体浓度及增大反应平衡常数都可以提高促进传递膜的气体渗透率[26]。

7.3　气体分离膜结构及性能

7.3.1　膜结构及表征

1. 膜结构

气体分离膜按膜断面结构形态可以分成对称膜与非对称膜两大类。对称膜指沿膜截面方向结构均匀的致密膜或多孔膜。对称膜厚度范围为 10～200 μm, 传质阻力取决于整张膜的厚度。然而, 渗透率较高的对称膜通常较薄, 难以兼具良好的机械性能, 难以规模化制备。

非对称膜是指沿膜截面方向结构不均匀的膜, 一般是膜表面层较致密, 主要起分离

作用；表面层以下较疏松，主要提供机械性能，起支撑作用。如果分离层和支撑层是用同一种材料一次形成，称为整体非对称膜(一体化皮层非对称膜)；如果分离层和支撑层分别形成，则称为复合膜，复合膜的分离层和支撑层可以是同一种材料，但通常由不同材料构成。聚合物复合膜最具应用前景，具有成本低、容易加工成型、质地柔软和容易密封等优点，其层-层复合结构如图 7-9 所示。其中，支撑层常为某种多孔膜，如

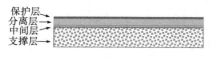

图 7-9　复合膜结构示意图

聚砜超滤膜，分离层由具有高渗透选择性能的材料构成(通常厚度为几十至几百纳米)。支撑层和分离层之间通常会添加具有高气体渗透性的中间层(通常为聚二甲基硅氧烷)，以减少孔渗现象对膜性能造成的不良影响。此外，为了在组件卷制时保护分离层不被格网破坏，工业上通常会在分离层之上覆盖保护层。图 7-10 为复合膜结构扫描电子显微镜图，由于保护层及中间层很薄，且与分离层结合良好，故在电镜图中无法将三者作明显区分。

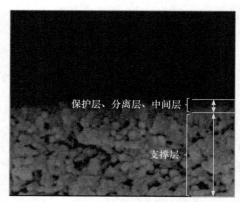

图 7-10　复合膜结构扫描电镜图

2. 表征手段

用于表征反渗透膜的方法一般都可用于气体分离膜的表征，参见表 5-1。此外，气体分离膜还采用一些其他表征手段，如使用热重分析-差示扫描量热仪考察膜材料的热稳定性、固化反应温度、相变温度、玻璃化转变温度等，使用 X 射线衍射仪考察膜材料的结晶度，使用拉伸测试仪考察膜的拉伸强度(tensile strength)及层间结合力。

7.3.2　膜性能评价

对于气体分离膜而言，渗透率 R、渗透系数 P、溶解度系数 S、扩散系数 D 和分离因子 α 是表征分离膜性能的重要指标，关系到膜分离过程的经济可行性和技术可行性。

在实际应用中，通常使用渗透率 R 表征气体在膜中渗透的快慢，其定义为单位时间、单位跨膜压差下透过单位膜面积的气体量，可由下式计算得到：

$$R_i = \frac{Vx_i}{\Delta p_i A} \tag{7-31}$$

式中，R_i 为组分 i 的渗透率，常用单位是 GPU，1 GPU $= 10^{-6}$ cm^3(STP)$\cdot$ cm$^{-2}\cdot$ s$^{-1}\cdot$ cmHg^{-1}；V 为标况(0 ℃、100 kPa)下渗透侧气体的总体积流量，cm^3 (STP)$\cdot$ s^{-1}；x_i 为组分 i 在渗透侧的摩尔分数；Δp_i 为组分 i 在膜两侧的分压差，cmHg；A 为膜的有效面积，cm^2。

渗透系数 P 的定义是单位时间、沿膜厚方向单位压力梯度(沿膜厚方向压力梯度即跨膜压差除以膜厚)下透过单位膜面积的气体量。P 取决于溶解度参数 S 和扩散系数 D，见式(7-12)，它反映了膜材料的本征渗透性能，单位通常用 barrer 表示，1 barrer =

10^{-10} cm^3(STP) · cm · cm^{-2} · s^{-1} · cmHg^{-1} = 3.35×10^{-16} mol · m · m^{-2} · s^{-1} · Pa^{-1}。它的计算公式为

$$P_i = \frac{Vx_i l}{\Delta p_i A} = R_i l = S_i D_i \tag{7-32}$$

式中，P_i 为组分 i 的渗透系数；l 为分离膜的有效厚度。

溶解度系数 S 表示平衡条件下聚合物膜对气体的溶解能力，通常用于描述纯聚合物膜的气体溶解性能。溶解度系数是一个热力学参数，是由渗透物冷凝难易程度、高分子和渗透物之间相互作用决定的[28]。扩散系数 D 表示气体分子在聚合物膜中扩散的快慢。扩散系数是一个动力学参数，取决于气体分子尺寸及聚合物性质。

分离因子 α 又称选择性，反映膜对不同气体的分离能力，是气体分离膜的重要性能指标。对于 i、j 两组分物系，膜的理想分离因子 $\alpha_{i/j}^{*}$ 由 i 和 j 组分的纯气渗透系数（P_i^{*} 和 P_j^{*}）或纯气渗透率（R_i^{*} 和 R_j^{*}）计算得到：

$$\alpha_{i/j}^{*} = \frac{P_i^{*}}{P_j^{*}} = \frac{R_i^{*}}{R_j^{*}} = \frac{D_i}{D_j}\frac{S_i}{S_j} \tag{7-33}$$

式中，D_i/D_j 和 S_i/S_j 分别称为扩散选择性和溶解选择性。因此，理想分离因子实际上综合反映了组分 i 和 j 两种组分在膜中的扩散性差异和溶解性差异。

真实分离因子 $\alpha_{i/j}$ 反映膜在实际分离过程中对混合气的分离能力，由 i 和 j 组分在进料侧的摩尔分数（x_i 和 x_j）与在渗透侧的摩尔分数（y_i 和 y_j）计算得到：

$$\alpha_{i/j} = \frac{y_i/y_j}{x_i/x_j} \tag{7-34}$$

当混合气测试中组分的进料侧分压远远大于渗透侧分压时，分离因子可近似为 i 和 j 组分混合气渗透系数（P_i 和 P_j）或渗透率（R_i 和 R_j）的比值[26]：

$$\alpha_{i/j} = \frac{P_i}{P_j} = \frac{R_i}{R_j} \tag{7-35}$$

7.4　气体分离膜材料及膜制备

目前，只有不多的几种气体分离膜实现了商业化应用，多数气体分离膜仍处于实验室研究阶段或工业性试验阶段，存在分离性能不高、稳定性较差等问题。因此，研发高渗透选择性和高稳定性的新型膜材料仍是气体分离膜领域研究的热点。此外，开发新型制膜工艺，实现高性能气体分离膜大规模、连续生产也是气体分离膜走向工业应用的重要一环。根据分离层结构的不同，气体分离膜可分为致密膜和多孔膜。致密膜主要是由高分子聚合物链段紧密堆积形成的，没有固定的孔道结构；多孔膜具有固定的孔道结构，用于气体分离的多孔膜常由具有固定孔结构的多孔材料制成。然而，多孔材料一般难以大规模制膜且制造加工成本相对较高。为了解决此问题，近年来许多学者将聚合物与多

孔材料混合制得混合基质膜，使其兼具致密膜和多孔膜的特征，具有优异的分离效果。

7.4.1　致密膜材料

绝大多数用于制备致密膜的材料为有机材料，此外包括少部分金属材料及陶瓷材料。一些有机膜材料制作简单，性能稳定，耐溶剂性能较好，因此广泛应用在膜分离领域。表 7-1 中列出了部分常见的有机膜材料。但这些有机膜材料大多是通过溶解扩散机理分离气体混合物，存在渗透性和选择性相互制约的现象。而含氨基材料可以与酸性气体(CO_2、SO_2)发生可逆反应，因此该种材料在分离酸性气体方面具有较高的性能。

表 7-1　一些常用的致密膜材料

材料类别	主要聚合物
纤维素类	二醋酸纤维素，三醋酸纤维素，醋酸丙酸纤维素，再生纤维素，硝酸纤维素
聚酰胺类	芳香聚酰胺，尼龙-66，芳香聚酰胺酰肼，聚苯砜对苯二甲酰
芳香杂环类	聚苯并咪唑，聚苯并咪唑酮，聚哌嗪酰胺，聚酰亚胺
聚烯烃类	聚砜，聚醚砜，磺化聚砜，聚乙烯醇，聚乙烯，聚丙烯，聚丙烯腈，聚丙烯酸，聚乙烯基胺
硅橡胶类	聚二甲基硅氧烷，聚三甲基硅烷丙炔，聚乙烯基三甲基硅烷
含氟高分子	聚全氟磺酸，聚偏氟乙烯，聚四氟乙烯

1) 醋酸纤维素

传统的醋酸纤维素(CA)气体分离膜是将湿态的醋酸纤维素反渗透膜经过热处理得到的，但该方法工艺复杂、膜的稳定性差，难以满足商业化需求。相比于传统的热处理法，研究者发现湿相转化法即液-液相转化法，通过膜状聚合物溶液中的溶剂与凝固浴中的非溶剂相相互交换而形成多孔聚合物膜，制膜工艺简单，所制膜稳定性较高，且可以提高醋酸纤维素膜的 CO_2/CH_4 分离性能。同时，适当提升聚合物浓度和延长蒸发时间可使膜表皮层变致密，获得较高的 CO_2/CH_4 选择性能与渗透性能。

2) 聚酰亚胺

聚酰亚胺是研究较早的高分子材料之一，在二氧化碳/氮气(CO_2/N_2)、氢气/氮气(H_2/N_2)、二氧化碳/甲烷(CO_2/CH_4)、氧气/氮气(O_2/N_2)等分离体系中有广泛的应用。但是聚酰亚胺链段堆积紧密，自由体积较小，气体传递阻力较大，因此气体渗透率较低。研究者通常采用改变合成的单体种类和结构开发出高性能的聚酰亚胺。例如，在二酐单体中引入 F_3C—基团增加链的刚性，减弱链段的移动能力，增大链段的自由体积。另外，在合成时引入含有磺酸基团的二胺，也可以增强分子间的作用力，降低分子量较大组分的扩散性能。聚酰亚胺的分子结构式如图 7-11 所示。

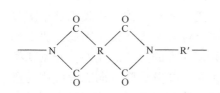

图 7-11　聚酰亚胺分子结构式

3) 聚砜

聚砜(PSf)与气体分子之间相互作用弱，具有很高的气体渗透性，但选择性不足。因此许多研究者通过材料改性提高聚砜膜的气体分离性能，如通过对聚砜材料进行亲水化改性，向侧链引入羟基(—OH)和氨基(—NH₂)等亲水性基团，提高聚砜膜对 CO_2 的选择性。目前，聚砜超滤膜常用作气体分离复合膜的基膜。

4) 聚乙烯基胺

聚乙烯基胺(polyvinylamine，PVAm)是常用的促进传递膜材料。聚乙烯基胺聚合物支链上有丰富的氨基基团(—NH₂)，可以与酸性气体(CO_2、SO_2)发生可逆反应，强化这类气体在膜内的传递作用，从而实现酸性气体的高效分离。目前，聚乙烯基胺通常作为复合膜的分离层，用于含 CO_2 体系混合气体的分离。聚乙烯基胺的分子结构式如图 7-12 所示。

5) 聚二甲基硅氧烷

聚二甲基硅氧烷(polydimethylsiloxane，PDMS)是一种线型的橡胶态聚合物，机械性能差，具有较高的气体渗透率，但气体选择性较差，因此适合作为复合膜的中间层，用于抑制"孔渗"对气体渗透性的不利影响。对聚二甲基硅氧烷进行化学改性，增加其分子量，可以进一步削弱孔渗。此外，通过共聚法，在聚二甲基硅氧烷主链上增加较大的基团，或使用—Si—CH₂—刚性链代替柔性主链也可以起到类似的效果。聚二甲基硅氧烷的分子结构式如图 7-13 所示。

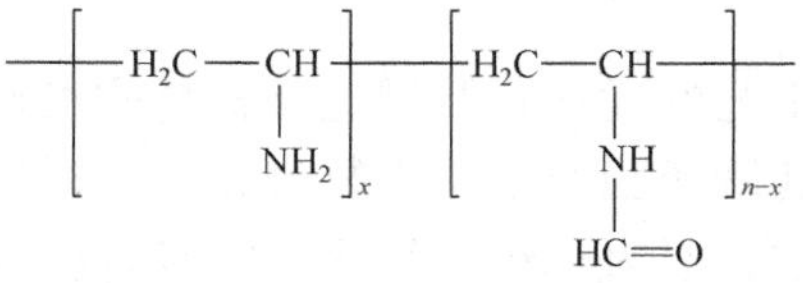

图 7-12　聚乙烯基胺分子结构式 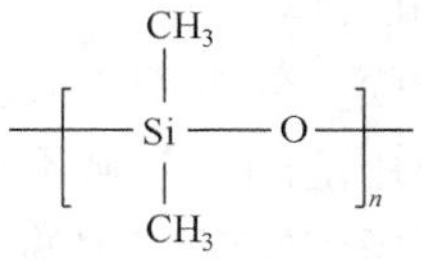　　　　图 7-13　聚二甲基硅氧烷分子结构式

6) 金属/合金膜

除上面介绍的有机材料外，部分金属材料也可用于制备致密膜。对于致密金属材料而言，气体在膜内的传递机理主要是溶解扩散，因此对特定的气体具有很好的选择性。致密的金属/合金膜主要用于含氢气体系的混合气分离，代表性的金属包括钯、铌、锆和钽等。其中，金属钯及其合金膜是最常用的氢气分离膜材料。但是长期使用纯钯膜分离氢气会导致金属变脆。为解决上述问题，通常在钯金属内掺入少量的铜、镍等金属，制成合金膜，避免氢脆现象的发生。

7.4.2　多孔膜材料

1. 无机多孔膜材料

无机材料的研究早于有机材料，在 20 世纪 60 年代就已经出现了有关无机膜的报道。无机膜适合应用于高温高压或者酸碱性等严苛的场所，但制备成本高、材质较脆、加工成型难度大等缺点限制了其发展。目前，用于气体分离的无机膜有炭膜、多孔陶瓷膜、沸石分子筛、微孔 SiO_2 膜和金属/合金膜等，表 7-2 为一些常用的无机多孔膜材料。

表 7-2　一些常用的无机多孔膜材料

膜类型	主要材料
炭膜	聚酰亚胺、酚醛树脂、聚糠醇和聚醚砜酮等
多孔陶瓷膜	氧化铝、氧化锆、氧化钛
沸石分子筛	主要由硅、铝、氧及其他金属阳离子构成，具有筛分作用的无机材料，其构型包括 MFI 型、LTA 型、FAU 型、CHA 型等

用于气体分离的无机多孔膜具有发达的孔结构，气体渗透选择性较高，常用的气体分离无机多孔膜包括以下几类。

1) 炭膜

炭膜指热固性聚合物前驱体在真空或者惰性气体的条件下，加热发生热分解反应，聚合物内的官能基团、小分子环变成 CO、CO_2、N_2 和 H_2O 等气体或小分子逸出，而热分解残留的固体形成微孔分离膜。从炭膜的制备过程来看，前驱体的选择、加热过程中的升温速率、温度、时间对最终制备的炭膜性能有重要的影响。常用的聚合物前驱体包括 PI 系列、酚醛树脂、聚糠醇和聚醚砜酮等。渗透性能较差和机械性能较弱是阻碍炭膜商业化的两大难题。

2) 多孔陶瓷膜

多孔陶瓷膜多数应用于微滤，后面随着制膜工艺的优化及新型先进材料的出现，多孔陶瓷膜的应用范围和领域不断扩大。目前，多孔陶瓷膜通常作为复合膜的支撑体用于气体分离。考虑到实际应用的温度、腐蚀性等问题，以氧化铝、氧化锆等复合材料作为气体分离膜支撑体的下一代陶瓷多孔膜已经成为研究的热点。

3) 沸石分子筛

沸石分子筛膜具有良好的热稳定性和化学稳定性、较强的静电场和丰富的孔道结构，因此可以根据对气体分子的吸引力大小、气体分子大小和形状进行选择性分离。虽然理论上沸石分子膜分离性能较高，但由于沸石晶粒之间存在缝隙，部分截留气体可以从晶隙渗透，其选择性往往无法达到预期目标。

2. 多孔聚合物膜材料

一部分聚合物因其骨架中含有的大量刚性片段限制了聚合物链段的移动，使其所制膜也具有多孔结构，如热重排聚合物(thermally rearranged polymer，TR)膜和含有刚性扭曲结构的自具微孔聚合物(PIM)膜等。

热重排聚合物是指在高温热处理作用下，具有羟基或硫醇基团的聚酰亚胺或聚酰胺的前驱体中与酰亚胺氮邻位的官能团进行分子内环化，热重排形成刚性的平面大分子骨架聚合物，如聚苯并咪唑、聚苯并噻唑、聚苯并噁唑和聚吡咯酮等。通过热重排处理，聚酰亚胺或聚酰胺类聚合物的自由体积增大，气体渗透率大幅提高。

自具微孔聚合物具有可旋转的刚性链，存在小于 2 nm 相互连通的微孔。这类材料结构的形成源于链段刚性和形状扭曲，扭曲位点和螺旋中心的限制性旋转使得 PIM 自由体积很大，气体渗透性能高。通过调整 PIM 链段形状扭曲程度、在链段上引入较大的基团、热处理交联等手段可以提高 PIM 材料的渗透选择性。

3. 金属有机骨架和共价有机骨架材料

金属有机骨架(MOF)是由金属粒子或者团簇与含有氧、氮的有机配体通过配位键组装形成的网络状骨架结构。相比于无机多孔膜,优势在于通过选择合适的有机配体及金属源,可以较为简便地调控膜孔道的几何结构及物理化学特性以实现对特定物系的分离,因此金属有机骨架膜在气体分离方面的应用受到了广泛关注。与其他膜材料相比,MOF材料具有暴露的不饱和位点,孔道尺寸在客体分子的诱导作用下可发生变化,且部分MOF 材料本身具有柔性,因此 MOF 膜在气体分离方面,尤其是对于较难分离的物系往往具有较强的分离能力。

根据 MOF 膜的组成方式,可将 MOF 膜主要分为多晶膜(polycrystalline film)和表面自组装 MOF 多层膜(surface-attached crystalline and oriented MOF multilayer,SURMOF)[29-30],分别如图 7-14 和图 7-15 所示。多晶膜是指由 MOF 颗粒自由聚集在基板上形成的膜,这类膜通常形成连续性堆积,有时 MOF 颗粒会在基板上沿着一个方向堆积形成具有取向性的膜。成功制备连续密堆积的 MOF 多晶膜是 MOF 应用于气体膜分离的关键。SURMOF是指在基板上形成的取向生长的 MOF 超薄多层膜,其厚度在纳米尺寸范围,可以通过分步逐层液相外延法获得。SURMOF 膜的研究对超分子领域等具有重要的价值。

重复网络金属
有机框架-1籽晶层

在重复网络金属有机框架-1
籽晶层上二次生长形成的
混合型重复网络金属
有机框架-3多晶膜

图 7-14 在 IRMOF-1 籽晶层表面异质外延生长
IRMOF-3 多晶膜示意图

图 7-15 在自组装单分子膜功能化基底上逐
步生长 SURMOF 的方法

然而,与沸石分子筛膜类似,纯 MOF 膜同样存在机械性能不高和晶隙缺陷等问题。此外,目前报道的大多数 MOF 膜仍处于实验室制备阶段。所制膜面积较小且机械性能较差,这极大地限制了 MOF 膜的规模化应用。

共价有机骨架(COF)是由 C、N、O、S、H 等不同原子通过共价键连接而成的一类多孔结晶有机材料,通常具有规整均一的网状结构。COF 具有较低的密度、较高的比表面积、可调节的孔径、良好的化学稳定性等优点,在气体分离领域受到了人们的广泛关注。然而与纯 MOF 膜相比,纯 COF 膜由于其机械性能更差和更加致密的膜结构,鲜有报道。大多数 COF 材料仅用于混合基质膜中。

7.4.3 混合基质膜材料

混合基质膜(MMM)所选用的聚合物材料、纳米材料种类多样性及组合的多样性使其受到了越来越多的关注[31]。MMM 所需聚合物应具备高渗透性能和高选择性能、良好的机械性能和化学稳定性及良好的可加工性。常用的聚合物包括:PI[32](如 Matrimid)、聚醚共聚酰胺[33](Pebax 系列，如 Pebax 1657、Pebax 2533 和 Pebax 1074)、PEI[34]、PVAm[35]和 PIM[36]等。MMM 所需填料应具备高选择性能，并与聚合物基质具有良好的相容性。用于制备混合基质膜填料的纳米材料，可分为不可渗透性纳米填料和可渗透性纳米填料两大类。不可渗透纳米填料有 TiO_2、SiO_2 和倍半硅氧烷等；可渗透纳米填料有碳分子筛、碳纳米管、沸石、MOF 和 COF 等。

目前，混合基质膜材料仍存在以下问题。

1) 界面相容问题

由于很多纳米材料是无机材料或有机-无机杂化材料，而聚合物是有机材料，二者在成膜时不可避免地存在界面相容性问题[34]。当相容性较差时，纳米材料会在膜内团聚，形成界面非选择区域。特别地，随着压力的升高，聚合物链段的移动性增加，这可能会导致界面孔隙的形成或进一步增加界面孔隙的大小，造成膜性能急剧下降。因此，实现纳米材料与聚合物之间良好的界面相容性是制备高性能混合基质膜的关键。

2) 物理老化和塑化问题

随着使用时间的延长，聚合物会出现老化现象，物理老化会导致玻璃态聚合物的渗透选择性降低；在高压、可冷凝或可极化气体存在的情况下，聚合物易发生塑化而性能下降[37]。引入纳米填料可降低聚合物链的迁移率从而减小这些影响，但是，由于聚合物基质占据了混合基质材料的大部分，因此混合基质材料仍会遭受塑化和物理老化的影响[38]。

3) 缺乏对机械性能的研究

已有大量报道研究了纳米填料对混合基质膜材料的气体传输性能的影响，但纳米填料对混合基质膜材料机械性能的影响却鲜有报道[39]。应对混合基质膜材料的机械性能进行全面分析，包括动态力学分析、硬度测试和拉伸测试等[37]，这对混合基质膜的工业放大及进一步完善混合基质膜结构与性能之间关系的理论研究具有重要意义。

7.4.4   离子液体

除了上述常见的膜材料，以离子液体(ionic liquids，IL)制备的分离膜也可以进行高效的气体分离。离子液体在室温下呈液态且蒸气压极低。这是因为，与固体盐相比，离子液体由于离子间的路易斯酸碱作用较弱，晶格能较低，无法以固定的离子对形式存在；与液体相比，离子液体的离子间以较强的库仑力结合，通常认为其在常压下不挥发[40]。

离子液体分离膜主要可以分为离子液体支撑液膜、聚合离子液体膜和离子液体杂化膜。离子液体支撑液膜是通过将多孔支撑体浸渍在离子液体中，依靠表面张力的作用使离子液体充满微孔而制成，具有较高的气体分离性能，但在较高压力下的膜液流失和膜性能下降严重。聚合离子液体膜是通过将离子液体进行聚合反应由液态变为固态成膜，可以降低膜液损失并提高稳定性，但气体渗透性能会大幅度下降。离子液体杂化膜是将离子液体与聚合物共混，兼具支撑液膜和固体膜的优点。在离子液体杂化膜中，游离的离子以电荷相互作用方式被束缚在聚合物骨架上，提高了分离膜的稳定性。同时，气体分子主要在离子液体中传递，其溶解度和扩散系数均较大。

7.4.5　膜制备工艺

用于气体分离的对称膜为保证机械强度,一般厚度较大,因而传递阻力大,气体透过通量小,一般只用于实验室表征膜材料的结构和性能。原则上,本书前面各章所述的多种制膜方法都有可能用于制备对称的气体分离膜,但现在常用的制备方法是蒸发凝胶法(或蒸发致相分离法),见 2.2.2 小节"1. 相转化法"。整体非对称膜(或一体化皮层非对称膜),既可以是平板膜,也可以是中空纤维膜,常由相转化法制备,见 1.5.1 小节"2.非对称膜的制备"、2.2.2 小节"1. 相转化法"及 5.2.2 小节"1. 相转化法"。

复合膜是很常见的气体分离膜形式,因为它能集中不同材料的优点,使膜同时具有高的透过选择性能和适用的机械性能及经济性。常用的复合膜制备工艺包括涂覆法、界面聚合法和等离子聚合法等。

1) 涂覆法

涂覆法中,浸涂法和刮涂法(相关示意图见图 7-16)使用较广,旋涂法和喷涂法受限于规模及均匀性等因素尚未大范围使用。

浸涂法是指将支撑层放于配制好相应浓度的涂膜液中,再将支撑层从涂膜液中取出,待支撑层上涂膜液溶剂蒸出后(蒸发凝胶法),便形成一层致密层。因此支撑膜表面必须干净、无缺陷、孔非常细,以防止制膜液渗入孔中。

刮涂法制膜操作简单,可以精确控制分离膜厚度(湿涂厚度可以控制在 $10\ \mu m$ 以内),在工业制膜上应用广泛。制膜时,仅通过调整刮刀与膜面距离即可制备具有不同厚度的分离膜。然而,使用刮涂法制备超薄分离复合膜时,可能会由于支撑层的厚度不均匀,导致涂膜液分布不均匀,使分离层产生缺陷。

2) 界面聚合法

界面聚合法已经广泛应用于反渗透膜和纳滤膜的制备(见 5.2.2 小节"2. 界面聚合法"),但在气体分离膜中应用目前还较少,这是因为干燥的界面聚合膜中聚合物分离层结构致密,会在一定程度上削弱气体在膜中的渗透性能。依据基膜浸入两相溶液的顺序不同,界面聚合法可分为水相-油相法和油相-水相法,根据基膜表面的亲疏水性不同进行选择。由于用于制备气体分离复合膜的基膜表面通常涂有一层防止孔渗的疏水性硅橡胶中间层,因此利用界面聚合制备气体分离膜时宜使用油相-水相法,而制备液体分离复合膜时通常使用水相-油相法。如图 7-17 所示,界面聚合制备气体分离复合膜时,首先将基膜浸入有机相(油相)溶液中,该有机相中含有活泼单体(通常是酰氯)。然后将此膜浸入含有另一种活泼单体(常用胺类)的水相溶液中,则两种活泼单体发生反应,形成致密的聚合物皮层。

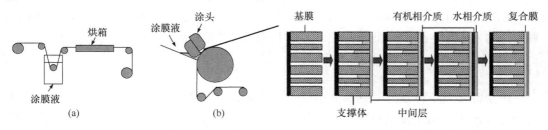

图 7-16　浸涂法(a)和刮涂法(b)示意图　　　　图 7-17　界面聚合法示意图

3) 等离子聚合法

等离子聚合法是能够在基膜上沉积很薄且致密的皮层的一种方法。等离子聚合法制膜步骤如下：在低压惰性气体的保护下，用高频电场产生等离子体，然后引入单体蒸气。进入反应器的反应物单体与离子化的气体碰撞而变成各种自由基，这些自由基之间可以发生反应，所生成的产物分子量足够高时，就会沉积在基膜上，形成超薄聚合物膜。通过严格控制反应器中单体的浓度可以制备出 50 nm 厚的薄膜。由于影响膜的因素很多，包括聚合时间、真空度、气体气流、气体压力和频率等，所制备的聚合物薄膜结构通常难以控制。

7.5　气体分离膜组件及工业装置

7.5.1　膜组件

与液体分离膜相似，为了将气体分离膜运用于工业领域，需要将规模化制备出的气体分离膜制成膜组件。常见的气体分离膜组件包括卷式膜组件和中空纤维膜组件，其中卷式膜组件的核心是平板膜，中空纤维膜组件的核心是中空纤维膜。此外，气体分离膜组件还包括板框式和碟片式等。

1. 卷式膜组件

由平板膜制成的卷式膜组件是目前用于分离气体的主要组件形式之一，其结构如图 7-18 所示。卷式膜组件由多层平板膜组成的膜袋、硬格网、打孔的渗透气收集管、不锈钢外壳(图中未标出)组成，其性能受分离膜、隔网性质与结构、卷制工艺等影响。

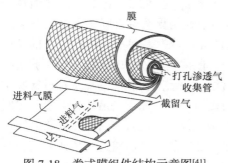

图 7-18　卷式膜组件结构示意图[41]

卷式膜组件对气体的分离过程为：原料气流(feed flow)进入膜组件后，渗透快的组分在压力的作用下优先渗透过膜，进入膜袋后，流向打孔的渗透气收集管(perforated permeate collection pipe)，作为渗透气被收集；渗透慢的组分则大部分未渗透过膜直接流向进料侧另一侧，作为截留气被收集。卷式膜组件的优势在于单位体积内装填的膜面积大、卷制工艺较成熟；缺点在于平板膜在制作成卷式膜组件的过程中，需要加入粗格网为原料气提供流道，故膜的正面会受到粗格网的按压，如不能控制压力，可能会使膜面遭受损伤，从而影响膜组件的分离性能及寿命。此外，卷式膜组件对装配要求较高，且清洗检修不方便。

2. 中空纤维膜组件[42]

中空纤维膜组件是另一种目前用于分离气体的主要组件形式之一，其核心部件为中空纤维分离膜，制作方法与用于液体分离的中空纤维膜制作方法类似。中空纤维膜组件的优势在于单位体积内装填的膜面积更大，其缺点在于纤维管内流动阻力大。中空纤维膜组件结构参见 2.3.1 小节。

7.5.2 工业装置

1. 气体分离膜组件配套设备

除膜组件外，建造气体分离膜工业装置还需配备相应配套设备，才能确保整套分离工艺流程的实现。本节将对工业装置所需配套设备进行简要介绍。

1) 电力设备

包括变压器、控制柜及变频器等。其中，变压器的作用是将上千伏高压电转化为适用于设备的低压电；控制柜可实现工艺流程的远程操控及相关实验数据的采集；变频器可实现电机的变频控制，以满足装置对频率的需求。

2) 风机

风机的作用是为原料气提供持续的输送动力。值得注意的是，虽然风机后端可使原料气加压约几十千帕，但仍然可能难以满足进料侧压力要求。

3) 原料气预处理装置

原料气成分往往比较复杂，如烟道气中存在水蒸气、二氧化硫、氮氧化物及烟尘等，天然气或沼气中存在氮气等。其中某些成分会导致膜渗透选择性能下降，甚至严重损害膜使用寿命。因此，通过一些其他分离手段，如吸收、冷凝、沉降、过滤等对原料气进行预处理，可有效提升膜过程的分离效果及工作效率，同时提升膜的使用寿命。

4) 压缩机

前已述及，风机对原料气压力提升有限。为满足进料侧压力要求，需要根据具体情况，选择是否需要在膜组件前安装用于提高原料气压力的压缩机。

2. 气体分离膜装置基本工艺流程

图 7-19 为气体分离膜装置基本工艺流程图。通常原料气源与膜装置间距离较远，需要依靠风机为原料气提供持续的输送动力。经由风机后，原料气进入预处理装置脱除粉尘或其他杂质气，接下来根据膜过程对进料侧压力需求，可在膜组件前安装压缩机，以提升原料气压力。经加压处理后，原料气进入膜组件进行膜分离过程。根据需要，将渗透气或截留气作为产品气进行收集，非产品气可收集、放空或循环。

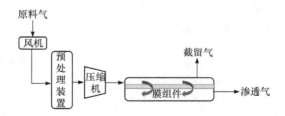

图 7-19　气体分离膜装置基本工艺流程图

图 7-20 是天津大学研究团队设计的烟道气二氧化碳捕集膜分离装置 3D 模型图[43]。需要注意的是，针对该装置所用膜及膜过程特点，研究人员在装置中增加了混合加湿罐、缓冲罐、水泵、水洗塔等设备，并建造了分析室以便及时分析采集数据。

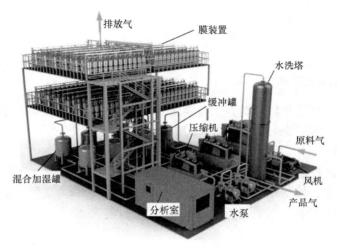

图 7-20　天津大学研究团队设计的烟道气二氧化碳捕集膜分离装置 3D 模型图

7.6　气体分离膜污染和浓差极化

气体分离膜系统运行过程中，膜污染和浓差极化现象是导致膜通量下降的两个重要因素。

7.6.1　膜污染

气体分离膜的污染主要来源于原料气中的少量杂质气和粉尘。例如，使用气体分离膜处理合成气、天然气和烟道气等工业生产气体时，原料气中通常含有少量水蒸气、SO_2、NO_x、H_2S、轻烃和芳烃等杂质气体及气溶胶和烟尘等。O_2、SO_2、NO_2 等气体具有较强的氧化性，有可能氧化膜中的功能基团，造成膜的氧化降解和结构坍塌，降低膜的使用寿命。对于含有氨基的促进传递膜，SO_2 和 NO_2 等酸性气体可与载体发生反应，使载体失去活性丧失，促进传递效果。气溶胶和烟尘等杂质在长时间的堆积下可能会结块，进而堵塞膜孔，增加气体分离过程的传质阻力。对原料气进行预处理以脱除上述杂质，是防止气体分离膜污染的重要手段。

7.6.2　浓差极化现象

与液体分离膜过程相似，气体分离膜过程中也存在浓差极化现象。气体分离膜过程中的浓差极化，是指快气(体系中渗透率较高的组分)以较快速率通过膜，慢气(体系中渗透率较低的组分)在膜表面不断积累，与主体浓度相比，慢气浓度增大，快气浓度减小。如图 7-21 所示，A 和 B 分别代表快气和慢气，x_0 代表快气 A 占原料气中的浓度比例，$1-x_0$ 代表慢气 B 占原料

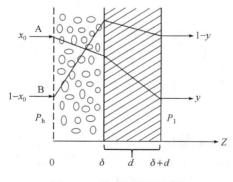

图 7-21　浓差极化示意图

气中的浓度比例，δ 表示边界层的厚度，d 表示膜的厚度，y 表示快气 A 占渗透气中的浓度比例，$1-y$ 代表慢气 B 占渗透气中的浓度比例。浓差极化的存在使快气渗透通量减少，慢气渗透通量增大，分离因子降低。

在现有的许多气体膜分离过程中，由于传递通量较低，浓差极化作用并不显著。随着高渗透性膜材料的开发和超薄化制膜工艺的提高，浓差极化的影响在某些条件下变得不可忽视。研究表明[44]，浓差极化的影响因素主要包括操作参数和膜材料性能参数两方面。

1. 操作参数的影响

1) 浓差极化层厚度

如图 7-22 所示，浓差极化层越厚，气相传质阻力越大，对渗透通量影响越严重。因此，在高通量气体膜分离器的设计与应用中，应考虑气流分布、流动状态等，减小膜表面处滞流层厚度，以减小浓差极化影响。

2) 原料气浓度 x_0

以 N_A 表示快气 A 的渗透通量，δ 表示浓差极化层厚度，y 表示透过气中快气的摩尔分数，当 $\delta = 0$ 时，$N_A = N_A^o$，$y = y^o$；N_A / N_A^o 和 y/y^o 分别表示浓差极化对渗透通量、渗透气浓度的影响程度；x_0 表示高压侧气相主流体的摩尔分数。从图 7-23 中 N_A / N_A^o 和 y/y^o 随 x_0 的变化曲线可以看出，当原料气中快气 A 的浓度 x_0 较小时，浓差极化对通量 N_A 的影响随 x_0 的增大而减小。浓差极化对渗透气浓度的影响总是随 x_0 的增大而减小。

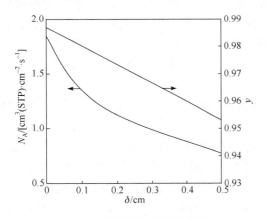

图 7-22　浓差极化层厚度的影响

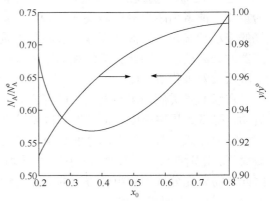

图 7-23　原料气浓度的影响

2. 膜性能参数的影响

1) 渗透系数 P_A

当 P_A 很小时，膜外气相传质阻力远小于膜内传质阻力，这时浓差极化实际上并不存在，渗透系数 P_A 越大，膜内传质阻力越小，当 P_A 大到一定程度时，膜外气相传质阻力就不可忽视，这时随着 P_A 的增大，浓差极化对 N_A 和 y 的影响渐趋严重(图 7-24)。

2) 分离系数 α

随 α 增大,浓差极化会使渗透通量 N_A 变小,但对渗透气浓度 y 的影响逐渐减弱。此时,慢气 B 在膜内的传质阻力增大。相较组分 B 逐渐增大的传质阻力,浓差极化对组分 B 传质过程的影响会逐渐减小。因此当 α 增大时,浓差极化对渗透气浓度的影响变小(图 7-25)。

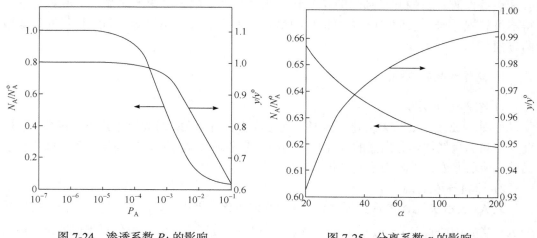

图 7-24   渗透系数 P_A 的影响   图 7-25   分离系数 α 的影响

7.6.3   浓差极化控制

在 7.6.2 小节提及的诸多影响浓差极化的参数中,快气渗透系数和浓差极化层厚度较为重要。前者由膜自身性质决定,而且高渗透性是分离过程所期望的,后者取决于原料气的流动状态,气体流动缓慢,边界层传质阻力增大,会加剧膜表面浓差极化,降低分离器的分离性能。因此,降低和消除浓差极化的根本方法就是改善气体流动状态,尽可能降低浓差极化层厚度。

在膜的渗透侧采用高真空,或者比渗透气流量大得多的吹扫气,能加快渗透侧气体流动,降低边界层厚度,从而抑制浓差极化并提高推动力。

需要注意,对于较大尺寸的膜组件,为减轻浓差极化所采用的增大流速和减小流道截面积,分别导致压力降增大和膜面积装填密度减小,而这又会降低膜组件的分离性能。因此,需要充分认识膜组件流道的流体力学特性和传质特性,进而建立较准确的数学模型,模拟计算不同流道结构和不同操作条件下膜组件内的浓差极化及整体传质分离情况,以优化膜组件整体传质分离性能为目标,确定合适的组件流道结构和过程操作条件。

7.7   气体分离膜过程设计

7.7.1   过程设计基础

1) 膜类型的选择

现阶段有条件实现规模化放大的气体分离膜类型为平板膜与中空纤维膜。如何选择合适的类型主要取决于膜制备的条件、分离任务的需求与具体的工作场合。例如，平板膜的规模化生产往往需要庞大的制膜设备[43]，而中空纤维膜的规模化制备可根据实际需求对所用设备结构进行调整，生产线布局相对灵活；利用平板膜卷制而成的单根膜组件中膜的面积大约为同等长度、直径的中空纤维膜组件中膜面积的 1/10[45]。但相较于平板膜，中空纤维膜本身更加脆弱，一根中空纤维膜受损会导致整套组件报废，且中空纤维膜的制备条件更加严苛，这在一定程度上限制了其应用范围[45]。

2) 操作条件的确定

气体膜分离过程的操作条件主要包括：操作压力、操作温度、气体流量及气体湿度等，这些条件改变会直接影响膜的渗透选择性能，进而决定整套流程的能耗及操作成本。各参数对膜性能的影响分析参见 7.8.2 小节。

3) 膜面积的确定

确定膜面积的关键在于获得操作条件、分离目标及膜的分离性能等参数之间的变化关系。为了获得比较精准的设计数据，需要利用组分渗透通量的各种关联式，通过求解微分方程组得到。

完成固定分离任务所需的膜面积和所需的操作条件往往相互制约，这最终会反映为投资成本和操作成本之间的矛盾关系。对于气体膜分离过程，膜组件在总成本中所占的比重较大。如果过程设计仅以最小膜面积为首要考虑因素，则对应的操作成本往往会大幅提升；从最优化角度出发，应将膜面积和操作成本共同考虑，可借助模拟软件计算出二者成本之和的最小值，从而分别确定最佳膜面积与操作条件[46]。

4) 膜分离过程能耗的计算[46]

气体膜分离过程采用气体分压差作为分离推动力，该过程中常用的动设备有风机、压缩机和真空泵等。这里以原料侧压缩的一级膜过程捕集二氧化碳为例，说明能耗计算过程。假设压缩过程为单级绝热压缩，压缩机功率计算公式如下：

$$E_{cp} = \frac{F_{cp}}{\eta_{cp}} \frac{\gamma RT}{\gamma - 1} \left[\psi^{(\gamma-1)/\gamma} - 1 \right] \tag{7-36}$$

式中，E_{cp} 为压缩机功率；F_{cp} 为压缩机正常工作时的处理量；η_{cp} 为压缩机工作效率；ψ 为压缩机压缩比（$\psi = p_h / p_1$，p_h 为压缩机出口压力，p_1 为压缩机进口压力）；R 为摩尔气体常量；γ 为气体混合物绝热膨胀系数；T 为压缩机工作温度。

计算得到压缩机功率后，可进一步计算膜分离过程能耗。膜分离过程能耗可依据生产单位产品（此例中为二氧化碳）的所需能耗进行度量，计算方法如下：

$$SEC = \frac{E_{cp}}{W_{CO_2}} \tag{7-37}$$

式中，比能耗（specific energy consumption，SEC）为单位产品二氧化碳捕集能耗；E_{cp} 为压缩机功率；W_{CO_2} 为二氧化碳产量。

5) 膜分离装置总成本核算

膜分离过程总成本由装置的固定投资和运行成本共同构成，其中固定投资由膜装置

(包括膜组件和框架等)、动设备(包括风机、压缩机或真空泵等)和静设备(包括缓冲罐和储罐等)及其他相关配套设备等决定；运行成本由膜分离过程运行能耗、公用工程、设备操作与维护费用等决定。

7.7.2　一级一段过程[26, 46-50]

一级一段过程是气体膜分离操作的基础，更复杂的多级或多段操作都是在一级一段过程的基础上建立起来的。一级一段气体膜分离过程的效率对整个膜分离工艺的经济性有重要的影响。一级一段过程的计算模型主要可分为简化模型和微分模型两类[26]。

简化模型将膜两侧沿着膜不断变化的参数以一定的方式简化为平均值然后进行计算，根据原料和渗透物的流型不同可分为全混流模型(complete mixing model)和单侧全混流模型(one-side mixing model)。

微分模型则比简化模型能更准确地描述气体分离过程[47]。控制气体膜分离过程的微分方程均基于下面的假设[48]：①进料混合物是二元混合物；②每种组分的渗透系数与该组分的纯气渗透系数相同；③对于并流模型(co-current flow model)和逆流模型(countercurrent flow model)，在进料侧和渗透侧均假设为平推流流型；对于错流流型(cross flow model)，进料侧也假设为平推流，但渗透侧气体在与主体流混合前为自由流；④忽略膜两侧沿膜组件的压力降。根据气体在膜组件的不同流型，微分模型可以分为并流模型、逆流模型和错流模型。若不考虑膜的非对称结构引起的错流渗透的影响，逆流流型的分离结果最优。当存在错流渗透时，逆流流型和并流流型的分离结果相差不大。

1. 全混流模型

全混流模型是假设原料和渗透气均为全混流的情况下可获得的最简单的模型，这种模型通常适用于低回收率的组件。此时膜组件进料侧各点浓度相同且等于截留气浓度，同时渗透侧各点浓度相同且等于渗透气浓度，如图 7-26 所示。

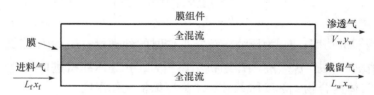

图 7-26　全混流模型示意图

对于组分 A 的物料衡算为

$$L_f x_f = V_w y_w + L_w x_w \tag{7-38}$$

式中，x_f 为快气在进料中的浓度；x_w 为快气在截留气中的浓度；y_w 为快气在渗透气中的浓度；L_f 为进料气的流量；L_w 为截留气的流量；V_w 为渗透气的流量。

分割率(stage cut) θ 定义为通过膜的渗透物料量占总进料量的分数。分割率可以表示为

$$\theta = \frac{V_w}{L_f} \tag{7-39}$$

代入式(7-36)中可得到快气渗透物组成与分割率的关系：

$$y_w = \frac{x_f - x_w(1-\theta)}{\theta} \tag{7-40}$$

对于二元混合体系，假设完全混合条件下气体 A 和 B 透过膜的通量表达式为

$$q_A = \frac{P_A}{l}\Delta p_A = \frac{P_A}{l}(x_w p_H - y_w p_L) \tag{7-41}$$

$$q_B = \frac{P_B}{l}\Delta p_B = \frac{P_B}{l}\left[(1-x_w)p_H - (1-y_w)p_L\right] \tag{7-42}$$

式中，q_A、q_B 分别为气体 A、B 透过膜的通量；l 为膜的厚度；p_H 为进料侧压力；p_L 为渗透侧压力；P_A 和 P_B 分别为气体 A 和 B 的渗透系数。将式(7-41)和式(7-42)相除可得

$$\frac{q_A}{q_B} = \frac{P_A(x_w - \psi y_w)}{P_B\left[(1-x_w) - \psi(1-y_w)\right]} \tag{7-43}$$

其中，ψ 为进料侧和渗透侧的压力比

$$\psi = \frac{p_H}{p_L} \tag{7-44}$$

将 $q_A = q\, y_w$、$q_B = q(1-y_w)$ 代入式(7-44)中，整理可得

$$\frac{y_w}{1-y_w} = \alpha \frac{x_w - \psi y_w}{(1-x_w) - \psi(1-y_w)} \tag{7-45}$$

式中，α 为分离因子，$\alpha = P_A / P_B$。式(7-45)为一个关于 y_w 的方程，表达了渗透物组成 y_w 与压力比 ψ、分离因子 α 和截留物浓度 x_w 之间的关系。求解此方程可以得到：

$$y_w = Z - \sqrt{Z^2 - \frac{\alpha}{(\alpha-1)\psi}x_w} \tag{7-46}$$

$$Z = \frac{1}{2}\left[1 + \frac{1}{(\alpha-1)\psi} + \frac{x_w}{\psi}\right] \tag{7-47}$$

2. 单侧全混流模型

假设原料侧为平推流而渗透侧为全混流时得到的模型为单侧全混流模型。在膜组件的渗透侧，气体经过膜渗透后再进行混合汇集成为渗透流，因此渗透侧更接近全混流。而进料侧气体进入膜组件后就沿着膜组件不断向前流动，与平推流更接近。因此，一般不假设进料侧为全混流而渗透侧为平推流的单侧全混流模型。单侧全混流模型如图 7-27 所示。

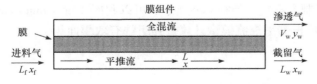

图 7-27　单侧全混流模型示意图

对于截留气一侧，通常采用取对数平均值的方法(用进料浓度和截留气浓度的对数平均值表示进料侧的浓度)对计算过程进行简化[49]。对数平均浓度的定义为

$$\overline{x} = \frac{x_f - x_w}{\ln \dfrac{x_f}{x_w}} \tag{7-48}$$

将此 $\overline{x}$ 代替全混流模型中的 x_w，即可得单侧全混流模型的渗透物组成 y_w 与压力比 ψ、分离因子 α 和截留物浓度 x_w 之间的关系。

3. 并流模型

并流模型中进料侧和渗透侧气体均是平推流，而且膜两侧流体的流动方向相同，并流过程如图 7-28 所示。

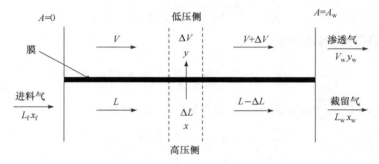

图 7-28   并流模型示意图

在并流模型中取一微元进行衡算，可以得到并流模型微分控制方程组：

$$L + V = L_f \tag{7-49}$$

$$Lx + Vy = L_f x_f \tag{7-50}$$

$$-\frac{\mathrm{d}(Lx)}{\mathrm{d}A} = \frac{\mathrm{d}(Vy)}{\mathrm{d}A} = \frac{P_A}{l}(p_H x - p_L y) \tag{7-51}$$

$$-\frac{\mathrm{d}L}{\mathrm{d}A} = \frac{\mathrm{d}V}{\mathrm{d}A} = \frac{P_A}{l}(p_H x - p_L y) + \frac{P_B}{l}\left[p_H(1-x) - p_L(1-y)\right] \tag{7-52}$$

当 $A=0$ 时：$L = L_f$，$V = 0$，$x = x_f$，$y = y_f$。其中，x_f 为快气(渗透率较高的气体组分 A)在进料侧的浓度；y_f 为快气在渗透气中的浓度，通过物料衡算可以求得 y_f 为

$$\frac{y_f}{1 - y_f} = \frac{P_A(x_f p_H - y_f p_L)}{P_B\left[(1-x_f)p_H - (1-y_f)p_L\right]} \tag{7-53}$$

并流模型的控制方程组不能得到解析解，可以利用 4 阶 Runge-Kutta 法得到数值解。由 y_f 与 y_w 的值即可根据平推流模型计算得到组件有效膜面积。

4. 逆流模型

逆流模型中进料侧和渗透侧流体均是平推流，但是两流体的流动方向是相反的。逆

流模型过程示意图如图 7-29 所示。逆流模型是传质效率最高的流型。

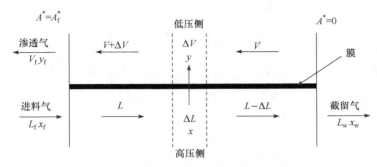

图 7-29　逆流模型示意图

在逆流模型中，为了简化计算，膜面积 A^* 是以膜组件的截留气出口端为起点计算的。逆流模型的控制方程组为

$$L - V = L_w \tag{7-54}$$

$$Lx - Vy = L_w x_w \tag{7-55}$$

$$\frac{\mathrm{d}(Lx)}{\mathrm{d}A^*} = \frac{\mathrm{d}(Vy)}{\mathrm{d}A^*} = \frac{P_A}{l}(p_H x - p_L y) \tag{7-56}$$

$$\frac{\mathrm{d}L}{\mathrm{d}A^*} = \frac{\mathrm{d}V}{\mathrm{d}A^*} = \frac{P_A}{l}(p_H x - p_L y) + \frac{P_B}{l}\left[p_H(1-x) - p_L(1-y)\right] \tag{7-57}$$

当 $A=0$ 时：$L = L_w$，$V = 0$，$x = x_w$，$y = y_w$，通过膜组件的物料衡算可以求得渗透率较高的气体组分在渗透气中的浓度 y_w：

$$\frac{y_w}{1 - y_w} = \frac{P_A\left(x_w p_H - y_w p_L\right)}{P_B\left[(1-x_w)p_H - (1-y_w)p_L\right]} \tag{7-58}$$

同样的，逆流模型的控制方程组不能得到解析解，可以利用 4 阶 Runge-Kutta 法得到数值解。由 y_f 与 y_w 的值即可根据平推流模型计算得到组件有效膜面积 A。

5. 错流模型

在错流模型中，进料气体是平推流流型，与并流和逆流模型不同的是，在渗透气体达到渗透侧后，与渗透侧主体气体混合前，气体是自由流流型。也就是说，在膜面的任意一点处，当气体透过膜并达到渗透侧后，这部分渗透气没有立即与渗透侧主体流混合。渗透侧膜面上任意一点处的局部组成与该点处刚刚透过膜的那部分气体组成一致[50]。在错流模型中，渗透侧气体主体流动方向对渗透过程没有影响。错流模型过程示意图如图 7-30 所示。

在错流模型中取任意微元进行质量衡算，可以得到错流模型微分控制方程组：

$$L + V = L_f \tag{7-59}$$

$$Lx + Vy = L_f x_f \tag{7-60}$$

$$-\frac{\mathrm{d}(Lx)}{\mathrm{d}A}=\frac{\mathrm{d}(Vy)}{\mathrm{d}A}=\frac{P_{\mathrm{A}}}{l}\left(p_{\mathrm{H}}x-p_{\mathrm{L}}y_{\mathrm{p}}\right) \tag{7-61}$$

$$-\frac{\mathrm{d}L}{\mathrm{d}A}=\frac{\mathrm{d}V}{\mathrm{d}A}=\frac{P_{\mathrm{A}}}{l}\left(p_{\mathrm{H}}x-p_{\mathrm{L}}y_{\mathrm{p}}\right)+\frac{P_{\mathrm{B}}}{l}\left[p_{\mathrm{H}}(1-x)-p_{\mathrm{L}}\left(1-y_{\mathrm{p}}\right)\right] \tag{7-62}$$

当 $A=0$ 时：$L=L_{\mathrm{f}}$，$V=0$，$x=x_{\mathrm{f}}$，$y=y_{\mathrm{f}}$，其中 y_{p} 和 y_{f} 可以由下式得到：

$$\frac{y_{\mathrm{p}}}{1-y_{\mathrm{p}}}=\frac{P_{\mathrm{A}}\left(x_{\mathrm{f}}p_{\mathrm{H}}-y_{\mathrm{f}}p_{\mathrm{L}}\right)}{P_{\mathrm{B}}\left[(1-x)p_{\mathrm{H}}-(1-y)p_{\mathrm{L}}\right]} \tag{7-63}$$

$$\frac{y_{\mathrm{f}}}{1-y_{\mathrm{f}}}=\frac{P_{\mathrm{A}}\left(x_{\mathrm{f}}p_{\mathrm{H}}-y_{\mathrm{f}}p_{\mathrm{L}}\right)}{P_{\mathrm{B}}\left[\left(1-x_{\mathrm{f}}\right)p_{\mathrm{H}}-\left(1-y_{\mathrm{f}}\right)p_{\mathrm{L}}\right]} \tag{7-64}$$

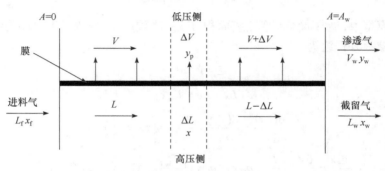

图 7-30　错流模型示意图

7.7.3　二级或二段过程

　　一级一段膜过程有时难以达到分离要求，合理地使用多级或多段系统，可以得到更高的产品质量和关键组分收率[51]。目前，研究最多且流程相对简单的是带有循环流的二级过程和二段过程，流程如图 7-31 所示。

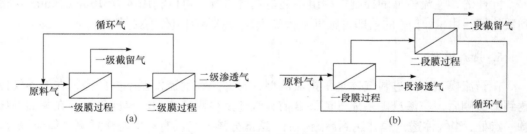

图 7-31　二级与二段过程示意图

　　在图 7-31(a)所示的二级过程中，第一级的渗透气被压缩后进入第二级进一步分离，以提高渗透气纯度。第一级的渗透气与第二级系统的进料气的组成是一致的。第二级截留气作为循环气，与原料气混合后返回第一级重新分离。二级过程通常适用于需要较高渗透气浓度的应用场合。

　　在图 7-31(b)所示的二段过程中，第一段的截留气进入第二段进一步分离，以提高截留气纯度及渗透气的回收率。第一段的截留气与第二段系统的进料气的组成是一致的。

第二段渗透气作为循环气，与原料气混合后返回第一级重新分离。二段过程适用于需要较高截留气纯度或渗透气回收率的应用场合。

针对二级或二段过程的计算可通过一级一段过程推导得出。

7.7.4　三级或三段过程

当二级或二段过程仍无法满足分离需要时，可采用三级或三段过程甚至更高级或更高段以达到任务规定的回收率及纯度要求。一种三级流程设计如图 7-32 所示。

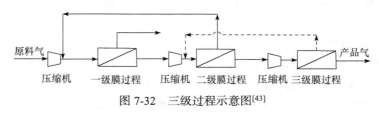

原料气　压缩机　一级膜过程　压缩机　二级膜过程　压缩机　三级膜过程　产品气

图 7-32　三级过程示意图[43]

7.8　气体分离膜过程性能强化措施

7.8.1　膜材料改性及膜改性

与液体分离膜材料及膜改性方法相似[52]，气体膜材料及膜改性的方法包括涂覆、化学改性和接枝共聚等。通过这些改性可以大幅提升膜的渗透选择性，或者提高膜的抗污染能力与耐受性。

涂覆是指使涂覆材料以非共价键的形式吸附在基膜上，涂覆的方法可分为以下几种：物理吸附、热固化、放电等离子体沉积、铸造挤压等。例如，将硅橡胶涂覆在聚砜基膜上，可有效防止分离层溶液孔渗到聚砜基膜膜孔中，从而避免膜性能急剧下降。

化学改性是指用改性剂对膜进行处理，在膜表面引入各种官能团。例如，经过化学反应，将聚砜基膜上的部分砜基替换成羟基，可使改性基膜拥有更强的亲水性，同时羟基能够与其他官能团反应，可进一步增强基膜的反应活性。目前，商业膜的化学改性技术面临的难题在于改性剂有可能堵塞膜孔，从而导致膜性能大幅下降。

接枝共聚一般是指通过化学键结合的方法将功能性支链连接在大分子链段上，由此构成的产物称为接枝共聚物。这样的接枝共聚物不仅保留了原高分子链段的优良性能，更可被赋予支链聚合物的独特性能，从而具备某些新性质。通常可采用化学方法、光催化、高能射线辐射、等离子体处理及酶催化等途径引发接枝共聚反应。

7.8.2　操作条件优化

前已述及，分离过程的膜材料和结构确定后，膜渗透选择性主要与压力和温度等操作条件有关。在膜分离过程设计和操作条件优化时，需要掌握膜分离结果同分离器的分离性能及操作条件等因素间的关系。

1. 改变操作压力

操作压力对不同分离膜的分离性能影响不一样，Ban 等[53]报道了 ZIF-8 混合基质膜的 CO_2/CH_4 分离因子会随操作压力的增大而增大，但分离性能随压力增大而增强的分离膜极其少见。实际上，文献中报道的大部分气体分离膜，随着操作压力增大，膜的分离因子和渗透率均有所下降。一些性能较好的分离膜的分离性能随着操作压力的增大变化并不显著。

工业上常见的气体分离膜多为聚合物膜。在聚合物膜使用过程中，压力增大会引发膜的压实现象，进而导致渗透率降低。因此，从提高膜的分离性能的角度而言，应当在合适的范围内尽量降低膜的操作压力。

气体膜分离的推动力为膜两侧压力差，压差增大，气体中各组分的渗透通量也随之升高。为了降低气体分子在膜内的透过阻力，通常膜被设计得很薄，同时为了满足工程中对膜耐压性能的要求，在膜的下面增加了结构较为疏松的支撑层。当膜受到正向压力时，支撑层会为膜提供支撑作用，不被压坏。此外，实际操作压差受能耗、膜机械强度、设备制造费用等条件的限制，需要综合考虑才能确定最优操作压力。

2. 改变操作温度

随着温度的升高，气体分子的运动速度加快，因此更高的温度会使气体分子更快、更容易地通过分离膜。温度对气体在聚合物膜中的溶解度系数和扩散系数均有影响，一般随着温度升高，溶解度系数减小，扩散系数增大。但综合比较结果显示，温度对扩散系数的影响更大，所以随温度的升高，渗透率增大，聚合物分子链段震动幅度的加大，使膜对各种气体分子选择性通过的能力减弱，即分离系数降低。

对于常用的聚合物膜而言，操作温度越高，渗透率越大，但是温度升高到一定程度后渗透率会急速下降。聚合物膜操作温度受到膜耐热性能的限制，理论上极限值是膜材料的玻璃化转变温度，当操作温度超过玻璃化转变温度后，会发生蠕变而破坏膜结构。此外，在实际应用中还需考虑操作压力和膜内残余溶剂等的影响，以及对膜使用寿命的要求，因此操作温度远远低于材料的玻璃化转变温度。

3. 其他强化措施

1) 改变原料气流速

在膜分离装置的处理量范围内，原料气流速增大，气体扰动程度增加，浓差极化现象减弱，传质推动力提高，有助于提升渗透侧目标气体总量，但原料气流速增大会导致回收率降低。因此，为了保持目标组分的纯度与回收率均处于理想状态，需要将原料气流速维持在一个相对平衡的范围内。

2) 改变湿度

不同湿度的环境可能对膜内气体传递过程造成重要影响。以 CO_2 分离膜为例，对于依据简单溶解扩散机理实现分离的聚合物膜，CO_2 在膜中的传递过程会因水分子的存在与否而发生变化。例如，Lasseuguette 等[54]制备的疏水型 PIM-1 膜，在加湿条件下的 CO_2

渗透率比未加湿时有明显降低。但对于亲水型膜，水分子可渗透到膜内并形成缔合体，增大气体溶解系数，进而提升气体的渗透率；而在依据促进传递机理实现分离的聚合物膜中，作为 CO_2 与功能基团发生可逆反应的重要反应物之一，水分子可以有效提升功能基团的 CO_2 载量，从而提升可逆反应效率，最终提升膜的 CO_2 渗透选择性能[55]。

因此，是否需改变膜过程湿度取决于膜材料及膜的性质，以及依据的传递机理。

7.9　气体分离膜技术应用

迄今，气体膜分离技术的工业化已有 40 余年。自 20 世纪 70 年代末孟山都公司制成的 Prism 膜成功地用于从合成氨弛放气回收氢以来，气体膜分离技术便吸引了众多研究者的目光。随着高性能膜材料和先进制膜工艺的进一步研究和开发，气体膜分离技术的竞争力也不断提高。现如今，气体膜分离技术已应用于空气富集氧/氮、天然气/沼气纯化、氢气回收、天然气富集氮气、有机蒸气脱除与回收及烟道气二氧化碳捕集。

7.9.1　空气富集氧或富集氮

传统化工通常采用深冷分离法或变压吸附法从空气中富集氮气，装置复杂且能耗较高。而使用膜分离技术流程更为简单，成本更低。对于大部分聚合物膜，由于氧气比氮气更容易透过，因此通常情况下氧/氮分离膜得到的渗透气为富氧气，其压力接近常压，截留气为富氮气，其压力接近原料气压力。

1) 膜法富氧[56]

工业上为了提高富氧或富氮的生产能力，膜材料通常采用渗透系数较高的聚合物材料。硅橡胶是最常见的富氧或富氮分离膜的材料。通常情况下，硅橡胶膜的 O_2/N_2 分离因子为 2～3，制得的富氧空气中氧的体积分数可以达到 28%～40%[5]。膜法富氧的氧浓度取决于膜的分离性能和操作条件。膜两侧的压力差越小，得到的富氧空气中氧气的含量也会增大，但生产能力会大幅降低。

膜法富氧技术可广泛应用于高温富氧助燃节能、医疗保健、生物制品工业等许多方面。

(1) 在富氧助燃方面，使用富氧空气后燃烧的火焰温度升高，燃烧加快，辐射和对流传递提高，使整个装置的效率提高，减少了排气量及热损失，改善产品质量，同时能延长设备使用寿命，因此膜法富氧助燃技术大规模工业应用的环境保护效益和社会效益均十分显著。

(2) 在医疗保健领域，目前用于医疗保健器的膜法富氧机可在富氧体积分数 22%～35% 范围内任意调节，其质量达到高等级医疗保健用氧标准，且成本相较钢瓶纯氧降低 1/4～1/3。

(3) 在生物制品工业方面，利用富氧膜制备的富氧空气可加速发酵与氧化过程，从而极大地提高生产效率。目前该方法已用于谷氨酸、酵母、醋的制备，乙烯催化氧化制乙醛、乙酸，环己烷直接氧化制环己酮等过程。

2) 膜法富氮[57]

由于氧气和氮气总和约占空气总量的 99%，因此脱氧后的气体主要成分即为氮气。膜法富氮的操作压力多在 0.8～1.2 MPa，得到的氮气浓度大于 99%，可以不经压缩直接使用。单位产品氮气的生产成本对生产规模的变化不敏感，生产规模越小，膜法富氮的经济性越明显。在中小规模应用的场合，膜分离法在与传统制氮方法的竞争中经常处于优势。富集得到的氮气可在以下方面得到应用：

(1) 利用氮气的惰性充当保护性气体，降低易燃易爆的工作场合的氧气浓度，降低作业时的风险性。

(2) 在油井中充入氮气实现强化采油，以提升油井采油率。

(3) 将富集的高浓度氮气作为工业合成氨的重要原料，可显著提升氨气产率，并降低杂质气(如氧气)的分离成本。

7.9.2 天然气/沼气纯化[58-60]

天然气/沼气中通常含有水、硫化氢、二氧化碳等杂质气体，不仅会减小天然气/沼气的燃烧热值，还会造成运输管道腐蚀等问题。因此，天然气/沼气在运输和燃烧前需分离杂质气体。膜法纯化天然气/沼气具有设备占地小、质量轻、基本不需要维护等优点，非常适合于海上平台等空间较小的场合。此外，联合应用传统的胺吸收法和膜分离法也可提高天然气脱二氧化碳的经济性。

1) 天然气/沼气脱湿

高分子膜法脱湿是近年来发展起来的一种脱湿方法。对于有机膜，水蒸气透过膜的渗透率比甲烷的渗透率大得多，故可采用膜法将水蒸气同甲烷进行分离。

2) 天然气/沼气脱硫化氢和二氧化碳

天然气中二氧化碳含量的变化范围较大。某些地区的天然气中二氧化碳浓度可达20%以上。而沼气中二氧化碳含量可以达到40%，还含有硫化氢等有毒气体。硫化氢和二氧化碳在大多数高分子膜中的渗透率显著大于甲烷的渗透率。因此，使用膜分离法可以有效地减少甲烷的压力损失，有利于后续处理。

图 7-33 为中国科学院物理研究所研制的国内首套低品位天然气脱碳膜示范装置。该示范装置采用两套高性能聚酰亚胺中空纤维膜组件并联的二段膜过程，年处理量为 1360 万 $N \cdot m^3$，可将 CO_2 浓度由进料气的 80%降低至产品气的 20%，大幅提高了天然气品位，减少了后期提纯处理量[59]。

图 7-34 是天津大学与河北省新奥集团共同设计开发的膜法沼气脱 CO_2 示范装置。该装置的核心是以天津大学自主研发的聚乙烯基胺(PVAm)为关键膜材料的中空纤维膜组

图 7-33 低品位天然气脱碳膜示范装置

图 7-34 膜法沼气脱 CO_2 示范装置

件。运行结果表明,该装置可将 40%(体积分数)CH$_4$ 浓度的沼气提纯净化为 85%～90%(体积分数)CH$_4$ 浓度的生物天然气,实现了 CO$_2$/CH$_4$ 的高效分离[60]。

7.9.3 氢气富集[61-62]

由于氢气分子尺寸小且冷凝点低,在大部分聚合物膜中渗透率高于其他气体的渗透率,因此使用膜法回收氢气较其他分离方法有巨大的优势。通常需要富集氢气的场合包括从合成氨弛放气中回收氢气、从石油炼厂尾气中回收氢气、从合成气中富集氢气。

1) 从合成氨弛放气中回收氢气

合成氨反应属于可逆反应。合成塔出口气体用冷凝法分离出大部分氨后,仍存在一定量的氢气,故需将剩余气体返回系统中重新反应。由于甲烷和氩不参与反应,为维持系统的物料平衡,必须间歇地或连续地从合成系统排出部分气体,这部分气体称为弛放气,其中氢气含量可达 50%～57%[62]。使用膜法从合成氨弛放气回收氢气可产生良好的经济效益和社会效益。一般情况下,一级膜分离法从合成氨弛放气回收的氢气浓度为85%～90%,为进一步提升氢回收率,可利用多级膜过程,得到浓度在 98%以上的纯氢。

2) 从石油炼厂尾气中回收氢气

石油经过精馏得到的各种组分通过加氢催化重整后可以提高低碳烃类的产量,提高燃烧热值。采用膜法从石油炼厂尾气中回收氢气可产生明显的经济效益,已获得广泛应用。在石油化工领域,多种加氢过程的尾气压力为 30～60 MPa,氢气浓度大于 60%,应用膜分离法可得到浓度为 92%～98%的氢气,直接返回加氢系统,氢回收率可大于 80%。

3) 从合成气中富集氢气

合成气通常采用水煤气法制得,是一氧化碳、氢气、二氧化碳、甲烷和氮气的混合物。当合成气用来生产甲醇或乙酸等产品时,要求其中氢气/一氧化碳浓度比符合相应的化学计量比。膜分离法是调节合成气中氢气/一氧化碳浓度比的有效方法。此外,从合成气中单独分离氢气也可通过膜分离法实现。高分子膜的使用温度通常为 40～80℃。若原料气温度很高,可用金属钯膜分离制取高纯氢气。

7.9.4 天然气富集氦气[63]

氦气是一种重要的单原子稀有气体,在国防军工、生物医疗、核设施、电气工业、半导体制造及低温工业等领域具有无可替代的重要作用,关乎国家安全和高新技术产业发展。氦气主要分布在地幔、岩石、空气和天然气中,在空气中浓度很低。从天然气中提取氦气,特别是在天然气液化过程中从不凝尾气中提取氦气,是实现氦气资源化利用的重要途径之一。作为一种极具潜力的天然气提氦技术,膜法已经引起了科研人员的关注。近年国内膜法天然气提氦技术研究趋热,部分已处于工业试用阶段,但商品化的氦气分离膜仍然以进口为主,且以通用性气体分离膜为主,以氦气分离为主要目的的功能膜较少。目前可用于天然气提氦的气体分离膜以高分子膜,如醋酸纤维素膜、聚碳酸酯膜及聚酰亚胺膜等为主,且从当前研究进展及工业应用情况来看,聚酰亚胺膜综合性能最佳。为了进一步完善膜法天然气提氦技术,应针对提氦过程特征,开发专门用于提氦的气体分离膜,并形成相应配套技术,为膜法天然气提氦工业化打下坚实基础。

7.9.5　挥发性有机化合物脱除与回收[64]

挥发性有机化合物(volatile organic compound，VOC)是指在室温(25 ℃)和常压(101.325 kPa)下，饱和蒸气压超过 133.3 Pa 或沸点低于 220℃的有机物的统称。通常在化工生产中涉及有机物质的储存、生产和加工的过程中会经常排放一些含有机物质的气体。在这些气体中，挥发性有机化合物占据相当一部分比例，主要包括烯烃类、芳香类碳氢化合物及卤代烃等。如果将这些挥发性有机化合物直接排放会造成资源浪费，并且对人和环境造成很大危害。

利用膜法对含挥发性有机化合物的混合气体进行分离有望取得理想效果。现阶段能够分离挥发性有机化合物的膜材料主要包括三维交联(如硅橡胶)聚合物及聚酰亚胺等。这些材料通常具有高有机蒸气溶解选择性、高有机蒸气扩散系数及耐有机溶剂等特征，故以这些材料制成的膜可实现挥发性有机化合物与其他气体的分离。

目前，国内已有一些科研单位在该领域取得了重要研究成果。例如，南京工业大学膜科学技术研究所已经推出了基于陶瓷支撑撑体的 PDMS 复合膜，并以该膜为核心开发了膜-冷凝耦合工艺，用于处理 800 $m^3 \cdot h^{-1}$ 的富含正己烷蒸气，日回收高纯度正己烷 2.5 t，该装置如图 7-35 所示；大连理工大学团队开发出多技术集成耦合工艺，将膜分离技术同其他分离技术有机融合，实现了低成本、低能耗的炔烃综合增收，使炔烃回收率高于 90%。

图 7-35　PDMS 陶瓷复合膜用于回收正己烷蒸气的现场装置图

7.9.6　烟道气二氧化碳捕集[43,65]

捕集燃煤烟道气(主要成分是 CO_2 和 N_2)中的 CO_2 是煤炭清洁高效利用的重要内容。相较其他分离方法，膜法捕集 CO_2 技术具有能耗低、无溶剂挥发、占地面积小、放大效应不显著、适用于各种处理规模等优点，应用前景广阔。实现膜法碳捕集技术的工业化对加速国家经济发展、提升生态环境水平均具有重要意义。燃煤电厂烟道气是燃煤烟道气的主要来源，其常压、CO_2 浓度低和组成复杂等特点导致捕集难度最大。

目前国内外多家单位已经开始对膜法碳捕集工业装置展开研究，并取得了一些有价值的研究成果。

7.10　气体分离膜技术存在的问题及发展前景[66-70]

1) 膜分离性能

膜分离性能是制约膜分离技术推广应用的关键因素。学者们对应用于不同分离体系的气体分离膜已有大量研究，如对于 CO_2/N_2、C_2H_4/C_2H_6 等分离体系，已有小试或规模化的中试试验。但由于膜性能不足、分离成本高及产物回收率或浓度达不到要求等，暂时无法与常规气体分离方法竞争。因此，应开发新的膜材料或对已有的膜材料进行优化，以得到高渗透选择性能的气体分离膜。研究表明联合多种渗透选择机制及综合调控多层次膜结构是提高膜性能的有效手段。此外，还可以借助分子模拟等手段指导膜材料结构的调控与优化。

2) 膜稳定性与耐受性

如何进一步提升膜的稳定性是需要解决的另一个关键问题。在 7.4.3 小节提出的塑化及老化现象是影响膜稳定性的重要因素。此外，在气体分离膜实际应用中，原料气往往含有 SO_2、NO_x、O_2、H_2S 及微粒浮尘。尽管原料气在进入膜分离系统之前会经过预处理，但难以除尽这些杂质。研究表明，微量杂质也可能损坏膜结构，导致膜性能大幅下降。特别是当气体分离膜的工作条件比较严苛时，如高温高压，膜强度往往会降低甚至出现缺陷，导致性能大幅下降。因此，用于工业过程的膜需有良好的耐酸碱性及耐压性等。

为了评估上述因素对膜性能的影响，在应用前需首先对气体分离膜进行数百小时甚至数月的稳定性测试及在模拟真实条件的混合气中进行测试，以确定分离膜性能的稳定性和真实条件下的分离性能。相较有机聚合物膜，大多数无机膜具有更理想的热稳定性、化学稳定性和机械稳定性，以及对有机溶剂的耐受性。因此，可以着力开发将无机材料和有机材料相结合的混合基质膜，并联合计算机模拟，改善膜的稳定性、对杂质气体的耐受能力及耐压性。

3) 制膜工艺

具有超薄、无缺陷分离层的复合膜兼具高渗透性和高选择性。然而，要大规模制备厚度小于 0.2 μm、无缺陷的复合膜仍然是一个巨大的挑战。首先，耐用的复合薄膜需要具有良好的层间作用力，一旦复合膜层间脱落，分离膜将失去作用。其次，一个工业膜系统通常需要上百万平方米的分离膜，大面积的膜必须机械化、连续化生产。然而，大规模生产过程中保证膜的均匀性需要解决一系列工程技术问题。如何实现不同批次所制膜分离性能的重复也是需要致力解决的难题。

在膜制备过程中，温度、湿度和清洁度都会影响膜的性能，为了能够实现薄层复合膜的大面积无缺陷制备，需要严格控制以上条件并简化制膜工艺，增强制膜过程的可重复性，还需合理选择膜材料种类、制膜方法及开发先进的逐层复合工艺等。

4) 膜组件设计

膜组件是工业膜系统的基本单元，膜组件的性能决定了膜系统的性能。在膜组件制造过程中，膜和膜组件必须严格密封，以保证较高的黏合强度和填充密度。膜的几何形状、膜的抗压或抗拉强度、黏合剂的性能(黏度、固化时间、表面张力等)和膜与黏合剂之间的黏合能力都应考虑在内。此外，组件流道结构设计对降低浓差极化和压降起着至关重要的作用。近年来，随着模拟及计算水平的不断提高，计算流体力学方法在建立合理的流道结构中发挥着越来越重要的作用。合理的流道设计可以明显降低膜组件内部的气体流动阻力，提高膜组件的装填密度与膜面积的利用率。此外，流型、进出口位置、卷曲度和流速、非理想流产生的几何放大和节流膨胀等都会影响膜组件运行时的流态。因此，开展对新型膜组件的研发也是气体分离膜技术发展的一个重要方向。

5) 流程和系统优化

由于分离膜的性能不够高，一级膜分离往往达不到分离要求。因此，合理选择多级或多段过程是实现有效分离的重要途径。此外，为了更好地发挥气体分离膜的优势，需要开发新型的膜系统与其他分离系统的耦合技术，如将膜法、深冷法、变压吸附法等联合使用，扬长避短，也是实现膜分离技术大规模应用的重要途径之一。

习　　题

7-1　气体分离膜对气体混合物实现分离的依据是什么？

7-2　阐述多孔膜与非多孔膜的结构特点及分离机理。

7-3　列举表征气体分离膜性能的重要指标，并指出其含义。

7-4　列举几种致密膜材料和多孔膜材料。

7-5　简单介绍几种常见的复合膜制备工艺。

7-6　解释造成气体分离膜污染的原因。

7-7　气体分离膜过程的浓差极化与什么因素有关？如何控制浓差极化？

7-8　列举两种常见的工业用气体分离膜组件，并指出其特点。

7-9　简述气体分离膜材料改性及膜改性的方法。

7-10　设计多级或多段膜过程的意义是什么？

7-11　对比气体分离膜与液体分离膜的异同。

参 考 文 献

[1] Graham T. On the absorption and dialytic separation of gases by colloid septa. Philosophical Transactions of the Royal Society of London, 1866, 156: 399-439.

[2] Barrer R M. Diffusion in and through Solids. Cambridge: Cambridge University Press, 1941.

[3] Baker R W. Membrane Technology and Applications. 3rd ed. London: John Wiley and Sons, 2012.

[4] 乔志华. 强化高压下 CO_2 分离膜渗透选择性能研究. 天津: 天津大学, 2015.

[5] 邓麦村, 金万勤. 膜技术手册. 2 版. 北京: 化学工业出版社, 2020.

[6] Knudsen M. Effusion and the molecular flow of gases through openings. Annals of Physics, 1909, 333: 75-130.

[7] Ash R, Barrer R M, Sharma P. Sorption and flow of carbon dioxide and some hydrocarbons in a microporous carbon membrane. Journal of Membrane Science, 1976, 1: 17-32.

[8] Hassan M H, Way J D, Thoen P M, et al. Single component and mixed gas transport in a silica hollow fiber membrane. Journal of Membrane Science, 1995, 104(1): 27-42.

[9] Uhlhorn R, Keizer K, Burggraaf A J. Gas transport and separation with ceramic membranes. Part Ⅰ: Multilayer diffusion and capillary condensation. Journal of Membrane Science, 1992, 66(2-3): 259-269.

[10] Chauhan R, Panday P. Membrane for gas separation. Progress in Polymer Science, 2001, 26: 853-893.

[11] Yampolskii Y. Polymeric gas separation membranes. Macromolecules, 2012, 45(8): 3298-3311.

[12] 张颖, 王志, 王世昌. 高分子膜结构对气体传递的影响. 高分子材料科学与工程, 2004, (4): 24-28.

[13] 庄震万, 卫伟, 时钧. 气体在高分子膜中的溶解行为. 南京工业大学学报(自然科学版), 1993, (4): 18-23.

[14] Vieth W R. A study of poly(ethylene terephthalate) by gas permeation. Cambridge: Massachusetts Institute of Technology: 1961.

[15] Michaels A S, Vieth W R, Barrie J A. Solution of gases in polyethylene terephthalate. Journal of Applied Physics, 1963, 34(1): 1-12.

[16] Petropoulos J H. Quantitative analysis of gaseous diffusion in glassy polymers. Journal of Polymer Science Part B: Polymer Physics, 1970, 8(10): 1797-1801.

[17] Paul D R, Koros W. Effect of partially immobilizing sorption on permeability and the diffusion time lag. Journal of Polymer Science Part B: Polymer Physics, 1976, 14(4): 675-685.

[18] 李诗纯. 具有多种选择透过机制的高性能 CO_2 分离膜. 天津: 天津大学, 2014.

[19] 王志, 袁芳, 王明, 等. 分离 CO_2 膜技术. 膜科学与技术, 2011, 3(31): 11-17.

[20] Li S C, Wang Z, Yu X W, et al. High-performance membranes with multi-permselectivity for CO_2 separation. Advanced Materials, 2012, 24(24): 3196-3200.

[21] Cussler E L. Diffusion: Mass Transfer in Fluid Systems. Cambridge: Cambridge University Press, 2009.

[22] Cussler E L, Aris R, Bhown A. On the limits of facilitated diffusion. Journal of Membrane Science, 1989, 43(2-3): 149-164.

[23] Noble R D. Facilitated transport mechanism in fixed site carrier membranes. Journal of Membrane Science, 1991, 60(2-3): 297-306.

[24] Noble R D. Generalized microscopic mechanism of facilitated transport in fixed site carrier membranes. Journal of Membrane Science, 1992, 75(1-2): 121-129.

[25] Zhang C X, Wang Z, Cai Y, et al. Investigation of gas permeation behavior in facilitated transport membranes: Relationship between gas permeance and partial pressure. Chemical Engineering Journal, 2013, (225): 744-751.

[26] 伊春海. 含氨基固定载体膜制备及其 CO_2 传递特性研究. 天津: 天津大学, 2007.

[27] 蔡彦. 提高固定载体促进传递膜渗透性能的方法和理论研究. 天津: 天津大学, 2008.

[28] 米尔德 M. 膜技术基本原理. 2 版. 李琳, 译. 北京: 清华大学出版社, 1999.

[29] Shekhah O, Wang H, Zacher D, et al. Growth mechanism of metal-organic frameworks: Insights into the nucleation by employing a step-by-step route. Angewandte Chemie, 2009, 48(27): 5038-5041.

[30] Yoo Y, Jeong H. Heteroepitaxial growth of isoreticular metal-organic frameworks and their hybrid films. Crystal Growth & Design, 2010, 10(3): 1283-1288.

[31] Rezakazemi M, Amooghin A E, Montazer-Rahmati M M, et al. State-of-the-art membrane based CO_2 separation using mixed matrix membranes (MMMs): An overview on current status and future directions. Progress in Polymer Science, 2014, 39(5): 817-861.

[32] Khan A L, Sree S P, Martens J A, et al. Mixed matrix membranes comprising of matrimid and mesoporous COK-12: Preparation and gas separation properties. Journal of Membrane Science, 2015, 495: 471-478.

[33] Ahmad J, Rehman W U, Deshmukh K, et al. Recent Advances in poly (amide-b-ethylene) based membranes for carbon dioxide (CO_2) capture. Polymer-Plastics Technology and Materials, 2019, 58(4): 366-383.

[34] Gao Y Q, Qiao Z H, Zhao S, et al. In situ synthesis of polymer grafted ZIFs and application in mixed matrix membrane for CO_2 separation. Journal of Materials Chemistry A, 2018, 6(7): 3151-3161.

[35] Han Y, Ho W S. Design of amine-containing CO_2-selective membrane process for carbon capture from flue gas. Industrial & Engineering Chemistry Research, 2019, 59(12): 5340-5350.

[36] Chen W B, Zhang Z G, Hou L, et al. Metal-organic framework MOF-801/PIM-1 mixed-matrix membranes for enhanced CO_2/N_2 separation performance. Separation and Purification Technology, 2020, 250: 117198.

[37] Qian Q, Asinger P A, Lee M J, et al. MOF-based membranes for gas separations. Chemical Reviews, 2020, 120(16): 8161-8266.

[38] Low Z X, Budd P M, McKeown N B, et al. Gas permeation properties, physical aging, and its mitigation

in high free volume glassy polymers. Chemical Reviews, 2018, 118(12): 5871-5911.

[39] Smith Z P, Bachman J E, Li T, et al. Increasing M2(dobdc) loading in selective mixed-matrix membranes: A rubber toughening approach. Chemistry of Materials, 2018, 30(5): 1484-1495.

[40] 赵薇. 离子液体膜 CO_2 分离性能及稳定性研究. 大连: 大连理工大学, 2012.

[41] White L S, Amo K D, Wu T, et al. Extended field trials of Polaris sweep modules for carbon capture. Journal of Membrane Science, 2017, 542: 217-225.

[42] Wan C F, Yang T, Lipscomb G G, et al. Design and fabrication of hollow fiber membrane modules. Journal of Membrane Science, 2017, 538: 96-107.

[43] Wu H Y, Li Q H, Sheng M L, et al. Membrane technology for CO_2 capture: From pilot-scale investigation of two-stage plant to actual system design. Journal of Membrane Science, 2021, 624: 119137.

[44] 冯献社, 蒋国梁, 朱葆琳. 气体膜分离过程中浓差极化的影响. 膜科学与技术, 1989, 9(2): 23-28.

[45] Li G, Kujawski W, Válek R, et al. A review: The development of hollow fibre membranes for gas separation processes. International Journal of Greenhouse Gas Control, 2021, 104: 103-195.

[46] 许家友. CO_2 膜分离过程的模拟及优化. 天津: 天津大学, 2019.

[47] Qi R, Henson M A. Approximate modeling of spiral-wound gas permeators. Journal of Membrane Science, 1996, 121(1): 11-24.

[48] Razmjoo A, Babaluo A. Simulation of binary gas separation in nanometric tubular ceramic membranes by a new combinational approach. Journal of Membrane Science, 2006, 282(1-2): 178-188.

[49] Hogsett J, Mazur W. Estimate membrane system area. Hydrocarbon Process (United States), 1983, 62(8): 52-54.

[50] 杨东晓. 分离 CO_2 固定载体膜传质机理及其膜过程模拟和优化研究. 天津: 天津大学, 2009.

[51] Hao J, Rice P A, Stern S A. Upgrading low-quality natural gas with H_2S- and CO_2-selective polymer membranes: Part Ⅰ. Process design and economics of membrane stages without recycle streams. Journal of Membrane Science, 2002, 209(1): 177-206.

[52] 邬军辉. 抗污染反渗透膜及其中试生产线研究. 天津: 天津大学, 2015.

[53] Ban Y, Li Z, Li Y, et al. Confinement of ionic liquids in nanocages: Tailoring the molecular sieving properties of ZIF-8 for membrane-based CO_2 capture. Angewandte Chemie International Edition in English, 2015, 127(51): 15703-15707.

[54] Lasseuguette E, Ferrari M C, Brandani S. Humidity impact on the gas permeability of PIM-1 membrane for post-combustion application. Energy Procedia, 2014, 63: 194-201.

[55] Li P Y, Wang Z, Qiao Z H, et al. Recent developments in membranes for efficient hydrogen purification. Journal of Membrane Science, 2015, 495: 130-168.

[56] 孙丽杰, 朱敬宏, 陈李荔. 膜法富氧技术的应用及研究进展. 广州化工, 2014, 42(12): 22-23.

[57] 沈光林. 膜法富氮技术及其在石化工业中的应用. 气体应用, 2005, (5): 58-62.

[58] Zhang C W, Sheng M L, Yuan Y, et al. Efficient facilitated transport polymer membrane for CO_2/CH_4 separation from oilfield associated gas. Membranes, 2021, 11(2): 118.

[59] 我国首套低品位天然气 CO_2 膜分离装置应用成功. 能源与环境, 2008, (1): 54.

[60] 张晨昕. 分离 CO_2 膜传质机理及其过程模拟研究. 天津: 天津大学, 2014.

[61] 李可彬, 李玉凤, 李可根, 等. 膜分离技术在 H_2 回收中的应用. 石油化工, 2012, 25(5): 11-14.

[62] 王湛, 王志, 高学理, 等. 膜分离技术基础. 3 版. 北京: 化学工业出版社, 2019.

[63] 卢衍波. 膜法天然气提氦技术研究进展. 石油化工, 2020, 49(5): 513-518.

[64] 宗传欣, 丁晓斌, 南江普, 等. 膜法 VOCs 气体分离技术研究进展. 膜科学与技术, 2020, 40(1): 284-293.

[65] 罗双江, 白璐, 单玲珑, 等. 膜法二氧化碳分离技术研究进展及展望. 中国电机工程学报, 2021,

41(4): 1209-1216.

[66] 马卫星. 气体膜分离技术的应用及发展前景. 中国石油和化工标准与质量, 2013, 33(5): 84.

[67] Ma C H, Wang M, Wang Z, et al. Recent progress on thin film composite membranes for CO_2 separation. Journal of CO_2 Utilization, 2020, 42: 101296.

[68] Qiao Z H, Wang Z, Zhang C X, et al. PVAm-PIP/PS composite membrane with high performance for CO_2/N_2 separation. AIChE Journal, 2013, 59(1): 215-228.

[69] Hennessy J, Livingston A, Baker B. Membranes from academia to industry. Nature Materials, 2017, 16(3): 280-282.

[70] Ogieglo W, Upadhyaya L, Wessling M, et al. Effects of time, temperature, and pressure in the vicinity of the glass transition of a swollen polymer. Journal of Membrane Science, 2014, 464: 80-85.

第8章

渗透蒸发

8.1 渗透蒸发发展历程及技术特点

渗透蒸发是一种利用组分在膜中溶解和扩散的差异性实现混合物分离的膜技术[1]。该技术可以较低能耗对传统方法，如蒸馏、萃取、吸收等难以分离的物系进行分离，包括近沸点、恒沸点有机混合物分离，有机溶剂中少量水的脱除，废水中少量有机物的分离，以及水溶液中高附加值有机物的回收等[2-5]。同时，渗透蒸发技术还可与生物及化学过程耦合，不断脱除反应生成物从而有效提高反应转化效率。渗透蒸发技术在医药精制、食品加工、石油化工、环境保护等行业和工业领域中具有广阔的应用前景和市场。

渗透蒸发的概念由 Kober 于 1917 年提出，而后 Farber 在 1935 年提出利用渗透蒸发过程浓缩蛋白质，Heisler 等在 1956 年采用渗透蒸发工艺进行了乙醇脱水的实验研究[1]。20 世纪 50 年代末美国石油公司利用纤维素膜和聚乙烯膜，对烃类化合物和醇水混合物的渗透蒸发过程进行了系统研究，并建立了膜面积为 0.929 m² 的间歇性渗透蒸发装置。到 20 世纪 70 年代，德国 GFT 公司率先开发出优先透水膜(聚乙烯醇/聚丙烯腈复合膜，即 GFT 膜)，在欧洲完成中试后于 1982 年在巴西建立了小型工业生产装置，其乙醇生产能力为 1300 L·d⁻¹，从而奠定了渗透蒸发技术的工业应用基础，也成为渗透蒸发膜研究和应用的一个里程碑。随后十几年时间里，GFT 公司在世界范围内建造了 63 套渗透蒸发装置。到 2000 年，Sulzer Chemtech 公司和 GFT 公司在世界范围内建造的渗透蒸发装置已经超过 100 套，极大地推动了渗透蒸发膜分离技术的发展和工业化应用。

我国对渗透蒸发膜分离技术的研究开始于 20 世纪 80 年代初，以优先透水膜研究为主，近年来也开展了水中有机物脱除、有机混合物分离及渗透蒸发技术与其他分离过程耦合集成的研究[6-8]。在工业应用方面，浙江大学与巨化建设公司在 1995 年合作进行了 PV 法制无水乙醇的中试试验(80 t·a⁻¹)[9]；同年，中国科学院化学研究所进行了日处理工业酒精 260 L 的渗透蒸发脱水实验；1999 年，清华大学和中国石化集团北京燕山石油化工有限公司联合进行了渗透蒸发技术脱除苯中微量水的试验并获得成功，这是世界上第一套运用渗透蒸发技术脱除苯中微量水的装置；2000 年，清华大学与中国石化集团北京燕山石油化工有限公司合作完成了渗透蒸发技术脱除 C6 溶剂中微量水的试验[10]；2002~2003 年，广州相继建立了处理能力为 2000 t·a⁻¹ 和 6000 t·a⁻¹ 的异丙醇脱水装置，有力促进了具有自主知识产权的渗透蒸发膜分离技术的应用。进入 21 世纪后，我国渗透蒸发技术进入蓬勃发展期，具有渗透蒸发膜生产和工业化应用能力的企业不断出现，进一步促进了渗透蒸发膜技术的发展。

渗透蒸发膜分离技术的优点主要包括以下几个方面。

(1) 高效节能。当选择合适的膜时，渗透蒸发单级操作即可达到很高的分离性能，其分离因子可达几百甚至上千，远高于精馏等方法所能达到的分离性能，因此所需装置体积较小，结构紧凑，资源利用率较高；同时渗透蒸发过程无需将料液加热到沸点以上，因此比恒沸精馏等方法可节省能耗 1/2～2/3。

(2) 环境友好。渗透蒸发技术在操作过程中无需引入，也不会产生其他组分，产品质量高，避免了对产品或环境产生污染，同时透过液可以回收，有利于环境保护。

(3) 过程简单，操作方便。渗透蒸发分离工艺简单，操作条件温和，自动化程度较高，对易燃、易爆溶剂体系的处理具有很高的安全性，由于操作温度较低，还可用于热敏性物料的分离处理。

(4) 放大效应小，便于放大。渗透蒸发过程放大效应较小，设备尺寸可在较大范围内变化而其分离效率几乎不受影响，可与其他过程耦合集成，将反应产物不断脱除以提高反应转化率。

(5) 适应性强。一套渗透蒸发系统不仅可以用来处理浓度范围很大的同种物系，还能用于分离多种不同的物系，适应不同处理量的料液。

渗透蒸发过程也存在一定缺陷。一般渗透蒸发通量较小，每平方米膜面积每小时渗透物的量小于 20 kg，通常在几百克至几千克。因而，目前渗透蒸发主要适用于从大量料液中脱除少量渗透物的任务，如有机溶剂中少量水的脱除或者水中少量有机物的脱除等。

8.2　渗透蒸发过程原理及传质模型

8.2.1　过程原理

渗透蒸发利用料液中某组分在膜上下游两侧的化学势差为驱动力实现传质过程，利用料液中不同组分与膜的亲和性差异及在膜内扩散能力的差异实现选择性分离，其过程原理如图 8-1 所示。根据分离料液的传质过程，可以分为三个基本步骤：①被分离物质在膜表面被膜选择性吸附并溶解；②分离组分在膜内以扩散形式传递；③分离组分在膜的另一侧变成气相脱附而实现分离。

渗透蒸发过程传质推动力是组分在膜两侧的蒸气分压差，因此膜两侧组分分压差越大，则推动力越大，传质和分离所需膜面积越

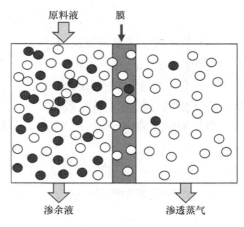

图 8-1　渗透蒸发基本原理示意图

小。因而在可能的条件下要尽可能地提高组分在膜两侧的蒸气分压差，一般可采取提高组分在上游侧(原料侧)的蒸气分压，或降低组分在膜下游侧(渗透侧)的蒸气分压，如采取加热原料液、渗透侧冷凝、渗透侧真空等操作方式。

渗透蒸发与微滤、超滤、纳滤、反渗透等膜分离过程最大的区别在于，前者被处理物料在分离过程中会产生相变，而其他过程则没有相变。渗透蒸发过程物料相变所需的热量来自于物料自身显热，因此在操作过程中必须提供一定热量，以维持分离过程的能耗需求。

8.2.2　传质机理及模型

渗透蒸发是兼具传质和传热过程，用于描述渗透蒸发过程的传递机理模型，主要包括溶解扩散模型、孔流模型、虚拟相变溶解扩散模型、不可逆热力学模型、功能基团膜传质模型等[11-13]。其中学术界普遍认可的是溶解扩散模型。

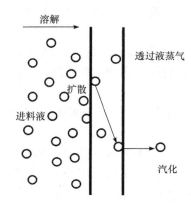

图 8-2　液体透过渗透蒸发膜时的组分浓度与分压分布

1. 溶解扩散模型

渗透物组分通过膜的传递可以分为三步，即料液侧组分在膜上游表面溶解，然后通过膜扩散，最后在膜下游侧表面解吸，可简单归纳为溶解、扩散、解吸三个过程。液-膜界面的溶解过程和气-膜界面的解吸过程速率非常快，故认为扩散过程是速率控制步骤，因此渗透蒸发过程的速率由渗透组分在膜中的扩散速率来决定。液体透过渗透蒸发膜时组分浓度和分压的分布如图 8-2 所示。

对某一组分 i，其渗透通量可由下式表示：

$$J_i = \frac{P_{MA}}{L_m}\left(x_i \gamma_i p_i^s - f_i y_i p_2\right) \tag{8-1}$$

式中，J_i 为组分 i 的渗透通量，$kg \cdot m^{-2} \cdot h^{-1}$；$P_{MA}$ 为组分 i 的渗透率，$kg \cdot m^{-1} \cdot h^{-1} \cdot Pa^{-1}$；$L_m$ 为膜的厚度，m；p_i^s 为组分 i 的饱和蒸气压，Pa；p_2 为渗透侧气相总压，Pa；x_i、y_i 分别为组分 i 在液相和气相中的组成；γ_i、f_i 分别为组分 i 在膜上游侧液相中的活度系数及在膜下游侧气相中的逸度系数。

当料液中仅有两个组分 i 和 j 时，对组分 j 同样可以得到：

$$J_j = \frac{P_{MB}}{L_m}\left[(1-x_i)\gamma_j p_j^s - (1-y_i)f_j p_2\right] \tag{8-2}$$

在下游侧气相中组分 i 的摩尔分数可以用下式计算：

$$y_i = \frac{J_i}{J_i + J_j} \tag{8-3}$$

通常情况下，渗透蒸发膜上、下游压差在 0.1 MPa 左右，其压力梯度远远小于活度梯度，因此式(8-1)和式(8-2)中第二项可以忽略，简化为

$$J_i = \frac{P_{MA}}{L_m} x_i \gamma_i p_i^s \tag{8-4}$$

$$J_j = \frac{P_{MB}}{L_m}(1-x_i)\gamma_j p_j^s \tag{8-5}$$

2. 孔流模型

Matsuura 等[14]提出了用孔流模型来描述渗透蒸发过程。该模型假定膜中存在大量贯穿膜层且长度为 L 的圆柱形小孔，所有孔在等温操作条件下，渗透物组分通过下列三个过程完成传质：液体组分通过 Poiseuille 流动通过孔道传输到气-液相界面；组分在气-液相界面蒸发；气体从界面处沿孔道传输到渗透侧，此过程为表面流动。由假设可知，在孔流模型中存在气-液相界面，渗透蒸发过程是液体传递和气体传递串联耦合的过程，该模型示意图如图 8-3所示。

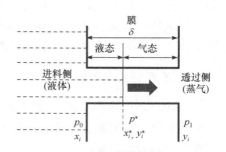

图 8-3　孔流模型假设示意图

p_1、p^*和 p_0 分别表示组分 i 在透过侧、气-液相界面(膜层内)和进料侧的蒸气压，$p_0 > p^* > p_1$；x_i、y_i 分别表示液相和气相中的组分浓度

当膜孔径小于渗透分子平均自由程时，分子与孔道壁面的碰撞频率要大于分子之间的相互碰撞频率，分子间的碰撞导致沿膜孔道方向的压力下降，压降(Δp)与组分分子通量(N, mol·m⁻²·h⁻¹)之间的关系可以表示为

$$N = \frac{4}{3} r A_k \left(\frac{2RT}{M}\right)^{0.5} \frac{\Delta p}{LRT} \tag{8-6}$$

式中，r 为孔道半径，在孔流模型中，孔道尺寸的定义为高聚物网络结构中链间未相互缠绕的空间，其大小为分子尺寸(10^{-10} m 量级)；A_k 为孔隙率；M 为透过组分的摩尔质量；R 为摩尔气体常量。转化为通量 J(kg·m⁻²·h⁻¹)的方程为

$$J = 0.164 \frac{\Delta p r A_k}{L} \left(\frac{M}{RT}\right)^{0.5} \tag{8-7}$$

当膜孔径尺寸大于渗透分子平均自由程时，渗透分子之间的相互碰撞多于分子与孔道壁面之间的碰撞，膜截面上的压力降是由流体的剪应力所致，其分子通量计算式如下：

$$N = \frac{r^2 A_k}{4\mu L} \left(\frac{p_0 + p_1}{2}\right)\left(\frac{p_1 - p_0}{RT}\right) \tag{8-8}$$

式中，μ 为渗透组分的黏度，Pa·s；p_1 和 p_0 分别为透过侧和进料侧组分的蒸气压，Pa。其质量通量表达形式为

$$J = 0.125 \frac{r^2 A_k}{L}\left(\frac{M}{\mu}\right)\left(\frac{p_1^2 - p_0^2}{RT}\right) \tag{8-9}$$

式(8-7)和式(8-9)是选择和评价渗透蒸发膜性能的依据，当膜孔径尺寸大于渗透分子的平均自由程时，膜截面上压力降主要由流体剪应力所致，此时组分得不到有效分离，必须选用膜孔径小于渗透分子平均自由程的膜。

3. 虚拟相变溶解扩散模型

Huang 等[15]提出了虚拟相变溶解扩散模型。该模型假设渗透蒸发过程是液体渗透和蒸气渗透串联耦合的过程，在渗透蒸发膜内部存在压力梯度、浓度梯度和虚拟相变。在等温操作时，膜界面上处于热力学平衡状态，组分溶解度系数和扩散系数只依赖于浓度的推动力。该模型假设的传递过程为：渗透液在膜上游侧膜表面溶解，在浓度梯度的作用下以液体的方式渗透到气-液界面处(膜层内)，并在界面处发生虚拟相变，此后在浓度梯度作用下以蒸气的方式渗透到膜的下游侧，并在下游侧膜表面解吸。

4. 不可逆热力学模型

Kedem[16]认为溶解扩散模型假定的膜内组分浓度的线性分布是不合理的，由于组分之间的相互作用和组分与膜之间的相互作用，某一组分可以在零浓度梯度甚至负浓度梯度条件下进行正向扩散，为此提出了不可逆热力学模型，运用不可逆热力学理论描述渗透蒸发过程中的耦合作用。此外，不可逆热力学模型在多组分渗透蒸发过程计算中，所需要的模型参数较其他模型少，因而计算较简单，在多组分的模拟中占有优势。

5. 功能基团膜传质模型

当渗透蒸发膜含有一些功能基团时，溶解扩散模型不再适合，因为被分离组分在传递过程中会与膜中的功能基团发生相互作用。用于描述含有功能基团的渗透蒸发过程的模型主要包括：①双模式吸附模型，该模型包含满足 Henry 定律的待分离组分溶解及满足 Langmuir 定律的待分离组分被吸收两个过程，但未考虑化学作用所带来的动力学效应；②浓度扰动机理模型，该机理模型认为在含有固载功能基团的膜内部，待分离组分与载体之间的选择性可逆配合反应在不断发生，膜内选择性渗透组分浓度或者分压是扰动的；③链接载体有限移动机理模型，该机理认为待分离组分与膜表面的功能基团发生选择性配合反应，在膜内部形成配合物，由于载体被分子链固定，只能小范围内震荡，使得配合态分离组分被转移给邻近未配合的配合载体，形成新的配合物，直到组分在膜的另一侧被分离出来。以上传质模型具体可参见本书 7.2.2 小节相关内容。

8.3　渗透蒸发过程评价指标

渗透蒸发过程的主要作用元件是膜，评价渗透蒸发膜性能的指标主要包括渗透性和选择性两个指标，此外膜寿命及分离热效率也可适当参考。

1) 渗透通量

单位面积、单位时间内通过渗透蒸发膜的体积，其定义式表达为

$$J = \frac{V}{At} \tag{8-10}$$

式中，V 为渗透组分总体积，L；A 为膜的有效渗透蒸发面积，m^2；t 为渗透蒸发时间，h。

渗透通量用来表征组分通过膜的快慢，其值大小决定了渗透蒸发过程所需膜面积的大小。渗透通量受许多因素影响，包括膜结构与性质、料液组成及性质、操作温度压力等条件。

2) 分离因子

膜的选择性表示渗透蒸发膜对不同组分分离效率的高低，一般用分离因子 α 表示

$$\alpha = \frac{y_i(1-x_i)}{x_i(1-y_i)} = \frac{y_i/y_j}{x_i/x_j} \tag{8-11}$$

式中，y_i、y_j 分别为渗透物中组分 i 和 j 的摩尔分数；x_i、x_j 分别为原料液中组分 i 和 j 的摩尔分数。

当 α 趋近于 1 时，表示两组分在原料液和渗透液中的组成基本相同，该体系难以被分离；当 α 趋近于 ∞ 时，则双组分体系极易分离。可以通过改进膜的性能来提高分离因子，但对于同一张膜来说，分离因子的提高通常会使膜的通量降低。在渗透蒸发膜制备时，需要综合考虑分离因子和渗透通量两种参数。当渗透蒸发膜分离因子在 1000 以上、膜渗透通量超过 $0.5\ kg \cdot m^{-2} \cdot h^{-1}$ 时，即可适用于工业生产。

3) 分离指数

渗透通量与分离因子的乘积称为渗透汽化分离指数(pervaporation separation index，PSI)。

$$PSI = \alpha J \tag{8-12}$$

该定义的缺点是不能正确反映分离因子为 1 时的情况，因为当分离因子为 1 时 PSI 也可以很大。为此，Feng 和 Huang[17]引入修正的渗透蒸发分离指数，表达为

$$PSI = (\alpha - 1)J \tag{8-13}$$

4) 热效率

渗透蒸发过程应使含量少的组分优先通过，这样可使发生相变的物质尽量少，消耗的热量也相应较少。定义 Q_c 为渗透蒸发过程中组分通过蒸发相变消耗的热量，定义 Q_L 为膜两侧温差传热所引起的热量损失，则渗透蒸发过程的热效率可以表示为

$$\eta_{渗透汽化} = \frac{Q_c}{Q_c + Q_L} \tag{8-14}$$

5) 膜寿命

膜寿命一般指在一定使用条件下，膜能够维持稳定运行并保持渗透性和选择性的最长时间。膜的寿命受其化学、机械和热稳定性能等的影响，一般要求寿命在 1 年以上的渗透蒸发膜才能在工业中得以应用。

8.4　渗透蒸发膜分类

　　根据膜结构、材料、功能等可以将渗透蒸发膜分为不同的种类。根据膜结构可以分为均质膜、非对称膜和复合膜。均质膜通常采用溶剂蒸发凝胶法制备而成，一般具有厚度大、通量小、传质阻力大等特点，适合实验室研究使用。非对称膜由同种材料经相转化法一次成型制得，但目前尚未制备出分离性能较好的非对称渗透蒸发膜。复合膜具有支撑层、过渡层和分离层等，其中分离层致密，具有较好的化学、机械和热稳定性；支撑层一般采用聚酯、聚乙烯、聚四氟乙烯、聚丙烯及纤维无纺布等材料制备，厚度约为100 μm；过渡层采用聚丙烯腈、聚砜、聚偏氟乙烯等多孔材料制备，厚度为70~100 μm；致密的分离功能层一般通过涂层交联得到，可有效防止分离层的溶解脱落，其厚度为0.5~2 μm。

　　根据渗透蒸发膜制备材料可以分为有机膜和无机膜。目前应用于工业中的大部分为有机复合膜及无机分子筛膜，一些无机材料如陶瓷等可以作为支撑层材料。根据功能差别，可将渗透蒸发膜分为优先透水膜(亲水膜)、优先透有机物膜(亲有机物膜)和有机物分离膜。

　　渗透蒸发膜是渗透蒸发过程的关键元件，对某一特定体系的分离关键是能够找到合用的膜。对于一个给定的分离任务，可能有多种膜可供选择，如醇/水体系，可以选择优先透水膜，也可以选择优先透醇膜。制膜所用的材料不同，膜的分离性能也会有较大的差异。因此，应该根据具体的分离体系性质、膜的选择性、膜通量及膜的稳定性等角度多方面综合考虑，选出最佳的膜。由于渗透蒸发过程的通量一般较小，因此一个比较普遍的膜选择原则是膜对体系中少量组分要有优先选择性。例如，高浓度醇中含有少量水的分离体系，交联的聚乙烯醇膜是目前最好的选择，但对于低浓度醇/水体系的分离，可能优先透醇膜更具经济性。

8.4.1　优先透水膜

　　优先透水膜由具有亲水基团的高分子材料或者高分子聚电解质为分离活性材料制成，如典型的 GFT 膜，其分离层由亲水性的聚乙烯醇(PVA)材料制成。这类膜主要用于从有机溶剂中脱除少量的水，特别是当水与有机物形成共沸混合物时的分离。膜材料中的亲水基团以氢键、离子-偶极作用或偶极-偶极作用等作用力与水分子键合，从而使水能够优先透过渗透蒸发膜到达渗透侧，实现除水的目的。优先透水膜主要包括以下几类。

　　1) 非离子型聚合物膜

　　主要由聚乙烯醇(PVA)、聚酰亚胺、醋酸纤维素、丝蛋白、尼龙等含有—OH/—NHCO/—COO—/—COOH 等非离子亲水基团高分子材料制备。其中 PVA 制备的渗透蒸发膜具有亲水性强、成膜性好、耐有机溶剂等特点，在工业中得到了广泛应用。

　　2) 聚电解质膜

　　聚电解质膜是指在高分子膜材料的主链或侧链中带有可电离的离子型基团，其作用机理主要依赖于异性电荷之间相互吸引的库仑作用力，此外还有表面张力、氢键和范德华力等。聚电解质膜包括阳离子和阴离子聚合物膜两类，如聚二甲基二烯丙基氯化铵膜、聚乙烯氯化亚胺膜、壳聚糖膜等阳离子膜，聚丙烯酸膜、Nafion 离子交换膜、磺化离子交换膜及海藻酸钠膜等阴离子膜。

3) 亲水基团引入疏水膜中形成的透水膜

如磺酸基、羧酸基等改性高分子膜，通过共混、共聚、化学接枝、分子筛填充等制备方法将亲水性物质引入疏水膜材料中，从而吸附水而排斥有机物，达到去除有机物溶剂中水的目的。

8.4.2 优先透有机物膜

优先透有机物膜主要用于从水中或气体中脱除挥发性有机物组分。通常选用极性低、表面能小和溶度参数小的聚合物作为该类膜材料，如聚乙烯、聚丙烯、有机硅聚合物、含氟聚合物、纤维素衍生物等。优先透有机物膜主要有以下几类。

1) 有机硅聚合物膜

有机硅聚合物膜中致密分离层主要由交联的硅树脂形成，大多数为聚二甲基硅氧烷(PDMS)、聚三甲基硅丙炔[poly (trimethylsilypropyne)，PTMSP]、聚乙烯基三甲基硅烷(polyvinyltrimethylsilane，PVTMS)、聚甲基丙烯酸三甲基硅烷甲酯(trimethylsilane methyl polymethylacrylate，PTSMMA)、聚六甲基二硅氧烷(polyhexamethyldisiloxane，PHMDSO)等，这些有机聚合物具有疏水性、耐热性、化学稳定性及良好的机械性能。有机硅聚合物膜对醇类、酯类、酚类、酮类、卤代烃类、芳香族烃类、吡啶等有机物具有优秀的吸附性。

2) 含氟聚合物膜

含氟聚合物膜也是一种得到广泛研究的优先透有机物膜，常用的典型含氟聚合物包括聚四氟乙烯(PTFE)、聚偏氟乙烯(PVDF)、聚六氟丙烯(polyhexafluoropropylene，PHEP)、聚磺化氟乙烯基醚与 PTFE 共聚物(Nafion)、PTFE 与 PHEP 等离子体共聚物等。这些材料制备的渗透蒸发膜具有很好的化学稳定性，耐热性能好，疏水性强，抗污染效果好，适用于去除氯代烃、乙醇、丙酮及芳香烃等。

3) 纤维素衍生物膜

通过酯化、醚化、接枝、共聚和交联等方式对纤维素类高分子聚合物进行处理，调节其中亲水-疏水功能基团的比例，也可以制得优先透有机物膜。这类膜适用于去除氯代烃、丙酮、芳香烃等。

8.4.3 有机物分离膜

与从有机物中脱除水或者从水中脱除有机物不同，有机物混合体系分离膜的开发与研究十分困难，因为混合有机物涉及的体系非常多，体系间差异很大，没有像有机物脱除水或水中脱除有机物这两种过程那样有规律可循。根据有机混合物体系特点，可以分为以下几类。

1) 极性/非极性混合有机物的分离

这类物系主要包括甲醇与苯、甲苯、环己烷、甲基叔丁基醚(methyl tert butyl ether, MTBE)、碳酸二甲酯(dimethyl carbonate，DMC)等的混合物，乙醇与乙酸乙酯、乙基叔丁基醚(ethyl tert butyl ether，ETBE)等的混合物。

其中，醇/芳香烃分离膜材料主要为 PVA 与聚丙烯酸酯混合物、三甲基苯基硅氧烷接枝无机膜、NaY 沸石膜、全氟磺酸膜、聚苯醚和聚吡咯共聚膜等；醇/醚分离膜材料主要有醋酸纤维素、聚酰亚胺、聚苯醚、聚吡咯、表面活性剂改性壳聚糖、纤维素酯与丙烯酸酯类的半互穿聚合物网络、聚离子复合中空纤维、甲基丙烯酸羟乙酯与丙烯酰胺共聚物等；乙酸乙酯/乙醇共沸物主要用 PDMS 膜分离；甲醇/碳酸二甲酯混合物主要用碱液或硫酸处理的壳聚糖膜分离。

2) 芳香烃/烷烃混合物的分离

典型物系主要包括：①苯/环己烷分离：聚酰亚胺、苯甲酰基改性甲壳素、磷酸酯或磺酰基改性聚酰亚胺、PVA/聚丙烯酰胺、聚丙烯酸甲酯接枝聚乙烯等；②甲苯/环己烷分离：PVA/聚丙烯酰胺、聚乙烯、液晶聚合物、聚膦酸/醋酸纤维素等；③甲苯/辛烷分离：聚酯、聚氨酯、聚酰亚胺/聚酯共聚物等。

3) 同分异构体混合物的分离

相对于上述分离体系，同分异构体的分离更为困难，因为同分异构体之间的差异性很小，所以要求膜具有很高的分离特异性。主要包括：①间二甲苯/对二甲苯同分异构体分离：蒙脱土/聚丙烯酰胺杂化物膜等；②邻二甲苯/对二甲苯混合物：环糊精/聚丙烯酸杂化物膜等；③手性化合物：环糊精键合聚二甲基硅氧烷等。但目前开发的上述各类同分异构体分离膜，其分离因子及通量很小，距离实际应用较远。

8.4.4　无机膜

无机膜具有优良的分离性能和化学稳定性能，可以在高温条件下使用，应用前景广阔，是近年来渗透蒸发膜技术领域研究开发的重点之一。根据无机材料分类，可以分为陶瓷膜、合金膜、高分子金属络合物膜、分子筛膜、玻璃膜等；按照膜结构可以分为支撑型膜和非支撑型膜两类，其中支撑型无机膜的研究更为广泛和深入。

1) 支撑型无机渗透蒸发膜

支撑型无机膜与高分子有机复合膜相似，是将分离层材料结合在支撑体表面而成。支撑体提供机械支撑，致密且极薄的分离层提供分离作用。与有机膜一样，支撑型无机膜的材料选择范围更广，其研究也更为深入。

支撑型无机膜的制备方法主要有传统液相原位水热合成反应、气相反应、二次生长、分子筛纳米颗粒浇铸成型法等。

2) 非支撑型无机渗透蒸发膜

非支撑型无机膜也称自支撑性膜，膜本身具有良好的机械性能，同时具备分离功能。非支撑型无机膜可以通过传统原位水热合成(湿法制备)、分子筛纳米颗粒浇铸成型法或者固体相转化法等方法制备而成。

8.5 渗透蒸发膜制备

渗透蒸发膜主要分为均质致密膜和由支撑层与致密分离层构成的非对称膜。其中均质膜渗透通量低，不适合工业应用，主要用于研究膜材料本身性能；非对称膜则有效降低了分离过程中的传质阻力，从而提高了非对称膜的渗透通量，同时致密且较薄的分离层保证了分离效率。本章介绍的渗透蒸发膜制备方法主要以非对称的复合膜制备为主。

8.5.1 高分子复合膜制备

1) 刮膜法

刮膜法是目前较为常用的制备平板型分离膜的方法。首先，将聚合物及添加剂溶解于溶剂中形成铸膜液，然后用刮刀将铸膜液涂覆于平板基膜表面，通过非溶剂致相分离法或溶剂蒸发致相分离法形成分离膜(见 2.2.2 小节"1. 相转化法")，该方法可以在不需要多孔支撑层的情况下形成多层分离膜。刮膜法主要通过控制铸膜液中溶剂蒸发速度来形成均质膜，通过非溶剂致相分离法形成相互连通的多孔结构制备非对称膜。

2) 同步挤出法

与平板型渗透蒸发膜相比，中空纤维渗透蒸发膜更具有显著优势。当采用壳程进料时，中空纤维组件具有更高的填充密度，纤维具有自支撑性且纤维内部可形成真空通道。中空纤维渗透蒸发膜的制备一般采用同步挤出法，其纺丝技术涉及一系列复杂的制膜参数控制，包括纺丝膜液的形成、凝固浴的选择、纺丝结构的设计、纺丝条件的控制等。在纺丝过程中，当聚合物膜液被挤出时与凝结剂接触，通过相转化形成最开始的内表面分离膜；同时由于空气中湿气的存在，新生纤维通过气隙区域时，外表面开始部分凝结；当挤出纤维进入凝胶浴中完全沉淀，则完成整个相转化过程。纤维分离层的厚度和形貌可以通过改变纺丝液、孔流体和外部凝固液的组成及吸收速率来进行调节。中空纤维纺丝设备见 2.2.2 小节"1. 相转化法"。

目前，纺丝工艺由制备单层中空纤维膜逐步向制备双层共挤出中空纤维膜发展，虽然其复杂性增加，但双层中空纤维膜具有制备成本低、支撑层和分离层厚度可调等优点。

3) 涂覆法

关于涂覆法的介绍参见 7.4.5 小节，利用涂覆法制备的膜，其传质阻力主要由致密的分离层决定。因此选择支撑体时，应当优先选用没有较大缺陷的多孔支撑体，以防止铸膜液渗入孔道。此外，在涂覆之前，用与涂层溶剂不混溶的低沸点溶剂润湿支撑材料，也可防止铸膜液渗入。

4) 界面聚合法

通过合适的化学反应，将高分子分离层活性材料结合到基膜表面，形成功能性致密分离层。该方法在反渗透和纳滤复合膜制备过程中已得到广泛应用，见 5.2.2 小节"2. 界面聚合法"。近年来相关研究发现，通过界面聚合法制备的分离层较薄，有利于提高渗透蒸发膜的通量。此外，通过选择合适的单体进行界面聚合，可以提高分离层的化学稳定性和热稳定性。

5) 辐照接枝法

辐照接枝法是通过紫外线或 γ 射线对基膜表面进行活化处理，然后将基膜表面的活性基团与含有分离层活性材料的试剂进行接触，使其发生化学反应并在基膜表面形成活性分离层的方法。实际上，辐照接枝法也可以归为表面反应-界面聚合法，不同的是辐照接枝法是通过辐照使基膜表面产生活性基团。

6) 蒸气气相沉积法

蒸气气相沉积法制备复合膜是化学气相沉积法在膜制备领域的典型应用，其具体步骤为：在高真空条件下使单体材料蒸发为蒸气相，然后沉积到基膜表面，最后通过单体的聚合反应进而在基膜表面形成活性分离层。该方法的优点是可以在基膜表面制备出很薄的分离层，而且可以通过改变单体材料和操作条件方便地调节分离层的性能。这种方法也可以归为表面反应-界面聚合法，其不同之处为通过蒸气气相沉积的方法将聚合物单体沉积在基膜表面。

7) 物理化学改性法

由于在渗透蒸发过程中，分离膜与液态有机溶液直接接触，因此后处理改性过程广泛用于提高膜的渗透蒸发分离性能和化学稳定性[18]。目前，使用交联剂抑制分离膜的溶胀最为常见，可以有效提高膜的化学稳定性。在后处理改性过程中，可以通过表面化学接枝等手段改变膜的亲水、疏水性能，从而提高膜对渗透组分的亲和能力。此外，后处理过程也可弥补制膜过程中分离层出现的某些潜在缺陷。

8) 等离子体聚合法

等离子体聚合法是采用等离子技术在高真空条件下通过气体放电产生的等离子体对单体材料蒸气和基膜表面进行处理，从而在基膜表面形成活性分离层的方法。通过改变条件可以方便地制备出不同性能的渗透蒸发复合膜。这种方法适用于含有不饱和键的聚合物单体，也适用于含有饱和键的有机化合物。

9) 同步喷涂组装法

传统制膜方法制备的渗透蒸发膜通常具有较厚的分离层，渗透通量较低，而且对于含纳米粒子的铸膜液，高浓度铸膜液的预交联会导致纳米粒子发生团聚，使膜表面出现潜在缺陷。同步喷涂组装法是将催化剂、交联剂、聚合物与纳米粒子分开，同时喷涂于基膜表面，从而实现界面交联，避免纳米颗粒在预交联过程中的团聚效应，保证分离层中杂化粒子分散均匀性。此外，还可以通过改变喷涂次数在纳微尺度内实现分离层厚度精准控制，进一步提高渗透蒸发膜的分离性能。

8.5.2　无机膜制备

1) 原位水热合成法

通过水热反应使分子筛在多孔基底表面原位结晶生长，从而形成致密的分离层。分子筛膜一般先在聚四氟乙烯、纤维素或聚乙烯支撑体上制备，然后通过拆装或焚烧法将这些支撑体去除。目前已成功制备出硅酸盐、ZSM-5 等分子筛非支撑膜，但这种膜一般由随机且疏松排列的不规则晶体组成，从而影响了其分离性能。支撑型无机膜则通过黏土和纤维素挤压成型制备出蜂窝状支撑体模板，然后在 1650℃ 高温下加热处理，支撑体转换为含多铝红柱石和硅石玻璃的烧结体。将烧结体置于含有机模板的热碱性溶液中，硅石溶解后剩余的多铝红柱石将形成多孔结构。这种分子筛膜的分离层和支撑体结合非常牢固。

2) 分子筛纳米颗粒浇铸成型法

将分子筛溶胶置于支撑平面上，将水缓慢蒸发后，将膜从支撑面上剥离即可得到非支撑型无机膜。这种膜没有微米量级的缺陷，可以用来作为纳米颗粒第二次浇铸成型的支撑底膜，但缺点是脆性较大。

3) 固体相态转化法

将硅土或硅土/氧化铝凝胶和某种分层化合物混合后，添加有机胺，然后在封闭条件下加热处理使其转化为分子筛无机膜。这种膜存在微米级的缺陷，但由于膜较厚，其机械强度较高，可以用于分离和催化反应过程。

4) 二次生长合成法

二次生长合成法是将分子筛纳米颗粒涂层或接种到支撑层上，然后通过水热反应合成生长为连续薄膜。涂层或接种分子筛纳米颗粒的方法包括简单涂覆或吸附法，用表面活性剂处理支撑体表面后再吸附，或脉冲激光消融法等。

5) 微波技术及上述技术集成法

利用微波技术和上述各种技术的集成过程来制备无机支撑膜是近年来较为热门的研究方向之一。在水热法制备硅酸盐结晶为分离层、硅为支撑层的无机膜时，微波加热可以得到具有取向性的无机膜。在微波的作用下在阳极电镀处理过的多孔型/氧化铝支撑体表面，可以得到垂直方向排列整齐的无机膜。微波处理的主要结果是保持结晶形成过程的方向性，同时缩短结晶时间，并进而可以控制膜性能。

8.6 渗透蒸发膜组件及过程设计

8.6.1 渗透蒸发膜组件

渗透蒸发过程所用的膜组件主要有板框式、螺旋卷式和圆管式等，结构图可参见 2.3.1 小节。

板框式膜组件是目前应用最广泛的渗透蒸发膜组件，主要由盖板、膜框、支撑板、膜和弹性垫片等部件构成，其中一块膜框和一块支撑板构成组件单元，中间放置渗透蒸发膜与弹性垫片。

卷式膜组件是将平板膜和支撑网、分隔网等一起绕中心管卷起来构成，卷式膜组件单位体积内装填的膜面积要大于板框式膜组件。卷式膜组件一般用于低温下从水中提取低浓度有机物。美国膜技术研究公司(Membrane Technology and Research, Inc.)生产的一系列卷式渗透蒸发膜组件直径为 0.1～0.2 m，长 0.9 m，可以同时容纳四根组件封装在标准真空罩内，使用时组件之间可以串联也可以并联。

一般来说，圆管式膜组件多见于无机膜，因为无机膜组件制备时的支撑体一般是管状的陶瓷或金属材料，如分子筛渗透蒸发管式膜组件等。

8.6.2　操作模式及基本工艺流程

渗透蒸发过程的推动力是组分在膜两侧的蒸气分压差，组分的蒸气分压差越大，则推动力越大，传质和分离所需的膜面积越小。因此，在可能的条件下要尽可能地提高膜两侧渗透组分的蒸气分压差，例如通过提高上游侧蒸气分压或降低下游侧组分蒸气分压等方式实现。对于上游侧，一般采取加热原料液的方式提高组分的蒸气分压差；为降低下游侧组分蒸气分压差，则可以采用以下几种方法。

1) 冷凝法

在膜下游侧放置冷凝器，使部分蒸气凝结为液体，从而达到降低下游侧组分蒸气分压的目的。如果同时在膜上游侧加热料液，则称其为热渗透蒸发过程，该法最早由 Aptel 等提出，如图 8-4 所示。该操作模式的缺点是不能保证不凝气体从系统中排出，同时下游侧蒸气由膜表面解吸到冷凝器表面被冷凝的过程完全依赖分子扩散和对流，传递速率较慢，从而限制了下游侧可以达到的最佳真空度，因此这种方法的实际应用价值不大。

2) 抽真空法

该方法是在膜下游侧增加真空泵，从而达到降低膜下游侧组分蒸气分压的目的，如图 8-5 所示。这种操作模式对于一些膜后真空度要求较高或没有合适冷源冷凝渗透物的情形比较合适。但由于膜下游侧渗透物的排除完全靠真空泵实现，大大增加了真空泵的工作负荷，而且这种操作不能有效回收有价值的渗透物组分，因此对于目标产物为渗透物组分的情形并不适用。

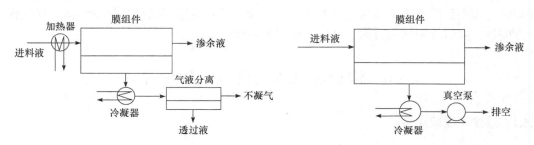

图 8-4　热渗透蒸发过程示意图
图 8-5　下游侧抽真空操作模式示意图

3) 冷凝与抽真空结合法

在膜下游侧同时放置冷凝器和真空泵，使大部分渗透物组分蒸气冷凝成液体，少部分不凝气体则通过真空泵除去，如图 8-6 所示。与单纯的膜后冷凝法和抽真空法相比，该方法不仅可以提高过程传质速率，降低真空泵的工作负荷，也能有效排出系统中的不凝气体，同时回收具有价值的渗透物组分，减轻对环境的影响，因此该操作方法被广泛采纳。操作时，料液通过料液泵送入预热器和加热器，达到预定温度后进入渗透蒸发膜组件。渗透组分汽化为蒸气进入渗透侧，通过冷凝器冷凝为液体被收集，而不凝气则经真空泵排出系统。在实际工业应用中，由于膜的分离系数不是无限大，因而总有部分难渗透组分通过膜而进入渗透液中，因此需要根据不同的渗透液体系进行不同的后处理，达到纯化渗透液的目的。为了充分利用系统的能量，减少系统能耗，有时会采用渗余液预热原料液的操作方式，以充分利用热能提高原料液的温度。

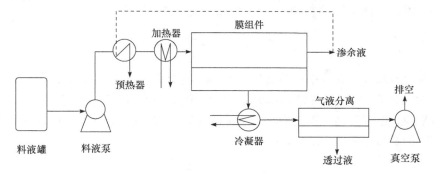

图 8-6   下游侧冷凝与抽真空结合示意图

4）载气吹扫法

与上述几种方法不同，载气吹扫法一般采用不易凝结且不与渗透组分反应的惰性气体循环流动于膜下游侧，如图 8-7 所示。在吹扫气流经膜下游侧表面时，渗透组分蒸气进入主体气流被带走，从而降低了渗透组分的蒸气分压。混入渗透组分蒸气的惰性气体离开膜组件后，一般也采用冷凝的方法将渗透组分冷凝为液态除去，载气可循环使用。

5）溶剂吸收法

溶剂吸收法是在膜下游侧使用适当的溶剂使渗透物组分通过物理溶解或者化学反应的方式除去，从而降低渗透物组分在下游侧的蒸气分压。吸收了渗透物组分的溶剂一般需要精馏等方法再生后循环使用，如图 8-8 所示。与抽真空法和载气吹扫法相比，溶剂法操作过程较为复杂，在膜背侧的传质阻力较大；另一方面，由于溶剂与组分的分离增加了额外的能耗和设备，其经济性能不佳，一般较为少用。

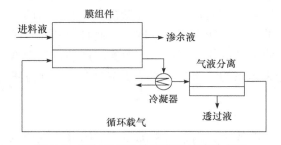

图 8-7   载气吹扫法渗透蒸发过程示意图

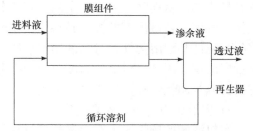

图 8-8   溶剂吸收法渗透蒸发过程示意图

8.6.3   操作条件与膜组件排布

1）料液温度

料液的操作温度是影响渗透蒸发过程的重要影响因素，它通过影响原料液各组分在膜中的溶解度和扩散速率来影响渗透蒸发过程的渗透通量和分离系数。一般来讲，温度对溶解度的影响复杂，组分在原料液侧的蒸气分压随着温度的提高而增大，从而可以提高渗透蒸发过程的传质推动力。但对于某些体系来说，温度的升高反而不利于组分的溶解，如水在甲醛处理的 PVA 膜中的溶解和正己烷在聚丙烯膜中的溶解，温度越高，其溶解度越小。温度对溶解度的影响一般可用 Arrhenius 方程表示：

$$S = S_0 \exp\left(-\frac{\Delta H_s}{RT}\right) \tag{8-15}$$

式中，S 为渗透物分子在膜中的溶解度；S_0 为本征溶解度，即无温度变化影响时的溶解度；ΔH_s 为溶解热，与聚合物状态(玻璃态或橡胶态)和渗透物的性质有关。

一般来说，温度升高，渗透物在膜中扩散系数增大，且同样符合 Arrhenius 方程。渗透物在膜中的扩散系数 D 可表示为

$$D = D_0 \exp\left(-\frac{E_D}{RT}\right) \tag{8-16}$$

式中，D_0 为渗透物分子的本征扩散系数，即无温度变化影响时的扩散系数；E_D 为扩散活化能，与聚合物状态有关。温度对扩散系数的影响主要表现为，随着温度的升高，聚合物链节间的活动性增强，自由体积增大，从而渗透物分子的活动性增大，导致扩散系数增大。

渗透物的通量 J 与温度的关系也符合 Arrhenius 方程，可以表示如下：

$$J = J_0 \exp\left(-\frac{E_J}{RT}\right) \tag{8-17}$$

式中，E_J 为渗透活化能，其值通常在 $17\sim63\ kJ \cdot mol^{-1}$ 范围内。一般来讲，温度每提高 $10\sim12℃$，膜的渗透通量可以提高一倍。而对于分离系数，一般情况是温度越高，分离系数越小。

综上可知，一般情况下，提高料液的温度，可以提高组分的扩散系数，使组分的渗透通量增加，从而降低完成一定的分离任务所需的膜面积，达到降低投资成本的目的。但另一方面，料液温度的提高必将增大系统的能耗，使操作成本增大，而且应同时考虑膜的耐温性和耐溶剂性，过高的温度可能会降低膜的使用寿命，缩短换膜周期，从而增大投资成本。因此，料液的温度应当根据分离体系的性质和膜的性质综合考虑，充分考虑投资成本的优化和操作成本的优化。

2) 料液压力与渗透侧真空度

原料液侧的操作压力对渗透蒸发过程的影响较小，因为料液的压力对组分蒸气分压的影响较小，对组分在膜内的溶解度和扩散速率影响也较小。因而一般情况下，料液侧的操作压力主要用于克服料液流动的阻力。但对于某些高温条件操作渗透蒸发过程来说，适当提高料液压力可以避免易挥发组分在流动过程中汽化。

渗透侧真空压力的大小可以直接影响渗透蒸发过程的传质推动力，因此真空度的大小对渗透蒸发过程影响较大。膜渗透侧真空压力越小，真空度越高，则膜两侧渗透组分蒸气分压差越大，膜渗透通量也越大。

分离系数也受到膜渗透侧真空压力的影响。当易挥发组分优先透膜时，膜渗透侧真空压力的降低有利于易挥发组分透过膜，因此真空度越大分离系数越高；而当难挥发组

分优先透膜时，膜渗透侧真空压力的降低将提高易挥发组分在渗透侧的浓度，此时真空度越大，分离系数越小。

综上，真空压力的减小将增加膜的渗透通量，减小分离所需的膜面积，从而降低投资成本。但另一方面，降低真空压力会增加真空泵的能耗，从而增加操作成本。此外，为了保证渗透物蒸气冷凝成液体，渗透侧压力应当超过该冷凝温度下组分的饱和蒸气压。可见，要采用较低的渗透侧压力，必须降低组分的饱和蒸气压，即降低冷凝温度。但过低的冷凝温度将增加冷凝器的能耗，相应的操作成本也增大。因而膜渗透侧真空度的大小及冷凝器的冷凝温度需要综合考虑各方面因素，保证渗透蒸发过程能顺利进行且总投资成本和操作成本最低。

3) 流动状态

流动速度导致的不同流动状态也是影响渗透蒸发过程的重要因素。渗透蒸发是一个传质和传热过程同时存在的分离过程，与其他热质传递过程类似，渗透蒸发过程中也可能产生极化现象，包括浓差极化和温差极化现象。

料液侧流体的流动速度将影响膜表面的浓差极化和温差极化。一般来讲，提高料液流速可以增大膜表面的扰动，促进热质传递，从而削弱浓差极化和温差极化对渗透蒸发过程的影响。但另一方面，提高料液流速将增加膜组件的阻力，从而使操作能耗升高，操作成本增加。因此，合适的流动速度和流动状态也需要通过过程优化后确定。一般来说，板框式膜组件常用的膜面流速范围为 $2\sim3\ \mathrm{cm\cdot s^{-1}}$。

4) 膜面积确定与膜组件排布

渗透蒸发膜面积的确定方法与气体分离膜面积的确定方法相似，相关内容可参见 7.7 节。对于一个给定的分离任务，如果料液处理总量大于单膜组件的极限处理能力，需要考虑多个膜组件并联处理的方式；如果料液处理所需的膜面积大于单个组件的膜面积，可以采用多个膜组件串联的操作方式；如果料液处理总量和所需的膜面积均大于单个组件相应指标，则应当采用多个组件串联和并联联合使用。

采用串联、并联操作时，总的膜组件个数 N 可以通过下式计算：

$$N = \frac{\text{所需总膜面积}}{\text{单个组件有效膜面积}} \tag{8-18}$$

需并联的组件个数 N_{s} 可以通过下式计算：

$$N_{\mathrm{s}} = \frac{\text{总处理量}}{\text{单个组件处理量}} \tag{8-19}$$

因此，需串联的膜组件组数 N_{c} 为

$$N_{\mathrm{c}} = \frac{N}{N_{\mathrm{s}}} \tag{8-20}$$

8.7　渗透蒸发技术应用

渗透蒸发过程的分离原理不受一般蒸馏过程热力学平衡的限制，其分离性能取决于

膜和渗透物组分之间的相互作用，特别适合恒沸物或近沸物体系的分离，如有机物与水形成的恒沸物或近沸物体系分离等。根据不同的料液体系，渗透蒸发技术的应用主要集中在三个方面：有机溶剂脱水、水中脱除有机物和有机/有机混合体系的分离。渗透蒸发技术和其他分离技术的耦合可以有效降低投资和操作成本，更具有经济性；通过渗透蒸发技术有选择性地去除反应体系中某一种特定的生成物，促使可逆反应向生成物的方向进行，也是渗透蒸发技术重要的应用之一。

8.7.1 有机溶剂脱水

有机溶剂脱水是渗透蒸发技术研究应用最多、最普遍的方向，具有较为成熟的工艺技术，目前已经工业化应用或研究过的有机溶剂体系包括：

(1) 醇类脱水：乙醇、丙醇、丁醇、戊醇、环己醇和甲醇等。

(2) 甘醇类脱水：乙二醇、丙二醇、丁二醇、二甘醇、三甘醇和硫醇等。

(3) 酮类有机物：丙酮、丁酮、甲基叔丁基酮等。

(4) 芳香族化合物：苯、苯酚和甲苯等。

(5) 酯类有机物脱水：乙酸乙酯、乙酸甲酯、乙酸丁酯、乙酸乙二醇酯、硬脂酸乙二醇酯和苯甲酸甲酯等。

(6) 醚类有机物：甲基叔丁基醚、乙基叔丁基醚、二乙醚、二异丙基醚、四氢呋喃等。

(7) 有机酸：乙酸、辛酸、己酸等。

(8) 氯代烃：一氯甲烷、二氯甲烷、三氯甲烷等。

(9) 脂肪烃：$C_3 \sim C_8$ 的脂肪烃等。

(10) 有机硅类化合物。

此外，有机物脱水的应用可以按照不同的方法分类，按照体系的沸点可以分为恒沸物体系(如乙醇/水)和非恒沸物体系(如丙酮/水)的分离；按照脱水体系的溶解性和水含量可以分为有机水溶液(水和有机溶剂互溶)和有机物中微量水(苯中微量水脱除)等体系的分离。

其中无水乙醇的生产是渗透蒸发脱水应用的典型。世界上第一套工业试验装置和第一个最大的生产装置都是用于无水乙醇的生产。在常压下，乙醇与水的混合物中，乙醇质量分数为95.6%时，将与水发生共沸。当需要制取99.8%以上的无水乙醇时，采用传统的精馏等方法已经难以分离纯化，而通过萃取精馏、加盐精馏等方式则存在过程复杂、能耗高、污染严重等问题。采用渗透蒸发方法比传统方法可节能 1/2～2/3，而且可以避免产品和环境受到污染。乙醇作为清洁燃料的添加剂或代用品，是石油、天然气等不可再生资源的良好备用能源。渗透蒸发技术高效、低能耗的特点，改变了传统高能耗乙醇燃料生产的工艺路线，使乙醇燃料的制备成本大大降低。

用渗透蒸发技术制备无水乙醇的典型工艺流程图如图 8-9 所示。料液与渗余液换热后经过加热器进一步升温，达到预定温度后进入膜组件中进行分离，流经膜表面时水优先透过渗透蒸发膜而进入膜的下游侧，达到乙醇和水分离的目的。由于渗透组分从料液中吸收热量，导致料液温度降低，为保证组分的渗透通量不被温度影响而降低太多，料液在流经一定膜面积后会进行中间加热，以保证料液的温度在合理范围之内。为充分利用系统的能量，渗余液中的显热一般需要通过热量交换来加热原料液。膜下游侧的渗透物组分蒸气则在真空泵的辅助下进入换热冷凝器，冷凝为液态后经气液分离进入下一道处理工序，少量不凝气则经真空泵抽出。

对于含水量低于 10%的分离体系且要求渗余液中水含量极低时，采用渗透蒸发技术具有很好的经济竞争力；而当料液中含水量较高，如水含量高达 90%的发酵液直接制备无水乙醇，采用单纯的精馏或者渗透蒸发技术均不经济，而普通精馏和渗透蒸发过程耦合集成是最佳选择。

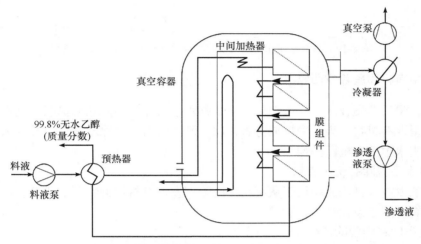

图 8-9　渗透蒸发技术制取无水乙醇工艺流程

8.7.2　有机混合物的分离

用渗透蒸发技术分离有机混合物是目前渗透蒸发工业化应用中最具挑战性的课题之一，也是今后渗透蒸发技术最重要的应用之一。尽管围绕有机混合物分离的课题已经进行了多年，针对不同体系开发了多种膜材料，但到目前为止，仅有醇/醚的分离装置实现了工业化运行，其他都还处于实验室研究阶段。

醇/醚的分离主要指甲醇/甲基叔丁基醚(MTBE)和乙醇/乙基叔丁基醚(ETBE)的分离。尽管 MTBE 和 ETBE 对公众健康具有潜在危害，但目前仍是无铅汽油的重要添加剂。

MTBE 由甲醇和异丁烯反应制得，为了提高异丁烯的转化率，反应过程中往往加入过量的甲醇，因而在反应完成后需要将甲醇从产物中分离出来循环使用。由于甲醇和 MTBE 在 51.3℃下形成甲醇含量 14.3%的恒沸物，工业上普遍采用水洗法将甲醇溶解在水中进行分离，然后用精馏法回收甲醇。该方法能耗较高，过程复杂，不利于 MTBE 的生产。1989 年美国空气化工产品有限公司(Air Products and Chemical，Inc.)开发了渗透蒸发/精馏集成过程用于分离 MTBE 生产中的产物，该流程命名为 TRIMTM，工艺流程示意图如图 8-10 所示。该流程采用对甲醇/甲基叔丁基醚分离选择性很高的醋酸纤维素膜卷式组件，从反应产物中分离出大部分甲醇后，剩余物进入精馏塔，在塔底分离出 MTBE，塔顶分离出甲醇和反应副产物丁烷，这部分甲醇在回收后进入反应器中使用。据估计，采用该流程可以减少设备投资 5%～20%，降低蒸气消耗量 10%～30%。

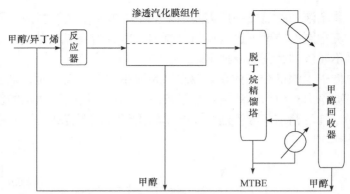

图 8-10　渗透蒸发/精馏集成过程分离甲醇/MTBE/C₄工艺流程

8.7.3　水中有机物脱除或回收

目前，渗透蒸发技术已经成功用于从多种水溶液体系中脱除或提取有机物，包括从酵母液中提取有机物，果汁中提取芳香物质，酒类饮料中去除乙醇，以及废水中回收溶剂或去除废水中的有机污染物。

1) 废水中脱除有机污染物

渗透蒸发技术已经成功用于从废水中脱除挥发性有机污染物，如酚类、苯、乙酸乙酯、各种有机酸、卤代烃等。

2) 酒类饮料中脱除乙醇

从酒类饮料中脱除乙醇是渗透蒸发技术在食品行业中最早的应用。使用优先透有机物膜使乙醇透过膜到达下游侧，可以有效降低啤酒或果酒中乙醇的含量，同时得到乙醇浓度较高的乙醇水溶液。

3) 从果汁中回收芳香物质

食品和饮料行业中，产品的芳香物质含量是非常重要的指标，直接关系到产品的口味和消费者的认可。这些芳香物质包括醇类、酯类、醛类、含硫化合物类、酮类、酚类和一些烃类。采用传统的蒸馏法回收和浓缩芳香物质不可避免地会造成产物变质，而渗透蒸发技术可以在很大程度上避免这个问题。实验表明，$C_2 \sim C_6$ 醇的浓缩系数在 $5 \sim 10$，醛类的浓缩系数一般在 $40 \sim 65$，而酯类的浓缩系数可以高达 100 以上。目前，用于回收和浓缩芳香物质的渗透蒸发膜主要是有机硅类膜。

8.7.4　催化裂化汽油脱硫

汽油是一种由烷烃、$C_5 \sim C_{14}$ 烯烃、环烷烃和芳香烃组成的复杂混合物，它经过原油的异构化、重整和流化催化裂化(fluid catalytic cracking，FCC)而得到。其中 FCC 环节得到的部分(简称 FCC 汽油)占总汽油的 $30\% \sim 40\%$，是汽油中最重要的硫来源(高达 $85\% \sim 95\%$)。因此，从 FCC 汽油中脱硫是深度脱硫、减少环境危害的关键。汽油中典型的硫化物是硫醇(RSH)、硫化物(R_2H)、二硫化物(RSSR)、噻吩及其衍生物等。经过碱清洗后，噻吩及其衍生物进入 FCC 汽油，占汽油中硫含量的 80% 以上。同时噻吩及其衍生物活性相对低，比其他种类的硫化合物更难脱除，因此汽油脱硫的研究主要集中在噻吩及其衍生物的脱除上。

渗透蒸发技术是脱硫研究中一项非常有吸引力的技术，但目前仅有两项渗透蒸发脱硫技术 S-Brane 和 TranSep™ 在工业中得到了应用。

S-Brane 技术是由美国 W. R. Grace 公司于 2003 年开发的，用于从 FCC 汽油和其他石脑油中脱除含硫烃分子。该技术使用聚酰亚胺聚合物膜选择性去除硫化合物分子。与其他除硫技术相比，渗透蒸发脱硫成本仅为其他技术的 1/10～1/5，这主要得益于 S-Brane 结合催化加氢脱硫技术能够在较低操作温度(66～121℃)和压力(6.9～20.7 kPa)下进行，可显著降低总氢气的需求量。

8.7.5　渗透蒸发耦合分离技术

渗透蒸发技术已成功地应用于许多工业过程中，但每一种技术都有其应用范围和适用性。许多情况下单独使用渗透蒸发工艺并不是最佳选择，而渗透蒸发和其他过程的耦合集成则可以充分发挥各自的技术优势，提高经济性能并节约操作成本和投资成本。目前，研究最多、应用最广的集成过程主要有渗透蒸发与精馏过程集成、渗透蒸发与反应过程集成两类，反应过程包括酯化反应和生化反应。

1) 渗透蒸发与精馏过程集成

该技术研究始于 20 世纪 50 年代末，20 世纪 80 年代开始应用于工业生产过程，主要应用体系包括苯/环己烷、羧酸酯/羧酸/甲醇、碳酸二甲酯/甲醇、甲基叔丁基醚/甲醇、乙基叔丁基醚/醇等，使用的渗透蒸发膜主要为亲有机物膜。

利用渗透蒸发与精馏集成过程来分离低挥发性的组分和恒沸物体系，能够克服精馏过程的需要第三组分加入、变压操作、所需塔板数多、过程复杂、操作困难等缺点，得益于操作费用的降低和第三组分的减小等，集成过程具有更高的经济性。

2) 渗透蒸发与酯化反应过程集成

利用渗透蒸发膜可以优先透过某一组分的特性，将渗透蒸发和反应过程进行耦合集成，不断去除反应生成物中某一目标产物或副产物，从而促使可逆反应向生成物的方向移动。例如，在酯化反应和酚-酮缩合反应中，生成物水会阻碍可逆反应的进一步进行，最终达到某一反应平衡状态。利用渗透蒸发技术将反应过程中产生的水不断去除，则可以有效促进反应向生成物的方向进行。

3) 渗透蒸发与生化反应过程集成

在生化领域中，利用细胞或酶进行生物发酵，代谢产物往往会阻碍反应的进行，如发酵法制乙醇，产物乙醇的分离将提高过程的产率；发酵法制丙酮/丁醇/乙醇等过程中，毒性产物丁醇的分离可以提高发酵过程的效率。

目前渗透蒸发/生化反应耦合集成的研究主要集中在乙醇/丁醇发酵-分离耦合体系，使用的装置多为外置式，这种集成过程以乙醇的发酵或丁醇的发酵集成为主。与非集成的釜式发酵过程相比，采用渗透蒸发与反应过程耦合集成技术可以使产率增加 300%～500%；与非集成的连续式过程相比，集成工艺可以使产率增加 80%～100%。

8.8　渗透蒸发技术存在的问题及发展前景

渗透蒸发作为一种简便、无污染且高效率的分离技术已经受到了广泛关注，且已有板框式和管式渗透蒸发组件用于工业化生产中。在能源危机和环境污染日益严重的今天，渗透蒸发技术在医药、化工、环保、食品等各个领域均具有巨大的应用潜力[6]。然而，渗透蒸发技术在工业化使用中仍受到一些因素的制约，为进一步提升渗透蒸发技术，仍需在该研究领域加大研究力度，主要表现为以下几个方面。

(1) 溶剂组分在膜中的溶解扩散速率差异决定了渗透蒸发膜的性能，因此渗透蒸发过程对膜材料、分离层和组件的性能都提出了极高的要求。应从分子模拟技术出发，构建具有目标导向的分离膜材料设计模型，从纳米和分子层面认识材料与组分之间的相互作用，通过科学计算设计出具有特殊分离性能的膜材料和膜结构，进一步发展获得超薄无缺陷分离层的新途径。

(2) 膜组件的结构参数对渗透蒸发膜的性能有重要影响，对膜组件结构参数的模拟与优化设计是未来获得高性能渗透蒸发膜组件的重要方向。在组件设计中，需要综合考虑抽吸方式、渗透侧压降和温度降、膜表面浓差极化、渗透分离效率等关键参数，平衡分离效率和渗透通量之间的关系，找出渗透蒸发膜组件的最优设计方案和操作条件。

(3) 渗透蒸发分离体系大多为有机溶剂体系，有机溶剂对胶黏剂的溶胀会造成膜组件的短流现象，因此，发展耐溶剂和耐高温的封装材料是保证渗透蒸发膜组件稳定运行必须考虑的重要因素。

(4) 有机/无机杂化膜可以充分发挥有机材料和无机材料的协同效应，正成为渗透蒸发膜材料研究的重点和热点方向，但杂化膜的工业化应用受到一些因素的制约。由于物理化学性质和结构形态的不同，杂化粒子与有机聚合物之间的结合力一般较弱，纳米粒子在聚合物溶液及成膜过程中的分散性和负载量难以进一步提高，且杂化膜在应用过程中可能发生粒子流失，无法充分发挥杂化膜的分离性能。今后，发展具有与有机聚合物高度相容性能的新型纳米无机粒子是有机/无机杂化膜研究的主要方向和重点。

习　　题

8-1　渗透蒸发的基本原理是什么？

8-2　渗透蒸发过程有哪些特点？

8-3　影响渗透蒸发分离效率的主要因素有哪些？

8-4　渗透蒸发的传质机理有哪些？不同传质机理之间有哪些异同？

8-5　渗透蒸发膜主要有哪些种类？各自有哪些特点？

8-6　渗透蒸发膜包括高分子复合膜及无机膜，其制备方法分别有哪些？

8-7　简述渗透蒸发的操作模式及基本工艺流程。

8-8　操作条件对渗透蒸发的影响有哪些？

8-9　渗透蒸发有哪些主要应用？

8-10　简述渗透蒸发技术当前存在的问题。

参 考 文 献

[1] 杨座国. 膜科学技术过程与原理. 上海: 华东理工大学出版社, 2009.

[2] Smitha B, Suhanya D, Sridhar S, et al. Separation of organic-organic mixtures by pervaporation: A review. Journal of Membrane Science, 2004, 241(1): 1-21.

[3] Pivovar B S, Wang Y, Cussler E L. Pervaporation membranes in direct methanol fuel cells. Journal of Membrane Science, 1999, 154(2): 155-162.

[4] Zhang W D, Sun W, Yang J, et al. The study on pervaporation behaviors of dilute organic solution through PDMS/PTFE composite membrane. Applied Biochemistry and Biotechnology, 2010, 160(1): 156-167.

[5] Ping P, Shi B, Lan Y. Preparation of PDMS—silica nanocomposite membranes with silane coupling for recovering ethanol by pervaporation. Separation Science and Technology, 2011, 46(3): 420-427.

[6] 邱柯卫, 苏伟, 孙志猛, 等. 渗透蒸发脱盐技术研究进展. 膜科学与技术, 2020, 40(6): 133-140.

[7] Shao P, Huang R. Polymeric membrane pervaporation. Journal of Membrane Science, 2007, 287(2): 162-179.

[8] Kárászová M, Kacirková M, Friess K, et al. Progress in separation of gases by permeation and liquids by pervaporation using ionic liquids: A review. Separation Science and Technology, 2014, 132: 93-101.

[9] 刘茉娥, 周志军, 陈欢林, 等. 渗透汽化中试膜组件的设计及装置性能测试. 高校化学工程学报, 1997, (02): 39-44.

[10] 李继定. "千吨级渗透汽化脱碳六油中微量水中试研究成果"通过评定. 膜科学与技术, 2001, (02): 71.

[11] Farmer D L. Pervaporation of dilute aqueous streams: Transport mechanisms and membrane design. Baltimore: The Johns Hopkins University, 2000.

[12] Jin T, Ma Y, Matsuda W, et al. Preparation of surface-modified mesoporous silica membranes and separation mechanism of their pervaporation properties. Desalination, 2011, 280(1-3): 139-145.

[13] Hoda A, Jules T, Tezel F H. Separation of butanol using pervaporation: A review of mass transfer models. Journal of Fluid Flow Heat and Mass Transfer, 2019, 6: 6-38.

[14] Okada T, Matsuura T. A new transport model for pervaporation. Journal of Membrane Science, 1991, 59(2): 133-150.

[15] Shieh J J, Huang R. A pseudophase-change solution-diffusion model for pervaporation. Ⅱ. Binary mixture permeation. Separation Science and Technology, 1998, 33 (7): 933-957.

[16] Kedem O. The role of coupling in pervaporation. Journal of Membrane Science, 1989, 47(3): 277-284.

[17] Feng X, Huang R. Pervaporation with chitosan membranes. Ⅰ. Separation of water from ethylene glycol by a chitosan/polysulfone composite membrane. Journal of Membrane Science, 1996, 116(1): 67-76.

[18] 马克. 渗透蒸发膜改性方法及其应用研究进展. 科技信息, 2013, 16: 145, 147.

第 9 章

膜 蒸 馏

9.1 膜蒸馏发展历程

1963 年，美国的研究学者 Bodell[1]首次提出了膜蒸馏这一概念，并将其描述为"可将不可饮用水流体转化为可饮用水的装置和技术"，同时在其专利申请中对膜蒸馏的初步成果进行了介绍，解释了如何将渗透蒸气从膜蒸馏装置中移走，但并没有给出膜的结构参数和定量的分析数据。

1967～1969 年，Findley[2-3]进行了试验并发表了第一篇较为详细的关于膜蒸馏研究成果的论文，他们尝试研究了多种膜材料，如玻璃纤维、尼龙、硅藻土、橡胶等，并对每种材料进行了膜蒸馏实验。然而，受当时技术条件的限制，膜蒸馏的通量较低、热效率不高，并未引起人们的普遍关注。

直至 20 世纪 80 年代初期，膜蒸馏技术才得到真正的发展。随着膜材料研究水平的不断提升和膜制备工艺的快速进步，研究学者制备出了具有良好分离特性的高分子疏水膜，这使得膜的渗透性能比 60 年代有了大幅度提升；同时膜组件设计水平的提高及人们在温差极化和浓差极化对膜蒸馏性能的影响等方面的新认识，使得膜蒸馏有望成为低成本和可替代传统分离过程的节能新型技术。

1986 年 5 月，意大利、荷兰、日本、德国和澳大利亚的膜蒸馏专家们在罗马举行的膜蒸馏专题讨论会上规范了膜蒸馏的专用术语，并明确描述了膜蒸馏过程应同时具备以下几大特征[4]：

(1) 膜是微孔膜。

(2) 膜不能被所处理的液体浸润。

(3) 膜孔内无毛细管冷凝现象发生。

(4) 只有蒸气能通过膜孔。

(5) 膜不能改变操作液体中各组分的气液平衡。

(6) 膜至少有一侧与操作液体直接接触。

(7) 组分通过膜孔的推动力是该组分在气相中的分压差。

1986 年，吴庸烈[5]对水溶液的膜蒸馏过程及其他一些应用情况进行了简单的介绍，并综述了膜蒸馏的分离机理和基本规律。20 世纪 80 年代发表的关于膜蒸馏的文章主要集中于膜蒸馏过程机理的理论研究，包括传质、传热机理和温差极化现象等。

　　20 世纪 90 年代以后，对于膜蒸馏过程的研究逐渐增多并有了进一步的发展，膜蒸馏在脱盐、物料浓缩、废水处理等诸多领域得以应用。Hogan 和 Sudjito 等[6]利用太阳能作为热源进行直接接触式膜蒸馏测试，实验证明太阳能在膜蒸馏技术上是可行的，可进行实际应用。1991 年，余立新等[7]利用孔径为 0.3 μm、膜厚为 80 μm 的聚四氟乙烯(PTFE)膜对古龙酸溶液进行浓缩，结果发现膜蒸馏技术在热敏性物质水溶液的浓缩方面具有可行性，并能较好地发挥该技术低温浓缩的优势。

　　进入 21 世纪以来，膜蒸馏过程的研究以开发新型膜材料、设计优化膜组件及制备高性能膜蒸馏用膜为主，取得了众多重要的研究成果，但膜蒸馏技术仍然停留在实验室研究及中试放大阶段。近年来发表的文章开始偏重于应用，以解决工业实际问题为前提，为膜蒸馏技术进一步实现工业化奠定了基础。

9.2　膜蒸馏过程原理与特点

9.2.1　过程原理

　　膜蒸馏是一种以疏水微孔膜为介质，只允许挥发性组分穿过膜孔，以由膜两侧冷热温度差而引起的蒸气组分压力差为传质驱动力，利用原料液中不同组分的挥发性差异来实现分离的新型膜分离技术[8-10]。疏水膜至少一侧(热侧)与待处理料液接触，热料液中的易挥发组分在高温侧的气液界面处汽化，以蒸气的方式在两侧压力差的推动下通过膜孔到达膜的另一侧(冷侧)，冷凝为液体收集或者除去，而其他不挥发组分被阻挡在热侧，从而实现混合物的分离或提纯。膜蒸馏技术属于热驱动型膜分离技术，以疏水膜两侧的温度差引起的挥发性组分的蒸气压差作为推动力，热料液的温度不需要达到水的沸点，一般在 45～80℃即可实现分离。膜蒸馏的原理图如图 9-1 所示。

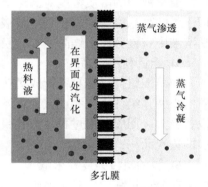

图 9-1　膜蒸馏过程的原理图

　　膜蒸馏技术的特点可概括为：①在膜蒸馏过程中，膜蒸馏膜必须是疏水多孔膜且不被两侧的液体润湿，膜孔内不出现毛细冷凝现象；②只有热料液中产生的水蒸气(易挥发组分)可以透过膜孔，膜的驱动力仅是膜两侧的蒸气压差；③膜蒸馏过程的操作条件温和，常压即可，且操作温度比传统蒸馏低，可利用太阳能等清洁可再生能源及廉价的工业废热；④膜蒸馏膜不具有选择性和筛分功能，膜蒸馏过程对膜的机械性能要求较低；⑤膜蒸馏的截留率高，理论上溶质的截留率达到 100%；⑥膜蒸馏过程受原料液的浓度变化影响相对较小，可适用于高盐废水的处理，如反渗透浓水等。但膜蒸馏组件在放大应用中还存在一些问题，目前仅在小规模淡化和浓缩研究上取得了较好的进展。

9.2.2　技术优势

与其他分离技术相比，膜蒸馏技术具有以下显著优势[11]。

1) 操作温度低

膜蒸馏过程不需要把原料液加热到沸点温度，只需要维持膜两侧适当的温度差，对于热敏性物料(如食品、药物等)的分离提纯具有独特的优势，并能有效利用工业废热、太阳能、地热等廉价可再生能源或低品位能源。

2) 操作压力低

由于膜蒸馏属于热驱动过程，通常在常压下进行，其操作压力远远低于反渗透等压力驱动型膜分离过程，同时较低的操作压力减少了设备成本，提高了过程的安全性。

3) 截留率高

如处理非挥发性溶质的水溶液，只有水蒸气能透过膜孔，对于液体中的离子、大分子、胶体及其他非挥发性溶质理论上能达到100%的截留，可直接制备超纯水，而压力驱动的膜分离过程如反渗透、纳滤等，由于膜结构的不均匀性和分离原理的制约，无法达到如此高的截留率。膜蒸馏技术有望成为大规模、低成本制备超纯水的有效手段。

4) 操作过程不受渗透压的限制

原料液中的溶质浓度对膜蒸馏的性能影响相对较小。膜蒸馏可处理反渗透等过程处理不了的高浓度盐水，也可把溶液浓缩到过饱和状态而析出晶体。膜蒸馏是目前唯一能从溶液中直接分离出结晶产物的膜分离过程。

5) 能量利用率高

膜蒸馏组件很容易设计成潜热回收的形式，装置小且紧凑，占地面积小，具有以高效的小型膜组件构成大规模生产体系的灵活性。传统的蒸馏塔需要较大的气液分离空间，设备庞大，而膜蒸馏过程用微孔膜的孔体积代替蒸气空间，可以在有限的空间内提供更多的蒸发面积，因此效率较高。

6) 膜的机械强度要求低

在分离过程中，膜蒸馏膜只起到支撑气液界面的作用，而不依靠膜的孔径大小起筛分作用，故膜承受的外力小，因此膜蒸馏过程对膜的机械性能要求较低。

9.2.3　操作类型

在膜蒸馏过程中，热料液与膜直接接触，但渗透液与膜的接触方式有直接接触和间接接触两种。根据蒸气在透过侧冷凝及收集方式的不同，膜蒸馏过程主要分为直接接触式膜蒸馏(direct contact membrane distillation, DCMD)、气隙式膜蒸馏(air gap membrane distillation, AGMD)、吹扫式膜蒸馏(sweeping gas membrane distillation, SGMD)和减压式膜蒸馏(vacuum membrane distillation, VMD)四种类型(图 9-2)[12]，另外还有其他膜蒸馏形式。

1) 直接接触式膜蒸馏

直接接触式膜蒸馏是指膜的两侧分别与热料液和冷凝液直接接触，在料液侧的气液界面处汽化产生的水蒸气透过膜孔在渗透侧冷凝成水，并与渗透液直接混合。DCMD 是

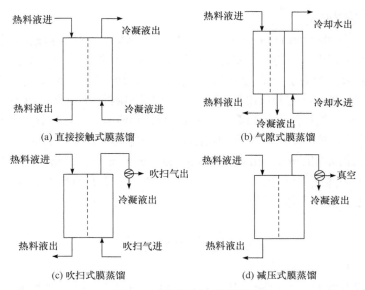

图 9-2 不同形式的膜蒸馏

最简单的膜蒸馏形式，因其结构简单、操作方便、膜通量高等优点，受到研究者的关注。但在运行过程中膜与液体直接接触，由热传导导致的热损失大，热效率不高。

2) 气隙式膜蒸馏

气隙式膜蒸馏是指膜的一侧直接与热料液接触，另一侧不直接与冷凝液接触，而是引入一个空气间隙层，穿过膜孔的蒸气经空气间隙扩散到低温的固体表面(冷凝壁，如金属板)上进行冷凝，冷凝壁后有冷却水流动。该设计避免了渗透液与冷却水的直接接触，附加的空气间隙层减小了热传导损失，进而提高了热能利用率。但其缺点是附加的空气间隙层增加了热质传递阻力，膜通量降低，结构较复杂。

3) 吹扫式膜蒸馏

吹扫式膜蒸馏是指在热侧膜与料液直接接触，而在冷侧用循环流动的惰性气体吹扫以带走穿过膜孔的蒸气，使其在外置的冷却器中冷凝。在该种形式的膜蒸馏过程中，传质推动力比以上两种膜蒸馏形式大，且克服了空气气隙式膜蒸馏过程中静止空气层产生传质阻力的缺点，膜通量大。但 SGMD 中动力消耗大，需要安装一个大体积的外置冷凝器和空气吹扫机，导致设备和运行成本费用增加，且挥发性组分不易冷凝，大量的吹扫气中仅有少量的液体冷凝下来，效率较低，因而应用研究较少。

4) 减压式膜蒸馏

减压式膜蒸馏又称真空式膜蒸馏，是指所处理的料液与膜的一侧直接接触，另一侧用真空泵抽真空使该侧压力低于料液侧挥发组分的蒸气压，从而在膜两侧形成更大的蒸气压差，相比其他形式的膜蒸馏过程具有更大的膜通量。在 VMD 过程中，透过的蒸气被真空泵抽至外置的冷凝器中冷凝。VMD 过程中能量损失较小，抽出来的高温蒸气可用于下一级原料液加热，大大提高了能量利用率，因而应用较广泛，且可在较低的温度下运行。然而在较大压差的推动作用下，料液侧液体更易渗入膜孔，因此 VMD 需要选用透水压力较高且强度较大的疏水微孔膜。

5) 其他膜蒸馏形式

吸收式膜蒸馏(absorption membrane distillation，AMD)又称为渗透膜蒸馏，是指膜两侧的液体主体温度相近，膜的产水侧为对水分子有强烈吸收作用的吸收液。该过程的传质推动力为膜两侧液体中的水分子化学势差，水分子从膜的料液边界层吸热汽化，然后在膜的吸收液边界层被吸收液化并放出相变热，再利用膜两侧吸热-放热形成的逆向温度差，经由膜材料将热量传回给料液侧，在该过程中疏水膜兼具传质与导热的双重作用，膜孔内进行传质，膜材料传热。其传质速率与膜面温度及吸收液的吸收能力(水合能力、浓度等)有关。

恒温扫气式膜蒸馏(temperature sweeping gas membrane distillation，TSGMD)是气隙式膜蒸馏和扫气式膜蒸馏的结合，在气隙中吹扫气流，由于有冷却板的存在，吹扫的气流处于恒定的低温，提高了渗透通量。

9.3　膜组件形式

膜组件是膜蒸馏的核心单元，其结构形式的差异对膜蒸馏性能有重要影响。在膜组件制备中常采用平板膜和中空纤维膜，因此膜组件主要分为平板式膜组件和中空纤维式膜组件。平板式膜组件包括板框式膜组件和卷式膜组件，制备过程中一般需要支撑。平板膜易更换和清洗，因此板框式和卷式膜组件在膜蒸馏测试中被广泛使用，但板框式膜组件制作过程密封难度大，且容易被截流液污染，需经常清洗；卷式膜组件因卷式结构对料液阻力大，易造成膜污染。中空纤维式膜组件制作工艺和技术较复杂，一般是利用环氧树脂等黏结剂将膜与组件外壳永久性地结合在一起，不易清洗和更换，但制备过程中不需要额外支撑部件，单位体积的膜面积远远大于平板式膜组件，通量较高，因而该类膜组件备受关注。

除传统的膜蒸馏组件外，从回收蒸气潜热的角度出发，新型高效兼具内部热回收功能的膜蒸馏组件得以研究。刘芮[13]设计了一种平板膜与中空纤维换热丝相结合的具有内部热回收功能的新型膜蒸馏组件，组件内部核心结构由 PTFE 平板膜及 PP 中空纤维换热丝组成，在两张平板膜中间及两侧间隔放置了三层聚丙烯材料的支撑网，制成一个膜袋。支撑网一方面可以支撑平板膜，另一方面由于网本身的网格构造，位于两张平板膜中间的支撑网还可以促进进料液的湍动，从而减小靠近膜的边界层中的温度极化现象和浓度极化现象。通过控制料液在组件内的流动，使料液通过平板膜后蒸发的部分蒸气在中空纤维换热丝表面冷凝，释放出的热量被中空纤维中温度相对较低的料液吸收，从而实现蒸气潜热的回收。

高云霄[14]从气隙式膜蒸馏热量回收和减压膜蒸馏的基本理论出发，设计制备了具有内部热回收功能的螺旋卷式气隙膜蒸馏组件。首先将平板膜制成膜袋，上下两端呈开口状态，膜袋的中间放置进料液导流网(粗隔网)；其次在膜袋的外部分别放置细隔网和中空纤维换热丝，用组合黏结技术将换热丝与膜的边缘进行无缝黏结；再次将膜袋及排列好的换热丝绕中心管紧密地卷在一起。也就是将平板膜→多孔支撑体(细隔网)→中空纤维换热丝→多孔支撑体→平板膜→原水侧隔网(粗隔网)依次叠合，绕中心管呈螺旋卷式，形成一个膜元件粗品；将膜元件粗品用薄膜缠绕、干燥、切头、包装制得成品膜元件；最后利用圆柱形压力容器对膜元件进行封装，从而得到一个螺旋卷式成品膜元件。

支星星[15]设计制作了一种负压辅助的新型卷式气隙式膜蒸馏组件(spiral-wound air-gap membrane distillation module，SW-AGMD)，结合气隙式膜蒸馏和减压膜蒸馏的优势，通过在渗透侧提供负压以提高膜两侧的蒸气压差，使膜组件同时具备高热效率和高通量的优点。通过螺旋卷式结构将两者优势相结合，将平板膜和中空纤维换热管在组件内部交替排布，并在膜袋内部放置中心导流管，使其可与外部真空泵相连，为渗透侧提供负压环境。在该组件的设计中，冷料液在中空纤维换热管中从下往上流动，热料液则从组件的侧管进入两层平板膜形成的间隙中向下流动。膜两侧的温差及渗透侧的负压辅助，使得热料液中蒸发产生的蒸气穿过膜孔和气隙到达换热管表面，在其表面冷凝并将潜热传递至冷料液，冷料液温度逐渐升高，实现了组件内部蒸气潜热的回收。冷凝的产水在膜袋里汇集，经由中心管进入产水收集罐。该新型膜组件的结构示意图如图 9-3 所示。

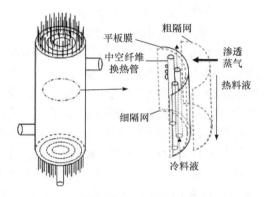

图 9-3 一种膜蒸馏组件的结构示意图[15]

9.4 膜蒸馏的热质传递机理

在膜蒸馏过程中，不依赖常规膜分离过程的基于膜孔径的选择性筛分作用，而是涉及从料液侧到渗透侧的传热和传质过程。跨膜传递的物质在原料液与膜的液固界面处，遵循气液平衡的原理，以气相的形式，以膜两侧的蒸气压差作为传质驱动力，从料液侧到达渗透侧，并在渗透侧冷凝为液体。此外，微孔疏水膜不仅作为气液界面的物理支撑，而且为热量和质量的传递和交换提供界面。

9.4.1 过程总热质传递

1. 总传质过程

当料液中有溶质组分存在时，在膜与料液接触的界面处会形成浓度边界层，这使得溶质组分在膜表面处的浓度高于料液主体中的浓度，该现象称为浓差极化。浓差极化的存在将增加传质过程的阻力，减小传质过程的推动力。

跨膜传质是指易挥发组分的蒸气分子在膜孔内的传质过程。Drioli 等[16]在早期研究膜蒸馏传质机理时指出跨膜传质通量可以表示为膜两侧易挥发组分的蒸气分压差的线性函数，其表达式为

$$J = K\Delta p \tag{9-1}$$

式中，J 为跨膜传质通量；K 为跨膜传质系数，其值与多孔膜材料本身的性质，如孔径 d、孔隙率 A_k、弯曲因子 τ、膜厚 δ 等有关系，与体系的操作条件，如温度、压力、组

成等无关；Δp 为跨膜蒸气压差，可由下式表示：

$$\Delta p = p_{\mathrm{m,f}} - p_{\mathrm{m,p}} \tag{9-2}$$

式中，$p_{\mathrm{m,f}}$ 为热侧液气界面处的饱和蒸气压；$p_{\mathrm{m,p}}$ 为冷侧气液界面处的蒸气压。

2. 总传热过程

膜蒸馏过程中的热量传递是指热量依次通过料液侧的热边界层、膜材料基体(包含膜孔)、渗透侧的热边界层的总过程。

由于热边界层的存在，料液侧膜表面的温度低于料液主体的温度，而渗透侧膜表面的温度高于渗透液主体的温度，这种现象称为温差极化。温差极化的存在使得膜两侧的料液主体与渗透液主体形成的温差无法全部用于料液的汽化，是影响膜蒸馏过程热效率的重要因素。温差极化现象减弱了跨膜传质的推动力，降低了膜的渗透通量。因此，为了提高膜蒸馏过程的渗透通量，必须削弱温差极化现象。

跨膜传热(Q_{m})由两部分组成：一是伴随跨膜传质从料液侧相界面到达渗透侧相界面发生的汽化潜热(Q_{v})，二是通过膜材料本身和膜孔的跨膜热传导(Q_{c})。通常来说，热传导部分的热量损失 Q_{c} 会降低膜蒸馏过程中的产水率和热效率。

$$Q_{\mathrm{m}} = Q_{\mathrm{v}} + Q_{\mathrm{c}} \tag{9-3}$$

Q_{v} 和 Q_{c} 可分别用下式进行计算：

$$Q_{\mathrm{v}} = J\Delta H \tag{9-4}$$

$$Q_{\mathrm{c}} = h_{\mathrm{m}}\Delta T_{\mathrm{m}} \tag{9-5}$$

式中，J 为跨膜通量；ΔH 为汽化潜热；h_{m} 为膜基体的传热系数；ΔT_{m} 为膜两侧的温度差。

如图 9-4 所示，在 DCMD 过程中热量传递包括三个过程。

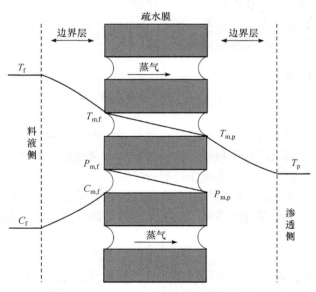

图 9-4　DCMD 过程中的传质传热示意图

首先，热量由料液通过热边界层从料液主体传递到膜表面(Q_f)，对应的热量传递方程如下式：

$$Q_f = h_f \left(T_f - T_{m,f} \right) \tag{9-6}$$

其次，一部分热量以蒸气潜热的形式、另一部分热量则以热传导的形式通过膜(Q_m)，对应的热量传递方程如下式：

$$Q_m = h_m \left(T_{m,f} - T_{m,p} \right) + J\Delta H \tag{9-7}$$

最后，热量通过热边界层从膜表面传递到渗透侧主体(Q_p)，对应的热量传递方程如下式：

$$Q_p = h_p \left(T_{m,p} - T_p \right) \tag{9-8}$$

式中，T_f、T_p 分别为料液(热)侧和透过(冷)侧的主体温度；$T_{m,f}$、$T_{m,p}$ 分别为料液侧和渗透侧的膜表面温度；h_f、h_p、h_m 分别为料液侧边界层、渗透侧边界层、膜基体的传热系数；J 为跨膜通量；ΔH 为汽化潜热。

根据能量守恒定律，在稳定状态下：

$$Q = Q_f = Q_m = Q_p \tag{9-9}$$

传热系数 h_f、h_p 可由下面的半经验公式计算得到：

$$Nu = aRe^b Pr^c \left(\frac{\mu}{\mu_m} \right)^d \tag{9-10}$$

式中，Nu、Re、Pr 分别为努塞特数、雷诺数、普朗特数；a、b、c、d 分别为液体流态的特征常数；μ、μ_m 分别为液体在主体和膜表面的动态黏度。

膜基体的传热系数 h_m 可通过下式计算得到：

$$h_m = \frac{k}{\delta} = \frac{k_a A_k + k_m \left(1 - A_k \right)}{\delta} \tag{9-11}$$

式中，δ 为膜的厚度；k 为膜的导热系数，其值与膜孔中气体和膜材料的性质有关；k_a、k_m 分别为膜孔中气体和膜材料的导热系数；A_k 为膜的孔隙率。

9.4.2 膜孔中热质传递

通常利用基于多孔介质中气体分子运动理论的传质机理来描述膜蒸馏过程的跨膜传质和预测膜蒸馏过程的渗透通量。一般来说，膜蒸馏过程的表面扩散可以忽略，气态分子通过膜孔的传质模型主要有克努森扩散模型、分子扩散模型、黏性流模型及混合模型[8, 17-19]，各模型在膜孔内的传质过程如图 9-5 所示。各模型计算的传质系数即为跨膜传质系数 K，将其代入式(9-1)可得传质通量。

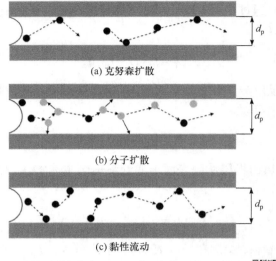

(a) 克努森扩散

(b) 分子扩散

(c) 黏性流动

● 易挥发性气体分子   ● 膜孔内滞留的空气分子

图 9-5   膜蒸馏过程的传质机理模型图

一般根据克努森数(Kn)的大小来区分，Kn 可由下列公式计算：

$$Kn = \frac{\lambda}{d_p} \tag{9-12}$$

式中，λ 为气体分子的平均运动自由程；d_p 为膜的平均孔径。

对于单种气体分子，λ 可由下式计算：

$$\lambda = \frac{k_B T_m}{\sqrt{2}\pi p_m \sigma^2} \tag{9-13}$$

式中，k_B 为 Boltzmann 常量，1.381×10^{-23} J·K^{-1}；T_m 为膜的平均温度，K；p_m 为膜的平均压力，Pa；σ 为气体分子的碰撞直径。

对于二元混合气体，λ 可由下式计算：

$$\lambda_{i/j} = \frac{k_B T_m}{\pi p_m \left(\dfrac{\sigma_i + \sigma_j}{2}\right)^2 \sqrt{1 + \left(\dfrac{M_j}{M_i}\right)}} \tag{9-14}$$

式中，σ_i 和 σ_j 分别为两种气体分子 i 和 j 的碰撞直径；M_i 和 M_j 分别为两种气体分子 i 和 j 的分子量。

1) 克努森扩散模型

气体在多孔膜材料中扩散，当膜孔直径远小于气体分子平均自由程（$d_p \ll \lambda$，$Kn \gg 1$，尤其是 $Kn > 10$）时，气体在膜孔中主要靠气体分子与膜壁面的碰撞进行传递，气体分子间的相互碰撞可忽略，气体分子与孔壁碰撞对传质过程产生重要的影响，此时的扩散称为克努森扩散。克努森扩散传质系数为

$$K_{\mathrm{K}} = \frac{4}{3} \frac{A_{\mathrm{k}} r}{\tau \delta} \left(\frac{2M}{\pi R T_{\mathrm{m}}} \right)^{1/2} \tag{9-15}$$

式中，M 为气体分子的摩尔质量，$\mathrm{g \cdot mol^{-1}}$；$R$ 为摩尔气体常量，$\mathrm{J \cdot mol^{-1} \cdot K^{-1}}$；$T_{\mathrm{m}}$ 为膜的平均温度；K；A_{k}、r、τ、δ 分别为多孔膜的孔隙率、膜孔半径、弯曲因子、厚度。

2) 分子扩散模型

当膜的孔径远大于气体分子的平均自由程（$d_{\mathrm{p}} \gg 100\lambda$，$Kn < 0.01$）时，气体分子间的碰撞比分子与膜壁的碰撞更加频繁，气体在膜孔内主要为分子间的碰撞，此时气体分子与膜壁间的碰撞可以忽略，传质阻力主要来源于分子之间的碰撞，当膜两侧存在温度或浓度差时，不同种类的气体分子之间将会发生相对运动，在梯度负方向上产生扩散，此时的扩散称为分子扩散。分子扩散传质系数为

$$K_{\mathrm{D}} = \frac{A_{\mathrm{k}} r}{\tau \delta} \frac{pD}{p_{\mathrm{a}}} \frac{M}{R T_{\mathrm{m}}} \tag{9-16}$$

式中，D 为气体分子的扩散系数，$\mathrm{m^2 \cdot s^{-1}}$；$p$、$p_{\mathrm{a}}$ 分别为膜孔内的总压力和膜孔内的空气压力（膜孔内的总压力是膜孔内的空气压力和蒸气压力之和）。

3) 黏性流动模型

黏性流动模型又称 Poiseuille 流动模型，当膜的孔径远大于气体分子的平均自由程（$d_{\mathrm{p}} > 100\lambda$，$Kn < 0.01$）时，气体分子间的碰撞处于主导状态。Poiseuille 流动模型认为分子处于黏性流动状态，在蒸气压差作用下，分子会由高浓度区域向低浓度处流动，Poiseuille 流动的传质系数为

$$K_{\mathrm{P}} = \frac{1}{8} \frac{A_{\mathrm{k}} r^2}{\tau \delta} \frac{M p_{\mathrm{m}}}{\mu R T_{\mathrm{m}}} \tag{9-17}$$

式中，μ 为气体黏度，$\mathrm{Pa \cdot s}$。

4) 混合模型

由于受孔径分布等因素的影响，实际的传质过程难以用单一的机理模型来描述。当气体分子的平均自由程与膜的平均孔径大小接近时，克努森数 Kn 处于过渡区域（$0.01 < Kn < 1$，$\lambda < d_{\mathrm{p}} < 100\lambda$），上述两种或三种传递扩散方式在膜蒸馏的传质过程中共存。除此之外，不同的膜蒸馏装置、所用膜种类及操作条件等，也都难以用单一机理模型来描述，因此将某些传质模型相结合得到了过渡模型。

介于克努森扩散和分子扩散之间的过渡模型。Kn 处于过渡区域（$0.01 < Kn < 1$，$\lambda < d_{\mathrm{p}} < 100\lambda$），当膜孔内滞留有空气分子且膜的两侧不存在静水压差时，如在直接接触式膜蒸馏中，膜孔内将同时发生克努森扩散和分子扩散，传质过程可以用克努森扩散/分子扩散过渡模型描述，其传质系数为

$$K_{\mathrm{KD}} = \left(\frac{1}{K_{\mathrm{K}}} + \frac{1}{K_{\mathrm{D}}} \right)^{-1} = \frac{A_{\mathrm{k}}}{\tau \delta} \left[\frac{3}{4r} \left(\frac{\pi R T_{\mathrm{m}}}{2M} \right)^{1/2} + \frac{p_{\mathrm{a}}}{pD} \frac{R T_{\mathrm{m}}}{M} \right]^{-1} \tag{9-18}$$

介于克努森扩散和 Poiseuille 流动之间的过渡模型。Kn 处于过渡区域（$0.01 < Kn < 1$，

$\lambda < d_{\mathrm{p}} < 100\lambda$），当膜孔内无滞留的空气分子且膜的两侧存在静水压差时，如在真空膜蒸馏中，膜孔内的分子扩散可以忽略，传质过程可以用克努森扩散/Poiseuille 流动过渡模型描述，其传质系数为

$$K_{\mathrm{KP}} = \left(\frac{1}{K_{\mathrm{K}}} + \frac{1}{K_{\mathrm{P}}}\right)^{-1} = \frac{M}{RT_{\mathrm{m}}} \frac{A_{\mathrm{k}}r}{\tau\delta} \left[\frac{3}{4}\left(\frac{\pi M}{2RT_{\mathrm{m}}}\right)^{1/2} + \frac{8\mu}{rp_{\mathrm{m}}}\right]^{-1} \tag{9-19}$$

9.5   膜蒸馏膜制备

9.5.1   膜结构特性

膜蒸馏膜的特性(如膜材料、孔结构等)对蒸气传递和膜蒸馏性能起着决定性作用。在膜蒸馏过程中，只有易挥发组分在料液侧的气液界面处汽化而以气体的形式穿过膜孔，液体则被阻挡在原料侧，因此膜蒸馏膜必须为疏水多孔膜，同时保证膜孔不易被润湿且具有较高的膜通量。疏水多孔膜应具有较小的传质阻力、高的液体渗透压(阻止水滴穿过膜孔，维持膜孔的干燥)、低的导热系数(减少通过膜的传导热损失)、良好的热稳定性和对大部分溶液(或物料)的化学稳定性。在前文的总传质过程中已详细介绍跨膜通量与跨膜传质系数存在的关系，同时提及跨膜传质系数与膜结构特性有关，因而跨膜通量与膜结构参数有关。跨膜通量和膜参数之间的相互关系可用下式表示：

$$N \propto \frac{r^{a}A_{\mathrm{k}}}{\delta_{\mathrm{m}}\tau} \tag{9-20}$$

式中，N 为摩尔通量；r 为膜孔的平均孔径；a 为系数(对克努森扩散和黏性扩散，它的值分别等于 1 或 2)。

从式(9-20)得知，膜的通量与膜的孔径和孔隙率成正比，与膜的厚度和曲率因子成反比。因此，膜蒸馏膜也应具有大的孔径和窄的孔径分布、高的孔隙率、合适的膜厚度。最大的孔径受到最小液体渗透压力的限制。在膜蒸馏过程中，为了防止膜孔被润湿，液体在膜两侧的静压差必须小于最小液体浸入压。最小液体浸入压(liquid entry pressure，LEP)可用 Laplace 方程定量描述：

$$\mathrm{LEP} = \frac{-2B\gamma\cos\theta}{r_{\mathrm{max}}} = p_{\mathrm{process}} - p_{\mathrm{pore}} \tag{9-21}$$

式中，B 为几何因子；γ 为溶液的表面张力；θ 为溶液和膜表面的接触角，取决于膜表面的疏水性；r_{max} 为膜的最大孔径；p_{process} 为膜两侧的液体压力；p_{pore} 为膜孔的压力。孔径在 0.1～1.0 μm 之间、孔隙率在 50%以上的疏水微孔膜适用于膜蒸馏过程。

9.5.2   膜材料

膜蒸馏膜为疏水微孔膜，目前常用的疏水性膜材料为 PTFE、聚丙烯(PP)及聚偏氟乙烯(PVDF)等高分子聚合物。在这三种膜材料中，PTFE 具有最高的疏水性、最好的热稳

定性和化学稳定性及耐氧化性，但极难被溶解，几乎不溶于任何溶剂且熔点较高，加工性能差，难于成膜，工艺复杂，成本较高，使其难以大规模推广应用；PP 具有较好的耐溶剂性，价格低廉，但疏水性不高，容易被氧化，需高温熔解，制膜方法单一且相当复杂；PVDF 具有较强的疏水性、良好的热稳定性和化学稳定性，易溶于 N, N-二甲基甲酰胺 (DMF)、N, N-二甲基乙酰胺 (dimethylacetamide，DMAc)、二甲基亚砜 (dimethyl sulfoxide，DMSO)等常见的极性有机溶剂，制膜工艺简单，制备方法多样，可采用相转化法等相对简单的制膜工艺制备加工成平板膜或中空纤维膜的形式，是理想的膜蒸馏膜制备材料[20]。

除了上述 PTFE、PP 和 PVDF 这三种疏水性膜材料外，近年来含氟类共聚物如聚偏氟乙烯-四氟乙烯(PVDF-TFE)、聚偏氟乙烯-六氟丙烯(PVDF-HFP)、聚偏氟乙烯-三氟氯乙烯(polyvinylidene fluoride-chlorotrifluor ethylene，PVDF-CTFE)、氟化乙烯丙烯(fluorinated ethylene-propylene，FEP)、乙烯三氟氯乙烯(ethylene chlorotrifluor ethylene，ECTFE)等也逐渐受到研究者们的关注并用于制备膜蒸馏膜。

9.5.3 膜制备工艺

目前疏水微孔膜常用的制备方法主要包括以下几种：熔融纺丝-拉伸法、径迹蚀刻法、烧结法、相转化法及静电纺丝法。

1. 熔融纺丝-拉伸法

熔融纺丝-拉伸法是先将聚合物材料在高应力下熔融挤出(平板或中空纤维形式)，不需要加入溶剂，形成与挤出方向一致的平行排列的片晶结构，然后在比熔点稍低的温度下对其进行后拉伸，在拉伸过程中平行排列的聚合物片晶结构被拉开，片晶之间的非晶部分及低结晶度部分产生相互贯通的裂纹状微孔，再通过热定型工艺处理得到固定的微孔膜结构。该方法一般适用于熔融温度较低、熔融应力较强并且结晶度适中的聚合物膜材料，如 PP、PVDF、PE 等。汪洋等[21]采用熔融纺丝-拉伸法制备了高拉伸强度的 PVDF 中空纤维膜。Zhu 等[22]通过熔融纺丝-拉伸法制备了 PTFE 疏水中空纤维膜，并探究了拉伸比例对膜表面形貌、膜孔大小、孔径分布等的影响，拉伸过程提高了膜通量。熔融纺丝-拉伸法在制备过程中不需要加入溶剂和添加剂，排放的废液很少，较为环保，但该方法对聚合物在熔融状态下的性质和结晶度有要求，且对工艺技术要求高，对微孔结构的控制难度大，制备的膜孔径大，孔径分布较宽，限制了它的应用。

2. 径迹蚀刻法

径迹蚀刻法的基本原理是用高能粒子束照射聚合物膜，当粒子穿过膜时打破膜内聚合物大分子之间的连接并留下一条易受化学物质蚀刻的孔道，随后将该聚合物膜浸入适当的刻蚀剂(酸或碱)中，被辐照的孔道优先被蚀刻生成细孔从而形成膜孔。膜照射的时间决定膜孔的数量，而蚀刻的时间则决定膜孔径的大小。径迹蚀刻制膜技术的特点在于，由于粒子束基本上是以垂直方向穿过膜，因此膜孔呈圆柱状，并且这些膜孔的弯曲因子近似为 1，膜孔的直径也几乎完全一致。这样制备的膜是一种非常完美的粒子筛分器，常用于测量空气中或者水中悬浮的粒子的种类和数量。

3. 烧结法

烧结法是指将粉末状的高分子微细粒子均匀加热，控制其温度和压力，粒子间存在一定的孔隙，并将粒子加热到熔融或稍低于熔融的温度，粒子的外表面软化熔融但不全熔，从而使粒子互相黏结连在一起形成多孔的薄层或块状物，再对其进行机械加工形成滤膜。烧结粒子间的间隙即为膜孔，膜孔的大小主要通过原料的粒度及温度来调控。烧结法通常用于无机微孔膜(如陶瓷膜)的制备，但一些难溶的高分子聚合物材料如PP、PTFE、PE、PVC等也可以采用烧结法制膜。烧结法制膜工艺操作简单，但难以实现连续化大规模生产，也难以制出孔径很小、壁厚很薄的膜，因此其应用范围受到一定的限制。

4. 相转化法

相转化法可分为：蒸发致相分离法、蒸气致相分离法、热致相分离法和非溶剂致相分离法，其中蒸发致相分离法、热致相分离法和非溶剂致相分离法的详细介绍参见2.2.2小节"1. 相转化法"。蒸气致相分离法(VIPS)与溶剂蒸发致相分离法相似，首先配制聚合物溶液，将其刮涂于一个支撑物上形成薄膜，而后将薄膜放入非溶剂的蒸气气氛中(该气氛中溶剂蒸气达到饱和状态)。由于溶剂在蒸气中达到饱和且分散十分均匀，这就使得薄膜中的溶剂无法继续挥发，因此非溶剂便可以渗透或是扩散进入刮涂的薄膜中，使其固化成型，从而制备无皮层的多孔膜。

5. 静电纺丝法

静电纺丝法是一种可制备超精细纤维的新型加工方法。利用高压电场的作用将聚合物溶液或熔体纺制成尺度在微米到纳米级的超细纤维，并以随机的方式散落在收集装置上，最终形成类似非织造布状的纤维毡。静电纺丝法制备的纤维比熔融纺丝-拉伸法得到的纤维更细，比表面积更大，纤维表面具有很多微小的二次结构，因此静电纺丝膜具有极高孔隙率和很强的疏水性，在膜蒸馏领域受到越来越多的关注。理论上，任何可溶解或熔融的高分子材料均可利用静电纺丝法进行加工处理。

9.5.4 膜材料改性及膜改性

目前膜蒸馏采用的疏水多孔膜尽管有一定的疏水性，但由于膜材料自身疏水性的限制，运行一段时间后，膜表面受污染，膜孔被堵塞及润湿而影响其性能。对膜材料及膜进行超疏水改性或疏水疏油改性(双疏改性)后可制备超强耐污染的膜蒸馏膜。常用的改性方法有共混改性法和表面改性法。

1) 共混改性法

共混改性法是指在配制聚合物溶液时添加入其他材料(如无机纳米粒子)，以提高膜的孔隙率或者疏水性，进而提高膜蒸馏效率。Khayet等[23]将合成的氟化表面改性的疏水大分子(surface modifying macromolecule, SMM)与高分子聚乙烯亚胺(PEI)进行共混，通过非溶剂致相分离法制膜，以 γ-丁内酯为非溶剂，在相分离过程中，两疏性大分子(末端为氟链段和主链为聚氨酯)因在 γ-丁内酯中更好的相容性而迁移到膜表面，形成复合的多孔疏水/亲水膜，该膜在膜蒸馏过程中具有高分离性能。

2) 表面改性法

表面改性法是指通过静电喷涂、浸没沉积、电化学沉积、化学气相沉积、化学接枝、涂覆、层层自组装、模板法、等离子体蚀刻、激光飞秒蚀刻等物理和化学手段在膜表面构建粗糙结构或引入低表面能物质，使得膜表面的性质发生改变，获得超疏水或双疏性能。Zhang 等[24]将疏水纳米 SiO_2 粒子与聚二甲基硅氧烷在甲苯中的分散液喷涂在 PVDF 膜表面，成功制备了接触角达 156°的超疏水平板膜，一系列的膜蒸馏实验结果表明，超疏水膜较未改性膜表现出良好的抗润湿及抗污染性。Li 等[25-29]利用浸没沉积和化学接枝相结合的方法成功制备了水接触角超 160°、油接触角超 150°的超疏水超疏油(超双疏功能)PVDF 复合膜，增加了膜的 LEP 值，减少了膜表面及膜孔润湿，极大地提高了膜蒸馏膜的抗污染性能。

9.6　膜蒸馏的应用

膜蒸馏技术主要采用疏水的多孔膜作为分隔介质，利用膜两侧的蒸气压差作为传质驱动力，与压力驱动膜分离技术相比具有操作压力低、分离效率高(理论上可达 100%)、可以得到高纯度产水等优点[30-31]，具有广泛的应用前景，下面对膜蒸馏技术的主要应用领域进行介绍。

9.6.1　脱盐纯化

膜蒸馏技术最初的应用方向为海水淡化。虽然反渗透技术作为海水和苦咸水淡化主要的膜分离处理技术从 20 世纪 60 年代就进入实用阶段，其设备和工艺条件不断改进和完善，但它需要高的操作压力，难以处理含盐量过高的水质。膜蒸馏技术与反渗透技术相比具有产水质量高、能够处理高浓度的盐水、设备简单等优点。因此，研究者们对膜蒸馏技术在海水和苦咸水脱盐方面及其他高浓度盐溶液的脱盐纯化处理领域进行了大量的研究工作。

例如，于德贤等[32]采用外径为 100 mm、长度为 500 mm 的聚偏氟乙烯中空纤维微孔膜组件，采用减压式膜蒸馏进行海水淡化，研究结果表明获得的淡化水含盐量低于自来水的含盐量，脱盐率达 99.7%以上，水通量在 $5\ kg\cdot m^{-2}\cdot h^{-1}$ 以上。在实际生产中利用工业余热或废热、太阳能加热、地热资源等可利用的廉价能源加热海水进行膜蒸馏海水淡化，将会进一步降低运行成本，使膜蒸馏技术在海水淡化中更具有竞争力。Samer 等[33]系统地研究了膜蒸馏技术在热海水淡化过程中的应用价值，其膜蒸馏海水淡化过程如图 9-6 所示，经过膜蒸馏技术处理后的产水的纯度较高，而且对高浓度盐水的处理效果也十分显著。李玲等[34]选择具有典型代表性的罗布泊地下苦咸水作为研究对象，将减压式膜蒸馏过程应用于电导率达到 102500 $\mu S\cdot cm^{-1}$ 的新疆某地下苦咸水进行淡化处理，馏

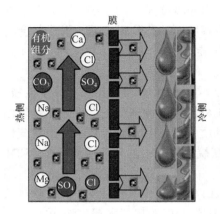

图 9-6   膜蒸馏技术海水淡化示意图[33]

出液电导率均小于 10 μS·cm⁻¹。他们还设计了出水量约为 1 m³·h⁻¹ 的减压膜蒸馏装置，初步进行了经济评价，使用减压膜蒸馏装置淡化苦咸水的运行费用约为 0.5 元·m⁻³。

以上研究表明，膜蒸馏技术在高浓度盐水的纯化处理中具有巨大的应用价值。虽然相关的中试规模研究取得了一定的进展，但目前尚未有膜蒸馏在海水淡化产业中大规模应用的报道。早在 1983 年瑞典的 Carlsson 利用膜蒸馏技术实现了海水脱盐，所用的标准膜组件每天可产水 5 m³，另外，瑞典的 Kjellander 等于 1985 年在大西洋海岸的一个岛上建立了两套平板膜蒸馏海水淡化的中试设备，试验结果表明膜蒸馏装置操作稳定，数据重复性好，可获固溶物总含量少于 50 mg·kg⁻¹ 的产水。王宏涛[35]设计了错流式减压膜蒸馏装置进行海水淡化的中试研究，结果表明，脱盐率可高达 99.99%，膜通量最高达 46.0 kg·m⁻²·h⁻¹。唐娜等[36]以天津市 1000 t·d⁻¹ 反渗透法海水淡化的浓盐水为原料进行浓海水的淡化研究，结果表明，在真空侧压力为 2 kPa、浓盐水流量为 120 L·h⁻¹、进料浓盐水温度为 340.15 K 时，自制 PTFE 平板膜组件的膜蒸馏通量为 24.8 kg·m⁻²·h⁻¹。膜蒸馏技术的应用可节省大量盐田面积，在获得淡水的同时降低盐产品成本。

9.6.2   废水处理

膜蒸馏技术在废水处理方面具有广泛的应用前景。Zakrzewska-Trznadel 等[37]利用膜蒸馏技术处理低放射性废水，并比较了各种处理方法，膜蒸馏技术具有显著的优越性。李文[38]利用膜蒸馏技术处理上海宝山钢铁集团有限公司(现中国宝武钢铁集团有限公司)内部焦化废水，经过长时间连续运行发现膜蒸馏产水中氯化物、硫酸根、钙硬度和悬浮物的最大浓度分别为 6.0 mg·L⁻¹、7.61 mg·L⁻¹、4.2 mg·L⁻¹ 和 2.0 mg·L⁻¹，达到了该公司工业用水的水质标准，膜蒸馏产水可作为工业用水进行回收利用。靳辉等[39]采用自主搭建的 PTFE 多效膜蒸馏装置对电镀反渗透浓废水进行浓缩处理，研究了热料液进口温度、冷料液进口温度和料液流量等因素对多效膜蒸馏的产水通量、造水比和产水指标的影响，并对电镀反渗透浓废水进行深度浓缩处理。实验结果表明，当电镀反渗透浓水被浓缩至 8 倍时，产水的电导率、COD、浊度和色度分别保持在 50 μS·cm⁻¹、15 mg·L⁻¹、2NTU 和 15 倍以下，脱盐率以及 COD、Cr、浊度和色度的去除率均保持在 99% 以上，均达到国家污水综合排放二级标准。

9.6.3   浓缩过程

膜蒸馏技术与其他膜过程相比，其主要优点之一是可以在较高的浓度条件下运行，并具有极高的脱水能力，即可把非挥发性溶质的水溶液浓缩到极高的浓度，甚至使溶液达到饱和状态，这也是其他任何膜过程都无法实现的。

　　王焕等[40]利用自制的具有内部热量回收功能的多效膜蒸馏组件，分别对西瓜汁、梨汁、柚子汁和苹果汁进行了浓缩试验。研究结果表明，在膜蒸馏浓缩果汁的过程中，膜的平均通量约为 $3 L \cdot m^{-2} \cdot h^{-1}$，造水比约为 7.5，相当于九效蒸发器的节能效果。最后利用膜组件进行了周期为 2 个月的多效膜蒸馏浓缩稳定性实验，实验期间所用膜组件的操作性能没有明显下降。李建梅等[41]将真空膜蒸馏法用于益母草与赤芍提取液的浓缩，膜蒸馏在中药的浓缩提取过程中具有效率高、耗能少、操作方便等优点，有效成分的截留率为 100%。另外在膜蒸馏过程中，温度和真空度越高，浓缩效率就越高，在一定范围内增大流速也有利于提高浓缩效率。

9.6.4　其他领域

　　膜蒸馏技术在其他需要处理高浓度溶液的领域也具有应用价值，可有效地从物系中分离或除去挥发性物质。当挥发性物质在体系中作为反应产物之一时，其在膜蒸馏过程中脱离体系，直接推动反应平衡向正方向移动，这样就可以不断地得到处于反应同侧的其他产物，提高目标产物的产量。

　　Li 等[42]采用气隙式膜蒸馏(air gap membrane distillation，AGMD)与外部热交换器相结合的多效膜蒸馏(multiple-effect membrane distillation，MEMD)过程来浓缩稀硫酸，可将 2%的硫酸溶液浓缩至 40%，且馏分可视为纯水。Tomaszewska 等[43]以 KCl 和 H_2SO_4 为原料，将化学反应器与直接接触式膜蒸馏(direct contact membrane distillation，DCMD)过程相结合来生产 $KHSO_4$，膜蒸馏过程可使反应生成的 $KHSO_4$ 直接沉淀下来，同时连续地移除体系中的 HCl，使化学平衡朝生成 $KHSO_4$ 的方向一直进行。在进料比为 1∶2 的情况下，钾的转化率为 93%。这些技术如果能够实现工业化应用，可在能耗与设备投入方面展现突出的优势。另外，研究人员也将膜蒸馏过程引入化学合成反应中来制备高浓度的聚氯化铝(PAC)，可获得较高的选择性和产品纯度[44]。此外，将膜蒸馏技术与生物反应器结合用于发酵生产[45]，可有效除去影响微生物生长的化学挥发性抑制剂(如乙酸等)，改善其生长环境，从而提升产量。

　　因膜蒸馏流程简单、膜组件简洁紧凑、易于自动化操作、维护方便、无二次污染等优势，膜蒸馏在处理挥发性有机物废水方面也具有广阔的应用前景。沈志松等[46]用减压膜蒸馏技术处理丙烯腈废水，发现废水中丙烯腈的去除率在 98%以上，出水浓度低于 $5 mg \cdot L^{-1}$，可达到排放要求。刘金山[47]利用减压膜蒸馏处理含甲醇废水，浓度高达 $10 mg \cdot mL^{-1}$ 的甲醇水溶液经处理后可降至 $0.03 mg \cdot mL^{-1}$ 以下。

9.7　膜污染及其控制

9.7.1　膜污染机理

　　膜蒸馏过程中常见的膜污染也是制约膜蒸馏技术工业化应用的重要因素。膜污染是指在膜蒸馏过程中膜表面附着无机盐或有机物沉积层，沉积物堵塞膜孔，导致膜性能发生变化，从而改变膜通量与膜分离特性，严重影响膜蒸馏的分离效果。当膜污染严重时，还会造成膜孔的润湿，降低产水水质。产生膜污染的途径主要包括：污染物在膜表面及膜孔的吸附，污染物对膜表面孔和纵断面孔的堵塞，浓差极化形成的边界层，凝胶层的形成等。

波兰科学家Cryta及其团队从2000年起至今针对膜蒸馏过程中的膜污染开展了大量的研究工作[48-49]，他们认为，膜污染发生在溶质浓度较高的膜蒸馏长期运行过程中。在浓盐水的膜蒸馏实验中发现，随着无机盐在膜表面不断沉积，膜通量逐渐降低，这种现象应归于无机盐结晶颗粒在膜表面不断附着，且随着操作时间的延长，盐结晶还会引起膜的润湿。在用膜蒸馏浓缩蛋白质污水、船底污水、盐水的过程中，采用傅里叶变换红外漫反射光谱仪和扫描电子显微镜-能谱分析仪对膜表面沉积层的形态和组成进行了分析研究，发现在不同的研究案例中，膜污染的强度有明显的区别，膜通量的下降主要是因为污染层造成传热阻力的增加。膜污染不仅发生在膜表面，还会发生在膜孔中，而且膜孔中的污染不仅会造成膜的润湿，甚至会对膜的结构造成机械损伤。Yun等[50]在膜蒸馏处理高浓度含盐水的过程中也发现了由氯化钠结晶引起的膜污染，当氯化钠溶液浓缩至接近饱和时，膜污染迅速加剧后稳定在一定的程度。He等[51]采用饱和指数法预测碳酸钙及碳酸钙/硫酸钙复合体系在膜蒸馏过程中的膜污染，考察了流体流动状态对钙盐结垢的影响。研究表明，进料温度和浓度的增加会使碳酸钙结垢的速率加快。研究中还发现，碳酸钙结垢并未引起膜蒸馏通量的显著下降，而硫酸钙/碳酸钙复合体系会造成膜通量迅速下降。

9.7.2   膜污染防治

1. 预防膜污染措施

膜污染现象会严重影响膜蒸馏技术的效率，而采取适当的膜污染预防手段可以缓解膜污染程度，降低膜的清洗周期，提高膜蒸馏过程的生产能力。膜污染的预防主要有以下几种方法。

1）选择合适膜材料或对膜表面进行改性预处理

膜表面的疏水性及荷电性质影响膜与溶液溶质间的相互作用，根据膜材料及待处理料液的特点，在膜表面引入特定基团或适当调整制膜工艺对膜进行改性来减小膜面对溶质的吸附力，可以缓解膜污染。王庆军等[52]对膜表面进行超疏水改性的研究现状进行了总结，认为对膜表面形貌的微观构造进行重新排列，将获得理想的超疏水材料。膜表面的超疏水改性对于缓解膜污染是有利的。

2）料液预处理

通过对料液进行适当的预处理降低料液中溶质在膜表面沉积的程度，从而缓解膜污染。比较常见的预处理方法是混凝，用以去除水中的胶体、固体悬浮物。针对钙镁离子的去除，比较成熟的方法为加速结晶软化，即在沉淀反应体系中加入混凝剂或其他粒状固体物质以诱导废水溶液中的钙镁离子沉淀结晶[53]。宋莎莎[54]采用减压膜蒸馏方法处理高盐度工业有机废水，在对原水进行絮凝沉淀、微滤、大孔树脂吸附等预处理后，膜表面的沉积物明显减少，膜污染得到缓解。此外，通过催化氧化的方式也可以将大分子有机物降解为小分子，从而大大减轻大分子有机物对膜表面的污染。

3) 改善膜表面流体力学条件

提高进料流速，在流道中设置湍流构件或对组件料液流道进行精心合理的设计以增大流体的雷诺数，减少组件内结构流道的死角，既可提高膜通量，也可在一定程度上减轻由浓差极化造成的膜污染。

4) 抑制微生物生长

膜蒸馏通常在较高温度下进行，微生物污染一般不严重。但对较低温度下的膜蒸馏，采取一定的手段防治微生物污染是必要的。常使用的消毒剂有氯试剂、过氧化物、碘化物等，常使用的阻垢剂有六偏磷酸钠及其他新型阻垢剂，常使用的杀菌剂为液氯、次氯酸钠(NaClO)、过氧化氢(H_2O_2)等。

2. 污染膜的清洗

定期对污染膜进行清洗也是控制膜污染、抑制膜通量衰减、提高膜蒸馏分离效率的重要方式。膜蒸馏过程中的污染膜清洗可大致分为物理清洗和化学清洗两种方法。

1) 物理清洗

物理清洗即简单地利用水或空气和水的混合流体高速冲击膜表面，通过机械冲刷作用脱除膜表面沉积的污染物。物理清洗的优点在于不引入新污染物，且清洗步骤简单，缺点在于清洗效果的持久性较差。常见的物理清洗方法有低压高流速清洗、反压清洗、负压清洗。对于和膜表面黏附力较弱的污染物，纯水的冲洗即可取得良好的清洗效果，必要时可适当增加纯水的温度。但是很多情况下，物理清洗对于溶解度较低的盐类及某些大分子有机物污染清洗效果较差，需要采用化学清洗方法。

2) 化学清洗

化学清洗是指根据膜表面污染的化学特性，在清洗液中加入某种合适的化学药剂对膜表面污染物进行清洗。对碱性污染物或酸溶解性无机盐类污染物采用稀盐酸溶液清洗一般可取得良好的效果。王畅[55]在清洗膜蒸馏海水淡化污染膜时，采用酸洗加蒸气吹扫的方式，使膜通量恢复到初始通量的 95%，此外采用 EDTA 溶液清洗常见的钙镁无机盐膜污染也可以取得良好的效果。对油脂、蛋白、藻类等的生物污染、胶体污染及大多数的有机污染则可以采用强碱溶液清洗，如 NaOH 溶液，但 NaOH 溶液碱性太强，有可能对膜的结构造成损害。例如，PVDF 膜在强碱性条件下可能会发生脱氟反应，造成疏水性的改变[56]。而 NaClO 溶液的碱性要弱于 NaOH 溶液，且具一定的氧化性，常被用作对有机物和微生物污染的清洗剂[57]。曲丹[58]以 PVDF 为疏水膜材料，采用 NaClO 溶液清洗膜蒸馏处理淀粉废水中的污染膜，膜通量完全恢复至初始状态，且膜性能保持不变，这与 PVDF 材料本身较好的抗氧化性有关。通过降低强碱清洗液的浓度，并采取多种清洗方式联合清洗的方法，也可以减轻强碱对膜结构的损害，延长膜的使用寿命。应该注意到化学清洗需要消耗药剂，且存在引入新污染物的可能性。这两种常规清洗技术对膜表面的一些黏附力强的杂质清洗效果欠佳，如杨晓宏等[59]采用气隙式膜蒸馏处理氯化钠溶液时，受污染的膜经酸洗后部分膜表面仍被一些不溶于酸的杂质所覆盖。因此，研究者开始考虑将一些机械振动或扰动的技术和常规清洗技术结合起来，以提高膜污染清洗的效率。

9.8　膜蒸馏技术存在的问题及发展前景

膜污染是制约膜蒸馏过程实现规模化应用的重要因素之一，料液中表面活性剂类物质、有机物、无机盐、颗粒物、胶体等不同低表面张力污染物的存在及含油废水的处理会导致严重的膜污染。膜污染不仅造成膜通量下降，而且使膜孔发生润湿造成泄漏，从而影响产出水的品质。当前商品化的疏水微滤膜虽可提供较高的初始膜通量，但很快会被低表面张力物质污染，需要通过物理或化学手段进行清洗以继续使用，然而频繁的清洗会缩短膜的使用寿命，不是长期可行的办法。改善商业膜的特性或开发具有特殊润湿性的新型膜为缓解膜污染和减弱膜润湿开辟了新的可能性。例如，超疏水膜主要用于高盐度水的处理，提高无机防垢性能，双疏膜和 Janus 膜用于含表面活性剂和含油废水的处理，有显著的抗有机污垢性能[60-61]。这些新型膜虽在有限时间内缓解了膜污染，但在长期运行中仍面临挑战。例如，通过表面改性制备的膜，其涂层与基膜之间的附着力必须足够牢固，即膜的耐用性问题，是未来研究的主要领域之一。在膜表面粗糙结构的构建方面，除采用常规的微米/纳米颗粒沉积外，新颖的自上而下的技术(如模板法)或自下而上的技术(如碳量子点)都可用于稳定的凹角结构的构建。另外，料液在膜蒸馏过程前先进行简单的预处理，去除大颗粒污垢可以减轻膜污染。

膜蒸馏是一种热驱动的膜分离过程，能耗问题是膜蒸馏过程未实现工业化的障碍之一。尽管膜蒸馏过程在比常规热脱盐技术低的温度下运行，但热能成本仍然占总能耗的大部分。对此常用的两种解决方案是使用低成本能源和降低运行膜蒸馏过程所需的热能。废热和太阳能被认为是膜蒸馏过程的低成本能源，但实际情况下许多地区离废热源头较远和缺乏充足阳光的供应，因此需要考虑其他热量来源。此外，热效率通常因温差极化现象而降低。减弱膜表面的温差极化现象是提高热效率的关键，可通过开发具有自加热功能的智能膜或将光热材料、导电导热材料及电热和感应加热材料修饰于膜表面，减少热损失。此外，膜蒸馏过程与其他过程耦合使用，如膜蒸馏与正渗透耦合，反渗透与膜蒸馏耦合，发挥各自优势，设计出具有更好分离性能、操作更简便、能耗更小、更易规模化的膜分离过程，是今后膜蒸馏技术发展的一个重要方向。优化膜组件结构设计，获得优良的传热、传质性能，减少热损失，开发具有热回收功能的一体化膜组件同样是膜蒸馏中非常重要的一个环节。

虽然膜蒸馏过程的总传质传热机理已有较多研究，也通过建立各种模型以不同的精度预测膜通量，但膜内部发生的物理现象(如表面扩散)在膜蒸馏模型中一直被忽略，在以后建立的模型中膜孔内部的参数分析还需深入研究，为膜蒸馏的应用技术研究提供理论支撑。

习　题

9-1　膜蒸馏的原理是什么？

9-2　与其他膜过程相比，膜蒸馏过程具备哪些特征和优势？

9-3　常见膜蒸馏用有机膜材料和无机膜材料主要有哪些？它们各有哪些突出优点？

9-4 目前膜蒸馏用疏水微孔膜常用的制备方法主要有哪些？

9-5 膜蒸馏过程中表面扩散可以忽略，气态分子通过膜孔的传质模型主要有哪些？

9-6 解释膜蒸馏过程中温差极化现象产生的原因。

9-7 简述膜蒸馏中的传质与传热过程。

9-8 膜蒸馏膜的表面改性方法主要有哪些？

9-9 膜蒸馏组件的形式主要有哪些？各有什么优缺点？

9-10 膜蒸馏主要应用在哪几个方面？

9-11 哪些因素限制了膜蒸馏的大规模应用？

9-12 膜蒸馏膜污染的防治方法主要有哪些？

9-13 根据膜蒸馏的特点，思考膜蒸馏技术还可以应用于其他哪些新的领域。

参 考 文 献

[1] Bodell B. Silicone rubber vapor diffusion in saline water distillation: US285032. 1963-06-03.

[2] Findley M. Vaporization through porous membranes. Industrial & Engineering Chemistry Process Design and Development, 1967, 6(2): 226-230.

[3] Findley M, Tanna V, Rao Y. Mass and heat transfer relations in evaporation through porous membranes. AIChE Journal, 1969, 15(4): 483-489.

[4] Smolders K, Franken A. Terminology for membrane distillation. Desalination, 1989, 72(3): 249-262.

[5] 吴庸烈. 膜蒸馏——一种新型膜分离技术. 应用化学, 1986, 3(5): 1-5.

[6] Hogan P, Sudjito F, Morrison G. Desalination by solar heated membrane distillation. Desalination, 1991, 81(1-3): 81-90.

[7] 余立新, 刘茂林, 蒋维钧. 膜蒸馏的研究现状及发展方向. 化工进展, 1991, 3: 1-5.

[8] Lawson K, Lloyd D. Membrane distillation. Journal of Membrane Science, 1997, 124(1): 1-25.

[9] Warsinger D, Guillen-Burrieza E, Arafat H, et al. Scaling and fouling in membrane distillation for desalination applications: A review. Desalination, 2015, 356(1): 294-313.

[10] Chew N G P, Zhao S, Wang R. Recent advances in membrane development for treating surfactant- and oil-containing feed streams via membrane distillation. Advances in Colloid and Interface Science, 2019, 273: 102022-102040.

[11] Curcio E, Drioli E. Membrane distillation and related operations: A review. Separation and Purification Reviews, 2005, 34(1): 35-86.

[12] Kalla S. Use of membrane distillation for oily wastewater treatment: A review. Journal of Environmental Chemical Engineering, 2021, 9(1): 104641-104659.

[13] 刘芮. 新型热回收式组合膜蒸馏组件的研究. 天津: 天津大学, 2014.

[14] 高云霄. 新型热回收螺旋式膜蒸馏组件的研究. 天津: 天津大学, 2016.

[15] 支星星. 节能型卷式气隙式膜蒸馏组件的设计与过程研究. 天津: 天津大学, 2018.

[16] Drioli E, Wu Y. Membrane distillation: A experimental study. Desalination, 1985, 53(1-3): 339-346.

[17] Lawson K, Lloyd D. Membrane distillation Ⅰ Module design and performance evaluation using vacuum membrane distillation. Journal of Membrane Science, 1996, 120(1): 111-121.

[18] Lawson K, Lloyd D. Membrane distillation Ⅱ Direct contact MD. Journal of Membrane Science, 1996, 120(1): 123-133.

[19] Bandini S, Saavedra A, Sarti G. Vacuum membrane distillation: Experiments and modeling. AICHE Journal, 1997, 43(2): 398-408.

[20] Liu F, Hashim N, Liu Y, et al. Progress in the production and modification of PVDF membranes. Journal

of Membrane Science, 2011, 375(1-2): 1-27.

[21] 汪洋, 吕晓龙, 武春瑞, 等. 高强度聚偏氟乙烯纤维的熔融纺丝法制备. 纺织学报, 2015, 36(6): 1-6.

[22] Zhu H L, Wang H J, Wang F, et al. Preparation and properties of PTFE hollow fiber membranes for desalination through vacuum membrane distillation. Journal of Membrane Science, 2013, 446: 145-153.

[23] Khayet M, Matsuura T. Application of surface modifying macromolecules for the preparation of membranes for membrane distillation. Desalination, 2003, 158(1-3): 51-56.

[24] Zhang J, Song Z, Li B, et al. Fabrication and characterization of superhydrophobic poly (vinylidene fluoride) membrane for direct contact membrane distillation. Desalination, 2013, 324(1): 1-9.

[25] Zhang W, Li Y, Liu J, et al. Fabrication of hierarchical poly (vinylidene fluoride) micro/nano-composite membrane with anti-fouling property for membrane distillation. Journal of Membrane Science, 2017, 535: 258-267.

[26] Shan H, Liu J, Li X, et al. Nanocoated amphiphobic membrane for flux enhancement and comprehensive anti-fouling performance in direct contact membrane distillation. Journal of Membrane Science, 2018, 567: 166-180.

[27] Li X P, Shan H T, Cao M, et al. Facile fabrication of omniphobic PVDF composite membrane via a waterborne coating for anti-wetting and anti-fouling membrane distillation. Journal of Membrane Science, 2019, 589: 117262-117275.

[28] Zhang W, Lu Y B, Liu J, et al. Preparation of re-entrant and anti-fouling PVDF composite membrane with omniphobicity for membrane distillation. Journal of Membrane Science, 2020, 595: 117563-117576.

[29] Zhang W, Hu B Y, Wang Z, et al. Fabrication of omniphobic PVDF composite membrane with dual-scale hierarchical structure via chemical bonding for robust membrane distillation. Journal of Membrane Science, 2021, 622: 119038-119052.

[30] Ahmad N, Goh P, Yogarathinam L, et al. Current advances in membrane technologies for produced water desalination. Desalination, 2020, 493: 114643-114664.

[31] Anvari A, Yancheshme A, Kekre K, et al. State-of-the-art methods for overcoming temperature polarization in membrane distillation process: A review. Journal of Membrane Science, 2020, 616: 118413-118433.

[32] 于德贤, 于德良, 韩彬, 等. 膜蒸馏海水淡化研究. 膜科学与技术, 2002, 22(1): 17-20.

[33] Samer A, Altaf H, Minier M, et al. Application of membrane distillation for desalting brines from thermal desalination plants. Desalination, 2013, 314(1): 101-108.

[34] 李玲, 匡琼芝, 闵犁园, 等. 减压膜蒸馏淡化罗布泊苦咸水研究. 水处理技术, 2007, 33(1): 67-70.

[35] 王宏涛. 错流式减压膜蒸馏过程分析及组件放大特性研究. 天津: 天津大学, 2012.

[36] 唐娜, 陈明玉, 袁建军, 等. 海水淡化浓盐水真空膜蒸馏研究. 膜科学与技术, 2007, 27(6): 93-96.

[37] Zakrzewska-Trznadel G, Harasimowicz M, Chmielewski A. Concentration of radioactive components in liquid low-level radioactive waste by membrane distillation. Journal of Membrane Science, 1999, 163(2): 257-264.

[38] 李文. 利用膜蒸馏技术处理焦化废水实验研究. 广州化工, 2018, 46(19): 81-82, 85.

[39] 靳辉, 朱海霖, 郭玉海, 等. 多效膜蒸馏技术处理电镀废水反渗透浓水的研究. 浙江理工大学学报 (自然科学版), 2016, 35(4): 528-532.

[40] 王焕, 秦英杰, 刘立强, 等. 多效膜蒸馏技术用于果汁浓缩. 化学工业与工程, 2012, 29(4): 50-57.

[41] 李建梅, 王树源, 徐志康, 等. 真空膜蒸馏法浓缩益母草及赤芍提取液的实验研究. 中成药, 2004, 26(5): 423-424.

[42] Li X J, Qin Y J, Liu R L, et al. Study on concentration of aqueous sulfuric acid solution by multiple-effect membrane distillation. Desalination, 2012, 307(1): 34-41.

[43] Tomaszewska M, Łapin A. The influence of feed temperature and composition on the conversion of KCl

into KHSO₄ in a membrane reactor combined with direct contact membrane distillation. Separation and Purification Technology, 2012, 100: 59-65.

[44] Zhao C W, Yan Y, Hou D Y, et al. Preparation of high concentration polyaluminum chloride by chemical synthesis membrane distillation method with self-made hollow fiber membrane. Journal of Environmental Sciences, 2012, 24(5): 834-839.

[45] Gryta M, Markowska-Szczupak A, Bastrzyk J, et al. The study of membrane distillation used for separation of fermenting glycerol solutions. Journal of Membrane Science, 2013, 431: 1-8.

[46] 沈志松, 钱国芬. 减压膜蒸馏技术处理丙烯腈废水研究. 膜科学与技术, 2000, 20(2): 55-60.

[47] 刘金山. 膜蒸馏法对含甲醇废水的处理实验研究. 特种油气藏, 2003, 10(4): 87-89.

[48] Gryta M. Concentration of NaCl solution by membrane distillation integrated with crystallization. Separation Science and Technology, 2002, 37(15): 3535-3558.

[49] Gryta M. Fouling in direct contact membrane distillation process. Journal of Membrane Science, 2008, 325(1): 383-394.

[50] Yun Y B, Ma R Y, Zhang W Z. Direct contact membrane distillation mechanism for high concentration NaCl solutions. Desalination, 2006, 188(1-3): 251-262.

[51] He F, Sirkar K, Gilron J. Studies on scaling of membranes in desalination by direct contact membrane distillation: CaCO₃ and Mixed CaCO₃/CaSO₄ systems. Chemical Engineering Science, 2009, 64(8): 1844-1859.

[52] 王庆军, 陈庆民. 超疏水膜表面构造及构造控制研究进展. 高分子通报, 2005, (2): 63-69.

[53] Castro-Munoz R. Breakthroughs on tailoring pervaporation membranes for water desalination: A review. Water Research, 2020, 187: 116428-116441.

[54] 宋莎莎. 膜蒸馏有机工业废水处理及膜污染研究. 天津: 天津大学, 2009.

[55] 王畅. 海水直接接触式膜蒸馏过程的通量与污染研究. 天津: 天津大学, 2008.

[56] Ross G, Watts J, Hill M. Surface modification of poly(vinylidenefluoride) by alkalinetreatment: The degradation mechanism. Polymer, 2000, 41: 1685-1696.

[57] Khaing T, Li J, Li Y, et al. Feasibility study on petrochemical wastewater treatment and reuse using a novel submerged membrane distillation bioreactor. Separation and Purification Technology, 2010, 74(1): 138-143.

[58] 曲丹. 膜蒸馏过程中膜污染及控制方法研究. 北京: 中国科学院研究生院, 2009.

[59] 杨晓宏, 田瑞, 马淑娟, 等. 叠式空气隙膜蒸馏组件膜污染实验研究. 环境工程学报, 2013, 7(3): 963-968.

[60] Lee J, Jang Y, Fortunato L, et al. An advanced online monitoring approach to study the scaling behavior in direct contact membrane distillation. Journal of Membrane Science, 2018, 546: 50-60.

[61] Hou D Y, Yuan Z Y, Tang M, et al. Effect and mechanism of an anionic surfactant on membrane performance during direct contact membrane distillation. Journal of Membrane Science, 2020, 595: 117495-117506.

第10章

离子交换膜与相关分离过程

10.1　离子交换膜特点及发展历程

离子交换膜可认为是膜状的离子交换树脂，它包括三个基本组成部分——高分子骨架、固定基团及基团上的可移动离子。与离子交换树脂一样，按照其带电荷种类的不同，主要分为阳离子交换膜和阴离子交换膜。阳离子交换膜(简称阳膜)膜体中含有带负电的酸性活性基团，因此能选择透过阳离子而阻挡阴离子的透过。阴离子交换膜(简称阴膜)膜体中含有带正电的碱性活性基团，因此能选择透过阴离子而阻挡阳离子的透过。凡是被膜阻挡的离子称为同离子(与膜所带的电荷相同)，反之为反离子。因此，阴、阳膜的同离子和反离子是互为相反的。图 10-1 给出了阳膜的固定基团、同离子和反离子的示意图[1-5]。

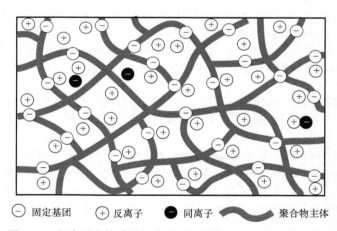

图 10-1　阳离子交换膜的固定基团、同离子和反离子的示意图

最早的离子交换膜过程可以追溯到 1890 年，Ostwald[6]在研究一种半渗透膜的性能时发现如果该膜能够阻挡阴离子或阳离子，该膜就可截留这种阴、阳离子所构成的电解质。为了解释当时的实验现象，他假定了在膜相和其共存的电解质溶液之间存在一种所谓的膜电势(membrane potential)来解释膜相和溶液主体中离子浓度的差异。这种假设在1911年被Donnan[7]所证实，并发展为现在所公认的描述电解质溶液与膜相浓度的Donnan

平衡模型,即排斥电势(exclusion potential)。这些早期的理论和实验研究为离子膜的发展奠定了基础。1925 年,Michaelis[8]用均相弱酸胶体膜做了一些基本研究。1932 年,Söllner[9]提出了同时含有荷正电基团和荷负电基团的镶嵌膜和两性膜的概念,同时发现了通过这些膜的一些奇特的传递现象。大概在 1940 年,工业需求促进了合成酚醛缩聚型离子膜的发展[10]。同时,Meyer 和 Strauss[11]发明了电渗析过程,在该过程中,阴、阳离子交换膜交替排列在两电极之间形成许多平行的隔室,这就是最早的电渗析。这时,由于商品高性能离子膜的缺乏,工业应用仍是空白,直到 1950 年离子公司的 Juda 和 McRae[12]、1953年 Rohm 公司的 Winger 等[13]发明了性能优良的离子交换膜(当时的异相膜),以离子交换膜为基础的电渗析过程才开始快速应用于工业电解质料液的脱盐和浓缩。从那时起,无论是离子交换膜还是电渗析都进入了快速发展期,并得到了诸多改进。例如,20 世纪 60年代,日本旭化成公司实现了用一价离子选择性膜从海水制盐的工业化[14];1969 年,开发出倒极电渗析(electrodialysis reversal),避免电渗析器运行过程中膜和电极的污染,实现了电渗析器的长期稳定运行[15];20 世纪 70 年代,美国 Du Pont 公司开发出化学稳定性非常好的全氟磺酸膜(Nafion 系列),实现了离子交换膜在氯碱电解工业和能量储存系统(燃料电池)的大规模应用[16];1976 年,Chlanda 等[17]将阴阳膜层复合在一起制备出双极膜,它的出现大大改变了传统的工业制备过程,形成了电渗析技术新的增长点,在当今的化学工业、食品工业、环境工业领域中起着重要的作用。

10.2　离子交换膜分类

离子交换膜可基于膜材料、膜结构及膜功能等不同的角度来认识。例如,根据所实现的功能,离子交换膜可以分为以下几种。

(1) 阳离子交换膜,带有阳离子交换基团(荷负电),可选择性地透过阳离子。

(2) 阴离子交换膜,带有阴离子交换基团(荷正电),可选择性地透过阴离子。

(3) 两性离子交换膜,同时有阳离子交换基团和阴离子交换基团,阴离子和阳离子均可透过。

(4) 双极膜,由阳离子交换膜层和阴离子交换膜层复合而成(双层膜)。工作时,膜外的离子无法进入膜内,因此膜间的水分子发生解离,产生的 H^+ 透过阳膜趋向于阴极,产生的 OH^- 透过阴膜趋向阳极。

(5) 镶嵌型离子交换膜,在其断面上分布着阳离子交换区域和阴离子交换区域,且上述荷电区域往往是由绝缘体来分隔的。

阳离子交换基团主要有磺酸基、羧酸基、磷酸基、单硫酸酯基、单磷酸酯基、双磷酸酯基、酚羟基、巯基、全氟叔醇基、磺胺基、N-氧基和其他能够在水溶液或水和有机溶剂的混合溶液中提供负电荷的固定基团。阴离子交换基团主要包括伯氨基团、仲氨基团、叔氨基团、季氨基团、巯阳离子、季鏻基、二茂钴鎓离子基团和其他能够在水溶液或者水和诸如具有碱金属的冠醚复合体等有机溶剂的混合溶液中提供正电荷的固定基团。

此外,根据膜结构,离子交换膜也可以分为以下两种。

(1) 异相离子交换膜，通常是由离子交换树脂粉分散在起黏合作用的高分子材料中，经溶剂挥发或热压成型等工艺加工而成。其中，黏合剂多为聚氯乙烯、聚乙烯和聚丙烯等非荷电高分子材料，因此离子交换基团在膜中的分布是不连续的。

(2) 均相离子交换膜，通常是由具有离子交换基团的高分子材料直接成膜，或是在高分子膜基体上键接离子交换基团而成。显然，离子交换基团在这类膜中的分布应是均一的。

离子交换膜与离子交换树脂具有相同的基本化学结构，但在制备方法上，因为离子交换膜既包括树脂的合成过程又有膜的成膜过程，所以离子交换膜的制备方法较为复杂。除参照离子交换树脂制备外，非荷电膜的成膜方法对于离子交换膜也适用。通常离子交换膜的制备包括三个主要过程：①基膜制备；②引进交联结构；③引入功能基团。

制膜的途径也主要是下述三种之一：①先成膜后导入活性基团；②先导入活性基团再成膜；③成膜与导入活性基团同时进行。上述三条路线会因具体的工艺不同而不同，特别是对于前两种方法涉及基膜的制备或者利用荷电材料成膜，所采用的具体方法同一般的非荷电膜。以下根据不同的具体情况予以介绍。

10.2.1　阳离子交换膜

尽管常规离子交换膜可以实现阳离子与阴离子之间的分离，但是它不能有效地完成同性离子间的分离。在电渗析领域中，离子交换膜通常面向的是包含有多种离子的溶液体系，往往希望膜能将特定离子从混合物中选择分离出来。例如，电渗析法浓缩海水制盐的过程中，为了防止结垢，需要及时去除体系中的硬度离子，而电渗析法由地下水制取饮用水时也需要将其中危害人体健康的 NO_3^- 和 F^- 脱除，显然这些场合都需要具有特定离子选择分离功能的阳离子交换膜或阴离子交换膜。当前大量针对选择性离子交换膜的制备和电渗析法选择性分离特定离子的研究工作已经相继开展，相关特种离子交换膜已经商品化。

电渗析过程中离子交换膜对离子的选择分离性能受离子与膜的亲和作用和离子在膜相中的迁移速率所制约。鉴于阳离子间或阴离子间在尺寸、电量及水合行为等方面存在着差异，可以对离子交换膜实施改性，以期改变膜在阳离子间或阴离子间的选择分离性能。例如，利用阳离子间水合离子半径的不同，研究人员最初尝试通过增加膜交联度制备致密膜基体来实现离子间的筛分。另外，膜中阳离子交换基团与阳离子间的相互作用会随着基团种类的不同而发生变化，进而导致阳离子间的迁移率之比和离子交换平衡常数发生变化。实验表明，由水杨酸、酚和醛缩聚而成的阳离子交换膜就展现出一定的选择分离能力。特别地，若通过膜表面改性在阳离子交换膜表面形成荷正电薄层后，高价态的水合阳离子相比于低价态的水合阳离子会受到来自于膜表面更为强烈的静电排斥作用，更难与具有荷正电薄层的阳离子交换膜在电渗析过程发生离子交换，从而使膜表现出显著的单价选择分离功能。

10.2.2　阴离子交换膜

对于聚苯乙烯-二乙烯基苯系列的阴离子交换膜来说，当增加二乙烯基苯的含量或在阴离子交换膜上构建致密层后，膜的孔径减小，从而使体积相对较大的硫酸根离子相对氯离子的迁移数有所下降。当实施膜表面改性使阴离子交换膜表面形成荷负电薄层后，相对于单价阴离子，多价阴离子与膜间存在更强烈的静电排斥作用，从而使阴离子交换膜展现出单价阴离子选择分离能力。特别地，阴离子的水合能与阴离子交换膜的亲水性之间的关系对实现特定阴离子的选择分离也是非常重要的。

众所周知，强碱性阴离子树脂会强烈地吸附酸，以至于可以通过阴离子交换树脂来实现酸与中性盐的分离。因此，阴离子交换膜也会选择性地吸附酸，进而在浓度梯度的作用下酸很容易发生跨膜传递。研究表明，质子在水溶液中的传递是通过特殊的运载机理和跳跃机理实现的，其迁移率甚至比其他阳离子高一个数量级。显然，水分子在质子的传递过程中发挥了举足轻重的作用。因此，通过在常规阴离子交换膜中引入弱解离的阴离子交换基团、引入疏水基团、提高膜的交联度等方法来降低阴离子交换膜的含水量后，的确取得了适度降低电渗析酸浓缩过程中酸泄漏的效果。令人沮丧的是，上述方法在减少酸泄漏的同时，阴离子交换膜的离子传导能力也大幅地降低了。此外，实验结果表明，当外界酸浓度增加时，阴离子交换膜的阻酸能力变得更差。Pourcelly 等[18]对盐酸在阴离子交换膜中的电驱动传递现象中的研究表明，当外界酸浓度增加时，阴离子进入阴离子交换膜中的速率常数变小，而质子的渗透速率常数几乎保持不变。也就是说，对于理想的阻酸阴离子交换膜，一方面有效阻碍质子的迁移，另一方面促进阴离子的传递。显然，增大阴离子交换膜的离子交换容量(ion exchange capacity，IEC)是达到上述目的最容易想到的方法。然而，膜的离子交换容量增大将不可避免地增大膜的含水量，从而不利于膜阻酸功能的实现。最近，Guo 等[19]尝试将叔胺弱碱基团引入聚偏氟乙烯的侧链，制备了具有微观相分离结构的阴离子交换膜，取得了不错的阻酸效果。

10.3　电渗析过程

电渗析是利用离子交换膜对阴阳离子的选择透过性能，在直流电场作用下，使阴阳离子发生定向迁移，从而达到电解质溶液的分离、提纯和浓缩的目的，因此，离子交换膜和直流电场是电渗析过程必备的两个条件。电渗析最常见也是最基本的用途是水溶液脱盐或浓缩，其工作原理如图 10-2 所示。

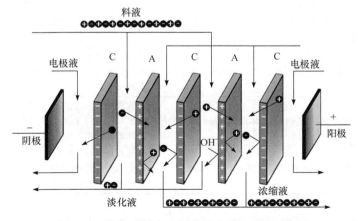

图 10-2　对离子料液进行浓缩或脱盐过程示意图

在所加的直流电场的作用下，离子向与之电荷相反的电极迁移，阳离子(+)会被阴离子交换膜 A 阻挡，而阴离子(–)会被阳离子交换膜 C 阻挡。其结果是在膜的一侧产生离子的浓缩液，而在另一侧产生离子的淡化液。如图 10-2 所示，一块阴离子膜、一块阳离子膜、浓缩室和淡化室的基本组合称为池对，在电渗析中，通常由上百个这样的池对放置在一对电极之间。不同的电渗析器之间也可采用串联、并联及串并联相结合的组合方式组成一个系统，为便于操作，常用术语"级"和"段"来表示不同的组装方式。"级"是指电极对的数目，一对电极称为一级；"段"是指水流方向，每改变一次水流方向称为一段。"一级一段"是指在一对电极之间装置一个水流同向的膜堆，"二级一段"是指在两对电极之间装置两个膜堆，前一级水流和后一级水流并联，其余类推，见图 10-3。

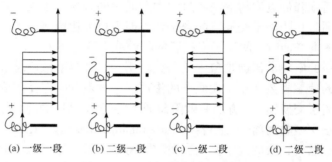

图 10-3　电渗析组装方式示意图

（a）一级一段　（b）二级一段　（c）一级二段　（d）二级二段

根据需要，电渗析器可用多种操作模式，表 10-1 对这些操作模式和适用范围进行了汇总。

表 10-1　常见电渗析器操作模式及过程特点[18-19]

模式	运行方式	特点	适用规模
一级多段连续式一次脱盐	在一对电极间，利用换向隔板构成多段串联 在一对电极间，串联几个小膜堆	可连续制水，脱盐率高，但内部压力损失大	小规模，如船用规模比上面稍大
多级多段连续式一次脱盐	多台一级一段电渗析器进行多段串联，各台之间配置水泵，升高水流压力，若有一台水泵供水，压力逐渐下降 在一台电渗析器中设置公共电极，构成多级多段串联	可连续制水，每级脱盐率在 25%～60%，但是一旦电阻增大，工作性能迅速恶化	中、大规模
分批循环式	浓水和淡水分别通过体外循环槽进行循环	适用于浓盐水脱盐，可达到任意脱盐率，但不能连续制水，辅助设备多	中、小规模
部分循环式	一台电渗析器的淡水和(或)浓水进行部分循环	淡水产量和水质稳定，可连续制水，容易达到脱盐要求，但淡水产量低，辅助设备多	小规模
循环式	多台电渗析器连续部分循环，多级串联	淡水产量和水质稳定，可连续制水，容易达到脱盐要求，淡水产量大，但辅助设备多，投资大	大规模

电渗析最主要的一个应用是从海水和地表水脱盐制取饮用水和食盐。仅在 1992 年，

日本就用电渗析技术由海水浓缩制盐，产量高达 140 万吨[20-21]。对于氯化钠的浓缩必须选择特殊的离子交换膜，该膜能让一价离子(如氯离子)透过而截留同种电荷的多价离子如硫酸根离子。在这种应用中膜的使用寿命高达 17 年[22]。电渗析也用于对食品或化学品进行脱盐或处理纸浆工业的废水[23]等。电渗析器件装置通常设计为板框式，膜所在的平面垂直于电场方向，加工制造与零部件替换清洗更加容易，如图 10-4 所示[1]。

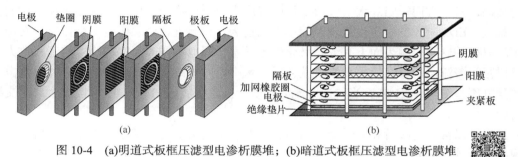

图 10-4　(a)明道式板框压滤型电渗析膜堆；(b)暗道式板框压滤型电渗析膜堆

10.4　电去离子过程

电去离子(electrodeionization，EDI)技术是近年发展起来的一种膜分离除盐技术，又称为电除盐或填充床电渗析，它是在普通电渗析的基础上发展起来的，广泛应用于纯水和超纯水的制备[24-25]。装置构型同普通电渗析类似：阴阳离子交换膜交替排列在两电极之间，构成不同的隔室(脱盐室或浓缩室)，并在其中的一个隔室(淡室)中填充混合树脂(图 10-5)。相关原理早在 1976 年就已经提出[26-28]，直到 2005 年后才商业化。

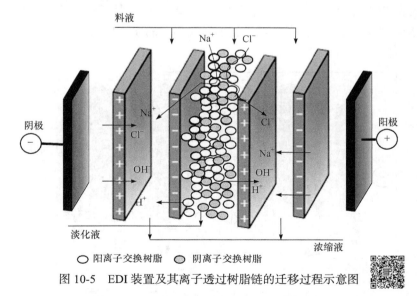

图 10-5　EDI 装置及其离子透过树脂链的迁移过程示意图

由于在淡室里填充离子交换树脂，既克服了电渗析过程离子含量很低时导电性差的缺点，又克服了离子交换过程中树脂需要不断再生的缺点。EDI 装置的工作原理包括除盐和再生两步。其除盐机理既具有电渗析器的脱盐作用，又有树脂对离子的吸附作用，还有离子沿树脂的迁移作用。在淡室填入树脂后，离子的迁移可通过溶液和通过相互接触的离子交换树脂颗粒等路径进行，从而降低了隔室的电阻，因此与普通 ED 相比，可在高得多的极限电流下运行，使离子迁移的总量增加。在相同的进水条件下，其出水水质比未填树脂的装置有所提高。填入树脂后，出水水质的提高，一方面是极限电流提高的结果，另一方面树脂对水中残留微量电解质有离子交换吸附作用，从而实现水质的深度脱盐。EDI 装置的电再生机理可简单地描述为：当装置在极限电流下操作时，在带有相反电荷的树脂接触表面上有浓差极化现象发生，因电解质离子在树脂内的迁移数大，而树脂间滞流层的存在使本来浓度就较稀的水中电解质离子无法及时补充，此时便由水本身电离为 H^+ 和 OH^- 来充当传递电流的介质，极化生成的 H^+ 和 OH^- 可以再生离子交换树脂。

除了以常规电渗析和离子交换相结合的 EDI 装置外，有研究用双极膜电渗析代替常规电渗析的电去离子技术[29-30]。双极膜 EDI 过程是一种分床 EDI 过程，其基本原理如图 10-6 所示。在双极膜 EDI 过程中，阴、阳离子交换树脂分别位于双极膜两侧的第一淡室(阳树脂室)和第二淡室(阴树脂室)，原水依次通过阳床和阴床分别除去水中的阳、阴离子得到产品淡水，在电场的作用下，水在双极膜中解离不断产生 OH^- 和 H^+，连续再生第一淡室和第二淡室中的阳、阴离子交换树脂。与常规混床 EDI 相比一个重要的区别在于，其淡室中不存在由混床树脂而导致的非导电点，故双极膜 EDI 过程具有更高的电流效率和树脂再生度，以及更小的树脂床电阻率。因此，与常规混床 EDI 过程相比，双极膜 EDI 过程具有更高的弱酸性阴离子杂质(Si、B、CO_2 等)的脱除率，而且过程可采用相对较厚的淡室(其淡室厚度可达 10 mm 左右，而常规混床 EDI 的淡室厚度一般小于 3 mm)。然而，双极膜 EDI 过程也存在一个明显的缺点，即与常规混床 EDI 相比，双极膜 EDI 过程的产品水(淡水)的电导率较高，难以满足高端用户的水质要求[31]。

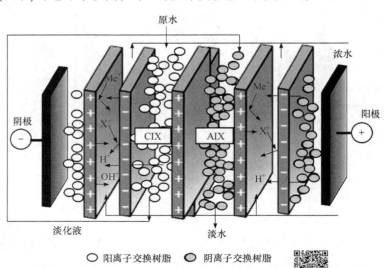

○ 阳离子交换树脂   ● 阴离子交换树脂

图 10-6 双极膜 EDI 原理图

10.5　双极膜和双极膜过程

双极膜是一种新型离子交换复合膜[32]，通常由阳离子交换层(N 型膜)和阴离子交换层(P 型膜)复合而成，由于阴、阳膜的复合，这种膜的传质性能具有很多新的特性，正如P-N 结的发现导致了许多新型半导体器件的发明一样，不同电荷密度、厚度和性能的膜材料在不同的复合条件下，可制成不同性能和用途的双极膜，这些用途最基本的原理是双极膜界面层的水分子在反向加压时的解离(又称双极膜水解离)，即将水分解成氢离子和氢氧根离子。双极膜是由阴阳离子交换膜复合而成，因此双极膜一层带正电(阴离子交换层)，另一层带负电(阳离子交换层)，由于这种电荷的不对称性，用双极膜代替前述的电渗析组成双极膜电渗析时，其行为与电场的方向有关。如图 10-7 所示，当双极膜正向偏压(forward bias)时，即正极在双极膜的阳离子交换层一侧，负极在双极膜的阴离子交换层一侧，由于阴阳膜层对离子的选择性透过，在电场的作用下，溶液中的阳离子会透过阳膜层、阴离子会透过阴膜层到达双极膜的界面，结果双极膜界面部分电解质浓度会增加，膜的电阻不会发生显著的变化。而当双极膜反向偏压(reverse bias)时，双极膜界面预先吸附的阳离子会透过阳膜层到达阴极，阴离子会通过阴膜层到达阳极，结果双极膜界面部分电解质浓度降低，膜的电阻增大，当电压足够大时，因电迁移从界面迁出的离子会比因扩散从外相溶液中进入界面层的离子多，会使界面层的离子耗尽，发生水的解离，使溶液的 pH 发生变化。

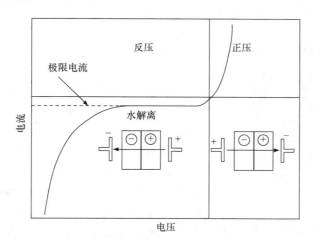

图 10-7　典型的双极膜电流-电压关系曲线(达到极限电流密度时水解离开始)

双极膜电渗析就是基于上述水解离和普通的电渗析原理发展起来的，它是以双极膜代替普通电渗析的部分阴、阳膜或者在普通电渗析的阴、阳膜之间加上双极膜构成的。双极膜电渗析的最基本应用是从盐溶液(MX)制备相应的酸(HX)和碱(MOH)，料液进入如图 10-8 所示的三室电渗析膜堆，在直流电场的作用下，盐阴离子(X^-)通过阴离子交换膜进入酸室，并与双极膜解离的氢离子生成酸(HX)；而盐阳离子(M^+)通过阳离子交换膜进入碱室，与双极膜解离的氢氧根离子形成碱(MOH)。

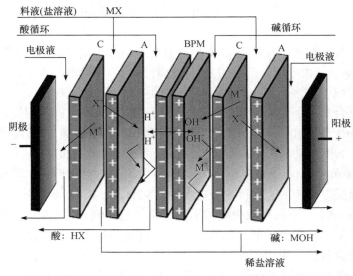

图 10-8　双极膜电渗析将盐 MX 转化成相应的酸 HX 和碱 MOH 的示意图

　　图 10-8 是双极膜电渗析制酸碱的基本三隔室结构，即由阴离子交换膜、阳离子交换膜、双极膜、盐室、酸室和碱室组成，一对电极之间可以安置多个这样的三隔室单元构成双极膜电渗析膜堆。与普通电渗析相比，双极膜电渗析有更多的组合方式，并可根据不同的对象进行选择[33]。利用双极膜生成酸或碱的原理，电渗析应用于很多领域，如有

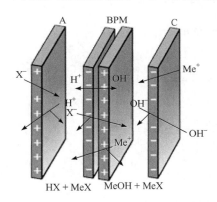

图 10-9　双极膜电渗析过程可能的同离子迁移示意图

机酸的生产、酸性气体的脱除、食品和化工中的清洁生产和分离等[34-38]，对社会的可持续发展具有重要意义。

　　双极膜电渗析过程具有集成度高、节能等优点，但也有不足和局限。由图 10-9 可知，离子交换膜的选择性即其阻挡同离子透过的能力往往低于 100%，而且随着外界浓度的增加选择性还会下降。鉴于此，最终的产品(酸或碱)会因盐通过双极膜的迁移而受到污染，由于质子和氢氧根离子通过阴膜和阳膜的迁移(同离子迁移)会造成额外的电流效率的损失，因此在进行规模化应用之前需要解决这些技术难题。

10.6　离子交换膜浓差渗析

　　除了上述在以电场为推动力的离子交换膜过程外，离子交换膜过程也可以不加电源，以浓差为推动力，根据应用场合不同，可分为以下几种主要过程。

10.6.1　扩散渗析

与传统的电渗析不同,扩散渗析只用单一的膜,即用阳膜分离阴离子(如碱的回收)或用阴膜分离阳离子(如酸的回收),这里以阴膜进行酸回收为例介绍扩散渗析的原理。如图 10-10(a)所示,在一张阴膜隔开的两室中分别通入废酸液及接收液(自来水)时,废酸液侧的硫酸及其盐的浓度远高于自来水一侧,因此由于浓度梯度的存在,废酸及其盐类有向 B 室渗透的趋势,但膜有选择透过性,它不会让每种离子以均等的机会通过,首先阴离子膜骨架本身带正电荷,在溶液中具有吸引带负电水化离子而排斥带正电荷水化离子的特性,故在浓度差的作用下,废酸液侧的阴离子被吸引而顺利透过膜孔道进入自来水一侧。同时根据电中性要求,也会夹带带正电荷的离子,由于 H^+ 的水化半径比较小,电荷较少,因此会优先通过膜,而金属盐的水化离子半径较大,又是高价的,因此较慢通过膜,这样废酸液中的酸就被分离出来。如果将一定数量的上述单元组合在一起,就构成了扩散渗析器,如图 10-10(b)所示,流道与电渗析完全相同,不同的是扩散渗析器不需要

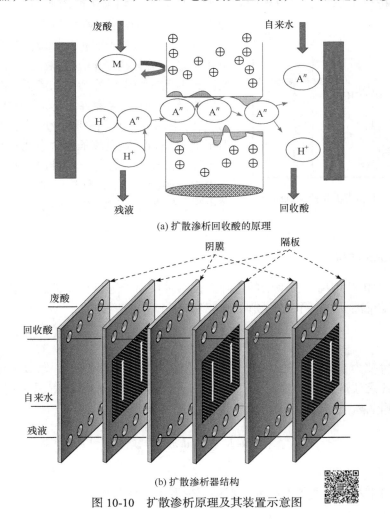

(a) 扩散渗析回收酸的原理

(b) 扩散渗析器结构

图 10-10　扩散渗析原理及其装置示意图

电极。用于扩散渗析过程中的离子交换膜与电渗析过程中的离子交换膜有区别。在电渗析过程中，为了防止水的电渗透，需要膜具有较高的固定基团浓度和较少的含水量；而扩散渗析过程的推动力是浓度梯度，需要膜有一定的含水量，以提高酸或碱的渗析速率，当然为提高酸盐的分离系数，含水量也不能太高[39]。

扩散渗析具有操作简便、节省能源和资源、无二次污染等优点，回收的酸碱可循环使用，分离酸后的残液可回收有用金属，广泛地用于各种排放废酸碱的领域，如钢酸工业、钛白粉工业、湿法炼铜工业、钛材加工业、电镀业、木材糖化业、稀土工业及其他有色金属冶炼业等，回收的酸种类包括硫酸、盐酸、HF、硝酸、乙酸等，回收的碱主要是 NaOH，涉及的金属离子主要包括过渡金属离子、稀土离子及镁钙铝等。

10.6.2　中和渗析

扩散渗析仅用单一的阴膜和阳膜，如果把阳膜和阴膜扩散渗析结合起来，组成如

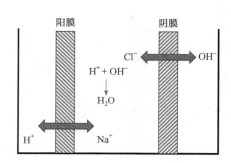

图 10-11　中和渗析脱盐示意图

图 10-11 所示的构型，则可利用氢离子和阳离子、氢氧根离子和阴离子的相互扩散而达到分离目的，由于扩散后的氢离子和氢氧根离子能够发生中和反应，因此这种渗析称为中和渗析，正是这种中和反应相当于一个无限渗阱，突破了浓差扩散中浓度的限制。图 10-11 是用中和渗析进行脱盐的示例，由于氢离子和氢氧根离子到达中间室时立即中和，因此即使酸碱浓度很低，这种渗析同样可以进行。与电渗析脱盐相比，这种渗析过程不耗电，又不需要电极，因此无论是装置费用还是操作费用都将大大降低[40]。

10.6.3　Donnan 渗析

Donnan 渗析利用离子交换膜的选择性使两种反离子进行相互扩散而达到分离目的，其理论基础是反离子在离子交换膜两侧达到如下 Donnan 平衡：

$$\left(a_{i1}\right)^{1/z_i} = \left(a_{i2}\right)^{1/z_i} = K \tag{10-1}$$

式中，a_i 为价数为 z_i 的离子的活度；下标 1 和 2 表示膜的两侧；K 为 Donnan 常数。该式可适用于任意通过膜移动的离子，若膜的一侧通自来水(下标 W)，另一侧通海水(下标 S)，则膜两侧钠离子和钙离子的分配应达到以下平衡：

$$\frac{\left(C_{Na}\right)_W}{\left(C_{Na}\right)_S} = \frac{\left(C_{Ca}\right)_W^{0.5}}{\left(C_{Ca}\right)_S^{0.5}} = K \tag{10-2}$$

因此，提高自来水侧钠离子的浓度，就可减少海水侧钙离子的浓度，以达到减少结垢的目的。

Donnan 渗析有很多重要应用，一个简单的例子是利用其将浓差能量(化学能)转换成电能。如图 10-12 所示，将相同浓度的 H_2SO_4 和 $CuSO_4$ 用一张阳离子膜隔开成两相，由于两侧 H^+ 浓度不同，右室中的 H^+ 将向左室扩散，而 SO_4^{2-} 受到阻挡不能随 H^+ 扩散，从而造成两相之间的电势差，在该电场力的作用下 Cu^{2+} 将由左向右扩散，只要两相中 H^+ 的浓度差保持恒定，Cu^{2+} 就将恒速扩散，这样利用两种离子的电势差就可制备成电池。

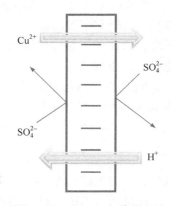

图 10-12　Donnan　渗析电池
原理示意图[40]

利用阴膜也可以完成 Donnan 渗析过程，工业上的一个例子是利用碱性溶液中的 OH^- 与果汁中的柠檬酸根离子进行相互渗析，以达到给柠檬汁加甜的目的。

通过 Donnan 渗析结果可以估计两种反离子的相互扩散系数，从而推算某种离子的自扩散系数[41-42]。Donnan 渗析还可以预富集痕量贵重金属离子以达到用其他分析仪器能够精确检测的目的[43]。

10.7　反向电渗析

反向电渗析(RED)是一项利用两种盐浓度不同的溶液之间的电化学势能差实现能量转化的技术。该技术在不同浓度的盐溶液之间放置离子选择性透过膜，利用不同离子间的浓度差，使之在离子交换膜之间定向迁移，从而将化学势能(盐差能)直接转换为电能。RED 可用于江河入海口处的低盐度差发电，具有能量密度高、膜污染小、投资成本低等优势[44-45]。

RED 过程的基本工作原理如图 10-13 所示，RED 膜堆主要由封端阳极、交替排列的阴离子交换膜、阳离子交换膜和封端阴极堆叠而成，阴、阳离子交换膜由隔网间隔，并形成独立的浓溶液室和淡溶液室。当两端阳极和阴极连接负载，并组成一个完整的回路

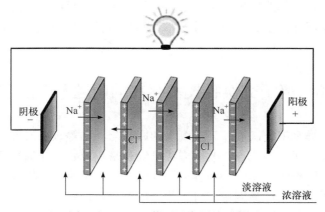

图 10-13　RED 装置基本原理示意图

时，在浓度差推动下，浓溶液室中的阴、阳离子(以 Na⁺、Cl⁻为例)分别透过阴、阳离子交换膜，并迁移至淡溶液室，从而形成定向离子迁移的内电流，再通过阴、阳极的电化学反应，将离子传导转化为电子传导，即可将离子迁移的内电流转化为电子迁移的外电路电流，对负载供电。

RED 过程对盐差能进行回收利用时，输出功率 W 是其最主要的参数，其计算方程式由 Kirchhoff 定律得到[46-47]，见式(10-3)：

$$W = I^2 R_1 = \frac{U^2}{(R_s + R_1)^2} R_1 \tag{10-3}$$

式中，I 为电流；R_1 为外部电阻；U 为势能差；R_s 为膜堆电阻。

由此可知 RED 过程的输出功率主要取决于势能差(膜堆上的总电势)U 及由欧姆电阻和非欧姆电阻共同组成的膜堆电阻两类因素。势能差越大，膜堆电阻越小，RED 可输出功率越大。

在理想情况下，由膜两侧不同浓度的盐溶液产生的势能差 U 可采用 Nernst 方程进行计算[46]，见式(10-4)：

$$U = N \left(\alpha_{CEM} \frac{RT}{zF} \ln \frac{\gamma_{HC}}{\gamma_{LC}} + \alpha_{AEM} \frac{RT}{zF} \ln \frac{\gamma_{HC}}{\gamma_{LC}} \right) \tag{10-4}$$

式中，N 为膜对数；α_{CEM}、α_{AEM} 分别为阳、阴离子交换膜渗透选择性系数；R 为摩尔气体常量；T 为热力学温度；z 为离子化合价；F 为法拉第常量；γ_{HC}、γ_{LC} 分别为高浓度溶液和低浓度溶液中的离子活度。

欧姆电阻是由膜电阻、浓/淡室(HC/LC)溶液电阻和电极电阻共同组成，若忽略非欧姆电阻，膜堆电阻可由式(10-5)进行计算[48]：

$$R_{stack} = \frac{N}{A} \left(R_{AEM} + R_{CEM} + \frac{d_{HC}}{\kappa_{HC}} + \frac{d_{LC}}{\kappa_{LC}} \right) + R_{el} \tag{10-5}$$

式中，A 为膜面积；R_{AEM}、R_{CEM} 分别为阴、阳离子交换膜电阻；d_{HC}、d_{LC} 分别为浓、淡室厚度；κ_{HC}、κ_{LC} 分别为浓、淡室电导率；R_{el} 为电极反应产生的电阻，膜对数足够多时该电阻可忽略不计。由式(10-5)可知，降低溶液电阻和膜电阻有利于提高 RED 过程的输出功率。

10.8   离子交换膜技术存在的问题及发展前景

离子交换膜在海水浓缩制盐、工业废水的回收与利用等领域发挥了重要作用，其选择透过性成为近年来研究的热点，改性方法已经越来越成熟。在提高膜离子选择性的同时，膜的亲水性、膜电阻、离子交换容量等性能也得到了改善，使膜的应用范围更加广阔。近年来，离子交换膜广泛应用于可原位产酸碱的双极膜电渗析、中和电渗析、扩散电渗析、将化学差势能转化为电势差发电的反向电渗析等电渗析领域中。对于浓差渗析，离子交换膜的低扩散通量仍然是制约其进一步发展的重要因素；构建快速的离子通道以提高扩散渗析膜的通量，以及选择性和稳定性，是目前扩散渗析膜推广应用中亟待解决的关键问题。对于电渗析，除了提升离子交换膜的通量和选择性，开发新的膜堆和优化操作工艺以降低能耗，也是需要进一步解决的关键问题。前人针对阴阳离子交换膜的研究虽解决了部分离子交换膜性能壁垒，却也带来了一系列新问题，如特殊离子交换膜成本问题、装置复杂不便于实际使用及能量转化效率不高等，同时膜污染、膜清洗维护难等传统问题还需进一步研究和解决。

习　　题

10-1　离子交换膜的分类及功能有哪些?

10-2　双极膜的定义是什么? 用途有哪些?

10-3　离子交换膜的电导率取决于哪些因素?

10-4　电渗析分离的基本原理是什么?

10-5　浓差渗析的技术优势和应用场合有哪些?

10-6　电渗析器的操作模式和过程特点有哪些?

10-7　电渗析和电去离子技术有哪些异同?

10-8　反向电渗析的基本工作原理是什么?

参 考 文 献

[1] 徐铜文, 黄川徽. 离子交换膜的制备与应用技术. 北京: 化学工业出版社, 2008.

[2] 朱长乐. 膜科学技术. 北京: 高等教育出版社, 2004.

[3] Luo T, Abdua S, Wessling M. Selectivity of ion exchange membranes: A review. Journal of Membrane Science, 2018, 555: 429-454.

[4] Risen J. Applications of ionomers//Schuck S. Ionomers: Characterization, theory and applications. Boca Raton: CRC Press, 1996.

[5] Strathmann H. Electrodialysis and related processes//Nobe R D, Stern S A. Membrane separation technology: Principles and applications. Elesevier Science BV, 1995: 214-278.

[6] Ostwald W. Elektrische Eigenschaften halbdurchlässiger Scheidewände. Z Physik Chemie, 1890, 6: 71-83.

[7] Donnan F G. The theory of membrane equilibrium in oresence of a non-dialyzable electrolyte. Z Electrochem, 1911, 17: 572.

[8] Michaelis L, Fujita A. The electric phenomen and ion permeability of membranes. Ⅱ. Permeability of apple peel. Biochem Zeitschrift, 1925, 158: 28.

[9] Söllner K. Uber Mosaikmembranen. Biochem Zeitschrift, 1932, 244: 390.

[10] 田中良修, 葛道才, 任庆春. 离子交换膜基本原理及应用. 北京: 化学工业出版社, 2010.

[11] Meyer K H, Strauss H. La: perméabilité des membranes Ⅵ, Sur le passage du courant électrique a travers des membranes sélective. Helvetica Chimica Acta, 1940, 23(1): 795-800.

[12] Juda M, McRac W A. Coherent ion-exchange gels and membranes. Journal of the American Chemical Society, 1950, 72(2): 1044.

[13] Winger A G, Bodamer G W, Kunin R. Some electrochemical properties of new synthetic ion-exchange membranes. Journal of the Electrochemical Society, 1953, 100(4): 178.

[14] Nishiwaki T. Concentration of electrolytes prior to evaporation with an electromembrane process//Lacey R F, Loch S. Industrial process with membranes. New York: Wiley-Interscience, 1972.

[15] Mihara K, Kato M. Polarity reversing electrode units and electrical switching means therefore: US

3453201. 1969-07-01.

[16] Grot W G. Laminates of support material and fluorinated polymer containing pendant side chains containing sulfonyl groups: US 3770567, 1973-06-11.

[17] Chlanda F P, Lee L T C, Liu K J. Bipolar membranes and method of making same: US4116889, 1978-09-26.

[18] Pourcelly G, Tugas I, Gavach C. Electrotransport of HCl in anion exchange membranes for the recovery of acids Part Ⅱ. Kinetics of ion transfer at the membrane-solution interface.Journal of Membrane Science, 1993, 85(2): 195-204.

[19] Guo R Q,Wang B B, Jia Y X, et al. Development of acid block anion exchange membrane by structure design and its possible application in waste acid recovery. Separation and Purification Technology, 2017, 186: 188-196.

[20] 张维润. 电渗析工程学. 北京: 科学出版社, 1995.

[21] 刘茉娥. 膜分离技术. 北京: 化学工业出版社, 1998.

[22] Zhao J, Ren L, Chen Q, et al. Fabrication of cation exchange membrane with excellent stabilities for electrodialysis: A study of effective sulfonation degree in ion transport mechanism. Journal of Membrane Science, 2020, 615: 118539.

[23] Zhao J L, Chen Q B, Ren L Y, et al. Fabrication of hydrophilic cation exchange membrane with improved stability for electrodialysis: An excellent anti-scaling performance. Journal of Membrane Science, 2020, 617: 118618.

[24] Liu Y, Wang J. Performance enhancement of catalytic bipolar membrane based on polysulfone single base membrane for electrodialysis. Journal of Membrane Science, 2020, 606: 118151.

[25] Liu Y, Wang J, Xu Y, et al. A deep desalination and anti-scaling electrodeionization (EDI) process for high purity water preparation. Desalination, 2019, 468: 114075.

[26] 王方. 电去离子净水技术的新进展. 工业水处理, 2000, 20(7): 4-7.

[27] 余超, 刘飞峰, 徐龙乾, 等. 新型电渗析工艺的技术发展与应用. 工业水处理, 2021, 41(1): 30-37.

[28] Kedem O, Maoz Y. Ion-conducting spacer for improved electrodialysis. Desalination, 1976, 19(1-3): 465-470.

[29] Matejka Z. Continuous production of high purity water by electro deionization. Journal of Applied Chemistry and Biotechnology, 1971, 21(4): 117-120.

[30] Meital A S, Jack G, Yoram O. Scaling of cation exchange membranes by gypsum at donnan exchange and electrodialysis. Journal of Membrane Science, 2018, 567: 28-38.

[31] Liu Y, Wang J, Wang L. An energy-saving "nanofiltration/electrodialysis with polarity reversal (NF/EDR)" integrated membrane process for seawater desalination. Part Ⅲ. Optimization of the energy consumption in a demonstration operation. Desalination, 2019, 452: 230-237.

[32] 黄灏宇, 叶春松. 双极膜电渗析技术在高盐废水处理中的应用. 水处理技术, 2020, 46(6): 4-8.

[33] Liu Y, Wang J. Energy-saving "NF/EDR" integrated membrane process for seawater desalination. Part Ⅱ. The optimization of ED process. Desalination, 2017, 422(1): 142-152.

[34] 徐铜文, 孙树声, 刘兆明, 等. 双极膜电渗析的组装方式及其功用. 膜科学与技术, 2000, 20(1): 53-60.

[35] Huang C H, Xu T W. Electrodialysis with bipolar membranes (EDBM) for sustainable development. Environmental Science & Technology, 2006, 40(7): 5233-5243.

[36] Liu Y, Wang J Y, Sun X. Energy-saving "NF/EDR" integrated membrane process for seawater desalination Part Ⅰ. Seawater desalination by NF membrane with high desalination capacity. Desalination, 2016, 397: 165-173.

[37] Huang C H, Xu T W, Zhang Y P, et al. Application of electrodialysis to the production of organic acids: State of the art and recent developments. Journal of Membrane Science, 2007, 288(1-2): 1-12.

[38] Bazinet L. Electrodialytic phenomena and their applications in the dairy industry: A review. Critical Reviews in Food Science and Nutrition, 2005, 45(4): 307-326.

[39] 王凤侠, 卫新来, 刘俊生. 电渗析技术在废水处理中的应用进展. 赤峰学院学报(自然科学版), 2019, 35(12): 36-41.

[40] 周军, 叶长明, 徐驷蛟, 等. 电渗析技术在工业废水处理中应用的研究. 通用机械, 2007, (7): 33-37.

[41] Qasem N, Qureshi B, Zubair S. Improvement in design of electrodialysis desalination plants by considering the Donnan potential. Desalination, 2018, 441(1): 62-76.

[42] Sata T, Teshima K, Yamaguchi T. Permselectivity between two anions in anion exchange membranes crosslinked with various diamines in electrodialysis. Journal of Polymer Science Part A: Polymer Chemistry, 1996, 34(8): 1475-1482.

[43] Nakayama A, Sano Y, Bai X, et al. A boundary layer analysis for determination of the limiting current density in an electrodialysis desalination. Desalination, 2017, 404: 41-49.

[44] 陈霞, 蒋晨啸, 汪耀明, 等. 反向电渗析在新能源及环境保护应用中的研究进展. 化工学报, 2018, 69(1): 188-202.

[45] 李昱含, 姜婷婷. 选择性离子交换膜的研究进展与应用. 绿色环保建材, 2021, (2): 17-18.

[46] Brauns E. Salinity gradient power by reverse electrodialysis: Effect of model parameters on electrical power output. Desalination, 2009, 237(1-3): 378-391.

[47] Veerman J, Saakes M, Metz S, et al. Reverse electrodialysis: A validated process model for design and optimization. Chemical Engineering Journal, 2011, 166(1): 256-268.

[48] Geise G, Curtis A, Hatzell M, et al. Salt concentrationdifferences alter membrane resistance in reverse electrodialysisstacks. Environmental Science & Technology Letters, 2014, 1: 36-39.

第11章

膜与先进化学电源

11.1　先进化学电源简介

电源通常指将机械、热、光、化学等形式的能量转换成电能的装置。化学电源专指能将化学能直接转变成电能的装置，它通过化学反应消耗某种化学物质，输出电能。常见电池大多是化学电源，也称为化学电池。

化学电源品种繁多、使用面广，可大致分为干电池、蓄电池、燃料电池三类。干电池又称一次电池，电池中的反应物质在进行一次电化学反应放电之后就不能再次使用了。常用的一次电池有锌锰干电池、锌汞电池、镁锰干电池等。蓄电池也称二次电池，是放电后可以充电使活性物质复原并重新放电的电池，因此可以反复使用。常用的二次电池有铅酸电池、锂离子电池、镍氢电池、镍铬电池等。不同于一般干电池和蓄电池中的活性化学物质被固定在电池中不流动，燃料电池所消耗的活性化学物质(燃料和氧化剂)是由电池外部送入电池中的。因此，只要为燃料电池连续输送燃料和氧化剂，它就可以连续工作。相比于蓄电池的充电，燃料电池的燃料补充一般更快捷。最常见的燃料电池是以氢气为燃料、氧气为氧化剂的氢氧燃料电池。

先进化学电源是相对传统化学电源而言的，具有时间和性能指标上的相对性。一般而言，先进化学电源应该具有能量密度高、放电功率大、可长期反复使用的特点。

任何化学电源都以阳极、阴极和电解质为基本结构。化学电源中的电解质种类多样，可以是溶液(包括多孔膜支撑的溶液)、凝胶、聚合物、熔盐、固体等。但这些电解质在电池中多是以膜的形态存在。尽管这些膜形态的电解质不被称为分离膜，但其作用是优先透过特定离子而截留电子和其他分子(隔离阴极和阳极)，因此在功能上与分离膜十分类似。

先进化学电源除需要高性能的电极材料外，还需要高性能的电解质膜。对化学电源而言，电解质膜的性能要求可能包含以下方面：

(1) 高离子电导率，使一定厚度膜的面电阻低，从而电池放电或充电过程中的能耗低。

(2) 高离子迁移系数，希望通过电解质的离子电流主要是参与电化学反应的离子运载的。

(3) 足够高的电子绝缘性，以防止电池内部电子电流造成断路。

(4) 高机械强度和尺寸稳定性，使膜便于处置，不易因膜破损而造成电池性能下降或失效。

(5) 高热稳定性和化学稳定性，使膜能耐受电池工作环境，不因膜材料降解而损失电池性能。

(6) 具有安全保护机制，即当电池工作超出正常温度、压力、浓度等范围时，膜的结构、形态、相态等发生相应变化以防电池发生起火、爆炸等。

(7) 低原料成本和易批量加工性，以控制膜制造成本，适合广泛应用。

(8) 全周期环境友好，膜从生产到废弃的全生命周期中对环境破坏的影响尽可能小。

11.2　锂离子电池

锂离子电池是一种二次电池，是指以锂离子嵌入化合物为正极材料电池的总称。锂离子电池的充放电过程就是锂离子的嵌入和脱嵌过程。在锂离子的嵌入和脱嵌过程中，同时伴随着与锂离子等当量电子的嵌入和脱嵌(习惯上正极用嵌入或脱嵌表示，而负极用插入或脱插表示)。在充放电过程中，锂离子在正、负极之间往返嵌入/脱嵌和插入/脱插，被形象地称为"摇椅电池"[1]。充电时，Li^+从正极脱嵌，经过电解质插入负极，负极处于富锂状态；放电时则相反(图 11-1)。

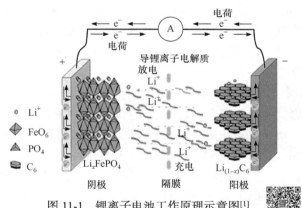

图 11-1　锂离子电池工作原理示意图[1]

锂离子电池具有输出电压高、能量密度大、自放电小、循环寿命长等突出优点，是目前使用最广泛的电池。近年来，从手机、笔记本电脑到多种电动工具、电动汽车中的电池都主要采用锂离子电池。鉴于锂离子电池技术对现代通信、交通等多领域发展的巨大影响，2019 年的诺贝尔化学奖授予约翰·B·古迪纳夫、M·斯坦利·惠廷厄姆和吉野彰三人，以表彰他们在锂离子电池研发领域做出的重要贡献。

最早实现商业化的锂离子电池采用微孔聚合物隔膜支撑的液体电解质。而这种液体电解质是由溶解在碳酸酯类有机溶剂中的锂盐构成的。目前，主流的锂离子电池还是采用微孔聚合物隔膜支撑的液体电解质，但若干高端的锂离子电池开始采用凝胶态聚合物电解质。

11.2.1 锂离子电池用膜的主要性能和评价

1) 润湿性

润湿性指电解液对隔膜的浸润程度，隔膜应该具有快速吸收尽量多的电解液，确保良好的保液能力，但又不能引起隔膜的膨胀与隔膜尺寸的变化，从而保证锂离子正常通过，得到更高的离子电导率；反之，则会增加隔膜与电极间的界面电阻，影响电池的充放电效率和循环性能。测量润湿性可以用目测法或用接触角仪进行。

2) 吸液率

膜的吸液率指膜在吸收溶剂前后的质量相对变化，由膜的湿重与干重之差除以膜干重计算得到。考虑到锂离子电池电解液的有害性，实际测试时可采用与隔膜润湿性较好的其他有机溶剂进行测定，如无水乙醇、正丁醇、环己烷等。膜的湿重一般难以准确测量，除了溶剂挥发因素外，操作中难以做到恰好彻底擦去膜面溶剂而完全保留膜内溶剂。因此，吸液率的测定结果一般波动较大，应重复测试多次并取平均值。此外，各次测试中应该尽量保持各操作环节的一致性。

3) 穿刺强度

由于极片的边缘在生产过程中容易产生毛刺，在电池使用过程中，负极表面容易生成金属锂枝晶，毛刺和锂枝晶都容易刺穿隔膜，造成电池短路。因此，隔膜需要有足够的抗穿刺强度，才能保障在生产和使用过程中的安全性。使用电子万能材料试验机测试穿刺强度，将隔膜样品固定在直径为 30 cm 的固定架上，用顶端半径为 0.5 cm 的钢针以每分钟 30 cm 的速度垂直插入隔膜样品的中间位置，穿刺强度是完全穿透隔膜所施加在钢针上的最大力值。参考标准为"Outline of Investigation for Battery Separators"（UL SUBJECT 2591-2009）。

4) 混合穿刺强度

混合穿刺强度测试的是电极混合物穿透隔膜造成短路时的力，具体方法参考"Battery Separator Characterization and Evaluation Procedures for NASA's Advanced Lithium-Ion Batteries"（NASA/TM-2010-216099）。将隔膜夹在电池正负极之间，并置于两个平板中间，对其进行挤压，测量当正负极短路时所施加的压力。通常，混合穿刺强度用于评估电池发生短路的可能性。由于隔膜必须夹在两个粗糙表面之间，在电池组装和反复充放电过程中，粗糙的电极表面可能将隔膜刺破，因此混合穿刺强度是一个更好地表征电池隔膜机械强度的方法。该方法测量中使用的正负极片的涂敷工艺、电极材料等对结果影响很大，不能形成通用的指标，但电池生产厂家可通过该项目对隔膜质量进行管控。

5) 热收缩率

隔膜的热收缩率是指加热前后隔膜尺寸的变化率。电池在充放电过程中会不断释放出热量，当温度升高时，隔膜应当保持原来的完整性和一定的机械强度，不会发生明显的收缩或起皱现象，继续起到正负电极的隔离作用，以防止两极接触而导致短路。

6) 熔点和自闭孔温度

熔点是材料发生融化时的温度。电池使用过程中容易发生温度上升的情况，隔膜融化会导致电池发生短路，因此隔膜融化温度越高，安全性越高。通常熔点最好大于 150 ℃。

电池在短路、过充、热失控等异常情况发生时，会产生过多热量。当温度超过 130 ℃时，聚丙烯隔膜的微孔结构会自动闭合而形成无孔绝缘层，即在温度达到热失控之前切断电流回路，阻抗明显上升，可防止电池在使用过程中发生热失控而引发危险。但是并不是所有的隔膜都具有自闭孔行为，其闭孔能力与聚合物的分子量、结晶度、加工历史等因素有关。一些商业化的锂离子电池为保证安全和稳定性能，装有可恢复保险丝。这是一种正热敏(positive temperature coefficient，PTC)电阻，起到高温保护作用，同时是保护线路板失效后的二重保护。PTC 聚合物保护元件是最简单的保护器，可以避免电池因过度充电或内部短路而造成电池损害。

膜基材的熔点可采用差示扫描量热仪(differential scanning calorimeter，DSC)测试。该仪器通过热电偶收集材料在升降温过程中热流的变化，绘制成曲线，由于材料在熔点时会大量吸热，曲线在此处出现尖锐的峰，峰值温度即该材料的熔点。测试方法为：取 4～5 mg 隔膜样品装入铝制坩埚内，使用 DSC 在氮气气氛中对样品进行热性能分析，设置扫描温度范围为 50～300 ℃，升温速率为 10 ℃ · min^{-1}。聚乙烯隔膜的熔点为 135 ℃，而聚丙烯隔膜的熔点为 165 ℃，根据隔膜的熔点可初步判定其耐热性。

目前，隔膜自闭孔温度的测量方法主要是电阻突变法，即在外界温度升高情况下测量电池的阻抗，当阻抗发生突变时即为隔膜的自闭孔温度。聚合物隔膜的自闭孔温度与其熔点有关。聚乙烯隔膜的自闭孔温度为 135 ℃左右，而聚丙烯隔膜的自闭孔温度为 165 ℃左右。然而单层聚烯烃类隔膜的阻抗仅增加大约两个数量级，可能并没有足够有效的完全闭孔，而是持续缓慢过充，电池可能存在安全隐患，这就要求阻抗增加更大的数量级，聚丙烯/聚乙烯/聚丙烯多层隔膜符合此需求。

7) 化学稳定性和电化学稳定窗口

在充放电过程中，锂离子电池内部会发生氧化还原反应，隔膜在一定的电压范围内工作，应具备一定的抗氧化还原电化学腐蚀能力，保证机械性能在长时间内不会发生变化。通常测定隔膜和电解液体系的电化学稳定窗口来确定隔膜的电化学稳定性。采用电化学工作站利用线性扫描方法进行表征，判断隔膜材料在电池系统工作电压的范围内是否与极片或电解液发生氧化还原反应。电化学窗口一般要求大于 4.5 V。该方法是在一定的电势区间内，以恒定的速度对电极进行扫描，记录电流-电位变化曲线，可以获得峰电位、峰电流、动力学参数等相关电化学信息。具体测试步骤是：在充满氩气的手套箱内，以不锈钢片作为工作电极，锂片作为对电极和参比电极，将隔膜夹在二者之间，加入适量的电解液组成扣式电池，之后进行线性扫描测试。设置相应扫描速度和扫描电压区间，观察测试得到的电流随电位的变化曲线，得出隔膜材料的电化学稳定窗口范围。某些隔膜的电化学稳定窗口可高达 5 V，说明该隔膜适用于高电位电极材料的应用。但该种方法只能得到暂态性测试结果。也可以使用原位差分电化学质谱技术测试电化学稳定窗口。

8) 离子电导率

膜的离子电导率由膜的离子传导阻抗、膜的离子传导面积和膜厚度计算得到。

9) MacMullin 值

隔膜电阻率与电解液电阻率之间的比值称为 MacMullin 值(N_m)。此值可以表征隔膜在电池电阻中所占的相对值,从而反映隔膜对电化学性能的影响。显然 N_m 值越小越好,但目前常用锂离子电池隔膜的 N_m 接近 8。实际上 N_m 比离子电导率更能表征膜的离子透过性,因为其消除了电解液对结果的影响。

11.2.2　微孔隔膜

当前主流的锂离子电池大多采用微孔隔膜,以聚烯烃类为主,包括聚乙烯(PE)、聚丙烯(PP)及它们的组合,如双层的 PE/PP 和三层的 PP/PE/PP 等。PE、PP 等聚烯烃材料具有成本低的优势,它们的物理特性和化学稳定性也较出色,从而成为锂离子电池隔膜材料的良好选择。聚烯烃微孔膜通常能够浸润在锂离子电池的酯类电解质溶液中。另外,PE 和 PP 微孔膜的闭孔温度分别约为 130 ℃和 160 ℃,能够在锂离子电池非正常高温工作状态下阻止电池继续工作而引发的安全事故。

也有用其他聚合物制备锂离子电池微孔膜的研究报道。例如,采用共混 PE-PP 等规聚(4-甲基-1-戊烯)、聚氧甲烯、共混聚苯乙烯-聚丙烯(PS-PP)、共混聚对苯二甲酸乙二醇酯-聚丙烯(PET-PP)、聚偏氟乙烯(PVDF)、聚丙烯腈(PAN)、聚甲基丙烯酸甲酯[poly(methyl methacrylate),PMMA]、偏氟乙烯-六氟丙烯(hexafluoropropylene,HFP)共聚物(PVDF-HFP)、共混聚乙烯基吡咯烷酮(polyvinyl pyrrolidone)-聚丙烯腈(PVP-PAN)、共混聚氯乙烯-聚甲基丙烯酸甲酯(PVC-PMMA)等[2]。

锂离子电池微孔膜传统制造方法主要有两类:湿法和干法。两种方法均包含制备薄膜的挤出步骤和形成多孔结构的拉伸步骤。干法生产微孔膜的特征是微孔呈狭缝样,具有开放和直孔结构。这种微孔膜更适用于高功率密度电池,因为电解液中锂离子的传递受膜孔结构的影响小,电导率高。湿法制备膜的微孔多为相互连通的椭圆孔,具有曲折的结构。湿法膜更适合于长循环寿命电池,因为曲折的孔结构有利于阻止在充电和放电过程中枝晶的生长。干法不需要使用溶剂,因而也不需要防止溶剂向环境释放、溶剂回收等设施,从工艺技术的角度更简单和方便。湿法加工先将有机溶剂和其他添加剂混入聚合物内,在拉伸前或拉伸后再将添加物萃取出来。这一方面增加了调控膜微孔结构的手段,另一方面增加了制造工艺的复杂性。也有大量研究用分离膜制备中常用的相转化法制备锂离子电池微孔膜。

锂离子电池微孔膜还有单层和多层之分。单层膜制备方法相对简单,成本也相对低,单层微孔膜已经在多种用途的锂离子电池中广泛应用。但是另一方面,单层膜难以同时满足锂离子电池微孔膜在机械强度、热性能和电化学性能等多方面的要求。因此,研究者已经开始广泛研究多层微孔膜。多层膜可以将其各层材料的优点结合起来,从而克服单层微孔膜的不足。

11.2.3　改性微孔膜

尽管以 PE、PP 为代表的聚烯烃微孔膜在锂离子电池中广泛使用,但它们的热稳定性、润湿性和电解液保持能力等都不尽如人意。因此,人们研究了针对聚烯烃微孔膜的各种改性方法。

在聚烯烃微孔骨架表面接枝亲水基团或亲水聚合物是一种相对简单而有效的方法。

常用的接枝方法包括等离子体、γ射线辐照、电子束辐照和紫外线辐照等。在聚烯烃上接枝的聚合物或小分子基团包括聚乙二醇硼酸丙烯酸酯、丙烯酸、丙烯腈、硅氧烷、甲基丙烯酸甲酯、甲基丙烯酸环氧丙酯、二甲基丙烯酸二甘醇酯等。接枝改性后的微孔膜可以使电池放电容量、循环性能、润湿性、电解液保持能力、热阻力、电导率、电化学稳定性或机械稳定性等多方面得到加强和改善。另外，γ射线辐照本身即可诱发 PE 微孔膜材料自身交联[3]。交联 PE 膜表现出更高的热稳定性及孔隙率和孔径等的形态改变。采用交联 PE 膜的锂离子电池还表现出更高的放电容量。

除了接枝改性，表面涂层也是微孔膜改性的重要方法。聚多巴胺(polydopamine, PDA)涂层就是涂层改性微孔膜显著提升膜和电池性能的一个典型。研究显示，PDA 涂层改性的微孔膜尽管孔隙率没有改变，但润湿性和离子电导率明显提升，而且采用 PDA 涂层改性微孔膜的电池充放电速率和循环寿命得到改善[4]。PDA 除本身作为涂层改性材料外，还可以起到在微孔膜基材上黏接其他涂层的作用。其他用于聚烯烃微孔膜改性的涂层材料还包括聚乙二醇(PEG)、聚氧化乙烯(polyethylene oxide，PEO)、聚甲基丙烯酸甲酯(PMMA)、共混 PVDF-HFP/PMMA、聚酰亚胺(PI)等。

11.2.4 非织纤维膜

非织纤维膜是不经过纺织的聚合物纤维依靠物理缠结、熔融黏结或黏接剂黏接等形成的多孔片层结构。可以制备非织纤维膜的若干种方法中，静电纺丝(electrospinning)方法被认为更适合制备锂离子电池用的微孔膜。

静电纺丝是一种特殊的纤维制造工艺，纺丝装置主要由带有针孔喷头的聚合物容器、纤维收集器和高压电源组成。高压电源连接到针孔喷头，而纤维收集器接地。在电压足够高时，从针孔喷头流出的聚合物溶液或熔体在电场力作用下被拉长拉细，形成泰勒锥(Taylor cone)并做不规则性螺旋运动达到接地的纤维收集器。在从针孔喷头到收集器的过程中，聚合物因溶剂蒸发或熔体降温凝固而成纤。静电纺丝利用电场力克服聚合物液体的表面张力，所得细丝的直径可以远小于针头的内径，从而能够得到纳米级直径的聚合物超细纤维。

尽管已经报道有约 200 种聚合物可实现静电纺丝，但是制备锂离子电池微孔膜的聚合物种类还非常有限。PVDF 是最常用来静电纺丝制备锂离子电池微孔膜的材料之一。一方面是 PVDF 有良好的电化学稳定性，另一方面是锂离子与 PVDF 亲和性较强。PVDF非织纤维膜一般具有结晶度低而分子取向度高的特点。高度取向的纤维使 PVDF 非织纤维膜有较高的机械强度。对 PVDF 非织纤维膜做热处理、热压等后处理可以进一步提高膜的机械强度并改善膜的离子电导率。

PAN 是另一种被研究较多的静电纺丝制备锂离子电池非织纤维膜的材料。PAN 中相邻腈基(C≡N)的强相互作用使 PAN 静电纺非织纤维膜有良好的机械强度。腈基的强极性会阻碍静电纺丝过程中聚合物链规则排列，所以 PAN 纤维是高度非晶形的，而所得非织纤维膜呈现良好的柔性。静电纺丝 PAN 非织纤维膜可以表现出高电解质吸液率、高电解质保持率及高离子电导率。采用 PAN 非织纤维膜的锂离子电池可以表现出很好的循环性能和大电流放电能力。

共混或共聚聚合物也被用于制备静电纺非织纤维膜，以提升和改进锂离子电池膜的综合性能。例如，PVDF-HEP 共聚物、共混 PAN/PMMA、共混 PVDF/PAN、共混 PI/PAN、共混 PI/PVDF、共混 PVDF-HFP/PMMA、共混纤维素/聚磺酰胺、共混杂聚酞酮醚砜酮 (PPESK)/PVDF 等材料均被用于静电纺丝法制备非织纤维膜。

到目前为止，非织纤维膜在锂离子电池中的应用还很有限。其中一个重要原因是制备非织纤维膜的效率相对较低，成本相对较高。

11.2.5　无机-有机复合膜

锂离子电池领域的无机-有机复合膜指分散相无机颗粒与连续相聚合物复合的微孔膜。常见的复合形式可以分为三类：第一类是无机颗粒在聚合物微孔基质上涂层；第二类是将无机颗粒填充在聚合物基质内；第三类是将无机颗粒填充在无纺纤维膜内。此处所述的复合膜特别是第二类，类似于分离膜领域的杂化膜或混合基质膜。

制备无机-有机复合膜常用的无机颗粒有 SiO_2、Al_2O_3、TiO_2、$CaCO_3$、$BaTiO_3$、ZrO_2 等。也有研究者选用具有锂离子导电性的无机颗粒，如 LiF、LiI、$LiAlO_2$ 等，以弥补无机颗粒造成的膜孔隙的减少。

具有无机颗粒涂层的复合膜最为常见，并且已经越来越成为锂离子电池膜的主流。与单纯的聚合物微孔膜相比，无机涂层复合膜的热稳定性可以大幅度提升，对电解液的润湿性、保持能力也可以明显改善。采用无机涂层复合膜的锂离子电池可以表现出充电、放电性能、循环性能、电化学稳定性、界面电阻等的改善和强化。甚至有研究发现，无机颗粒涂层能够吸附聚合物膜上的杂质，从而使电池的循环性能得到改善。

无机颗粒涂层的复合膜可能会出现颗粒团聚、颗粒层开裂及颗粒脱落等问题。解决这些问题的常用手段是用聚合物作为颗粒之间及颗粒与基膜的黏接剂。

将无机颗粒填充入聚合物基质内也是制备无机-有机复合膜的一种简单常用的方法。这种膜通常用浇注法或相转化法制备，与制备杂化或混合基质膜十分相似。无机颗粒填充的复合膜可以表现出更好的润湿性、更高的锂离子电导率、更好的电化学稳定性及界面稳定性。

除了提高膜本身的性能，在聚合物膜基质中填充无机颗粒还被用于解决电池中的其他问题。例如，为防止电池中电解质分解产生的氢氟酸腐蚀电极上的过渡金属，有研究者以碱性的 $CaCO_3$ 填充到膜中，从而中和产生的 HF[5]。还有研究者使填充的 SiO_2 颗粒表面氨基化，能与电解质分解产物 PF_5 发生复合反应，从而避免 HF 的产生[6]。

11.2.6　电解质膜

前述的微孔隔膜、改性微孔膜、非织纤维膜和无机-有机复合膜实际上均具有多孔特性，均需要在其中填充液体电解质才能起到传递离子的作用。因此从功能性上讲，这些膜相当于膜分离领域中支撑液膜的固相骨架。在电池领域这些膜主要起分隔阴极和阳极的作用，称为隔膜(separator 或 diaphragm)。电解质膜则是既起分隔电极的作用，本身又能传导离子的一类膜。电解质膜中又有凝胶聚合物膜、固体聚合物膜和固体陶瓷膜等主要类型。

凝胶聚合物电解质膜也需要填充液体电解质，这一点实际上与微孔隔膜十分相似。但凝胶聚合物电解质膜的孔尺度是纳米数量级的，因此其保持液体的能力很强，不会出现微孔隔膜的漏液问题。凝胶聚合物电解质膜阻挡锂金属枝晶生长的能力也更强。一般凝胶聚合物电解质膜中的纳米孔是由增塑剂造成的——成膜前添加的增塑剂在成膜后被萃取出来，在聚合物膜中形成纳米孔。制备凝胶聚合物电解质膜的常用聚合物包括PVDF、PAN、PMMA、PEO、PVC、PSf 等。以共混聚合物或无机颗粒-聚合物复合材料制备凝胶聚合物电解质膜的研究也多有报道；基于离子交换膜的凝胶聚合物电解质膜也有研究报道[7]。

固体聚合物电解质膜是由锂盐与可以使锂盐溶剂化的高分子聚合物构成的。也就是说，高分子聚合物本身是锂盐的溶剂。制备固体聚合物电解质膜常用的聚合物包括 PEO、PAN、PVDF、PMMA 等。采用锂盐的固体聚合物电解质膜具有安全、稳定、易生产的优点，但其电导率一般不高。许多研究者试图通过在聚合物中加增塑剂、减少聚合物结晶等方法来提高固体聚合物电解质膜的电导率。

固体陶瓷电解质膜研究中报道最多的是锂超离子导体(lithium super ionic conductor,LSICON)膜，其中典型的如 $Li_{14}ZnGe_4O_{16}$。为提高 LSICON 材料的电导率，以硫替换LSICON 中氧的研究也多有报道。钙钛矿、石榴石、微晶玻璃等类型的陶瓷电解质膜也有报道，如 $Li_{3x}La_{2/3-x}TiO_3$、$Li_5La_3Ta_2O_{12}$、$Li_7P_3S_{11}$ 等。固体陶瓷电解质膜均具有出色的热稳定性，电导率一般可以高达 10^{-3} S·cm^{-1} 数量级。但是当固体陶瓷电解质膜用于锂离子电池时，需要解决陶瓷的脆性和陶瓷与电极间不易良好接触等问题。

11.3　聚合物电解质膜燃料电池

聚合物电解质膜燃料电池(polymer electrolyte membrane fuel cell)是几种燃料电池中发展最快的一种。除了具有清洁、高效等燃料电池的普遍优点外，聚合物电解质膜燃料电池还具有高功率密度、启动快、无电解质流失、热信号小、输出功率范围宽等优势，适合作为便携电源(如平板电脑)、移动电源(如燃料电池车)和分散固定电源(如数据中心的独立电站)。

氢-氧聚合物电解质膜燃料电池的工作原理示意于图 11-2。若燃料电池的电解质是酸性的质子交换膜(proton exchange membrane，PEM)，则氢气分子在阳极催化剂的作用下分解为质子和电子。质子通过质子交换膜到达阴极。氧气分子在阴极催化剂的作用下与阳极侧来的质子及通过外电路到达阴极的电子结合生成水。在此过程中因电子流过外电路上的负载而对负载做功。

当燃料电池的电解质是碱性的阴离子交换膜，则氢气分子在阳极催化剂的作用下与阴极侧来的氢氧根离子结合生成水并释放出电子。氧气分子在阴极催化剂的作用下与水及通过外电路到达阴极的电子结合生成氢氧根离子。在此过程中，同样因电子流过外电路上的负载而对负载做功。

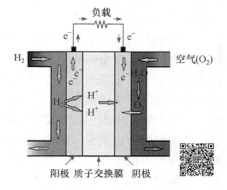

图 11-2　氢-氧聚合物电解质膜燃料电池的工作原理示意图[8]

聚合物电解质膜燃料电池可以采用不同的燃料和氧化剂。例如，研究较多的直接甲醇燃料电池(direct methanol fuel cell，DMFC)就是以甲醇为燃料的聚合物电解质膜燃料电池。以甲酸、乙醇、二甲醚等为燃料的聚合物电解质膜燃料电池研究也比较常见。聚合物电解质膜燃料电池也不一定要用纯氧气作为氧化剂。例如，采用空气为氧化剂就是一种非常经济实用的选择。某些情况下也可选择过氧化氢、高锰酸钾等氧化剂。

11.3.1　燃料电池用膜的主要性能和评价

聚合物电解质膜燃料电池中的膜与电渗析、电去离子等技术中采用的膜都属于离子交换膜，但燃料电池对膜的要求与电渗析、电去离子等对膜的要求不同。一般，聚合物电解质膜燃料电池中的膜要求有更高的离子电导率、热稳定性和化学稳定性。燃料电池用聚合物电解质膜的考察指标通常有离子电导率、离子交换容量(ion exchange capacity，IEC)或当量质量、吸水率及溶胀度、机械强度、燃料/氧化剂的透过率等。

1) 离子电导率

聚合物膜的离子电导率为单位截面积、单位长度时的电导，是聚合物膜在燃料电池中的最基本性能，也是影响整体燃料电池性能的一个关键因素。聚合物膜的离子电导率通常采用交流阻抗谱法测量，可以使用电化学工作站的阻抗谱测量功能或频率响应分析仪实现。电导率测量时，交流信号的频率扫描范围一般在 $1 \sim 10^5 \, Hz$。频率扫描后得到的阻抗谱可以记录在纵轴表示阻抗虚部、横轴表示阻抗实部的 Nyquist 图上。膜的离子电阻(R)从阻抗谱线的高频部分与横坐标轴的交点读取，然后由离子电流通过膜的截面积(A)和通过膜的距离(L)计算出膜的离子电导率(σ):

$$\sigma = \frac{L}{RA} \tag{11-1}$$

关于阻抗谱的更多内容可以参考相关专著[9]。

聚合物电解质膜的离子电导率在水平于膜面的方向和垂直于膜面的方向一般并不相同，而且水平向离子电导率(in-plane conductivity)多高于垂直向离子电导率(through-plane conductivity)。但是膜的垂直向离子电导率对燃料电池性能的影响更大，因此测量膜的垂直向离子电导率尤为重要。

电导率测量一般采用二电极方式或四电极方式(图 11-3)。二电极方式中，电流输入电极与电压测量电极是同一对电极。而在四电极方式中，电流输入使用一对电极，电压测量则采用另一对电极。相对于二电极方式，四电极方式的优点在于可以减少电极与膜之间的界面电阻造成的测量误差。这是因为很高的电压表内阻使电压测量回路中电流远小于电流输入回路中的电流，即使界面电阻较高也不会造成较大的界面电压降。因独立于电压测量回路，电流输入回路中因界面电阻造成的较大界面电压降不会被算在离子电流通过膜而产生的电压降中，因此不会导致测量误差。但即使采用四电极方式，也要尽量设法使电极与膜良好接触，以提高离子电导率测量的准确性。

另外需要注意的是，聚合物电解质膜的离子电导率是膜中含水量的函数，而含水量又受环境温度和湿度的影响。因此，离子电导率测量应该是在受控、稳定的环境温度和湿度下进行。

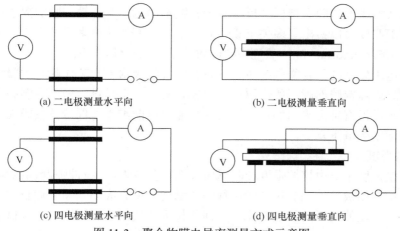

(a) 二电极测量水平向　　　　　　　(b) 二电极测量垂直向

(c) 四电极测量水平向　　　　　　　(d) 四电极测量垂直向

图 11-3　聚合物膜电导率测量方式示意图

2) 离子交换容量/当量质量

聚合物膜的离子交换容量(IEC)指单位膜质量对应的离子基团摩尔量,用以表示离子基团的浓度和离子交换能力的大小。有时人们也将这一特性用膜的当量质量(EW)表示。EW 与 IEC 互为倒数关系。

离子交换容量或当量质量可以用红外光谱、核磁共振或酸碱滴定方法测量,其中酸碱滴定方法重现性好且便捷,所以最为常用。为求质子交换膜的离子交换容量,将 H$^+$ 型质子交换膜样品干燥至恒量,称取样品质量后放入饱和氯化钠溶液中,在密封条件下浸泡搅拌过夜,以酚酞为指示剂用已知浓度(C_{NaOH})的氢氧化钠溶液滴定与膜样品充分离子交换后的氯化钠溶液。由所消耗的碱液体积(V_{NaOH})计算出膜中离子交换的量,进而由干膜质量(W)得出膜的离子交换容量:

$$IEC = \frac{C_{NaOH}V_{NaOH}}{W} \tag{11-2}$$

类似地,为求碱性阴离子交换膜的离子交换容量,将 OH$^-$ 型的膜样品干燥、称量、饱和氯化钠溶液中浸泡,以甲基橙为指示剂用已知浓度(C_{HCl})的盐酸滴定,由消耗的酸体积(V_{HCl})和干膜质量(W)算出膜的离子交换容量:

$$IEC = \frac{C_{HCl}V_{HCl}}{W} \tag{11-3}$$

3) 吸水率及溶胀度

膜的吸水率(water uptake)指单位质量的干膜与水接触待到平衡后的吸水质量,溶胀度(degree of swelling)则是指膜在吸水前后尺寸的相对改变。吸水率及溶胀度可以分别用天平和卡尺测量,由干膜的质量(W_d)和尺寸(L_d)及吸水溶胀平衡后膜的质量(W_e)和尺寸(L_e)可计算得

$$吸水率 = \frac{W_e - W_d}{W_d} \tag{11-4}$$

$$溶胀度 = \frac{L_e - L_d}{L_d} \tag{11-5}$$

吸水率及溶胀度这两个指标都反映膜中容纳水的能力，并都与膜的离子电导率有密切关联，但溶胀度可以给出更多关于膜性质的细节。例如，许多膜的吸水溶胀都是非仿射变形(non-affine deformation)——膜厚与膜面的尺寸变化程度不同。

燃料电池中使用的聚合物电解质膜一般有较大的吸水率，工作状态的膜更像是水凝胶。这类膜难以界定膜面附近的水属于膜内还是膜外，于是难以做到在湿膜称量前完全抹去膜面的水而没有带出膜内的水。测量中只能尽可能细心地保持抹去膜面水操作的一致性，使测量结果可重复。

4) 机械强度

膜的机械强度主要由拉伸强度和断裂伸长率等参数表示。拉伸强度也称为断裂强度，是指膜样品从开始被拉伸到被拉断的过程中所承受的最大应力。断裂伸长率则指受拉力作用至拉断时，拉伸前后的长度变化与拉伸前长度的比值。利用万能力学试验机可以在一次试验中同时测出膜的拉伸强度和断裂伸长率数值。

膜的机械强度受膜中吸水率的影响。即使对同一膜，干膜和湿膜的机械强度可能有很大差别。另外，机械强度的测量结果还受膜试样形状和拉伸速度等的影响。可以参考国家标准《塑料 拉伸性能的测定 第 3 部分：薄膜和薄片的试验条件》(GB/T 1040.3—2006)制备膜试样和测定拉伸速度。

5) 气体渗透系数

膜的气体渗透系数是指单位时间沿膜厚方向单位压力梯度(沿膜厚方向压力梯度即跨膜压差除以膜厚)下透过单位膜面积的气体量(见 7.3.2 节)。一般情况下，希望燃料电池的电解质膜能够很好地阻止燃料或氧化剂气体的渗透。但有时又要利用这种渗透，如希望使氢和氧在膜中间相遇并反应生成水，以保持膜的充分润湿。

聚合物电解质膜与气体分离膜的气体渗透系数测量几乎完全相同，相关原理和方法可参考前面气体分离膜章节中的相关内容。燃料电池中聚合物膜的一点特殊性是膜需要在充分吸水的状态下工作，所以聚合物电解质膜的气体渗透速率测量也应该是在膜充分吸水的状态下才更有实用意义。为确保膜中的水不致被流过的气体带走，应该对流经膜的气体加湿。考虑到膜中湿度稳定的要求，采用等压法(图 11-4)测量气体渗透速率最为可取。

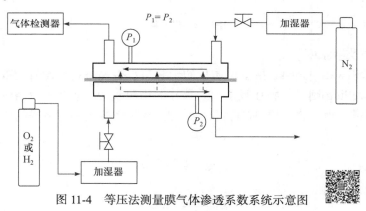

图 11-4　等压法测量膜气体渗透系数系统示意图

6）液态醇透过率

膜的透过率是指当浓度梯度为一个单位时，单位时间内、单位面积透过膜的量，表示液态燃料跨过(crossover)聚合物电解质膜的难易程度。这是 DMFC 等液态燃料电池中聚合物电解质膜的一个重要指标。液态燃料一般比气体更容易透过聚合物电解质膜，其结果不仅造成燃料的浪费，还可能在燃料电池阴极发生电化学反应，使电池的输出电压降低。

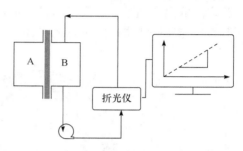

液态醇的透过率可以用膜池法方便测量。膜池法测量醇透过率系统示于图 11-5。膜池被待测聚合物膜隔开为 A 室和 B 室，开始实验时 A 室放入一定浓度(C_A)的醇溶液，B 室放入纯水。在浓度差推动下醇由 A 室经膜扩散到 B 室，使 B 室中醇浓度随时间而线性升高。用折光仪在线分析 B 室浓度并记录此浓度变化，并由浓度随时间变化的斜率(K)求出醇透过率(P)为

图 11-5　膜池法测量聚合物膜的醇透过率系统示意图

$$P = K \frac{V_B l}{C_A S} \tag{11-6}$$

式中，V_B 为 B 室体积；l 为膜厚度；S 为膜的有效扩散面积。

11.3.2　质子交换膜

质子交换膜是阳离子交换膜中的一种，在燃料电池中起着传导质子、隔离阴极和阳极、阻止燃料与氧化剂接触等作用。为得到较高的燃料电池输出性能，质子交换膜应该具备的性质包括：高质子电导率、高电子绝缘率、低气体渗透性、高化学稳定性、高热稳定性、高机械强度和尺寸稳定性、低廉的价格及环境友好。按照材料种类来划分，质子交换膜可分为全氟磺酸质子交换膜、非氟聚合物质子交换膜和部分氟化聚合物质子交换膜。从形态上看，质子交换膜有均质膜和增强复合膜。

1. 质子交换膜微观结构与质子传递机理

大多数质子交换膜的聚合物分子具有疏水的主链和在侧链端部的亲水磺酸基团。这种化学组成决定了质子交换膜具有不同程度的微相分离结构。疏水主链构成膜的骨架，而连通的亲水微相构成质子传递通道。膜中的微相分离结构不仅影响膜的电导率，还影响吸水率、甲醇透过率等。随着结构表征技术的提高和计算方法的进步，人们对质子交换膜微观形态的认识在不断地完善。

全氟磺酸膜是商品化生产最早且应用最广泛的质子交换膜，对其微观结构的研究也相对最为充分。关于全氟磺酸质子交换膜，被引用最多的微观结构模型是 Hsu 和 Gierke 提出的[10]。他们基于广角和小角 X 射线散射(small-angle X-ray scattering，SAXS)测量和聚合物弹性理论提出了离子团簇网络模型。

依照离子团簇网络模型，聚合物支链端部的离子基团与憎水相聚合物基质相连，分布在膜内的水分子和聚合物基质的界面之间，成为一个离子团簇。离子团簇之间有直径 10 Å 左右的通道连通，自由离子可以通过这些通道在离子团簇之间传递(图 11-6)。此模型第一次解释了 SAXS 实验中全氟磺酸材料高角度区的峰，认为这些峰代表了连接大团簇之间的离子通道。当离子当量、水含量和反离子改变时，通过这一模型计算得到的团簇直径与实验测量值能很好地吻合。

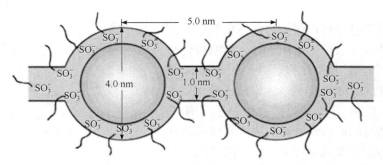

图 11-6　全氟磺酸膜微观结构的团簇网络模型：依靠细小离子通道连接的水化离子团簇[10]

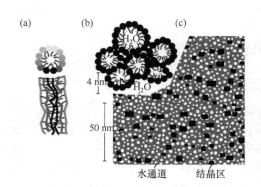

图 11-7　全氟磺酸膜的平行反胶束柱水通道模型

(a)反胶束柱的断面和侧面，聚合物骨架在外围而离子基团在中心；(b)反胶束柱水通道堆积状态示意图；(c)全氟磺酸材料中柱形水通道(白)及骨架微晶(黑)和非晶(灰)区域的截面示意图[11]

Schmidt-Rohr 和 Chen 提出了更完善的平行棱柱亲水通道模型[11]。按照此模型(图 11-7)，全氟磺酸膜中存在长程平行排列、短程无序的亲水离子通道。离子通道周围由部分亲水的醚键侧链围绕，形成柱状反胶束结构。当膜中含水率为 20%(体积分数)时，这些亲水通道的直径为 1.8～3.5 nm。而憎水的骨架中约 10%(体积分数)结晶形态的碳氟链平行排列，在柱状亲水通道的长轴方向伸展。根据这一模型结构模拟的 SAXS 图谱与实测数据吻合较好。尤其是在 SAXS 低角度的碳氟链结晶区，模拟结果也与实验值相吻合，而此前的全氟磺酸膜微观结构模型的 SAXS 模拟曲线与实测曲线相差较大。全氟磺酸膜中不同温度下质子和水的快速扩散可以用平行棱柱亲水通道模型较好地解释。

膜材料分子结构特性对质子交换膜的微观结构影响很大。Kreuer 通过 SAXS 实验比较了两种典型的全氟磺酸膜与磺化聚芳醚膜的微观结构的差别[12]。研究发现，全氟磺酸膜 Nafion 聚合物分子链较柔软且氟的吸电子性强，因此 Nafion 膜内的质子通道更宽，连贯性更好，没有死端，而且亲水相-疏水相界面更少，磺酸根酸性更强。而磺化聚醚酮膜的聚合物分子主链刚性强而磺酸基团的侧链短，因此其质子通道更窄，连接更曲折(图 11-8)。

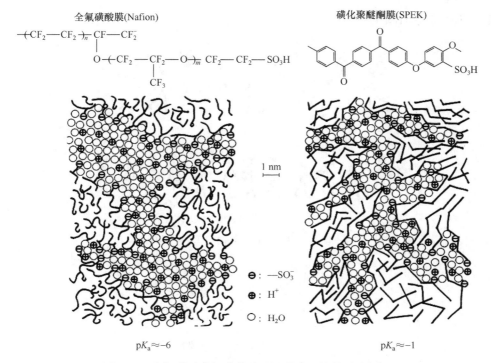

图 11-8　全氟磺酸膜与磺化聚醚酮膜微观结构的比较[12]

质子电导率是衡量质子交换膜性能最重要的指标。一般来讲，酸根的酸度、数量、分布及膜内含水量等都是影响质子电导率的重要因素。质子交换膜吸水后，水分子排布在酸根周围。当膜内含水量达到一定程度时，便形成连贯的亲水通道，传导质子(图 11-9)[13]。

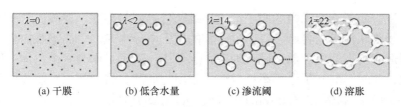

图 11-9　离子聚合物膜的分相结构与单位酸根含水量 λ 的关系[13]

质子难以独立存在，总是与水结合形成水合质子，如 H_3O^+、$H_5O_2^+$、$H_9O_4^+$ 等。质子的迁移速率是各种离子中最快的，这与其特殊的传递机理有关。目前公认的质子传递机理有运载机理(vehicle mechanism)和跳跃机理(Grotthuss mechanism)(图 11-10 和图 11-11)。运载传递是指水分子作为载体与质子结合成水合质子，载体和质子作为一个整体在浓度梯度或电场推动下迁移。跳跃传递是指质子从一个水分子跳跃到邻近的水分子，借助于水分子的氢键实现质子的快速迁移。在质子跳跃过程中，水分子接受与释放质子前后会发生氢键断裂及取向弛豫，这样更利于质子传递。质子与水分子结合后，水分子中原来的氢原子则脱离水分子变为质子，与紧邻的水分子结合继续传递，质子的传递以"接力运输"的形式进行(图 11-10)。

(a) 运载机理

(b) 跳跃机理

图 11-10　两种质子传递机理示意图[14]

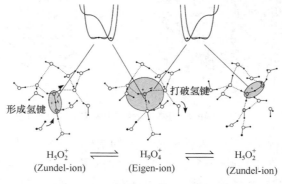

$H_5O_2^+$　　　　　　$H_9O_4^+$　　　　　　$H_5O_2^+$
(Zundel-ion)　　　　(Eigen-ion)　　　　(Zundel-ion)

图 11-11　质子跳跃传递示意图[15]

在 Zundel 水合质子 $H_5O_2^+$ 与 Eigen 水合质子 $H_9O_4^+$ 之间的变换中，质子沿水分子间的氢键网络传递

一般来说，质子交换膜内的质子运载和跳跃传导同时存在。在膜内含水量充分的情况下，有质子跳跃传递的良好条件，这时膜的质子电导率最高。而当膜内含水量低时，质子传递以运载机理为主。而运载机理下，水分子与质子是作为一个整体一同迁移的，运动阻力大，此时膜的质子电导率就较低。正因为如此，聚合物电解质膜燃料电池工作时要求质子交换膜内必须具有较高的含水量，否则质子电导率太低影响电池输出性能。

2. 全氟磺酸质子交换膜

全氟磺酸质子交换膜以美国 Du Pond 公司开发的 Nafion 系列膜最具有代表性。Du Pond 公司在 20 世纪 60 年代就开发出了 Nafion 系列膜，至今仍是适用最广的全氟磺酸膜，是占据绝大部分市场份额的产品。此外，还有美国陶氏公司生产的 Dow 膜、日本 Asahi Glass 公司的 Flemion 膜、Asahi 化学公司的 Aciplex 膜、氯工程(Chlorine Engineers)株式会社的 C 膜和中国山东东岳化工有限公司的全氟磺酸膜。

全氟磺酸的化学结构如图 11-12 所示。其聚合物分子的特征是具有四氟乙烯主链、全氟乙烯基醚侧链和磺酸端基。这类全氟磺酸材料的化学结构包括疏水的聚四氟乙烯骨架和亲水的带有醚键和磺酸基团的支链。全氟磺酸骨架中的 C—F 键的键能较高(4.85×10^5 J·mol^{-1})，且氟原子的半径较氢稍大，可以在 C—C 链外形成一层紧密的氟保护屏障，使得这类全氟材料有较高的化学稳定性和机械强度。另一方面，氟原子的强吸电子能力还使得与其相邻的磺酸基团更容易解离，提高了全氟磺酸膜的导电性。不同公司生产的全氟磺酸的侧链长度及接枝比例略有不同(表 11-1)。美国陶氏公司、Asahi 化学公司、中国山东东岳化工有限公司等合成的全氟磺酸材料比 Du Pond 公司的 Nafion 产品的侧链更短，有更高的离子交换容量、更高的电导率。各公司全氟磺酸膜的当量质量在 800～1100 的范围内。

$$-(CF_2-CF_2)_x-(CF_2-CF)_y-$$
$$(O-CF_2-CF)_m-O-(CF_2)_n-SO_3H$$
$$CF_3$$

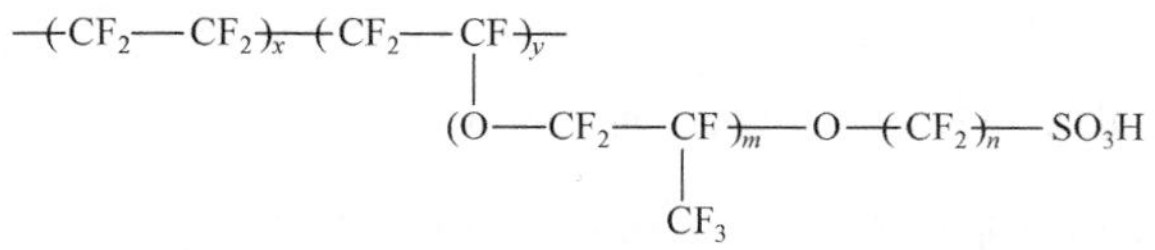

图 11-12　全氟磺酸材料的化学结构式

表 11-1　目前主要的商品全氟磺酸材料的基本参数

结构参数	商品名	公司	EW*	膜厚/μm
$m=1$；$x=5\sim13.5$；$n=2$；$y=1$	Nafion115	Du Pond 公司	1100	125
	Nafion117	Du Pond 公司	1100	175
	Nafion212	Du Pond 公司	1100	50
$m=0$；$n=2$；$x=3.6\sim10$	Dow	美国陶氏公司	800	125
$m=0,1$；$n=1\sim5$	Flemon-R	Asahi Glass 公司	1000	50
	Flemon-S	Asahi Glass 公司	1000	80
	Flemon-T	Asahi Glass 公司	1000	120
$m=0$；$n=2\sim5$；$x=1.5\sim14$	Aciplex-S	Asahi 化学公司	1000～1200	25～100
$m=1$；$n=2$；$x=5\sim13.5$ 或 $m=0$；$n=2$	东岳膜	中国山东东岳化工有限公司	1000	50

*EW 表示含有 1 mol 的离子交换基团的离子聚合物的质量(kg)。

各公司的全氟磺酸膜的 EW 在 800～1100 的范围内，这是为了平衡膜的质子电导率和机械强度及尺寸稳定性。过低的 EW 表示磺酸基团的密度过高，这时膜会因过度溶胀而丧失机械强度及尺寸稳定性。而 EW 过高表明磺酸基团的密度过低，因此会导致质子电导率过低。

3. 部分氟化质子交换膜

部分氟化质子交换膜是指构成膜的聚合物分子中的氢原子没有被氟原子完全取代。人们开展部分氟化质子交换膜的研究开发是为了在保留全氟化膜的优点的前提下降低其成本并进一步提高膜性能。

加拿大 Ballard 公司研发的 BAM3G 膜是部分氟化质子交换膜中具有代表性并且最

成功的一种。BAM3G 树脂先由 α, β, β-三氟苯乙烯与基团取代的三氟苯乙烯共聚、再经磺化制得(图 11-13)。BAM3G 膜主链全氟原子保护 C—C 骨架不被电化学氧化，氟原子取代苯环上的氢原子，降低了苯环上的电子云密度，使膜具有较好的热稳定性、化学稳定性和机械强度，更为突出的是该膜具有低的 EW 值(EW = 407)和高含水率($\approx 90\%$)。BAM3G 膜的若干主要性能指标已经超过了 Nafion117 和 Dow 膜。

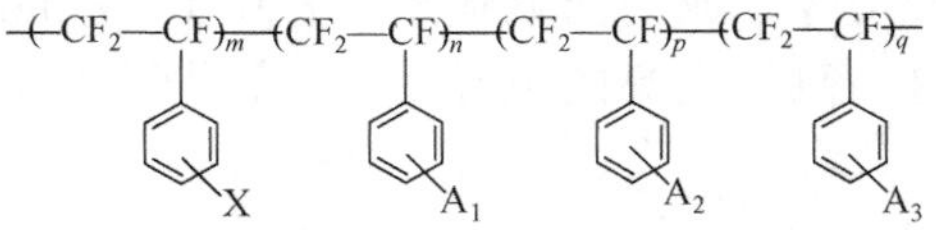

X=磺酸基，A_1、A_2、A_3=烷基、卤素，CF=碳氟基、氰基、羟基

图 11-13　Ballard 公司研发的 BAM3G 膜结构示意图

辐射接枝是制备部分氟化质子交换膜的一种常用方法，选用全氟或部分氟化的聚合物制备多孔基膜，然后通过辐射方法在基膜表面和孔内接枝上氟化或非氟化的侧链。这种侧链可以是在接枝前已经含有磺酸基团端基，或接枝后经过磺化接上磺酸端基。常用的基膜有聚四氟乙烯(PTFE)、PVDF、全氟乙烯丙烯共聚物(FEP)、乙烯-四氟乙烯共聚物(ethylene-tetra-fluoro-ethylene，ETFE)、PVDF-HFP 等。这些含氟的基膜具有优良的化学稳定性和机械强度。苯乙烯和苯乙烯磺酸盐是较常见的接枝选择。乙烯基的碳碳双键打开后可以提供与基膜连接的位点，而芳环的取代磺化是容易进行且易控制的反应。

4. 非氟质子交换膜

尽管全氟磺酸质子交换膜早已经商业化生产并被广泛应用，但人们对其并不是十分满意。在聚合物电解质膜燃料电池领域，人们认为其价格过高而适宜工作温度过低。对聚合物电解质膜燃料电池中的直接甲醇燃料电池，全氟磺酸质子交换膜有甲醇透过率高，即阻醇能力差的问题。甲醇透过不仅浪费燃料，还降低电池的输出功率。另外，含氟聚合物在废弃后降解释放的氟可能对环境造成较大危害，而含氟废弃物的处置费用较高。因此，人们一直在寻求成本低而性能优良的非氟质子交换膜。已经研究较多的非氟质子交换膜材料主要有磺化聚苯乙烯及其衍生物、磺化聚砜类、磺化聚芳醚酮类、磺化或磷酸掺杂聚苯并咪唑、磺化聚酰亚胺等。

磺化聚苯乙烯膜是最早出现的质子交换膜，也是最早用于燃料电池的聚合物膜。1965年美国发射的双子星 4 号飞船第一次采用了燃料电池电源——以磺化聚苯乙烯为质子导电膜的燃料电池系统。这成为全世界燃料电池实用化的第一个例子。可惜当时的研究已经发现，磺化聚苯乙烯膜在燃料电池环境下的稳定性不足，会发生降解。因此，要想在燃料电池中使用这种最廉价的质子交换膜，需要设法避免或缓和降解的发生。

磺化聚芳醚酮类是研究最多的非氟质子交换膜材料。聚芳醚酮是一类特种工程塑料，具有优良的综合性能，是由亚苯基环通过醚键和羰基连接而成的聚合物。几种常见的聚芳醚酮包括：聚醚醚酮(PEEK)、聚醚酮(PEK)、聚醚酮酮(PEKK)、聚醚酮醚酮酮(PEKEKK)、聚醚醚酮酮(PEEKK)。其结构式分别为：

PEEK

PEK

PEKEKK

PEKK

　　磺化聚芳醚酮膜的制备路线一般有两种：一种是将聚合物磺化制膜，另一种是用磺化的单体聚合制膜。前者有利用商品聚芳醚酮的便利，后者更方便引入不同的基团。

　　聚苯并咪唑(PBI)作为质子交换膜材料得到广泛研究。PBI 是一类分子结构中含有咪唑环的无定形热塑性高分子聚合物。其玻璃化转变温度在 425～436℃之间，并且具有优良的化学稳定性和机械稳定性。PBI 膜本身没有质子导电性，通常采用两种方法对其进行改性后才适宜用作质子交换膜：一是对 PBI 进行磺化，引入磺酸基团；二是在 PBI 中掺杂无机酸，一般是磷酸。

　　磷酸掺杂的聚苯并咪唑膜在高温聚合物电解质膜燃料电池中表现出明显的优势。一般而言，高温有利于电极上的电化学反应和膜中的质子传导。但是以磺酸基团为阴离子的质子交换膜中，质子的传导强烈依赖于膜中的水。而在常压下 100 ℃以上，以磺酸为功能基团的质子交换膜就会严重失水。这将导致其质子电导率下降，增加电场的欧姆电阻损失。而磷酸可以在无水的条件下高效传递质子，又能与 PBI 良好结合，所以磷酸掺杂的聚苯并咪唑膜成为目前高温聚合物电解质膜燃料电池的首选，可以在 200 ℃温度下使用。

5. 复合质子交换膜

　　为满足燃料电池对质子交换膜综合性能的要求，研究者常采用将不同性能的材料复合的方法解决问题。

　　增加膜强度是制备复合质子交换膜的一个重要动机。有时增加膜强度与减小膜的质子传导电阻、降低膜成本是联系在一起的，多孔 PTFE 膜增强的全氟磺酸 Nafion 复合膜就是这样的例子。当为减小膜电阻和全氟磺酸树脂用量而将 Nafion 做得越来越薄时，增加膜强度的必要性就突显出来。将全氟磺酸树脂填充到多孔 PTFE 中的增强 Nafion 膜的厚度可以薄至 5～15 μm。这不仅有效减小了膜的质子电阻，减少了全氟磺酸树脂用量，还抑制了润湿后膜尺寸的改变。美国 Gore 公司已经将 PTFE 增强的全氟磺酸质子交换膜商品化，生产出不同规格的 Gore-Select 膜产品。目前许多燃料电池电动车的电池堆已经选用 Gore-Select 膜，而且有研究和实践证明 Gore-Select 膜比均质 Nafion 膜有更好的稳定性。

　　除采用多孔 PTFE 增强全氟磺酸膜外，其他多孔材料还有高分子量聚乙烯、聚丙烯等。为提高膜强度采用的其他方法包括将质子交换功能聚合物与增强聚合物共混、将高强度纤维分散在聚合物膜中、将编织的纤维网埋置于膜中等。

　　质子交换膜的电导率依赖于膜内的含水量。为了使膜在较高温度下仍保持充足的水分，研究者提出了各种复合膜方案。一种常用的方法是将强亲水的无机颗粒如二氧化硅、二氧化钛复合于膜中。为了弥补无质子导电功能的亲水无机颗粒的加入对聚合物中质子导电基团的稀释，还有研究者先将具有质子导电功能的杂多酸与二氧化硅等无机颗粒复合，再将复合无机颗粒掺杂到聚合物膜中。这时杂多酸用于提高膜的质子导电性能，二氧化硅不仅用于保持膜水分，还用于保持杂多酸，以防止或减缓其溶解流失。

　　直接甲醇燃料电池中的质子交换膜需要有良好的阻醇能力，综合性能优异的全氟磺酸膜却有甲醇透过率高的明显缺陷。为此，研究者在提高全氟磺酸膜阻醇性能方面进行了诸多探索。将全氟磺酸与其他材料复合制膜是最常见的策略，包括与阻醇聚合物共混、在全氟磺酸膜表面增加阻醇层、在全氟磺酸膜内掺杂无机颗粒等。

　　与阻醇聚合物共混是较早采用的方法，如将聚乙烯醇(PVA)、聚醚砜(PES)等与全氟磺酸树脂共混制膜。共混已经被证实是有效的阻醇方法，用较少的 PVA 就可以使全氟磺酸共混膜的甲醇透过率降低 1～2 个数量级，但是膜的质子电导率也随之下降，不过不是成数量级的下降。阻醇性能提高越多，质子电导率下降越明显。基于此情况，研究者提出了用质子电导率与甲醇透过率的比值为指标，以综合判断共混膜相对纯全氟磺酸膜的改善程度。

　　在全氟磺酸膜表面复合阻醇薄层的方法也多有报道。采用的薄层包括聚苯胺、聚多巴胺、聚丙烯胺盐酸[poly(allylamine hydrochloride)，PAH]、聚苯乙烯磺酸钠[poly(styrene sulfonic acid) sodium，PSSA]自组装层、单层石墨烯等。有若干研究报道称薄层复合全氟磺酸膜的阻醇能力明显提高而质子电导率下降轻微，表明这种薄层复合的方法比共混法更成功。石墨烯理论上可以截留质子以外的任何分子，而且单原子薄层石墨烯对质子传导的阻力很小。因此，单层石墨烯复合的全氟磺酸膜有很好的前景，但是目前尚不能制备大面积无缺陷的单层石墨烯。

　　通过复合无机陶瓷颗粒、金属颗粒提高全氟磺酸膜阻醇能力的研究也常见报道。通常认为，甲醇是经全氟磺酸膜中的亲水通道传递的，而全氟磺酸膜中的颗粒填充物改变了膜中的亲水通道，因此提高了膜的阻醇性能。膜中颗粒物的填充大致有两种方式：一种是将制备好的颗粒物与聚合物混合后制膜；另一种是将颗粒物的前驱体混入膜中，然后在膜中形成颗粒物。例如，为实现二氧化硅颗粒的填充，人们常先将硅酸乙酯与聚合物混合后制膜，然后在酸或碱性条件下使膜中硅酸乙酯水解生成二氧化硅颗粒。再如，为在 Nafion 膜中填充钯(Pd)颗粒，先将 Nafion 膜浸入 $PdCl_2$ 的溶液中，再用 $NaBH_4$ 溶液还原 Nafion 中的 Pd，使还原 Pd 纳米金属颗粒均匀分散于亲水离子通道内，制得掺杂 Pd 金属纳米颗粒的复合膜。

11.3.3　碱性阴离子交换膜

　　碱性阴离子交换膜作为燃料电池的电解质有多种优点。许多非贵金属可以耐受碱性环境，因此阴离子交换膜燃料电池催化剂的可选范围更广。氢气的氧化和氧气的还原速率在碱性环境下也比在酸性环境下的高。阴离子交换膜燃料电池中 OH⁻ 在膜内的传递方向与氢气或甲醇等燃料的渗透方向相反,使得燃料在膜内的渗透现象缓解。此外,用碱性阴离子交换膜代替碱溶液电解质,可以避免因空气中二氧化碳的侵入而生成碳酸盐沉淀于电解质中。

许多碱性阴离子交换膜的分子结构特点和膜的微相分离结构都与质子交换膜有相似之处。氢氧根离子(OH⁻)在碱性阴离子交换膜中传递的机理也与质子传递的机理相似。OH⁻ 也会沿水分子形成的氢键网络"跳跃传递",即符合跳跃机理。这时,沿氢键网络跳跃的实际为质子,即质子的反向跳跃导致了 OH⁻ 的迁移。换言之,由水分子解离的质子沿氢键传递给了邻近的 OH⁻,原来的水分子变为 OH⁻,而原来的 OH⁻ 变为水分子,由此实现了OH⁻ 与质子跳跃方向相反的迁移。在跳跃迁移的同时,OH⁻ 还可以单独迁移或随周围的水分子同时迁移,符合运载机理。在不同的膜结构或不同的膜中含水条件下,三种传递机制对 OH⁻迁移的贡献不同。

但与已经广泛商品化应用的全氟磺酸质子交换膜比较,目前的碱性阴离子交换膜的离子电导率低、热稳定性和化学稳定性差,尚无法满足燃料电池的需要。以季铵基为功能基团的阴离子交换材料是被研究最多和应用最多(如在水处理领域)的一类。但季铵基团在强碱、高温、缺水的条件下易发生 Hofmann 消除、亲核取代降解和 Ylide 反应(图 11-14)。另外,氢氧根基团作为强亲核试剂会攻击膜中的阳离子基团,还可能攻击聚合物主链。

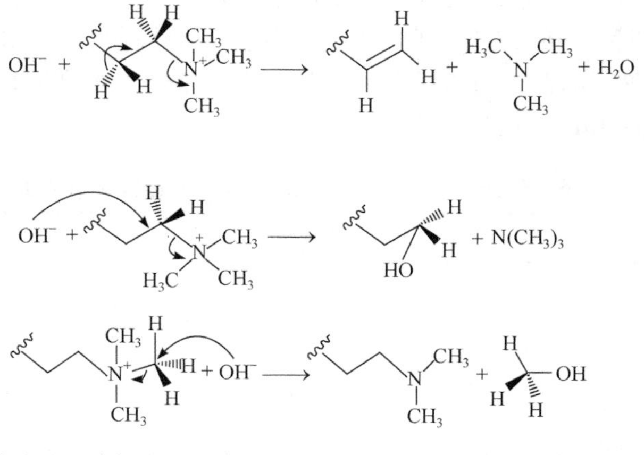

图 11-14　季铵基团降解机理示意:Hofmann 消除、亲核取代降解和 Ylide 反应[16]

因此,研究者需要从阳离子基团、聚合物主链及阳离子基团的取代基三方面选择既有高电导率又在碱环境中足够稳定的材料。

1. 碱性阴离子交换膜的阳离子基团

碱性阴离子交换膜中的固定阳离子基团包括季铵、胍基、咪唑鎓、吡啶、吡唑鎓、季磷、季锍和络合金属离子基团等。若干常见的碱性阴离子交换膜中的固定阳离子基团示于图 11-15。

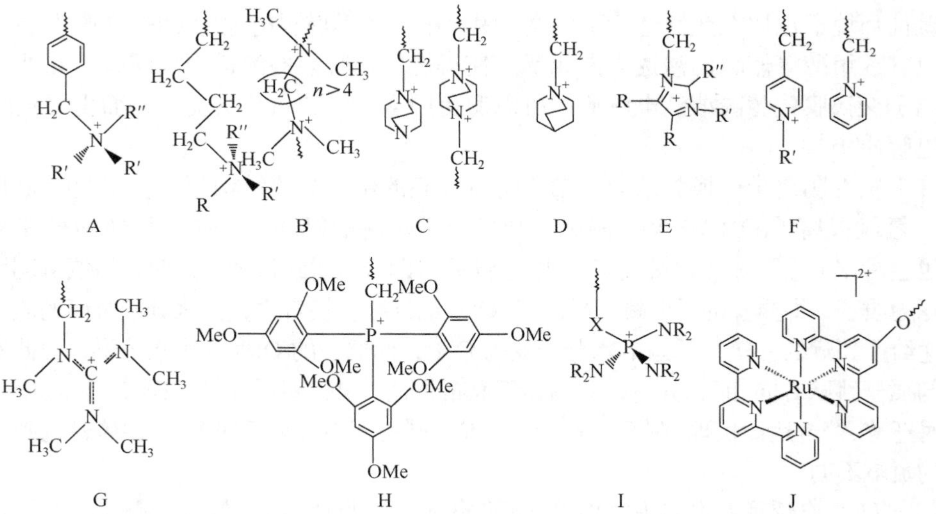

图 11-15　常见的碱性阴离子交换膜中的固定阳离子基团[17]
A、B：季铵；C、D：环季铵；E：咪唑鎓；F：吡啶；G：胍基；H、I：季鏻；J：络合金属离子

已有的研究表明，季铵基团的碱稳定性明显受到取代基的影响[18](表 11-2)。相对于强碱性中阴离子交换膜最常见的苄基三甲基铵 BTM，通过在芳环上引入适当的取代基，可以提高或降低苄基的吸电子作用，对碱性条件下相应的季铵阳离子的半衰期有实质性的影响。虽然供电子官能化在一定程度上抵消了苄基的失稳作用，但甲氧基官能化苄基的半衰期仍然只有 TMA 的 27%；当取代基由甲基变为苄基时，半衰期显著减少，表明亲核进攻主要发生在苄基上；当取代基由甲基变为乙基时，半衰期显著减少，这主要是由于乙基极易发生 Hofmann 消除反应。

表 11-2　不同季铵化合物在 160 ℃的 6 mol · L^{-1} NaOH 溶液中的半衰期[18]

分子式	缩写	半衰期/h
	TMA	61.9
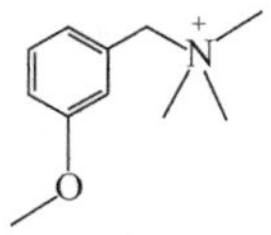	MBTM	16.6
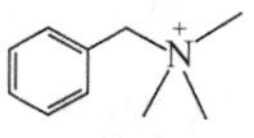	BTM	4.18
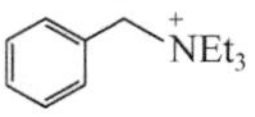	BTE	0.68
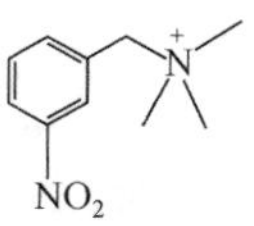	NBTM	0.66
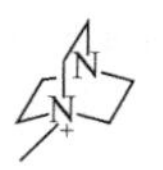	MAABCO	13.5

续表

分子式	缩写	半衰期/h
	BAABCO	1.4
	DMP	87.3
	BMP	7.3

　　不用通常的苄基连接聚合物主链和季铵基，而在苄基与季铵基之间加间隔链(spacer chain)有助于提高季铵基的稳定性。这是因为间隔臂加大了苄基与季铵基的空间距离，从而减弱了苄基质子的反应活性。以不同长度的烷基链为间隔臂连接聚合物主链和季铵基，季铵基的碱稳定性在间隔臂碳数为3~6时最佳，但较无间隔臂时均明显变差(表 11-3)。显示出这种情况下季铵基降解的主要途径为 Hofmann 消除。另外值得指出的是，连接功能离子基团的侧链长度常被用来调控离子交换膜中的微相结构。如果侧链长度还对功能基团的稳定性有很大影响，将给侧链的选择带来很大的难度。

表 11-3　烷基三甲基铵在 160℃的 6 mol·L^{-1} NaOH 溶液中的半衰期[18]

分子式	缩写	半衰期/h
	TMA	61.9
	ETM	2.8
	PTM	33.2
	NTM	20.7
	HTM	31.9
	OTM	12.7
	DTM	4.4
	HexDTM	1.9

　　若干环季铵的碱稳定性数据示于表11-4。这些环季铵中最稳定的是螺环状季铵ASU。与其开环的对应物四丙基铵 TPA 比较，环结构有效阻止了螺环季铵 ASU 在高温高浓度碱中的降解。哌啶鎓 DMP 也表现出很强的碱稳定性，半衰期达 87.3h。与四甲基铵的半衰期比较可说明，六元环结构比甲基更有利于季铵的稳定。但是笼状的偶氮盐二环辛烷 MAABCO 和 BAABCO 均较它们的非笼状对应物四甲基铵(TMA)和苄基三甲基铵(BTM)的半衰期短。偶氮盐二环辛烷 MAABCO 和 BAABCO 的不稳定或可归因于它们均有吸电子的邻近正电荷及环应变(ring strain)。

表 11-4　环季铵在 160 ℃的 6 mol · L^{-1} NaOH 溶液中的半衰期[18]

分子式	缩写	半衰期/h
	ASU	110
	DMP	87.3
	DMPy	37.1
	ASN	28.4
	TPA	7.19
	BMP	7.26
	TMA	61.9
	MAABCO	13.5
	BTM	4.18
	BAABCO	1.38

　　咪唑鎓也是制备碱性阴离子交换膜时最常被选用的阳离子基团。一般认为，咪唑鎓比季铵基团尤指苄基三甲基铵更稳定，但咪唑鎓为固定阳离子的阴离子交换膜的氢氧根离子导电性较差。Coates 等[19]对咪唑鎓的碱稳定性做了系统的研究，测量了含有不同取代基的咪唑鎓在 80℃不同浓度的 KOH/甲醇溶液中的保留率(图 11-16)，并归纳出六种咪唑鎓降解的可能路径。

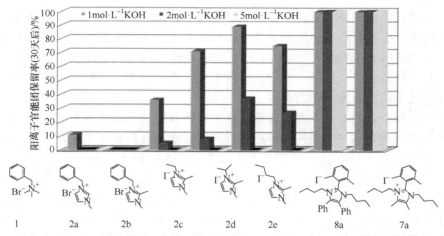

图 11-16　含不同取代基团的咪唑鎓在 80℃不同浓度碱中 30 天后的保留率[19]

　　近年来有研究者报道以季胍基为固定阳离子制备出高性能的阴离子交换膜，从而季胍基受到广泛关注。Zhang 等[20]系统性研究了含不同取代基的季胍在 60 ℃ 1 mol · L⁻¹ KOH 甲醇溶液中的稳定性(图 11-17)，并发现季胍基主要通过亲核加成—消除两步反应降解为胺和脲。研究显示，季胍基的稳定性同样强烈依赖于取代基团，稳定性顺序为：异丙基＞乙基＞甲基＞苄基＞苯基，乙基＞甲基＞环丁基。这表明具有大位阻取代基的季胍基更为稳定。

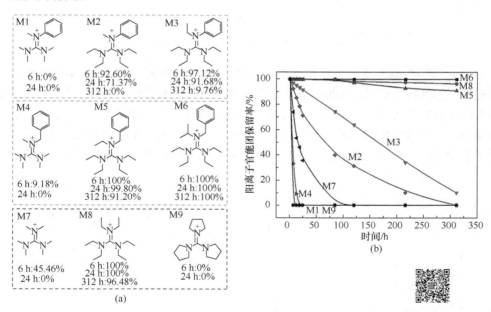

图 11-17　在 60 ℃ 1 mol · L⁻¹ KOH 甲醇溶液中含不同取代基团的季胍基(a)及保留率随时间的变化(b)[20]

2. 碱性阴离子交换膜的聚合物骨架

　　最早的阴离子交换膜是以聚苯乙烯(PS)为骨架的，这可能是由于 4-氯甲基苯乙烯是一种易得单体。由此单体出发，聚合反应和季铵功能化均易发生。尽管以燃料电池为目标的碱性阴离子交换膜研究中仍有学者采用聚苯乙烯骨架，多数研究者开始选用聚砜、聚苯醚、聚芳醚(poly aromatic ether，PAE)、PBI 等类型的材料。这几类材料多具易浇注成膜、膜强度高的特点。另外，它们的链段中所含芳环易被氯甲基化或溴甲基化，从而可以方便连接不同的阳离子功能基团。

近年来，研究者们陆续发现含有芳醚基团的聚合物在强碱性环境下其 C—O 键容易发生断裂，而且比苄基三甲胺的降解更容易。密度泛函计算表明，聚合物主链上芳醚键的降解能垒($85.8\ kJ \cdot mol^{-1}$)低于苄基三甲胺的降解能垒($90.8\ kJ \cdot mol^{-1}$)。也有碱稳定性实验证实，在 80℃的 $0.5\ mol \cdot L^{-1}$ NaOH 溶液中浸泡 2 h 后就观察到了聚合物骨架明显的降解信号，而 48 h 以上才能观察到阳离子基团明显的降解信号[21]。进而有研究表明，不是阳离子基团自身的不稳定导致了离子交换基团的降解，而是聚合物主链上芳醚键的断裂引发了离子交换基团的降解。因此，为制备稳定的阴离子交换膜，加强聚合物骨架的碱稳定性比加强离子基团的稳定性更为重要[22]。

对比研究表明，聚合物上芳醚的碱稳定性随附近芳环取代基吸电子性的减弱而提高[23] (图 11-18)。而不含芳醚基团聚合物的碱稳定性明显高于含芳醚基团聚合物[24]。

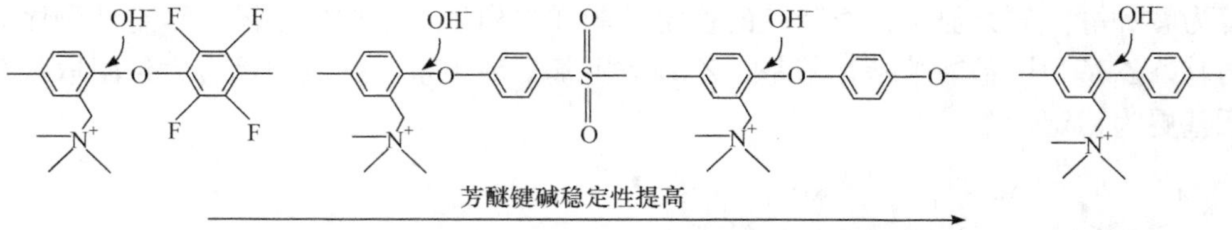

图 11-18　聚芳族化合物骨架的碱稳定性对比[23]

对聚合物中芳醚易受氢氧根离子攻击的认识是近年来碱性阴离子交换膜研究的一项重要进展，尽管此认识只是告诉研究者该避免采用哪一类聚合物骨架。显然，不含芳醚的多环芳烃聚合物和聚烯烃聚合物将成为碱性阴离子聚合物膜骨架的主要选择。然而，没有多少商品化的不含芳醚的多环芳烃聚合物可供阳离子功能化，所以需要探索和开发出从头开始的合成路线。若干已探索过的不含芳醚的季铵化多环芳烃聚合物结构示于图 11-19。

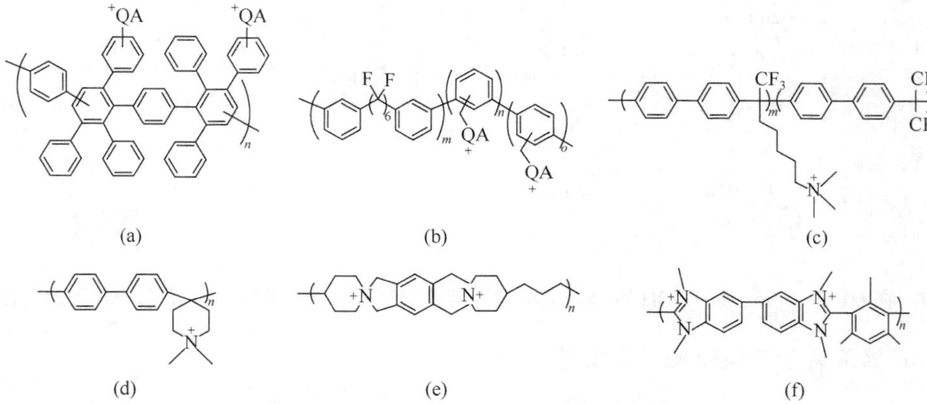

图 11-19　若干不含芳醚的季铵化多环芳烃聚合物结构[23]

聚烯烃类材料尤其是聚乙烯、聚丙烯等作为阴离子交换膜的骨架材料具有化学稳定性高、加工性能好和价格低廉的优点。但是一般聚烯烃阴离子交换膜材料合成比较困难，且自身的化学惰性强的聚烯烃也会导致其高效、精准的官能化较为困难。聚烯烃类阴离子交换膜的制备方法大致有两类：一类是功能单体共聚，如用近年来研究较多的降冰片烯类和环辛烯类功能单体；另一类是对聚合物辐射接枝，将带有功能基团的侧链接到聚烯烃聚合物主链上(图 11-20)。

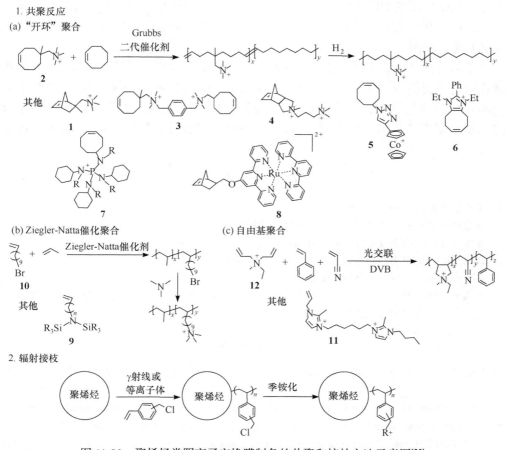

图 11-20　聚烯烃类阴离子交换膜制备的共聚和接枝方法示意图[25]

11.4　存在的问题及发展前景

膜对于先进电源而言是至关重要的技术。无论是锂离子电池还是燃料电池，膜都是其中的关键部件。膜不仅直接影响电池的性能，还在电池的成本构成中占很大的比例。

锂离子电池已经有许多商品化的隔膜可供选择。不同用途的锂离子电池可以选择不同性能特性的隔膜材料。电解质膜也越来越多地用在锂离子电池中，但其中以凝胶电解质膜居多。无论采用微孔隔膜还是凝胶电解质膜，都还要用到可燃性的液体有机电解质。

因此，通过膜材料和结构设计提高电池的安全性一直是一个重要的研发方向。另一方面，研究不需要可燃性有机液体的电解质膜固然更具技术挑战性，但对于实现锂离子电池的本征安全却有十分重要的意义。

质子交换膜燃料电池已经有综合性能优良的商品化全氟磺酸膜和多孔聚四氟乙烯增强的全氟磺酸膜可供使用，但这并不意味着商品化膜已经发展成熟。为提高燃料电池系统的经济竞争性，人们总希望发展质子导电性更强、耐久性更高的质子交换膜。研究开发可与全氟磺酸膜媲美的非氟质子交换膜具有很大的挑战性。但从全生命周期经济性的角度，这种研究意义重大。另外，聚焦于非氟质子交换膜耐久性的研究尚未充分开展，探索空间非常广阔。

碱性阴离子交换膜燃料电池已经显示出巨大的潜在优势，但是目前尚缺乏性能良好的碱性阴离子交换膜。电导率低、稳定性差仍是公认的难题，尽管已经有越来越多与质子交换膜相当的电导率、上千小时稳定的碱性阴离子交换膜的报道。随着关于聚合物链段和膜中阳离子基团降解机制知识的快速积累，碱性阴离子交换膜将迎来取得突破的一天。

习　　题

11-1　锂离子电池隔膜的功能有哪些？

11-2　聚合物电解质膜除传导离子外，还有什么功能？

11-3　电池中使用的隔膜或电解质膜与分离膜有哪些异同？

11-4　锂离子电池中使用的膜有哪些主要类型？各有什么特点？

11-5　有哪些技术途径可以提高离子交换膜的电导率？

11-6　锂离子电池与聚合物电解质膜燃料电池中都使用阳离子传导膜。两种电池中各自使用的膜是否可以互换？为什么可以或不可以？

参 考 文 献

[1] 义夫正树，拉尔夫·J 布拉德，小泽昭弥，等. 锂离子电池: 科学与技术. 北京: 化学工业出版社, 2015.

[2] Lee H, Yanilmaz M, Toprakci O, et al. A review and recent developments in membrane separators for rechargeable lithium-ion batteries. Energy & Environmental Science, 2014, 7(12): 3857-3886.

[3] Kim K J, Kim Y H, Song J H, et al. Effect of gamma ray irradiation on thermal and electrochemical properties of polyethylene separator for Li ion batteries. Journal of Power Sources, 2010, 195(18): 6075-6080.

[4] Ryou M H, Dong J L, Lee J N, et al. Excellent cycle life of lithium-metal anodes in lithium-ion batteries with mussel-inspired polydopamine-coated separators. Advanced Energy Materials, 2012, 2(5): 645-650.

[5] Zhang S S, Xu K, Low T R. An inorganic composite membrane as the separator of Li-ion batteries. Journal of Power Sources, 2005, 140(2): 361-364.

[6] Cho J, Jung Y C, Lee Y S, et al. High performance separator coated with amino-functionalized SiO_2 particles for safety enhanced lithium-ion batteries. Journal of Membrane Science, 2017, 535: 151-157.

[7] Cai Z, Liu Y, Liu S, et al. High performance of lithium-ion polymer battery based on non-aqueous lithiated perfluorinated sulfonic ion-exchange membranes. Energy & Environmental Science, 2012, 5(2): 5690-5693.

[8] Zhang H, Shen P K. Recent development of polymer electrolyte membranes for fuel cells. Chemical Reviews, 2012, 112(5): 2780-2832.

[9] 曹楚南, 张鉴清. 电化学阻抗谱导论. 北京: 科学出版社, 2002.

[10] Hsu W Y, Gierke T D. Ion transport and clustering in nafion perfluorinated membranes. Journal of Membrane Science, 1983, 13(3): 307-326.

[11] Schmidt-Rohr K, Chen Q. Parallel cylindrical water nanochannels in Nafion fuel-cell membranes. Nature Materials, 2008, 7(1): 75-83.

[12] Kreuer K D. On the development of proton conducting polymer membranes for hydrogen and methanol fuel cells. Journal of Membrane Science, 2001, 185(1): 29-39.

[13] Weber A Z, Newman J. Modeling transport in polymer-electrolyte fuel cells. Chemical Reviews, 2004, 104(10): 4679-4726.

[14] Kreuer K D, Rabenau A, Weppner W. A New model for the interpretation of the conductivity of fast proton conductors. Angewandte Chemie International Edition in English, 1982, 21(3): 208-209.

[15] Kreuer K D, Paddison S J, Spohr E, et al. Transport in proton conductors for fuel-cell applications: Simulations, elementary reactions, and phenomenology. Chemical Reviews, 2004, 104(10): 4637-4678.

[16] Wang Y J, Qiao J, Baker R, et al. Alkaline polymer electrolyte membranes for fuel cell applications. Chemical Society Reviews, 2013, 42(13): 5768-5787.

[17] Varcoe J R, Atanassov P, Dekel D R, et al. Anion-exchange membranes in electrochemical energy systems. Energy & Environmental Science, 2014, 7(10): 3135-3191.

[18] Marino M G, Kreuer K D. Alkaline stability of quaternary ammonium cations for alkaline fuel cell membranes and ionic liquids. ChemSusChem, 2015, 8(3): 513-523.

[19] Hugar K M, Kostalik H A T, Coates G W. Imidazolium cations with exceptional alkaline stability: A systematic study of structure-stability relationships. Journal of the American Chemical Society, 2015, 137(27): 8730-8737.

[20] Xue B, Wang F, Zheng J, et al. Highly stable polysulfone anion exchange membranes incorporated with bulky alkyl substituted guanidinium cations. Molecular Systems Design & Engineering, 2019, 4(5): 1039-1047.

[21] Choe Y K, Fujimoto C, Lee K S, et al. Alkaline stability of benzyl trimethyl ammonium functionalized polyaromatics: A computational and experimental study. Chemistry of Materials, 2014, 26(19): 5675-5682.

[22] Miyanishi S, Yamaguchi T. Ether cleavage-triggered degradation of benzyl alkylammonium cations for polyethersulfone anion exchange membranes. Physical Chemistry Chemical Physics, 2016, 18(17): 12009-12023.

[23] Joo P E, Seung K Y. Quaternized aryl ether-free polyaromatics for alkaline membrane fuel cells: Synthesis, properties, and performance: A topical review. Journal of Materials Chemistry A, 2018, 6(32): 15456-15477.

[24] Mohanty A D, Tignor S E, Krause J A, et al. Systematic alkaline stability study of polymer backbones for anion exchange membrane applications. Macromolecules, 2016, 49(9): 3361-3372.

[25] 刘磊, 褚晓萌, 李南文. 碱性燃料电池用聚烯烃类阴离子交换膜的研究进展. 科学通报, 2019, 64(2): 9-19.

第12章

膜生物反应器

12.1 膜生物反应器类型及特点

12.1.1 三种膜生物反应器原理

膜生物反应器(MBR)技术是一种将膜分离技术和生物反应器技术相结合的污水处理技术，在发展过程中形成了三种类型的反应器：用于固体分离与截留的膜分离生物反应器、用于在反应器中进行无泡曝气的膜曝气生物膜反应器，以及从工业废水中萃取优先污染物的萃取膜生物反应器[1]，图 12-1 为三种类型的膜生物反应器示意图。

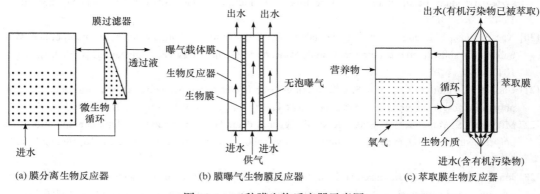

图 12-1 三种膜生物反应器示意图

1) 膜分离生物反应器

膜分离生物反应器(biomass separation membrane bioreactor, BSMBR, 通常简称 MBR)将生物降解与膜分离过滤技术相结合，在三种反应器中应用最广。膜组件代替了传统活性污泥中的二沉池以实现泥水分离。生物反应器中大量的微生物与废水中的可降解有机物等充分接触，废水中的污染物通过微生物的分解作用被去除，而污泥与废水的混合液则通过膜组件的机械筛分、截留等作用实现固液分离，膜过滤液成为系统处理出水，活性污泥和大分子有机物则被膜截留[2]。

2) 膜曝气生物膜反应器

膜曝气生物膜反应器(membrane aerated biofilm reactor，MABR)将气体膜分离技术与

生物膜污水处理技术相结合，核心部分包括曝气膜和生物膜两部分，曝气膜一方面可以为微生物传输氧气，另一方面可以作为微生物附着生长的载体。控制气体分压低于泡点压力即可实现无泡曝气。水体中的污染物质则在浓差驱动和生物膜吸附的作用下进入生物膜，通过微生物的新陈代谢与生长繁殖过程被降解。氧气与污染物质的异向传质过程使 MABR 具有与传统生物膜截然不同的生物分层结构和功能区域，从而实现同步脱碳除氮和同步硝化反硝化过程[3]。

3) 萃取膜生物反应器

萃取膜生物反应器(extractive membrane bioreactor，EMBR)将膜萃取技术和生物降解技术有效结合在一起，采用选择透过性膜将废水与微生物隔离，选择透过性膜可以将废水中有毒、溶解性差的污染物从废水中萃取出来，然后在生物降解单元中由专性菌对其进行单独降解，而废水中的其他无机组分仍留在废水中。这样专性菌不受废水中其他组分的影响，其生化降解速率保持在较高水平，并且萃取的污染物被微生物吸附降解后浓度不断降低，在废水和生物单元之间形成浓度差，为污染物的传质提供基本推动力[4]。

12.1.2　发展历程

1) MBR 的发展历程

MBR 最早应用在微生物发酵领域。1969 年，Smith 等[5]首次报道了利用超滤膜取代活性污泥法工艺中二沉池的方法。20 世纪 70 年代，利用好氧 MBR 处理城市污水的实验研究逐渐增多，在研究和工程实践中发现 MBR 的 COD 去除率明显高于传统活性污泥法。日本于 20 世纪 70 年代中后期开始对 MBR 进行大力研发以用于处理不同污水。到了 80 年代，随着新型膜材料的大量出现和膜市场的迅速发展，各种形式的 MBR 相继出现，系统的稳定性显著提高，运行能耗明显降低。80 年代末至 90 年代初，各环保公司逐渐对 MBR 进行商业化生产。进入 20 世纪 90 年代中后期，欧洲许多国家将 MBR 应用于生活污水和工业废水的处理中[1]。2008 年，西班牙和美国分别建成了欧洲和北美地区最大的 MBR 工程，规模分别为 $4.8×10^4 m^3 \cdot d^{-1}$ 和 $7.3×10^4 m^3 \cdot d^{-1}$。我国关于 MBR 的研究较晚，但是近十几年来发展十分迅速，应用规模也越来越大，如武汉市北湖污水处理厂规模高达 $80×10^4 m^3 \cdot d^{-1}$。从 2008 年起，随着运行条件的优化、能耗和成本的降低，MBR 的应用规模越来越大，规模超过 $20×10^4 m^3 \cdot d^{-1}$ 的工程应用在世界范围内开始增多(表 12-1)[6]。

表 12-1　世界范围大型 MBR 应用项目

项目	地区	规模/($10^4 m^3 \cdot d^{-1}$)	投运时间	建设目的
Henriksdal 污水处理厂	瑞典斯德哥尔摩	86.4	2018 年	升级
Tuans 再生水厂	新加坡	80	2025 年	新建
武汉市北湖污水处理厂	中国湖北	80	2019 年	新建
北京槐房再生水厂	中国北京	60	2016 年	新建
深圳市罗芳污水处理厂	中国广东	40	2018 年	升级
Seine Aval 污水处理厂	法国巴黎	35.7	2016 年	升级

续表

项目	地区	规模/(10^4 m³·d⁻¹)	投运时间	建设目的
Canton 污水处理厂	美国俄亥俄州	33.3	2017 年	升级
兴义市滴水污水处理厂	中国贵州	30.7	2017 年	新建
Euclid 污水处理厂	美国俄亥俄州	25	2018 年	升级
昆明市第九污水处理厂	中国云南	25	2013 年	升级
北京市顺义区污水处理厂	中国北京	23.4	2016 年	升级
澳门污水处理厂	中国澳门	21	2017 年	升级
成都市第三污水处理厂	中国四川	20	2016 年	升级
成都市第五污水处理厂	中国四川	20	2016 年	升级
成都市第八污水处理厂	中国四川	20	2016 年	升级
西安市经开草滩污水处理厂	中国陕西	20	2016 年	新建
福州洋里污水处理厂	中国福建	20	2015 年	新建
武汉三金潭污水处理厂	中国湖北	20	2015 年	升级
辽阳市中心区污水处理厂	中国辽宁	20	2012 年	升级

2) MABR 的发展历程

Sehaffer 等[7]最早提出用透气膜进行供氧的想法，而将膜曝气和生物反应器结合起来的研究始于 20 世纪 70 年代。早期研究主要是利用膜曝气供氧的高效性处理高需氧量废水和含挥发性有机物废水，进而考察膜曝气的传质过程和传氧效率。但在研究过程中发现，曝气膜表面会附着生物膜，同时曝气膜上的生物膜可以加速水中污染物的降解，生物膜上附着的微生物种类十分复杂，利用微生物的活性可以同时去除有机物和氮素。Yeh 等[8]较早对 MABR 开展实验研究，1978 年他们采用聚四氟乙烯中空纤维膜作为曝气膜及生物膜的载体处理污水。1983 年 Roy 等[9]系统论证了该工艺的可行性和技术优越性，从此，MABR 技术作为一种新兴的污水处理工艺受到越来越多研究人员的关注。美国 Minnesota 大学的 Semmens，英国 Cranfield 大学的 Brindle 和 Stephenson，日本早稻田大学的 Terada 和 Hibiya，爱尔兰都柏林大学的 Casey，以及加拿大的 GE-Zenon 公司也对 MABR 技术进行了深入研究[10]。其研究主要集中在去除 COD、生化需氧量(biochemical oxygen demand，BOD)及脱氮除磷，获得高的氧气传递效率和氧气利用率、处理工业废水中挥发性有毒或难降解的有机污染物，以及生物膜的研究上。我国对 MABR 的研究起步较晚，起初国内的研究内容集中在以碳膜和陶瓷膜等为曝气膜的 MABR 过程，目前的研究重点包括 MABR 生物膜结构表征、反应过程机理、数学模型、高效脱氮及过程优化调控，以及利用 MABR 技术处理特殊难降解废水等方面。

研究结果表明，MABR 去除污水中的 BOD 和总氮的效率很高，但随着运行时间的延长，生物膜厚度逐渐增加，效果随之下降。MABR 不仅可以基于空气或氧气，还可以基于其他气体。例如，有些研究者将甲烷或气态污染物通入膜内腔进行降解，基于氢的

MABR 已经被广泛用于去除氧化态污染物的研究，位于俄亥俄州辛辛那提的应用工艺技术有限公司(Applied Process Technology, Inc.)已经将基于氢气的 MABR 在美国商业化。随着 MABR 技术的不断发展，该技术可能会被用于更多物质的去除[11]。

3) EMBR 的发展历程

很多工业废水具有高酸碱度、高盐度或高毒性的特点，不宜直接与微生物接触。当废水中含挥发性有毒物质时，若采用传统的好氧生物处理过程，污染物容易被气泡带到大气中，不仅处理效率不稳定，还会造成污染。为了解决这些技术难题，1994 年英国学者 Livingston[12]研究开发了 EMBR，国外有关 EMBR 的研究也主要集中在该研究组。他们使用 EMBR 成功实现了对多种废水中苯酚、氯硝基苯、氯苯、二氯苯胺、二氯丙烯等的高效去除。1995 年以后，研究者开始利用 EMBR 处理废气，不过目前仍处于实验室研究阶段。国内科研工作者在 EMBR 应用方面也有一些报道，如利用 EMBR 对废水中的甲苯、苯酚、水杨酸等污染物进行降解，将 EMBR 应用于地下水处理和生物发酵与制备。虽然 EMBR 有着独特的优势，非常适合于处理高酸碱度、高盐度或高毒性的污水，但 EMBR 的相关研究还比较少，其工业化应用更是鲜见报道[13]。

12.1.3　优缺点

1) MBR 的优缺点

作为目前应用最为广泛的膜生物反应器，MBR 具有以下优点[1]：

(1) MBR 中膜组件取代了常规生化处理中的二沉池，占地面积大幅度减小。

(2) 由于膜的分离作用，颗粒物质、胶体、大分子物质及大部分的细菌和病毒均被截留在反应器内，可实现低/零污泥产率，出水水质好，无须消毒，可作中水直接回用。

(3) MBR 内污泥浓度高，容积负荷大，与传统活性污泥工艺相比 MBR 不受污泥膨胀的影响，有利于微生物的降解反应。

(4) 在反应器中硝化菌始终处于高浓度状态，有效防止硝化菌的流失，提高了系统的硝化效率。

(5) 运行管理简单，流程启动快，模块化/升级改造容易。

但该工艺本身也有一些缺点，主要表现在[1]：

(1) 膜污染问题不可避免，膜污染导致膜孔径变小或者堵塞，使膜通量降低。

(2) MBR 在污水处理过程中需要维持较高的混合液悬浮固体浓度，为了克服其带来的膜污染问题并提高氧气和污染物传质效率，需要大量供氧，曝气成本高，设备的运行能耗增加。

(3) 膜组件和膜材料的造价成本较高，且随着系统运行，膜通量逐渐下降，需要对膜组件进行定期清洗或更换，增加了运行成本。

2) MABR 的优缺点

MABR 的优点主要体现在[10]：

(1) 采用无泡曝气取代传统曝气方式，氧气透过膜可以直接被生物膜利用，提高了供氧速度和氧传递效率，很大程度上降低了运行成本和能耗，而且曝气的氧需要量可随时控制。

(2) 硝化菌在生物膜的内层，该区域氧气浓度高，有机物浓度低，有利于其繁殖和富集，而生物膜外侧溶解氧含量低、有机物浓度高,为反硝化提供了良好的条件,在单一生物膜上可以实现同步硝化反硝化及同步脱氮除碳过程,减小了反应器的体积,节省了占地面积。

(3) 由于曝气时不会产生气泡,因而当处理含有易挥发组分的废水时不会造成挥发性有机物的吹脱,避免了传统曝气形式下污水中易挥发物质随气泡进入大气而造成的二次污染。此外,曝气时也不会产生由表面活性剂或微生物分泌物造成的泡沫问题。

(4) MABR 生物膜内生态系统的建立显著减少了污泥产出。

(5) 运行管理简单,流程启动快,模块化/升级改造容易。

MABR 的缺点主要体现在:

(1) 膜材料及组件的造价较高,投资较大。

(2) 实际工程案例少,运行经验和数据积累较少,尚无统一的工程准则。

3) EMBR 的优缺点

EMBR 工艺的优点包括[14]:

(1) 生物降解单元的专性降解菌只对透过膜的有机物进行降解,不需要处理全部的废水量,从而使能耗降低,占地面积减小。

(2) 废水中有机污染物可透过膜,进入生物降解单元,进而被专性降解菌降解,废水中的无机组分不会对微生物代谢产生影响,为生物反应提供温和的条件。

(3) 膜渗透萃取过程不易发生传统膜分离过程中的膜孔堵塞问题,在膜的清洗和进水预处理方面较为简单。

(4) 在膜萃取过程中,目标污染物的萃取速率会随浓度梯度和渗透压的变化而随时调整,生物降解单元的有机负荷和处理效果相对稳定。

(5) 在 EMBR 中,废水循环单元和生物降解单元相互独立,生物降解单元的专性降解菌及其代谢中间产物不会对废水造成二次污染,并且不存在微生物与废水的分离问题,操作管理方便。

EMBR 工艺的缺点包括[1, 13]:

(1) 工艺过程中所用膜材料的厚度普遍为 $100\sim300\ \mu m$,膜的阻力大、渗透通量小。

(2) 当生物降解单元的有机污染物浓度过高时,污染物会发生反向渗透。

(3) 膜材料价格高,而且膜的溶胀问题使膜的寿命受到明显影响,膜的透过性能等也会受到影响,因而会降低膜装置的寿命,影响 EMBR 的工业化应用,目前几乎无实际工程案例。

12.2　膜生物反应器的膜和膜组件

12.2.1　膜生物反应器用膜

1) MBR 用膜

应用于 MBR 的膜有无机膜和有机膜两类,有关这两类膜材料的较详细介绍见 1.3 节和 2.2.1 小节。MBR 中使用最多的无机膜是陶瓷膜,由于通量高、能耗低的特点而在污水处理工艺中相对占据优势,但也具有造价较高、加工制备复杂的缺点[2]。有机膜可分为纤维素膜、聚砜膜、聚酰胺膜和聚烯烃膜，具有成本低、工艺成熟、膜孔径形式较多等优点，但其缺点是易污染、强度低及寿命短[4]。

2) MABR 用膜

MABR 用膜主要分为致密膜、微孔膜和复合膜三大类。致密膜表面没有膜孔，不用担心污染和堵塞的问题，长期使用后膜内部特性也不会发生改变，但缺点是气体的传质效率低、透气性差，反映在实际应用中就是曝气压力高、运行费用高且有一定的安全隐患。微孔膜透气性好，气体从膜孔离开气相主体后可直接扩散进入生物膜内被微生物利用，此时影响气体传质的主要因素是膜孔结构和曝气压力，目前在 MABR 中广泛应用的是疏水性微孔膜。微孔膜孔径较大、膜通量高、制造成本低，但微孔膜更容易发生膜污染，这在一定程度上限制了微孔膜的应用。以微孔膜为支撑层，在其表面涂覆一层致密的均质膜所构成的分离膜为复合膜。理想的 MABR 复合膜由多孔性支撑层和具有生物亲和性的选择透过性皮层组成，同时具有微孔膜和致密膜的优点，可在提高气体传质效率的同时提高膜的生物亲和性[15]。

3) EMBR 用膜

EMBR 用膜应对目标污染物有高渗透选择性、强疏水性和低膜阻力，并可以截留无机离子和水。减小膜厚度是减小膜阻力、提高渗透通量的最直接有效的方法。EMBR 中使用的膜一般是致密膜和复合膜，目前很多研究致力于开发杂化材料等新型膜材料用于 EMBR[13]。

12.2.2　膜性能及表征

膜的性能通常包括分离透过性能、物理性能和化学性能，常见的膜性能及其评价指标如表 12-2 所示[16-17]。

表 12-2　膜性能及评价指标

性能	评价指标
分离透过性能	膜通量、膜厚度、孔隙率、孔径分布、泡点压力等
机械性能	拉伸强度、抗压强度
电性能	Zeta 电位
亲水性	接触角
耐热性	最高操作温度
化学稳定性	化学相容性
耐氧化性	短时间余氯耐受度、余氯耐受度、短时间过氧化氢耐受度
耐酸碱性	运行中 pH 范围要求，化学清洗 pH 要求

1) 膜的分离透过特性

与 MBR 有关的膜的分离透过特性指标包括膜通量、膜通量衰减速度、孔径分布、细菌的截流能力等。

MBR 中膜通量是指在一定压力下，单位面积的膜在单位时间内的产水量，在 MABR 和 EMBR 中则分别对应传输气体量和污染物的渗透萃取量，单位是 $L \cdot m^{-2} \cdot h^{-1}$ 或 $m^3 \cdot m^{-2} \cdot d^{-1}$。在 MBR 设计选型时一定要考虑膜通量。原料液的性质和环境条件都会对膜通量产生影响，以 MBR 为例，温度会对有机膜的孔径、膜的阻力和污水黏度产生直接的影响，从而影响膜通量。

在使用过程中因受压变密或受污染膜通量会逐渐降低，膜通量衰减速度指膜通量随时间的衰减速度，是表示通量衰减程度的系数。引起膜通量衰减的主要原因主要有浓差极化、膜污染、膜材料和膜组件结构形式等。有研究结果表明，膜的初始通量衰减主要是由浓差极化造成的，而长期的通量衰减则是因为发生膜污染。因此，膜材料本身的抗污染性能也会对通量衰减产生直接的影响。此外，膜组件结构形式也是影响膜通量衰减的重要因素之一。

通常膜的孔径呈正态分布，孔径分布表示某一孔径的孔体积占整个孔体积的百分数。孔径分布也是判别膜质量的常用指标，一般孔径分布窄的膜比孔径分布宽的膜质量好。

2) 膜的物理化学性能

膜的物理化学性能包括亲疏水性、机械性能、耐热性、耐酸碱性、抗氧化性、耐生物与化学侵蚀等。

亲水性膜材料具有亲水官能团，膜表面能够自然润湿。疏水性膜材料对水排斥，膜表面的水呈颗粒状。有研究表明，亲水性膜相较于疏水膜而言，在通量和通量恢复能力上均占优势。用于微滤和超滤的膜材料大多是疏水性的，它们具有好的热稳定性和耐化学腐蚀性，但是在使用过程中容易发生膜污染。

膜的机械性能包括拉伸强度、抗压性等。拉伸强度表示膜材料抵抗拉伸的能力，是膜的基本性质，不随膜的厚度而改变。膜的抗压性主要取决于高分子材料结构上取代基团的空间位阻效应的大小。当取代基团多且其空间位阻效应大时，膜的刚性大，抗压性能好。一般来说，具有高度交联结构的复合材料会增加膜的机械强度，所使用的支撑材料有无纺布、玻璃纤维、锦纶、涤纶等。

膜的耐热性由高分子材料的化学结构决定，膜材料放置于污水中，水对膜的渗透作用会对高分子材料之间的作用力产生影响，因此膜的耐热性一般低于纯高分子材料的耐热性。在受热情况下膜材料中的高分子会发生氧化、水解等化学变化，温度过高时甚至会出现环化、交联和降解等现象，不过在膜过程中很少出现这种情况。除了受温度影响，膜的耐热性还与使用要求、环境条件和原料性质有关。

膜的化学性能包括耐酸碱性、抗氧化性、耐生物与化学侵蚀等。耐酸碱性是指膜在酸性或碱性环境下保持优良性能的能力。抗氧化性是膜材料抵抗氧化性环境腐蚀作用的能力。耐生物与化学侵蚀是膜抵抗各种侵蚀性物质的化学作用的能力。在处理工业废水时，不仅要求膜与污水混合液接触时不发生损坏，还要对化学清洗剂具有良好的耐受性。

12.2.3　膜组件构型

膜组件构型主要包括膜的几何形状、安装形式和相对于水流的方向，对整个工艺性能起决定性作用。

1) MBR 膜组件

MBR 所用膜组件应满足装填密度大、水力条件好、组件易于清洗或更换、可模块化设计、成本和能耗低等要求。目前在膜生物反应器中常见的膜组件分为管式膜、平板膜和中空纤维膜，管式膜多用于分置式 MBR，中空纤维膜多用于一体式 MBR。平板膜则在两种反应器中都有应用[2]。三种膜组件示意图如图 12-2 所示，三种膜组件性能对比见表 12-3[4]。

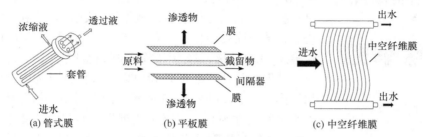

图 12-2　MBR 常用膜组件构型

表 12-3　MBR 用膜组件性能对比表

组件形式	膜填充面积/(m² · m⁻³)	投资费用	运行成本	运行稳定性	膜清洗
管式膜	40～50	高	高	好	易
平板膜	400～600	高	低	较好	难
中空纤维膜	8000～15000	低	低	较差	难

2) MABR 膜组件

MABR 按照通气形式可分为贯通式和闭端式。贯通式的膜组件末端为开放状态，气体从膜组件的进气端通入，从末端排出，更适用于气源为空气的 MABR 系统；闭端式膜组件的末端密闭，不会出现气体损失，更适合纯氧供气的 MABR 系统。MABR 膜组件也包括了中空纤维膜、平板膜和管式膜等形式，其中较为常用的是中空纤维膜。在中空纤维膜组件中，膜丝排布形式主要有螺旋式、帘式及折式等方式，膜丝排布方式主要影响填充密度，可根据实际情况进行设计。

3) EMBR 膜组件

EMBR 膜组件构型主要有板框式和中空纤维式。板框式膜组件是由隔板、平板膜、支撑板依次交替叠放压紧并组装而成，无需黏合即可使用，并且可更换单对膜片。料液分别在不同流道中流动，互不干扰，不易污染。当采用中空纤维膜组件时，料液则在膜内腔中流动，其优点为膜丝装填面积较高，对污染物的萃取和去除效率高[14]。

12.3　膜生物反应器中的膜污染及控制

在膜生物反应器中，膜组件处于由有机物、无机物及微生物等组成的混合液中，尤其微生物具有活性，生物过程比物理过程和化学过程更为复杂。膜生物反应器的膜污染是一个不可避免、极其复杂的综合过程。

12.3.1 MBR 中的膜污染

1. MBR 中膜污染的定义和分类

MBR 中的膜污染是指混合液中的活性污泥、颗粒、胶体、有机大分子、盐等物质通过与膜发生的物理化学或机械作用，吸附、沉积在膜孔道或膜表面，造成膜孔径变小或孔道堵塞，引起跨膜压力的升高(恒流模式)或膜通量下降(恒压模式)的现象[18]。

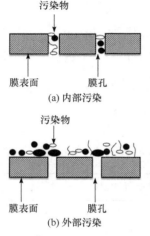

(a) 内部污染

(b) 外部污染

图 12-3   膜污染示意图

按照污染所发生的位置可以将膜污染分为内部污染和外部污染，示意图如图 12-3 所示。内部污染是指溶解性物质或细小颗粒物在膜孔内部吸附或沉积，引起膜孔变小或堵塞的现象。外部污染则是指混合液中的污泥、颗粒物、胶体物质和大分子有机物在膜表面吸附沉积形成污染层的现象。按照膜污染的理化性质，膜污染可以分为有机污染、无机污染、胶体污染和生物污染(参见 4.4.2 小节)。

2. 膜污染成因

导致 MBR 膜污染的原因有很多，概括起来主要有以下几种[19]。

1) 膜材料的性质

膜材料的一些物化性能(如膜材料的膜表面电荷、亲疏水性、粗糙度、膜孔径等)与膜污染有直接关系。混合液中的带电粒子与膜表面基团电荷性相同时，二者相互排斥，污染物不易附着在膜表面，能够相对改善膜表面的污染状况。疏水膜更容易受到如多糖、蛋白质等有机污染物的污染，而亲水性的膜材料则不易吸附上述污染物。膜表面粗糙程度的增加使膜的比表面积和吸附污染物的可能性增加，但同时增加了膜表面流体的湍流程度，延缓了表面污染物的吸附，因而粗糙程度对膜通量的影响是两方面综合的结果。膜孔径对膜通量的影响主要与溶液性质及污染物尺寸分布相关。一般而言，小孔径膜更容易截留污染物，通常发生的是可逆污染；大孔径膜的膜孔更容易被堵塞，发生不可逆污染。

2) 混合液性质

混合液性质主要包括浓度、黏度、颗粒粒径分布、表面电荷、胞外聚合物(extracellular polymeric substances，EPS)和溶解性微生物代谢产物(soluble microbial products，SMP)浓度等。目前关于混合液浓度与膜污染之间的关系存在争议，尚未形成统一结论。混合液黏度越大，污染物越容易在膜表面附着，从而导致膜的渗透性降低。颗粒粒径对膜污染的主要影响表现为小颗粒更易附着在膜表面形成滤饼层造成膜污染。颗粒表面电荷与膜表面带电情况则遵循同种电荷相互排斥、异种电荷相互吸引的原则。EPS 和 SMP 是造成生物污染的主要原因，EPS 浓度增加会导致污泥黏度增加，而 SMP 则能填充滤饼层与微生物之间的孔隙，使滤饼层的孔隙率降低，直接影响膜的过滤性能。

3) 膜过程的操作条件

膜过程的操作条件主要包括：曝气强度、操作压力、运行模式、膜面流速和运行温度等。一方面增大曝气强度可以使微生物获得充足的氧气，并且曝气产生的气泡对膜表面具有冲刷作用，可以缓解膜污染过程；另一方面，过高的曝气强度会使 EPS 大量增加，削弱微生物的生化作用并加重膜污染。对于操作压力，一般认为存在一个临界压力值。当操作压力低于该值时，膜通量随跨膜压差的增加而增加；当操作压力高于该值时，膜通量变化不大，但是膜污染程度会加剧。与连续出水操作相比，间歇出水操作可以将沉积于膜表面的污染物剥离，从而减轻膜污染程度。膜面流速的增加可以增大膜表面流体的湍动程度，从而减少在膜表面累积的污染物，延缓膜污染。升高温度有利于膜的过滤分离过程。有研究表明温度每升高 1℃ 可引起 2% 的膜通量变化，研究者认为其原因是温度变化改变了混合液的黏度。

3. 膜污染的控制措施

对膜污染进行控制需要针对上述膜污染的主要影响因素分别采取措施，以减少膜污染的发生或减轻膜污染程度。常见的控制措施主要包括膜材料及膜组件的优化、原料液特性的改善、操作条件的优化及定期进行膜清洗。

1) 膜材料及膜组件的优化

MBR 用膜应具有亲水性好、孔径分布窄、耐污染、易清洗等特点，提高膜的亲水性是膜性质优化的重点内容。曾有研究者在膜表面涂覆表面活性剂或镀碳，而更为常见的方法是通过表面改性的方法引入亲水基团或者通过制备复合膜的手段复合一层亲水性分离层。膜孔径对膜污染的影响通常与进料混合液的特性尤其是颗粒尺寸分布有关，一般而言，小于膜孔径的颗粒物容易堵塞膜孔，膜孔尺寸的增加会导致渗透通量降低得更快，因此，孔径较大的微滤膜比超滤膜更易产生初始膜污染。防治膜污染最根本和最直接的途径是研发抗污染性强尤其是抗生物污染性强且易于清洗的膜材料[18]。

膜组件的优化应考虑的因素有膜组件的形式、尺寸、放置方式、水力形态和安装松紧度等。中空纤维膜丝较板式膜或管式膜更易产生污染，但能承受较高的反冲洗强度。另外，为了减少膜污染的发生，膜组件安装不能过紧，堆积密度不能过高，并且应尽量采用垂直的纤维布置方向。组件的安放需考虑膜组件与池壁、曝气装置及液面之间的距离。膜组件应放置在曝气装置上方，这样曝气产生的气泡可以对膜表面起到冲刷作用，还可以使膜表面产生一定的振动，有利于膜表面污染物的脱落。此外，在膜组件的设计中，还应当注意减少设备结构中的死角和死空间，以防止滞留物在此变质并扩大膜污染[20]。

2) 原料液特性的改善

首先强化原料的预处理过程，防止尖锐物体或纤维状杂物对膜组件的损害，同时对于一些工业废水，在进反应器之前，将原料液中对膜组件和微生物有毒害作用的物质通过预处理去除。其次，向 MBR 系统中投加絮凝剂或吸附剂有助于形成粒径大、黏度小的污泥絮体，从而明显改善膜污染，提高膜的渗透能力。此外，可以通过向反应器中投加优势菌群以高效降解污染物并减少 EPS 的生成，该方法也可以在一定程度上减缓膜污染。

3) 操作条件的优化

MBR 操作条件的优化主要包括以下几个方面[21]。

从实际操作和运行效果来看，优化曝气形式和强度能够有效抑制膜表面污染物的沉积和滤饼层的形成，是延缓 MBR 中膜污染的重要手段。在实际操作中，应确定一个最佳曝气强度，既能有效控制膜污染，又能最大限度降低能耗。此外，气流模式、曝气方式和曝气器的布置也是预防膜污染需要重点关注的参数。

研究发现，与恒压模式相比，恒流运行模式能够有效避免在运行初期初始跨膜压差过高造成的不可逆膜污染，延缓膜污染增长速率，有利于系统的长期运行。因此，MBR 中多采用低压恒流的控制方式。

通过间歇操作，每隔一段时间停止出水并对膜进行空曝气，利用气、水剪切力将膜表面沉积的污染物充分冲刷，使其返回混合液主体，可以有效抑制膜污染、降低膜的清洗频率。

污泥泥龄(sludge retention time，SRT)直接影响污泥产量和污泥性质，SRT 值通常是根据 MBR 系统供应商所提供和推荐使用的曝气强度和污泥浓度所确定的。

另外，还可以通过振荡膜、螺旋型隔板、高效紧凑型反应器、新型气提装置及序批式 MBR 系统等对 MBR 的操作条件进行进一步优化。

4) 膜清洗

尽管在 MBR 的设计和运行中采取了各种措施来延缓和控制膜污染，但在长期运行过程中，滤饼层开始在膜表面沉积，继续抽吸，滤饼层就会压实，无法被去除，此时只能对膜材料进行清洗以最大限度地恢复膜通量。清洗方式分为物理清洗和化学清洗。

物理清洗是指通过物理作用对污染物进行去除的方法，设备简单，但是处理效果有限，作为一种常用的维护手段，主要包括水反冲洗、空气反吹、空曝气、海绵球毛刷等清洗及膜丝搓洗等清洗方法。物理清洗效果有限，因此必须借助化学清洗方法进一步去除膜污染，恢复膜通量。化学清洗利用化学清洗剂与污染物之间的化学反应去除污染物，常用的五类清洗剂为酸、碱、表面活性剂、螯合剂和酶。化学清洗是较为有效的清洗方式，是 MBR 不可或缺的维护手段，但是装置相对复杂。清洗试剂也会对膜材料具有一定的损害作用，还可能导致二次污染，所以应尽量减少化学清洗次数。在 MBR 工艺的实际运行中，通常还会采用多种清洗方法组合的方式最大限度地去除污染物，也出现了一些新型清洗方法，如生物清洗、电清洗和超声波清洗等，但是目前这几种清洗方式都处于研究阶段，在实际应用中较少报道[20]。

12.3.2　MABR 中的膜污染

1. MABR 的膜污染定义

在 MABR 系统中也存在膜污染问题，但是不同于 MBR 膜组件过滤过程中由滤饼层或生物膜的形成所导致的跨膜压力升高或膜通量下降的情况，MABR 膜污染是指曝气膜外壁或膜孔被微生物及其代谢产物堵塞以及废水透过膜孔进入膜腔，导致膜组件供氧能力降低，反应器处理性能下降的现象。

图 12-4 显示了 MABR 中微生物附着、生物膜形成和污染过程的总体示意图。首先，细胞附着在透气膜的表面形成薄的生物膜，由于氧气和基质的供应，生物膜厚度逐渐增长。在外部剪切应力作用下，生物膜可能与膜表面分离或脱落，最终达到稳定的生物膜厚度。同时，水蒸气向膜管腔侧反扩散，在微孔孔隙中形成微水环境，导致微孔内生物膜生长，最终导致孔隙堵塞。对于致密膜，不存在孔隙堵塞现象，只在表面形成生物膜[22]。

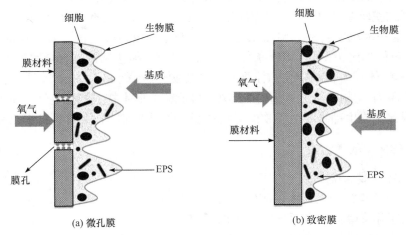

图 12-4　微孔膜(a)和致密膜(b)表面生物膜的形成

2. 膜污染成因

尽管微生物的生长速度和进水水质会对生物膜的附着生长产生一定的影响，但是微生物最初的附着主要与膜的表面特性有关，膜的疏水性、表面电荷和表面粗糙度对膜表面生物膜的形成起着至关重要的作用。

与亲水性膜表面相比，疏水性膜表面会迅速形成生物膜。其主要原因是亲水膜表面可以通过水分子的吸附来减少生物膜的附着。疏水膜与液体界面的边界层缺乏氢键作用，水分子在疏水表面受到排斥，而液相中的污染物和微生物则能够吸附到膜表面并在边界层中占据主导地位。

此外，膜表面电荷对微生物的附着也有重要影响。如果膜表面电荷为正，则会促进微生物黏附，因为细胞在中性 pH 下荷负电。相反，荷负电的膜表面阻止了细菌在膜表面的附着。研究发现膜的 Zeta 电位对细胞与膜的界面相互作用能有显著影响，且存在一个临界 Zeta 电位，低于这个临界 Zeta 电位，细胞附着的能垒就会消失。

除了上述特性，膜的表面粗糙度也是影响生物膜形成的重要因素。一般来说，较粗糙的膜表面会增加细菌与膜表面的接触面积，从而促进生物膜的形成。粗糙的膜表面降低了细胞附着的能垒，使细胞可以很容易地在膜表面附着。因此，粗糙的膜表面能加快生物膜的形成，从而缩短启动时间。总体而言，在疏水性、表面电荷和表面粗糙度三种性能中，膜表面粗糙度似乎是控制生物膜形成的最重要参数。但是目前关于 MABR 中膜性能对生物膜形成过程影响的文献报道较少，需要对此进行进一步研究[23]。

3. 控制措施

在 MABR 系统中，膜污染是不可避免的，MABR 应用的关键是将生物膜厚度和性能控制在最佳范围，使其具有最佳的生物膜厚度和理想的生物膜特性(密度、孔隙率、稳定性、功能分层)，从而提高传质效率和降解效率。此外，EPS 和 SMP 是生物膜形成的必要物质，同时是常见的膜污染物，对 EPS 和 SMP 的控制也是必不可少的。

目前，在中试规模和工程规模的 MABR 系统中，控制生物膜厚度的方法是利用周期性气流冲刷或膜丝振动以使部分生物膜脱落。此外，有研究表明在 MABR 生物膜中存在原生动物，这一发现也被用于 MABR 系统来控制生物膜的形成和结构。Aybar 等[24]发现，与高 COD 条件相比，在低 COD 条件下，原生动物对微生物的捕食导致 MABR 生物膜中孔隙率(单位体积生物膜中孔隙体积所占的比例)显著增加。大孔隙率可以降低氧气和基质传递的阻力，然而，进一步增加孔隙率可能会降低生物膜的稳定性，从而导致生物膜脱落。因此，原生动物对微生物的捕食过程也需要通过操作条件进行严格控制[22]。

12.3.3　EMBR 中的膜污染

1) EMBR 的膜污染定义

EMBR 中的膜污染是指膜表面生物膜厚度增加，导致传质阻力增大，通过膜的污染物通量及反应速率降低，进而导致 EMBR 性能下降。

2) 膜污染成因

EMBR 膜能够对特定污染物进行选择性萃取，并充当废水和微生物之间的屏障[25]。在长期的废水处理过程中，膜表面也会形成生物膜。因此在设计 EMBR 时，生物膜的控制是至关重要的问题。

3) 控制措施

在 EMBR 中添加氯化钠可以抑制细胞代谢，从而控制 EMBR 中生物膜的生长，但氯化钠的添加会影响微生物的生物活性和降解能力。双相萃取膜生物反应器(biphasic extractive membrane bioreactor，BEMB)可以通过避免膜与微生物之间的接触来缓解膜污染问题，在 BEMB 系统中，膜和微生物保持分离，利用溶剂将污染物从膜表面传递到生物介质中，并在此被生物降解，但是 BEMB 系统的缺点是配置更为复杂。其他的膜污染控制措施还包括降低无机负载率、气流冲刷、紫外灭菌等[14]。

12.4　膜生物反应器的应用

12.4.1　废水处理

1. MBR 的应用

MBR 目前已在市政污水、高浓度生活污水、工业废水处理及中水回用等领域得到广泛应用。

1) 市政污水处理

近年来 MBR 工艺在市政污水处理厂的应用越来越广泛，与传统的污水处理工艺相比，该工艺具有占地面积小、出水水质好等特点。徐晓妮等[26]对比了某城市两座处理能力为 20×10⁴ m³·d⁻¹ 的污水处理厂，这两座污水处理厂采用的处理工艺分别是厌氧-缺氧-好氧(anaerobic-anoxic-oxic, A²/O)和 MBR。研究人员通过半年的跟踪观察发现：采用 MBR 工艺的污水处理厂 COD、BOD、氨氮、悬浮物、总氮及总磷的平均去除率可以分别达到 96.3%、97.5%、99.3%、98.3%、72.9% 和 62.0%，满足市政污水一级 A 标准的处理要求，且受进水水质波动影响较小，其中 MBR 对 COD、BOD、氨氮和悬浮物这四项指标的去除效果优于 A²/O 工艺。

2) 生活污水处理

膜生物反应器技术在生活污水处理中有较多应用，技术也相对成熟。例如，在粪便污水处理中，由于粪便污水的有机物含量很高，BOD 常高达 10000 mg·L⁻¹，采用传统的生化处理必须将污水稀释，而 MBR 技术可以使粪便不经稀释直接被处理，显著提高了处理负荷。早在 1994 年，MBR 粪便污水处理工艺已在日本等国得到了广泛应用[16]。此外，MBR 在处理常规生活污水中也表现出了较强的抗负荷能力，对 COD、氨氮、浊度和悬浮物的去除率通常高达 90%以上。利用膜生物反应器技术处理生活污水，可以有效地去除污水中的杂质，并且能够提高出水水质。

3) 工业废水处理

MBR 中较高的生物量浓度也为工业废水处理创造了有利条件。例如，有研究者曾利用中试规模的 MBR 处理纺织废水，发现与活性污泥法相比，MBR 对悬浮固体、微生物、COD 和色度都具有更高的去除效率。上海某工业区采用混凝+MBR 工艺处理含有铬等重金属且水质和水量波动大的工业废水，其 COD 浓度为 3000~6000 mg·L⁻¹，通过长期运行观察发现该工艺可以实现 98% 的 COD 去除率，出水 COD 可降至 100 mg·L⁻¹，其他指标也均符合排放标准[27]。

4) 垃圾渗滤液处理

垃圾渗滤液来源于垃圾、雨水渗透和垃圾的生化反应，其污染物浓度高，对垃圾处理厂周边地下水及地表水安全构成严重威胁。2004 年中国建成了第一座以 MBR 工艺为主体的垃圾渗滤液处理设施，随后用于处理垃圾渗滤液的 MBR 规模越来越大，到 2018 年累计处理能力达到了 65600 m³·d⁻¹，是 2009 年的 8 倍，可见 MBR 在该领域有强大的竞争力[28]。

5) 中水回用

中水回用主要是将处理后的建筑生活污水作为冲厕、洗车和绿化等用水加以回用。回用水要求水质良好，无卫生问题，感官性状佳，同时要求处理流程简单、易于管理且适应性强。Liu 等[29]研究了 MBR 对低浓度生活污水的处理及回用效果，该 MBR 采用孔径为 0.4 μm 的中空纤维膜，可将进水中的 COD 从 130~322 mg·L⁻¹ 去除至 18 mg·L⁻¹。MBR 出水无色无臭，氨氮浓度低于 0.5 mg·L⁻¹，BOD 浓度低于 5 mg·L⁻¹，阴离子表面活性剂浓度低于 0.5 mg·L⁻¹，未检测到 SS 和粪大肠杆菌。研究表明，MBR 可去除污水中大部分污染物，从而保证了 MBR 可以产出稳定和优质的再生水。

6) 新兴污染物和病毒去除

近年来，包括药品和个人护理品在内的新兴污染物引发了人们的关注。这类污染物具有种类多、浓度低和难降解等特点，对人类健康和环境安全构成了巨大威胁。与传统的活性污泥法相比，MBR 占地面积小、分离效率高、污泥产量少、污泥停留时间长，新兴污染物去除效率更高[30]。此外，一些研究者利用噬菌体作为病毒指示器来建立病毒去除的模型，证明了 MBR 可以有效去除废水中的病毒[31]。

2. MABR 的应用

鉴于 MABR 技术的独特优势，该技术在地表水体净化方面已实现大规模应用。在污水处理方面，MABR 主要用于市政污水处理过程中的同步脱氮除碳、高浓度工业废水的COD、氨氮及难降解污染物的去除及对现有污水处理厂的提标改造，目前多数研究还处于实验室研究和小试阶段，随着 MABR 的不断发展，近年来中试规模甚至工程规模的MABR 的应用也逐渐增多[22]。

1) 地表水体净化

在地表水体净化方面，MABR 可以直接设置于河道湖泊中进行原位净化提升水质，也可以将污染水引入旁路净化后放回原水体中。Li 等[32]设计建造了以两级式 MABR 为核心的一体化中试设备，针对受污染河道水进行了长期中试研究。研究结果表明，MABR系统能够高效去除受污染河水中的 COD、氨氮、总氮和总磷等污染物，并且有效降低河水中悬浮物含量，出水达到设计标准(地表水环境质量 V 类标准)，并且多项指标达到地表水环境质量 III 类标准。MABR 在消除地表水中污染物方面是一种高效的新技术新方法，具有广泛的需求。目前 MABR 在河道湖泊地表水体净化方面已有大量应用案例，天津海之凰科技有限公司在该领域发挥了重要作用。此外，MABR 同湿地技术的结合可以减少设备占地，具有优势互补的效果。

2) 高浓度 COD、高氨氮废水的处理及难降解污染物的去除

大量研究表明，MABR 技术在处理高强度 COD 废水方面具有明显的优势。MABR已应用于去除废水中的难降解污染物和 VOC，如乙腈、莠去津、甲醛、邻氨基苯酚、制药废水中的成分等。MABR 在高氨氮废水处理中也显示出了良好的处理能力，在利用MABR 中空纤维膜组件进行硝化反应时，氧气利用效率接近 100%，比硝化速率也高于其他生物反应工艺。

3) 中试研究和工程应用

近年来，关于 MABR 的中试研究和工程应用的报道逐渐增多，表明 MABR 技术在污水处理方面的工程应用日渐成熟。目前，有多家供应商可提供商用的 MABR 系统，包括天津海之凰科技有限公司、苏伊士水务工程有限责任公司、富朗世水务技术有限公司、OxyMem 公司等[22]。

大多数中试和工程应用的重点是同步脱氮除碳及污水处理厂的提标改造。苏伊士水务工程有限责任公司为了降低 MABR 处理过程中的曝气和操作费用而开发了 ZeeLung系统[33]。该系统使用了一种紧凑型的中空纤维膜，其比表面积达 $810\ m^2 \cdot m^{-3}$，能够维持$3.6\ g \cdot m^{-2} \cdot d^{-1}$ 的表面负荷率，并使用低压(41 kPa)空气取代高压纯氧曝气。研究表明，

在污水处理厂原有的活性污泥装置中安装 MABR 系统，可以提高高浓度废水中 COD 和氮的去除率。

除了在单一反应器中同步脱氮除碳的特点外，MABR 的中试实验也证明了其在强化除磷方面具有潜在优势。Peeters 等[34]将 MABR 中试系统用于市政污水处理，系统运行500 多天，可溶性磷去除率达 72%以上。此外，瑞典埃克比污水处理厂中试规模的 MABR系统的平均除磷效率超过 65.31%，最高除磷效率为 85.69%[35]。

目前关于 MABR 技术去除高强度工业废水中 COD 的中试实验较少。Stricker 等[33]使用中试规模的 MABR 处理进水 COD 为 4700 mg·L^{-1}的高强度工业废水，两台 MABR反应器的总 COD 去除率分别为 95.51%和 94.19%。此外，Wei 等[36]在用 MABR 系统处理混合制药废水时发现 COD 去除率达到 90%。

MABR 的中试实验和工程应用都证明了其具有高氧气传输率和利用率、低能耗、同步脱除碳氮磷污染物的技术优势，应用前景广阔。

3. EMBR 的应用

1）废水处理

Livingston 研究小组曾利用 EMBR 工艺实现了对各类工业废水中苯酚、氯硝基苯、氯苯、二氯苯胺、二氯丙烯等污染物质的高效去除[12]。将传统活性污泥和 EMBR工艺进行对比研究发现，含二氯苯胺的实际工业废水在无预处理情况下难以利用活性污泥法处理，而 EMBR 工艺中的专性降解菌则可以直接对其进行高效降解。国内也有一些关于 EMBR 应用方面的报道。戴宁等[37]在利用含有苯酚降解菌的 EMBR 工艺对苯酚废水进行处理时发现，出水中基本无苯酚中间产物的残留。杜飞等[38]发表的EMBR 对水杨酸废水进行处理的实验结果表明，在优化的条件下水杨酸去除率高达93%～99%。

2）地下水处理

地下水水量丰富、水质良好，是重要的淡水水源之一，然而地下水中过量的硝酸盐会造成环境污染并影响人类健康。Fonseca 等[39]利用具有离子交换膜的 EMBR 从合成废水中去除硝酸盐，处理后的出水中未发现无机营养物质和乙醇。他们的研究证实了 EMBR在去除硝酸盐方面的应用潜力。Ergas 和 Rheinheimer[40]利用具有中空纤维膜的 EMBR 去除硝酸盐，结果表明，硝酸盐去除率达 99%。曹敬华等[41]采用中空纤维 EMBR 去除地下水中硝酸盐也取得了良好的去除效果。

12.4.2　废气处理

Dos Santos 和 Livingston[42]利用 EMBR 去除气流中的二氯乙烷，系统运行了 11 天，二氯乙烷的去除率达到 91%。Min 等[43]的研究发现，EMBR 在 NO 的去除方面也具有潜在优势，在室温条件下，EMBR 可以将进气中 70%左右的 NO 转化为 NO$_3^-$和其他产物。但是由于 EMBR 的成本高于其他常见的废气处理技术，因此 EMBR 废气处理尚未完全应用[44]。

12.4.3   其他应用

香草醛是一种稀有的香料，天然香草醛量少价高，许多研究工作者利用生物技术人工合成生物香草醛以作为替代品。冯明等[45]曾利用萃取式膜生物反应器生产分离生物香草醛，解决了摇瓶实验中存在的产物抑制和氧化损失等问题。

12.5   膜生物反应器存在的问题及发展前景

12.5.1   MBR

MBR 具有很多传统活性污泥不可比拟的优点，如出水水质好、出水可直接回用、占地面积小、剩余污泥产率低等。在过去的几十年里，有关 MBR 技术的理论和应用研究都取得了很大进展，很多新的机理、模型及应用领域不断地被提出和发展，但 MBR 在应用中仍面临诸多技术研究和发展的问题[1,20]。

1) MBR 膜

膜是 MBR 技术的核心，但是目前质量比较好的膜大部分为进口品牌，价格昂贵，限制了 MBR 技术的推广和应用。开发研制性能优越而成本低廉的新型分离膜，提高其抗污染能力、使用寿命、机械强度和化学稳定性等性能，可以降低 MBR 运行的能耗和成本。

2) MBR 膜组件

MBR 中膜组件的主要作用是过滤，因而膜污染问题不可避免。膜组件的清洗和更换使设备维护和运行成本提高，膜污染问题是制约 MBR 商业化应用的主要问题。此外，膜组件的型号需要更多的设计手册和规范作为参考，否则设计人员缺乏系统、合理和标准的设计依据。建立更为合理的膜生物反应器设计方法和标准，提高 MBR 工艺的经济性和竞争力，可以促进 MBR 技术的应用。

3) MBR 系统

传统的污水处理厂是越大越经济，但由于膜组件价格较高，MBR 系统规模越大，投资成本也越高。MBR 固液分离过程需要保持一定的驱动压力，但是 MBR 池中混合液悬浮固体浓度高，污泥黏度大，必须加大曝气强度以保证足够的氧气传递效率并减少膜污染程度，MBR 系统的曝气能耗占运行能耗的 70%以上，较高的能耗是制约 MBR 应用的主要问题之一。在 MBR 工艺的应用中需要考虑最大的经济处理量。这些经验需要同时借助理论分析和工程应用来加以总结。另外，如果能够降低运行过程中曝气和膜污染产生的能耗，可以进一步提高 MBR 的经济竞争力。

MBR 系统内 SRT 长、剩余污泥产生量小，使得污水中难降解的和有毒害的有机污染物在系统内不断累积，抑制反应系统内微生物的活性，降低微生物的处理效率。这就需要从污染物处理效果和膜污染控制两方面优化，既保证 MBR 的处理效果，又使其能长时期稳定运行。具体研究包括通过开发新型脱氮工艺以提高氮的去除率，进一步优化污泥停留控制措施和运行方式等。

总之，膜生物反应器的研究和应用涉及生物学、水力学、材料学、经济学和工程学等众多学科的发展和各个学科间的相互渗透。国内外许多学者在膜生物反应器技术的研究和应用中取得了显著成就。尽管膜污染和高能耗问题尚未彻底得到解决，但是基于该技术自身的优点以及近二十年来新型材料的快速发展，MBR 工艺的应用领域不断扩大。

12.5.2　MABR

近年来，MABR 技术已引起越来越多研究者的关注，在理论研究和应用领域上取得了较大发展。MABR 与传统曝气工艺相比具有独特的优势和良好的应用前景，但还存在一些亟待解决的问题。

1) MABR 膜

MABR 膜材料造价过高在一定程度上制约了 MABR 技术的广泛应用。开发适用于 MABR 过程的成本低廉、使用寿命长、传质效率高、生物亲和性优良的膜材料是需要解决的重要问题。进一步提高膜材料的性能，可以从供氧效率、挂膜效果、抗腐蚀性能、机械强度、膜的成本等几个角度出发对膜材料与制膜过程进行优化。

2) MABR 系统

由于 MABR 是一种新工艺，目前研究对 MABR 的关键操作参数(如曝气压力、液相流速、水力停留时间、温度、pH 等)的把握尚不成熟，各种相关参数对系统运行和处理效果的影响没有形成统一的定论，缺少统一的操作规范。在扩大化应用中所遵循的规律没有得到充分的研究，工程准则较少见，需要对 MABR 的运行机制、放大过程中的问题和规律进行深入研究，优化挂膜和启动方法，优化关键操作参数及水力条件对系统性能的影响，形成统一的操作规范和工程准则。

MABR 生物膜内氧气和污染物异向扩散，异向传质导致生物膜结构及功能菌群分布与传统生物膜具有很大的差异而且更加复杂，关于生物膜中功能菌群结构分析及生物膜内关键基质的传递过程尚处于研究阶段。需要进一步量化和细化不同工况条件下生物膜的分层结构。可以利用分子生物技术将每一功能层的群落组成解析出来，构建不同条件下生物膜的分层模型，从而深度研究工况条件对群落的调控机制，并从生物学角度研究 MABR 降解污染物的作用机理，对生物膜的微观群落结构进行分析研究。

生物膜法面临着一个共性问题，即生物膜厚度的控制，MABR 过程也不例外。生物膜过薄会影响污染物的去除效率，生物膜过厚会严重影响传质过程。如何保持适宜的生物膜厚度是 MABR 运行过程中必须解决的难题。对 MABR 进行系统动力学方面的研究，将生物膜的宏观运行效能与微观性质结合起来，获取微生物生态生长动力学和基质的动态降解模型，将 MABR 动力学模型应用于各种污水处理过程，为反应器池体的设计、装置运行和调试提供必要支撑。

作为一种生化处理工艺，MABR 在处理有毒废水或可生化性差的废水时无法发挥其全部优势。开发新型 MABR 组合工艺的研究，将 MABR 与其他处理技术耦合可以提高系统整体处理效率，拓展研究和应用领域。

12.5.3　EMBR

1) EMBR 膜

EMBR 工艺过程中，膜材料性能决定了 EMBR 的特征与效率。目前 EMBR 使用的膜材料的厚度普遍为 100～300 μm，膜厚必然导致传质阻力大、渗透通量小、应用范围小。此外，膜材料高昂的价格也影响了 EMBR 的应用及推广。未来应研发适用于 EMBR 工艺的新型萃取复合膜材料，降低膜材料成本，改善膜材料性能，降低传质阻力，提高膜传质效率。

在长期运行过程中，膜溶胀及膜污染问题会明显影响膜的寿命和膜的透过性能，需要透彻分析膜溶胀和膜污染对萃取膜生物反应器性能效率的影响并提出可行的解决方案。

2) EMBR 系统

污染物反向渗透问题是 EMBR 中存在的另一急需解决的问题。一旦生物降解单元的微生物处理效果受到影响，其内的有机污染物逐渐积累并在浓差推动作用下反向渗透到物料侧，严重影响萃取膜生物反应器系统的运行效果与效率，因此在系统设计和应用过程中应关注生物降解单元运行情况。此外，萃取膜生物反应器的连续化操作也是值得研究的一个方向，连续化操作有助于效率的提高与水处理量的增加。

习　题

12-1　膜生物反应器有哪几种？其工作原理是什么？

12-2　不同膜生物反应器的优缺点分别是什么？

12-3　与传统活性污泥法相比，MBR 和 MABR 各自有什么特点？

12-4　不同膜生物反应器对膜材料都有什么要求？

12-5　不同膜生物反应器常见组件构型及其特点是什么？

12-6　不同膜生物反应器中膜污染的定义及产生原因是什么？

12-7　膜生物反应器在应用过程中如何避免膜污染的发生？

12-8　膜生物反应器的应用领域分别有哪些？

12-9　膜生物反应器目前存在哪些问题？应如何解决？

12-10　结合掌握的知识，你认为未来膜生物反应器会怎样发展？

参 考 文 献

[1] Stephenson T, Judd S, Jefferson B, et al. 膜生物反应器污水处理技术. 张树国, 等译. 北京: 化学工业出版社, 2003.

[2] 黄霞, 文湘华. 水处理膜生物反应器原理与应用. 北京: 科学出版社, 2012.

[3] Casey E, Glennon B, Hamer G. Review of membrane aerated biofilm reactors. Resources, Conservation and Recycling, 1999, 27(1): 203-215.

[4] 梅凯. 浸没式 MBR 平片膜技术及应用. 北京: 化学工业出版社, 2012.

[5] Smith C V, DiGregorio D, Talcott R M. The use of ultrafilitration membranes for activated sludge separation. Process 24th Industrial Waste Conference. West Lafayette: Purdue University, 1969: 1300-1310.

[6] 郝晓地, 陈峤, 李季, 等. MBR 工艺全球应用现状及趋势分析. 中国给水排水, 2018, 34(20): 7-12.

[7] Sehaffer R B, Ludzack F V, Ettinger M B. Sewage treatment by oxygenation through permeable plastic films. Water Pollution Control, 1960, 32(9): 939-941.

[8] Yeh S J, Jenkins C R. Pure oxygen fixed film reactor. Environmental Engineering Division, 1978, 104(4): 611-623.

[9] Roy T B, Blanch H W, Wilke C R. Microbial hollow fiber bioreactors. Trends in Biotechnology, 1983, 1(5): 135-139.

[10] 李保安, 田海龙, 李浩. 膜曝气生物膜反应器微生物膜结构研究进展. 膜科学与技术, 2013, 33(6): 1-5, 12.

[11] 美国水环境联合会. 生物膜反应器设计与运行手册. 曹相生, 译. 北京: 中国建筑工业出版社, 2013.

[12] Livingston A G. Extractive membrane bioreactors: A new process technology for detoxifying chemical industry wastewaters. Journal of Chemical Technology and Biotechnology, 1994, 60(2): 117-124.

[13] 任鸿梅, 任龙飞. 萃取式膜生物反应器在水处理中的应用. 净水技术, 2017, 36(A2): 90-92.

[14] Wenten I G, Friatnasary D L, Khoiruddin K, et al. Extractive membrane bioreactor(EMBR): Recent advances and applications. Bioresource Technology, 2020, 297: 122424.

[15] 王琴. 高透气性 MABR 膜的制备. 天津: 天津大学, 2014.

[16] 于海琴, 刘政修, 孙慧德. 膜技术及其在水处理中的应用. 北京: 中国水利水电出版社, 2011.

[17] 蒋克彬, 彭松, 刘宏杰, 等. 膜生物反应器的应用. 北京: 中国石化出版社, 2012.

[18] 刘强. 复合式膜生物反应器的运行特性与膜污染控制原理. 徐州: 中国矿业大学出版社, 2015.

[19] 许振良. 膜法水处理技术. 北京: 化学工业出版社, 2001.

[20] 邵嘉慧, 何义亮, 顾国维. 膜生物反应器——在污水处理中的研究和应用. 北京: 化学工业出版社, 2012.

[21] 李安峰, 潘涛, 骆坚平. 膜生物反应器技术与应用. 北京: 化学工业出版社, 2013.

[22] Lu D W, Bai H, Kong F G, et al. Recent advances in membrane aerated biofilm reactors. Critical Reviews in Environmental Science & Technology, 2020, 51: 649-703.

[23] 王志伟, 吴志超. 膜生物反应器污水处理理论与应用. 北京: 科学出版社, 2018.

[24] Aybar M, Perez-Calleja P, Li M, et al. Predation creates unique void layer in membrane-aerated biofilms. Water Research, 2019, 149(1): 232-242.

[25] Jorge R M F, Livingston A G. Microbial dynamics in a continuous stirred tank bioreactor exposed to an alternating sequence of organic compounds. Biotechnology and Bioengineering, 2015, 69(4): 409-417.

[26] 徐晓妮, 马小蕾, 吴亚萍, 等. A₂/O 与 MBR 工艺在同规模城镇污水厂中的设计与应用. 中国给水排水, 2017, 33(24): 21-26.

[27] Fazal S, Zhang B P, Zhong Z X, et al. Industrial wastewater treatment by using MBR (membrane bioreactor) review study. Journal of Environmental Protection, 2015, 6(6): 584-598.

[28] Zhang J, Xiao K, Huang X. Full-scale MBR applications for leachate treatment in China: Practical, technical, and economic features. Journal of Hazardous Materials, 2020, 389: 122138.

[29] Liu R, Huang X, Chen L J, et al. Operational performance of a submerged membrane bioreactor for reclamation of bath wastewater. Process Biochemistry, 2005, 40(1): 125-130.

[30] Kwon Y, Lee D G. Removal of contaminants of emerging concern (CECs) using a membrane bioreactor (MBR): A short review. Global Nest Journal, 2019, 21(3): 337-346.

[31] O'Brien E, Xagoraraki I. Removal of viruses in membrane bioreactors. Journal of Environmental Engineering (New York), 2020, 146(7): 03120007.

[32] Li M, Li P, Du C Y, et al. Pilot-scale study of an integrated membrane-aerated biofilm reactor system on urban river remediation. Industrial & Engineering Chemistry Research, 2016, 55(30): 8373-8382.

[33] Stricker A E, Lossing H, Gibson J H, et al. Pilot scale testing of a new configuration of the membrane aerated biofilm reactor (MABR) to treat high-strength industrial sewage. Water Environment Research,

2011, 83(1): 3-14.

[34] Peeters J, Long Z, Houweling D, et al. Nutrient removal intensification with MABR-developing a process model supported by piloting. Proceedings of the Water Environment Federation, 2017, (3): 657-669.

[35] Li Y, Zhang K. Pilot-scale treatment of polluted surface waters using membrane-aerated biofilm reactor (MABR). Biotechnology & Biotechnological Equipment, 2018, 32(2): 376-386.

[36] Wei X, Li B, Zhao S, et al. Mixed pharma-ceutical wastewater treatment by integrated membrane-aerated biofilm reactor (MABR) system: A pilot-scale study. Bioresource Technology, 2012, 122: 189-195.

[37] 戴宁, 张晟禹, 张凤君, 等. 萃取膜生物反应器处理苯酚废水的试验研究. 环境科学, 2008, 29(8): 2214-2218.

[38] 杜飞, 张爱丽, 李小芳, 等. 膜萃取处理高盐水杨酸废水传质特性研究. 环境工程, 2011, (S1): 132-134.

[39] Fonseca A D, Crespo J G, Almeida J S, et al. Drinking water denitrification using a novel ion-exchange membrane bioreactor. Environmental Science & Technology, 2000, 34(8): 1557-1562.

[40] Ergas S J, Rheinheimer D E. Drinking water denitrification using a membrane bioreactor. Water Research, 2004, 38(14-15): 3225-3232.

[41] 曹敬华, 郑西来, 潘明霞, 等. 萃取膜生物反应器去除地下水硝酸盐. 西安建筑科技大学学报(自然科学版), 2006, 38(4): 574-579.

[42] Dos Santos L M, Livingston A G. Membrane-attached biofilms for VOC wastewater treatment. Ⅱ: Effect of biofilm thickness on performance. Biotechnology and Bioengineering, 1995, 47(1): 90-95.

[43] Min K, Ergas S J, Harrison J M. Hollow-fiber membrane bioreactor for nitric oxide removal. Environmental Engineering Science, 2002, 19(6): 575-583.

[44] Kumar A, Dewulf J, Langenhove H, et al. Membrane-based biological waste gas treatment. Chemical Engineering Journal, 2008, 136(2-3): 82-91.

[45] 冯明, 汤晓玉, 石尔, 等. 萃取式膜生物反应器用于制备生物香草醛. 精细化工, 2007, 24(4): 363-366.

第13章

其他膜过程

13.1 渗 析

13.1.1 渗析原理及特点

1861 年，苏格兰化学家 Graham 利用羊皮纸分离了水溶液中的胶体和低分子量溶质。他发现羊皮纸能够起到半透膜的作用，低分子量溶质能够以扩散的方式透过膜，而胶体却被截留。他将这种现象称为"渗析"。渗析(或透析)是一种以浓度梯度为驱动力的膜分离过程。在该过程中，膜两侧分别与含溶质的原料液和渗析液接触。在浓度梯度作用下，溶质从原料液侧扩散到渗析液侧。渗析的原理是利用不同溶质跨膜速率的差异实现原料液中不同溶质的分离。如图 13-1 所示，原料液中分子量小的溶质快速透过渗析膜。同时，渗析液的溶剂(水)会以渗透的方式透过膜进入原料液。渗析技术常用来制备人工肾。对于肾功能衰减的患者，由于代谢产物无法排出体外，需使用人工肾对患者进行治疗[1]。人工肾能够帮助肾功能衰减或丧失的患者将代谢产物排出体外，防止血液成分比例失调。

目前，常见的渗析膜材料包括聚酰胺类材料、聚砜类材料和纤维素类材料等。聚酰胺类渗析膜具有优良的血液相容性，不易吸附蛋白质，具有优良的抗凝血性；聚砜类渗析膜具有优良的机械性能和稳定的化学性能，是一种极具潜力的可长期使用的渗析膜；纤维素类渗析膜虽在其他领域有广泛应用，但由于该类材料会引起人体的一系列生理反应及临床病症，因此在血液净化领域的市场份额正逐年降低 [2-3]。除渗析膜外，渗析液的特性也是影响渗析过程的重要因素。在血液净化过程中，使用的渗析液常含有钠离子、钾离子、镁离子、氯离子和糖类分子等。为了防止血液中的营养成分随着代谢废物一起透过渗析膜，渗析液的酸碱度和渗透压大多与血液基本相同。

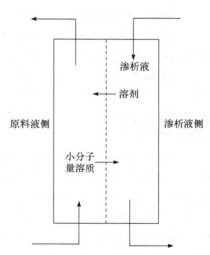

图 13-1 渗析原理示意图

13.1.2　渗析技术应用

　　渗析技术在医学领域有广泛的应用，可分为两类，即血液透析和血液过滤。血液透析过程中，在膜两侧因溶质浓度差所形成的渗透压差的作用下，血液(原料液)中分子量低的代谢废物透过渗析膜进入透析液(渗析液)，透析液中的某些组分则通过扩散的方式进入血液，保持血液中的离子平衡。通常，进行一次透析需要 120 L 以上的透析液，透析的时长在 4～6 h[4]。血液过滤是以液体静压力差作为驱动力，使血液中的毒素随血液中的水分一起透过膜，进而完成血液净化的过程。通常，相较于血液透析，血液过滤所采用的渗析膜结构更为疏松。由于血液过滤会导致血液中的水分大量损失，为维持人体体液的生理平衡，临床时需对患者进行水分补偿。水分补偿的方法主要分为血液预稀释和水分后补充两种。血液预稀释是在血液过滤前预先向血液中加入适量的水，进而保证在过滤后血液具有适当渗透压。与之对应，水分后补充即在血液过滤后向脱水的血液中加入适量的水。在上述两种血液净化过程中，为了防止血液在体外设备和管道中凝结，常将抗凝剂(如肝素等)通过静脉注射的方式引入患者血液中[5]。

　　此外，渗析技术在钢铁工业、钛材加工、稀土工业和钨矿工业等领域的应用也受到了人们的关注。但是，相较于超滤、反渗透等成熟的膜分离技术，渗析技术的发展仍面临一些难题，如渗析膜处理能力相对较低，渗析液所需量较大且无法直接排放等。针对这些不足，人们应从制备高性能渗析膜、研制高效渗析液和优化渗析过程设计等角度展开研究，推动渗析技术的发展。

13.2　液　　膜

13.2.1　液膜特点及发展历程

　　液膜是由液体构成的选择性透过膜，液膜分离是将萃取与反萃结合于一体的分离方法。该方法是通过液膜对不同组分的溶解性不同实现物质分离，具体过程包括：待分离物质从料液相进入膜相，在膜相中形成络合物进行定向迁移至另一侧，再在解析相中络合物发生解离或置换，通过反萃取达到富集或分离的效果。在整个迁移过程中，液膜两侧实现了萃取和反萃取的内耦合，因此，液膜过程也称为渗透萃取或膜萃取。液膜分离技术相对于溶剂萃取等传统手段具有选择性好、分离效率高和操作简单等优点，近些年来被广泛研究[6]。

　　20 世纪 60 年代，Friedlaneleret[7] 在研究反渗透脱盐过程时首次观察到了在进料液和分离膜界面处形成的液膜。由于这种液膜的存在离不开基膜的支撑，因此又称为带支撑体的液膜。之后，人们利用液膜陆续实现了不同金属离子的萃取和反萃取、气体分离等过程，并且发展出了固定化液膜、乳化液膜及流动载体液膜等不同种类的液膜。到了 20世纪 80 年代，液膜技术开始与企业生产相结合，促使液膜分离技术向工业化发展，加速了液膜研究工作的广泛开展。液膜在废水处理、有机物分离、气体分离、生化产物的提取和分离等多领域都得到了应用。

13.2.2　基本类型

按液膜构型和操作方式的不同,液膜主要分为大块液膜(bulk liquid membrane,BLM)、乳状液膜(emulsion liquid membrane,ELM)和支撑液膜(supported liquid membrane,SLM)。

1) 大块液膜

大块液膜又称厚体液膜,是与料液相和反萃相同时接触的液体膜,通常由离子液体构成。大块液膜工作环境如图 13-2(a)所示,设备将料液相和反萃相隔开,使大块液膜与二者同时接触,从而使萃取与反萃取同时发生,自相耦合。大块液膜由于自身的结构特点,其传质面积比支撑液膜和乳化液膜小得多,因此传质速率较低,在工业上应用相对较少[8],但是由于其膜层较厚,界面积保持恒定,界面持续平稳,迁移过程基本接近稳态[9],在研究传质过程的热力学及动力学方面具有很大的优势,因此多用于理论方面的研究。

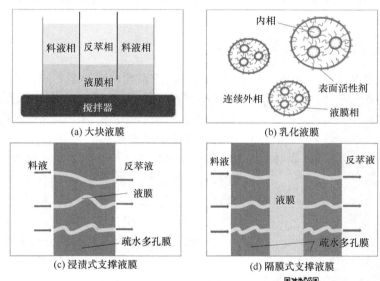

(a) 大块液膜　　　　　　(b) 乳化液膜

(c) 浸渍式支撑液膜　　　(d) 隔膜式支撑液膜

图 13-2　四种常见液膜示意图

2) 乳状液膜

乳状液膜本质是一种双重乳液体系,包括水-油-水或油-水-油两种类型。将两种互不相溶的有机相和水相通过高速搅拌,在表面活性剂的作用下制成稳定的乳状液(乳液内部一般称为内相),然后将乳状液以液珠形式(滴径为 0.5～5 mm)分散到第三种液相(外连续相)中,介于内相与外相之间的液相即为液膜。如图 13-2(b)所示,内相、液膜及外相共同构成了乳化液膜分离体系[10]。由于常用的表面活性剂都带有一定的毒性,且制备乳化液膜时所需量较多,因此一种新型乳化液膜——Pickering 液膜应运而生[11]。Pickering 液膜是将制备普通乳状液膜时的表面活性剂换成具有特殊浸润性的固体颗粒(如二氧化硅胶体),固体颗粒吸附于两相界面之间形成一层致密的膜,在空间上对乳液液滴之间聚结现象起到了阻隔作用。

3) 支撑液膜

支撑液膜体系由料液、液膜、反萃液三相及支撑体组成,常用的支撑体液膜体系有两类：浸渍式和隔膜式。浸渍式支撑液膜如图 13-2(c)所示，是借助毛细管力将液膜相牢固地吸附在多支撑体的微孔之中，然后利用该膜将料液相和反萃液相隔开，液膜相与该两相互不相溶，在此体系中，被分离的物质由料液相向液膜相传递，并最终在反萃液相得到分离富集。隔膜式支撑液膜如图 13-2(d)所示，液膜被两层支撑膜夹在中间，利用这两层膜将液相和反萃液相隔开，最终实现分离。基于隔膜式支撑液膜的结构特点，该种类型的液膜又被称为夹心饼式液膜[12]。浸渍式支撑液膜所需膜液量小，相对于隔膜式支撑液膜，其传质速率较快；而隔膜式支撑液膜由于膜液多，传递路径较长，因此分离效果好，但其传递速率相对较慢。

13.2.3　传质原理

液膜的分离机理大致分为三种：单纯迁移传质、伴有相内反应的液膜传质和含流动载体的液膜传质。

1. 单纯迁移传质

主要原理是基于待分离各组分在膜相中的扩散系数或溶解度不同，从而使得迁移渗透速率存在差异，实现相互分离的目的。其分离机理如图 13-3 所示，待分离物质中含有两组分 A、B，A 组分在液膜中的溶解度大于 B 组分，因此迁移过程中 A 组分相对于 B 组分更易溶于液膜，更多更快地迁移进入解析相，经过一段时间后，解析相中 A 组分逐渐得到富集，而 B 组分则大部分留存在料液相中，从而达到 A 和 B 的分离。

单纯迁移的分离效果可用分离因子[13]衡量：

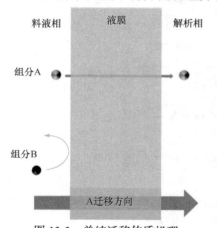

图 13-3　单纯迁移传质机理

$$\beta = \frac{\dfrac{S_{s,A}}{S_{s,B}}}{\dfrac{S_{f,A}}{S_{f,B}}} \tag{13-1}$$

式中，$S_{s,A}$ 和 $S_{s,B}$ 分别为溶质 A 和溶质 B 在解析相中的溶解度；$S_{f,A}$ 和 $S_{f,B}$ 分别为溶质 A 和溶质 B 在料液相中的溶解度。由式(13-1)可知，当体系一定时，两组分溶解度的差值越大，分离因子 β 越大，液膜的选择性能越好。单纯迁移传质过程中，当膜两侧物质浓度完全相等时，即两侧没有浓度差，驱动力消失，传质便会自行停止，因此使用单纯迁移性质的液膜不能对料液相中的待分离物质起到浓缩的作用。

2. 伴有相内反应的液膜传质

为了实现高浓缩比和高分离效果，必须增大待分离物质在膜两侧的浓度梯度，或者选择提高其中一个组分的传质速率，以消除由于传质带来的浓度差变小的问题。因此，伴有相内反应的液膜传质分离被发展应用起来。这种迁移机理如图 13-4 所示，是在解析相中加入一种物质 R，使其与待分离组分 A 发生不可逆反应，二者结合后无法溶解于液膜，所以不能逆向传输回料液相，因此，解析相中组分 A 的浓度持续为零，组分 A 在膜两侧始终保持最大的浓度梯度，组分 A 持续不断地被迁移至解析相,最终以 A+R 的形式得到分离和富集。

3. 含流动载体的液膜传质

这种液膜传质中流动载体决定待分离物质的选择性分离，通过分离载体与溶液中离子的结合，形成不同的迁移对，从而达到正向或逆向迁移的目的，据此，含流动载体的液膜传质机理也分为逆向迁移和同向迁移。

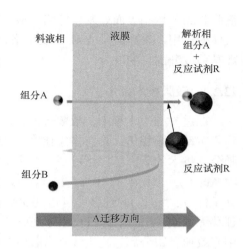

图 13-4　伴有相内反应的液膜传质

1) 逆向迁移

膜内含有离子型载体时，载体在料液相和膜相界面处发生络合反应，生成载体络合物在膜相中发生扩散和传递，直至液膜和解析相的界面处，载体络合物和解析剂发生置换解络反应，而载体则返回原料液和膜相界面，继续与待分离物质发生络合。由于体系中膜两侧呈电中性，一种离子的迁移必须由反方向的其他离子迁移来达到电荷平衡，因此这种传质方式被称为逆向迁移，其迁移示意图如图 13-5 所示。离子 A 与载体生成的络合物从原料相向解析相扩散，另一侧释放了 A 离子的载体携带 B 离子返回继续与 A 离子发生络合，并释放出 B 离子。因此 B 离子在膜两侧的浓度梯度就是传质的驱动力，最终可以达到较高的分离性能或浓缩效果。

2) 同向迁移

非离子型载体 R 首先选择性地与阳离子 A 络合，同时与阴离子 B 结合成离子对，形成的络合物一起迁移，其迁移示意图如图 13-6 所示。络合物在膜相中定向扩散，到达

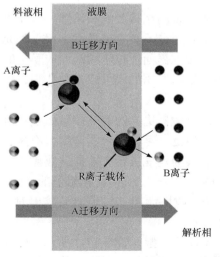

图 13-5　逆向迁移传质机理

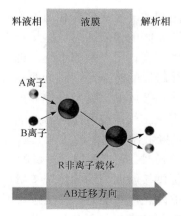

图 13-6　同向迁移传质机理

液膜相和解析相界面处发生解络反应，释放出 A 和 B，解络后的 R 重新返回膜相，发挥载体的作用，并继续与 A 和 B 发生络合，再重复上述迁移过程，最终达到从混合物中分离某种成分的目的。

13.2.4 液膜技术应用

在过去的几十年中，液膜分离技术一直是一个研究热点。液膜分离技术的特性与生物膜主动传输相仿，具有富集比大、能耗低、选择性好、分离效率高等优点。迄今，液膜分离技术的研究已相当可观。兰宇卫等[14]选择大块液膜技术从废定影液样品中分离回收 Ag(I)，以 1, 4, 7, 10, 13, 16-六硫杂-18 冠-6 为流动载体，CHCl₃ 为膜溶剂，在最佳迁移条件下：Ag(I)的迁移率可达到 99%以上，同时存在的 11 种共存金属离子对 Ag(I)的迁移无影响，Ag(I)的回收率为 99.3%～99.8%。Zhang 等[15]采用乳状液膜法从镍镉电池中有效地将镍分离，乳状液是由载体二(2-乙基己基)磷酸、表面活性剂 Span80 和煤油构成，内水相为 H_2SO_4 溶液，获得了镍离子的适宜分离条件，镍离子的萃取率为 96.3%，远远大于镉离子的 2.6%，实现了镍的有效分离。Hachemaoui 等[16]采用乳状液膜法对含有钴和镍的混合溶液进行分离，在 pH 为 2、载体 Cyanex301 浓度为 $0.1 \text{ mol} \cdot L^{-1}$ 时，2 min 内可实现钴和镍达到 99%的分离率。

当前，液膜分离仍然存在液膜溶胀、稳定性差、液膜易流失、分离中存在渗透和夹带等问题，研究发展性能更好的液膜及对液膜分离过程中的控制因素进行优化是亟待攻克的难题[17]。尽管如此，新型液膜分离技术仍然被人们所期待，在离子萃取、药物分离及废水零排放等领域有广阔的应用前景。

13.3 膜 接 触 器

13.3.1 一般特征和原理[18-25]

膜接触器是指将传统技术与新型膜技术耦合而实现两相接触的膜系统。与作为选择性分离介质的一般分离膜不同，膜接触器中的膜对各组分不具有选择性，仅仅是充当多相接触之间的屏障，使各相通过膜孔隙进行接触，接触界面可位于膜表面或膜中的某个位置，两相间的传质通过这些接触界面实现。膜接触器所用的膜可以是微孔膜，也可以是较致密的膜；可以是疏水膜，也可以是亲水膜。

膜接触器的特点是：膜为两相流体提供比传统接触器更大的有效接触面积；可单独改变气体和液体的流速及操作方式；过程中不存在液泛、雾沫夹带、沟流、泡沫、滴漏等不利现象。气体或液体的流速无论大小，所有膜表面均能进行有效的气液接触。一般来说，膜接触器可提供的接触面积可达 $1500～3000 \text{ m}^2 \cdot \text{m}^{-3}$，是传统接触器的 2～15 倍；在气液接触时，膜接触器可提供的接触面积比传统吸收塔大 30 倍；在液液接触时，膜接触器可提供接触面积约为传统接触设备的 500 倍。

根据两相流体类型，膜接触器可以分为气液型和液液型，如图 13-7 所示。而根据作用机理进行分类，可以分为膜蒸馏、膜吸收、膜气提、膜萃取、膜乳化等。其中膜蒸馏已在第 9 章详细介绍。本节将简要介绍作为分离过程的膜吸收、膜气提和膜萃取。膜乳化是混合过程，将于 13.4 节单独进行介绍。

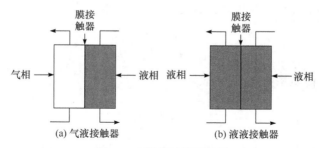

图 13-7　膜接触器示意图

13.3.2　膜吸收

1. 膜吸收特点

膜吸收是将膜技术与气体吸收技术相结合的膜过程。在膜吸收过程中，微滤膜将气相和液相分隔开，并作为气相和液相之间的传质场所，实现气体吸收过程。

膜吸收技术出现于 20 世纪 70 年代，最早使用于血液的充氧，后来被用作人工腮。自 1985 年开发出首套工业装置以来，膜吸收技术得到了迅速的发展。传统的气液接触设备(如填料塔、除气器等)体积大、投资多，操作条件苛刻，传质面积仅为 20～500 $m^2 \cdot m^{-3}$，小流量下还会发生气体泄漏，吸收效率低，气、液流速难以控制。膜吸收技术则可对气、液流速范围单独控制，气液两侧压降小且气液接触传质面积大、传质快、能耗低，膜吸收器体积小、质量轻，不存在液泛、雾沫夹带、沟流、鼓泡等不良现象。因此，绝大多数常规的气体吸收和解吸过程均可采用膜吸收技术进行，其主要的应用领域包括化工生产、生物制药等气液分离纯化过程。

2. 传质机理和影响因素

膜吸收过程主要采用微孔膜，气相和液相分别在膜的两侧流动。理论上，微孔膜的膜孔足够大，气体分子无需很高压力即可穿过膜孔到达另一侧，完成吸收分离过程。微孔膜本身不具备选择性，气体吸收分离主要依靠吸收液对气相组分的选择性吸收。在膜吸收过程中，传质过程主要由三部分组成：气体由主体相扩散到膜界面处；气体组分自膜界面处孔道扩散通过膜层；气体组分在吸收液侧膜表面被吸收扩散至吸收液主体[26]。因此，膜吸收过程的总传质阻力主要由气相边界层阻力、膜阻力和液相边界层阻力构成。

此外，分子在气相中的扩散系数比在液相中的扩散系数大 4～5 个数量级，故当膜孔中充满气体时，膜相的传质阻力相对较低。吸收剂和膜材料的兼容性是保证这一条件的关键。因此，当吸收剂为水溶液时，宜选择疏水性膜材料；而吸收剂为油性溶剂时，宜选择亲水性膜材料。对于绝大多数吸收过程来说，吸收剂为亲水性的，故膜吸收过程中一般采用疏水性膜材料。

1) 平板膜吸收过程传质系数

对于微孔膜为疏水膜且吸收剂为水性溶液时，液相不能进入膜孔，因此膜孔中充满了气体。此时，基于气相的总传质系数 K_G 可以表示为

$$\frac{1}{K_G} = \frac{1}{k_g} + \frac{1}{k_m} + \frac{H}{k_l} \tag{13-2}$$

基于液相的总传质系数 K_L 可以表示为

$$\frac{1}{K_L} = \frac{1}{k_g H} + \frac{1}{k_m H} + \frac{1}{k_l} \tag{13-3}$$

式中，H 为 Henry 常数；k_g 为组分在气相中的传质系数，$m \cdot s^{-1}$；k_m 为组分在疏水膜相中的传质系数，$m \cdot s^{-1}$；k_l 为组分在液相中的传质系数，$m \cdot s^{-1}$。

2) 中空纤维膜吸收过程传质系数

对于微孔膜为疏水膜且吸收剂为水性溶液时，液相在膜的壳程、气相在膜的管程，此时相界面位于膜管外径处，基于气相和液相的总传质系数可以分别表示为

$$\frac{1}{K_G} = \frac{d_o}{k_g d_i} + \frac{d_o}{k_m d_m} + \frac{H}{k_l} \tag{13-4}$$

$$\frac{1}{K_L} = \frac{d_o}{k_g H d_i} + \frac{d_o}{k_m H d_m} + \frac{1}{k_l} \tag{13-5}$$

式中，d_o 为中空纤维管外径，m；d_i 为中空纤维膜内径，m；d_m 为疏水中空纤维管内外径的对数平均值，m。

3) 影响因素

(1) 两相流速。根据膜吸收传质机理过程，总传质阻力包括气相传质阻力、膜传质阻力、液相传质阻力等。当被吸收气体为混合气时，气液两相的流动会影响膜吸收过程中组分在气相和液相中的传质系数。因此，对于膜吸收过程，总传质系数的大小依赖于气相边界层和液相边界层中传质系数的大小。

(2) 两相压差。在膜吸收过程中，传质推动力是被吸收组分在两相之间的化学势差，而两相压差虽然对总传质系数没有直接影响，但它是维持稳定传质界面的关键。两相压差存在一个临界值 Δp_s，当压力超过该临界值时，就会发生两相混合(漏液或鼓泡)，使膜吸收过程无法正常进行。

(3) 流动方式。不同的膜吸收器设计中具有不同的流动方式，而气、液在膜组件中的流动方式将影响传质效果，如气相走管程或壳程会导致传质效果不相同。对于在疏水膜中的传质过程，吸收剂在管程流动、气相在壳程流动时，其吸收速率要比吸收剂在壳程流动时大得多。这是因为分子在气相中的扩散系数较大，膜组件结构和壳程流体对吸收过程的影响程度有所降低。

(4) 化学反应。当被吸收气体与吸收剂之间存在化学反应时，膜吸收传质系数可能增大。在进行有化学反应的膜吸收过程分析和处理时，可结合化学反应过程特性，使用化学反应增强因子来校正总传质系数方程。

(5) 膜结构参数。膜结构参数包括膜的孔隙率、孔径、膜厚度、膜孔曲折因子等。在阻力串联模型中，膜结构参数对传质过程的影响主要体现在膜阻力这一项中。大部分研究者认为，膜结构参数是通过影响膜传质阻力来影响吸收过程的总传质系数。

3. 膜吸收应用

膜吸收在环保领域中可用来脱除尾气中的有害气体，在能源领域可用来脱除能源气体中的杂质气体[27-28]。与传统方法相比，采用膜吸收方法去除这些气体的能耗更低，投资小且操作方便。

(1) 膜吸收在环保领域的应用。以清水、海水及与海水 pH(7.8～8.5)相同的 NaOH 溶液为吸收剂，以聚丙烯中空纤维膜组件为膜接触器考察脱硫效果的结果显示，相较清水及与海水 pH 相同的 NaOH 溶液，海水是一种对 SO_2 缓冲能力大、资源丰富、脱硫效率高的吸收剂。以较低流量的海水吸收较高流量的低浓度 SO_2 气体时，脱硫效率可以达到90%[29]。以碱液作为吸收剂，利用膜吸收法对烟气进行处理的工业试验结果显示，其对 SO_2 的脱除率可超过 95%[30]。

(2) 膜吸收在能源领域的应用。中国科学院大连化学物理研究所采用自主研发的中空纤维膜接触器对沼气中的二氧化碳进行脱除，可将沼气中二氧化碳含量从 40%降低至3%[31]。

13.3.3　膜气提

1. 膜气提特点

膜气提(membrane air stripping，MAS)技术是一种有效的治理水污染、修复地下水，并能从石油废液中回收有机物的分离技术。它的主要特点在于利用膜对液相与气相进行分隔，并为液气两相提供用于接触的相界面。挥发性有机化合物(VOC)会经由相界面自液相扩散到气相中，进而随气体的流动而被除去。在此过程中，传质过程推动力由两相浓度差提供，且由于气体源源不断地输入，气相侧 VOC 浓度趋近于零，故传质过程推动力能够长时间维持在较高水平。与传统气提方法如应用气提塔的气提过程相比，膜气提可有效降低所需气量，大幅增加气液接触面积并减少不良流动形态，此外还可有效减少后续处理流程，因此被认为是一种极具发展潜力的用于治理含 VOC 废水的先进技术[32]。

2. 传质机理和影响因素

1) 传质系数

与其他膜过程一样，膜气提过程也需要借助膜组件才能实现。膜气提过程常用的膜组件为板框式与中空纤维式两种，考虑到该过程对相界面接触面积要求较高，故采用中空纤维结构可拥有更高的膜效率。

以研究最为深入的疏水性微孔膜作为考察对象，假设膜中微孔不会被润湿，液相中VOC 传递至气相的膜气提过程可简化为三个步骤[32]：①VOC 从液相主体通过液相边界层扩散到达液侧膜表面；②VOC 通过膜中微孔扩散到气相侧膜表面；③VOC 扩散通过气相边界层到达气相主体。整个过程基于液相浓度的总传质系数 K_1 与液相传质系数 k_1、膜传质系数 k_m 与气相传质系数 k_g 相关，其计算方法可依据 Henry 定律计算得到：

$$\frac{1}{K_1} = \frac{1}{k_1} + \frac{1}{k_m H} + \frac{1}{k_g H} \tag{13-6}$$

式中，H 为 Henry 常数，即质量浓度之比。

2）影响因素

(1) 料液初始浓度。膜气提对污染物的去除率一般不会受到料液初始浓度的影响。这是因为传质系数是一个与初始浓度不相关的变量，因此初始浓度的改变对去除率几乎不存在影响。

(2) 气相压力。与料液初始浓度类似，气相压力对膜气提过程去除率影响也十分有限，这是因为即使气相压力增大，在一定程度上会降低气相和膜中气体的扩散系数，但需要明确的是气相与膜的阻力很小，故气相压力增大不会对整个传质过程的扩散系数造成根本性影响。

(3) 气相流速。当气相流速增大后，气相边界层变薄，传质阻力降低，传质通量增大；且 VOC 可被增大流速的气相迅速带走，有助于维持扩散过程较高的推动力，因此在一定范围内，提升气相流速有利于提升去除率。

(4) 液相流速。当液相流速增加后，液相边界层变薄，传质阻力减小，使液相循环次数增大，这本身对去除效果是有利的；但同时液相停留时间变短，这对去除效果不利。哪个因素会起决定性作用，需要具体考察。

(5) 系统温度。系统温度的提升可有效增大 VOC 的 Henry 系数与各相扩散系数，从而推动传质过程，增大气提过程的去除率。

3. 膜气提应用

膜气提处理精度高、占地面积小，在废水处理方面有着一定应用市场。此外，膜气提还可以与膜曝气生物膜反应器等其他水处理过程结合，从而实现生活污水、工业废水等的高效处理。

13.3.4 膜萃取

1. 膜萃取特点

与膜吸收和膜气提发生在气液两相中不同，膜萃取发生于液液两相中。它的特点在于利用多孔或无孔膜将两种液相分隔开，依靠溶质在两种液相溶剂中分配系数的差异而实现分离。区别于传统萃取技术，膜萃取过程没有相的混合与分散过程，这对两相溶剂物性要求有所降低，且可降低萃取剂的夹带损失。

需要指出，一些文献将膜萃取依据膜形态的不同分为液膜萃取和固膜萃取。液膜萃取即 13.2 节的液膜过程，膜是具有渗透选择性的。固膜萃取一般采用微孔膜，液液两相可在膜孔中或两端接触，膜本身不具有分离性能，符合膜接触器的一般原理。固膜萃取可分为疏水性膜萃取、亲水性膜萃取和亲水-疏水复合膜萃取。本节介绍固膜萃取。

2. 传质机理和影响因素

1) 传质系数[33]

假定膜中的微孔被有机相(或水相)完全浸满，膜孔进出口断面的不规则性对传质过程无影响，则膜萃取过程的传质阻力可看作由三个部分组成：有机相界面阻力、水相边界层阻力和固相膜阻力。根据双膜理论，可推导出包括膜阻力在内的传质阻力模型。对于疏水膜萃取过程，符合如下公式：

$$\frac{1}{K_{\mathrm{w}}} = \frac{1}{k_{\mathrm{w}}} + \frac{1}{k_{\mathrm{m}}m} + \frac{1}{k_{\mathrm{o}}m} \tag{13-7}$$

对于亲水膜萃取过程，符合如下公式：

$$\frac{1}{K_{\mathrm{w}}} = \frac{1}{k_{\mathrm{w}}} + \frac{1}{k_{\mathrm{m}}} + \frac{1}{k_{\mathrm{o}}m} \tag{13-8}$$

式中，K_{w} 为水相总传质系数；k_{w} 为水相分传质系数；k_{m} 为膜相分传质系数；k_{o} 为有机相分传质系数；m 为相平衡分配系数。

2) 影响因素

(1) 料液组成。溶质在不同料液中的传质系数有较大差异，因此料液组成会对总传质系数产生直接影响。

(2) 料液流速。一般情况下，高浓度小流速，或低浓度大流速都可得到较高的富集倍数。

(3) 有机溶剂种类。根据相似相溶原理，萃取相与原料液中溶质的溶解度参数越相近，萃取效果越好，传质效率越高。

(4) 膜孔径及膜孔隙率。一般情况下，膜孔径越小且膜孔隙率越大，也就是说膜孔数目越多，富集倍数越大。

(5) 溶液 pH。调节 pH 使目标分子转化为可萃取形式，可加快萃取速率。

(6) 温度。温度提升有助于提升扩散速率，降低平衡时间。

(7) 两相间压差。改变两相间压差并不会引起总传质系数的明显变化，仅在于防止溶液相和料液相之间的渗透。

3. 膜萃取应用

膜萃取分离技术如今已得到了很大的发展，在有机物萃取、药物提取、金属萃取等领域得到了广泛的应用。

1) 环境保护——环境样品中有机污染物的分离

基于环境样品中成分的复杂性，对其实现有效预处理是进行后续处理的保障。膜萃取技术以简单快速、操作步骤少、溶剂毒性低等独特优势，成为对环境样品进行预处理的有效手段之一。

2) 健康监护——体液中药物及代谢产物的提取

人或动物等生物体的体液内存在大量化学物质，且某些化学物质的含量是重要的生理指标，如血糖、转氨酶等。利用膜萃取法可对体液中化学物质进行分离，进而对其进行测定。

3) 化学物质分析——特定金属元素提取分析

与上述两种应用类似，利用膜萃取可实现对某些特定金属元素的提取，实现对原料液的分离与纯化。

13.4　膜　乳　化

13.4.1　膜乳化原理[34]

乳液是指两种或两种以上不互溶的液体构成的多分散体系，至少包含一个分散相并以液滴的形式存在于连续相中。从热力学角度看，未受保护的小液滴一般是不稳定的，因此在乳液的制备中需要使用保护剂来稳定微小液滴。保护剂(或称乳化剂)一般为表面活性剂，包括端基荷电的表面活性剂、具有亲水端基的表面活性剂、蛋白质或其他生物表面活性剂等。这些表面活性剂的存在降低了界面张力，促进了端基排斥，从而起到动力学稳定作用。

膜乳化是一门较为新颖的技术，具有乳液液滴粒径分布窄、剪切力和能耗小、设计简单有效等潜在优点，比传统胶体磨、转子-定子系统、高压均质器等乳液制备设备更具有优势。图 13-8 是循环膜乳化装置示意图[35]。

膜乳化过程涉及连续相和分散相的流体流动，其过程如图 13-9 所示。连续相在膜表面流动，分散相在压力作用下通过微孔膜的膜孔在膜表面形成液滴。当液滴直径达到某一值时就从膜表面剥离进入连续相，溶解在连续相中的乳化剂分子将吸附在液滴界面上。

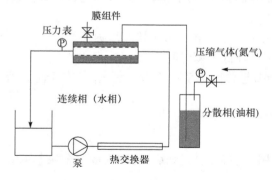

图 13-8　循环膜乳化装置示意图

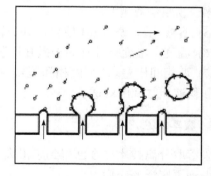

图 13-9　膜乳化过程示意图

1) 连续相流体流动状况

在膜管内流动的连续相流体(或乳状液)可使分散相液滴及时从膜表面剥离并移走，同时可促进乳化剂分子传递，因此连续相流动状况对膜乳化效果有重要影响。

2) 分散相流体流动状况

分散相流体流动分为两个过程：分散相通过膜孔的过程，液滴形成和剥离的过程。

分散相通过膜孔的过程为分散相从膜管外侧在压力作用下穿过膜孔进入膜管内连续相。膜面形态结构、膜孔大小、孔壁物化性能、孔道弯曲度等都会影响分散相流动，从而影响液滴的形成。

液滴形成和剥离的过程较为复杂，可分为两个阶段：①静态阶段：首先在膜孔上形成半球形液滴，随分散相流入，液滴不断长大；②剥离阶段：当液滴剥离膜表面力大于使液滴保持在膜表面上的力时，液滴离开膜孔，液滴和膜孔间连接部位拉长并逐渐变细直至断裂，液滴完全剥离。

13.4.2　过程影响因素

膜乳化过程的影响因素可以归因于三个方面[36]：膜参数、过程参数及相参数。

1) 膜参数

(1) 膜类型。液滴尺寸受膜种类影响较大。膜乳化技术中常用的膜包括陶瓷膜、金属膜、玻璃膜及高分子膜等，这些不同类型的膜通常具有不同的结构，其结构差异会对液滴尺寸造成影响。此外，膜皮层方向也会对液滴尺寸造成较大影响[37]。如图 13-10(a)所示，当膜的皮层直接接触连续相主体时，经膜孔形成的液滴会直接受到连续相流体的剪切力，故液滴尺寸较小。对于图 13-10(b)，当膜的支撑层直接接触连续相主体时，经皮层膜孔形成的液滴可在进入连续相主体前免受剪切力影响，因此形成的液滴尺寸较上一种情况大。

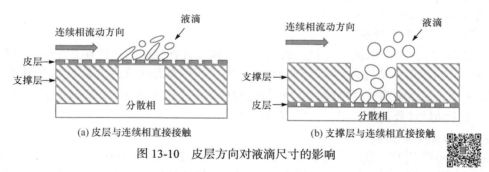

(a) 皮层与连续相直接接触　　　　　　(b) 支撑层与连续相直接接触

图 13-10　皮层方向对液滴尺寸的影响

(2) 膜表面性质。膜表面性质对微球均一性有重要影响，膜孔不被分散相润湿是制备稳态单分散体的必要条件之一。

(3) 膜孔径大小、分布和孔隙率。膜乳化法制得的液滴尺寸与膜孔径大小、孔径分布和孔隙率有密切关系。液滴大小与膜孔径呈线性相关；膜孔径分布直接影响乳液的单分散性；膜孔隙率是膜上孔隙比例，反映了相邻两孔间距离。

(4) 活性孔数。活性孔指在膜乳化过程中实际起作用、有分散相通过的孔，其数目会直接影响膜乳化分散相通量大小。

2) 过程参数

(1) 连续相流速。随着连续相流速增大，壁剪切力增大，液滴更易从膜表面脱落，故液滴尺寸急剧减小。在较低连续相流速下，液滴尺寸受影响最大。

(2) 跨膜压差。跨膜压差提高可以使分散相流速加快，进而提升活性孔数及分散相通量，最终使膜乳化率提高。但前提是无相邻液滴合并，否则乳化率会大幅下降。

3) 相参数

(1) 温度与黏度。膜乳化温度改变会引起连续相和分散相黏度改变，液滴尺寸也会改变。此外，温度还会影响溶液流动性、乳化剂溶解度及乳化性能等。连续相黏度增大，推迟了液滴在膜孔处的剥离，增大液滴粒径；分散相黏度增大会降低分散相通量，提高液滴从膜孔处的剥离速度，减小液滴粒径。

(2) 乳化剂。乳化剂作为一种表面活性剂，可以通过降低表面张力及增加液滴间排斥作用使液滴稳定。乳化剂对膜乳化的影响主要取决于乳化剂类型及浓度。连续相中添加的乳化剂性质需与膜性质一致，以防改变膜表面性质。

13.4.3   膜乳化技术应用

将用于膜乳化技术的膜管阵列组装到膜组件中，可以实现规模放大。膜乳化技术可用于食品乳状液、药物控释系统及单分散微球的制备[38]。

1) 制备食品乳状液

使用膜乳化技术可以制备食品乳状液。例如，采用 0.2 μm 和 0.5 μm 的微孔玻璃(micro-porous glass，MPG)膜，以液体黄油或菜籽油作分散相，乳蛋白水溶液作连续相，可制备 O/W 型乳状液，结果表明高黏度和低操作压力有利于制备粒径较小的乳状液；采用陶瓷膜，以蔬菜油作分散相，脱脂乳作连续相，可制备 O/W 型乳状液，结果表明提高乳化剂浓度有助于减小乳状液粒径。

2) 形成药物控释系统

采用 W/O 型乳状液作分散相的 W/O/W 型复乳在抗癌药物控释方面的应用有很多报道[39]。将水溶性抗癌药物分散到油相中，通过超声等方法形成亚微米级的 W/O 型初乳，再通过亲水性 SPG 膜分散到外水相葡萄糖溶液中，形成 W/O/W 型抗癌药物复乳，将其用于动脉注射治疗肝癌，临床实验效果明显。

3) 制备单分散微球

Omi 等[40]用膜乳化结合单体聚合的方法制备了粒径为 2～100 μm 的单分散微球。如果能对单分散微球的粒径实现精确调控，那么这样的单分散微球在色谱柱填料、催化剂载体、细胞标记与识别等方面都会拥有相对广阔的应用前景。

13.5   膜 结 晶 器

13.5.1   膜结晶器特点和原理

膜结晶(membrane crystallization，MC)是膜分离和结晶两种分离技术结合形成的一种新型膜技术。使用膜分离精准控制溶液中溶剂的脱除，使原料液进行浓缩并达到饱和或过饱和状态，然后在晶核存在或加入沉淀剂的条件下使溶质结晶出来[41]。当前，脱出溶剂的主要膜过程是膜蒸馏，以该过程为原理设计的膜结晶器已经有了较为成熟的工业应用，是膜结晶的主流发展方向。在过去几十年的发展中，也出现了采用其他膜过程除去溶剂的膜结晶器，但是这些结晶器大多停留在实验室阶段，目前未能大规模工业应用[42]。基于膜蒸馏的膜结晶器通过微孔疏水膜的蒸发传质(膜蒸馏过程)浓缩原料液，使原料中的溶质浓度超出饱和极限，工作原理如图 13-11 所示。料液由进料罐经循环泵送入热交换器，在预定温度(35～45℃)下进入膜组件进行蒸发浓缩，经此过程料液达到过饱和状态，最终进入结晶罐冷却结晶，未发生结晶的料液则重回进料罐参与下一次循环。结晶产生的晶体沉降到结晶罐底部，通过产品出口排出。此外，由于结晶过程与膜分离过程的耦合，膜结晶器还可以同时获得高纯溶剂，节约生产成本。

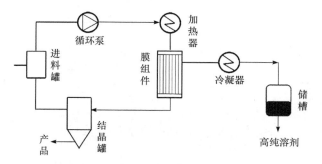

图 13-11　膜结晶器基本组成

膜结晶过程可以更方便地控制晶体结晶过程，得到更好质量的晶体。与常规结晶装置相比，膜结晶器的特点在于料液以层流方式通过膜组件的毛细管膜，低剪切力和高均匀度可促使分子排列更为有序，从而形成具有良好结构性能的晶格。膜结晶过程在一定的空间内具有更大的传质面积，比传统结晶过程更加高效。在生物高分子溶液结晶过程中，膜表面还可以起到非均相成核的作用，其与蛋白质分子的疏水性相互作用，可以减少结晶的诱导时间，降低结晶所需蛋白质液的初始浓度，从而有效节约生产时间和成本[42]。

13.5.2　膜结晶器的成核动力学

在结晶溶液中，溶质分子移动并相互碰撞，从而使其中一些溶质聚集成团，形成生长单元。在结晶的初期，这些生长单元溶解的可能性比形成晶核的可能性大得多。根据经典结晶成核理论，生长单元转变成晶体必须跨越一个能垒 ΔG^*，该能垒是影响成核速率的关键因素，二者之间存在如下关系：

$$N = \Gamma e^{-\frac{\Delta G^*}{kT}} \tag{13-9}$$

式中，Γ 为动力学指前因子；k 为 Boltzmann 常量；T 为热力学温度。

膜结晶过程属于异相成核过程，因此形成晶核所需 Gibbs 自由能 ΔG_{het} 可认为由主体 ΔG_v 和表面 ΔG_s 两部分组成：

$$\Delta G_{het} = \Delta G_v + \Delta G_s = -\frac{\Delta \mu}{\Omega} V + \gamma_L A_L - (\gamma_S - \gamma_i) A_{SL} \tag{13-10}$$

式中，$\Delta\mu$ 为生长单元与溶液之间的化学势梯度；Ω 为晶体的摩尔体积；γ_L、γ_S 和 γ_i 分别代表形成的晶核与溶液间的界面张力，晶核与膜之间的界面张力和溶液与膜之间的界面张力；A_L 为晶核与溶液的接触面积；A_{SL} 为晶核与膜表面的接触面积。

如图 13-12 所示，假定生长单元在膜表面发生异相成核并以球冠存在，则存在如下几何关系：

$$l = R\sin\theta' = R\sin\left(\theta - \frac{\pi}{2}\right) = -R\cos\theta \tag{13-11}$$

$$h = R + l = R - R\cos\theta = R(1-\cos\theta) \tag{13-12}$$

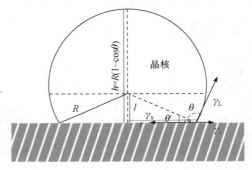

图 13-12　生长单元在膜表面成核示意图

球冠体积计算公式为

$$V = \frac{\pi}{3}(3R-h)h^2 = \frac{\pi}{3}\left[3R - R(1-\cos\theta)\right]\left[R(1-\cos\theta)\right]^2 \tag{13-13}$$

$$V = \frac{\pi}{3}R^3(2+\cos\theta)(1-\cos\theta)^2 \tag{13-14}$$

球冠表面积计算公式(不包括被截面)：

$$A_L = 2\pi Rh = 2\pi R^2(1-\cos\theta) \tag{13-15}$$

球冠被截面计算公式：

$$A_{SL} = 2\pi r^2 = 2\pi R^2\sin^2\theta \tag{13-16}$$

式中，θ 为晶核与膜之间的接触角。

将式(13-14)～式(13-16)代入式(13-10)可得

$$\Delta G_{het} = -\frac{\pi R^3}{3}\frac{\Delta\mu}{\Omega}(1-\cos\theta)^2(2+\cos\theta) + 2\pi R^2\gamma_L(1-\cos\theta) - \pi R^2\left(\gamma_S - \gamma_i\right)\sin^2\theta \tag{13-17}$$

由式(13-17)可以看出，ΔG_{het} 的大小与 R 有关。根据 Curcio 在 2014 年的模拟结果[43]，R 存在一个临界值 R^*，当生长单元尺寸大于临界值 R^* 时，生长单元更倾向于转化成晶核，此时有

$$\frac{\mathrm{d}\left(\Delta G_{het}\right)}{\mathrm{d}R} = 0 \tag{13-18}$$

由此可得 R^* 的表达式：

$$R^* = \frac{2\gamma_L \Omega}{\Delta\mu} \tag{13-19}$$

此外，为了方便研究，可把膜表面看作理想光滑的表面，根据杨氏方程有

$$\gamma_S - \gamma_i = \gamma_L \cos\theta \tag{13-20}$$

将式(13-19)和式(13-20)代入式(13-17)，整理可得

$$\Delta G_{het}^* = \frac{16}{3}\pi\gamma_L^3 \left(\frac{\Omega}{\Delta\mu}\right)^2 \left(\frac{1}{2} - \frac{3}{4}\cos\theta + \frac{1}{4}\cos^3\theta\right) \tag{13-21}$$

当发生均相成核时，生长单元与膜表面不接触，此时可以看作其与膜之间接触角为 180°，此时

$$\Delta G_{hom}^* = \frac{16}{3}\pi\gamma_L^3 \left(\frac{\Omega}{\Delta\mu}\right)^2 \tag{13-22}$$

当发生异相成核时，生长单元与膜之间接触角小于 180°，式(13-21)右侧包括三角函数的括号内的数值小于 1，因此可得

$$\Delta G_{hom}^* > \Delta G_{het}^* \tag{13-23}$$

综上所述，由于膜的引入，晶核形成所需跨越的成核能垒 ΔG^* 降低，从而发生异相成核，由式(13-9)可知，ΔG^* 降低会提高晶核的形成速率 N [43]。

晶核形成后会随系统循环进入结晶罐并完成最终结晶过程。在成核过程开始时，晶体颗粒很小且不规则，随着时间的推移，晶体变大且形状趋于规则，这是膜组件和结晶过程共同调控的结果[44]。

13.5.3　膜结晶器应用

21 世纪以来，人们先后用膜结晶的方式成功制备了不同种类的晶体。意大利的 Profio 等[41]将直接接触式膜蒸馏用于浓缩 NaCl 溶液，使其达到过饱和，并得到了 NaCl 晶体。Curcio 等[45]将纳滤与结晶相结合，成功组建了纳滤-膜结晶系统，实现了对硫酸盐废水的有效处理。

作为新型结晶分离技术，膜结晶在生物大分子结晶、有机药物制备、海水淡化及废水零排放等领域具有应用前景。目前，我国膜结晶已有一定的研究成果和技术储备，但相较于国外，膜结晶应用研究发展仍较慢。大力发展膜结晶技术，特别是膜结晶在工业废水盐回收和生物大分子领域的应用，对于推动我国工业废液处理和制药工业的发展具有重要意义。膜结晶过程也存在极化现象、膜孔堵塞和膜污染等问题，研究开发膜表面性能更好的复合膜及对膜结晶过程其他控制因素进行优化是膜结晶技术亟待攻克的技术难题[46]。

13.6　膜　反　应　器

膜反应器是膜和化学反应相结合以改变化学平衡的系统或设备。膜反应器的设计利用了膜特有的功能，将这些功能单个或组合使用可在反应过程实现产物的原位分离、反应物的控制输入、反应与反应的耦合、两相反应间接触的强化及反应、分离与浓缩的一体化等，从而达到提高反应转化率、改善反应选择性、延长催化剂的使用寿命、缓解反应所需的苛刻条件等目的[47]。第 12 章介绍的主要用于污水处理的膜生物反应器就是一类已广泛研究和应用的膜反应器。本节将简要介绍膜反应器的一般原理及除污水处理外的其他应用。

13.6.1　膜反应器基本类型

膜反应器中的膜主要有三种功能，第一种类型膜反应器中的膜起到分隔的功能，膜可将系统分隔为独立的依靠膜相关联的两部分。该膜反应器中的膜可将一个腔室中的反应介质与另一个腔室中的催化剂分隔开，当反应介质流经第一个腔室时，反应物通过膜扩散，然后在第二个腔室发生反应，反应完成后扩散回来，作为产物流收集。催化材料与反应介质之间不相容，该膜在催化材料和反应介质之间提供较大的交换面积[48]。

第二种类型的膜反应器利用了膜的分离功能。膜的分离功能即膜具有选择透过不同物质的能力。在这种膜反应器中，膜通过选择性地去除产物中的一种组分来改变化学反应的平衡。在反应过程中，生成的反应产物能透过膜并从反应室排出，使化学平衡向右移动，进而增加反应产物的产率[49]。膜反应器中的膜也可控制反应物加入反应体系的速率，调节某一反应物在反应器中的浓度分布，从而限制副反应的发生，提高目标产物的产率[50]。

第三种类型的膜反应器利用了膜的载体功能。膜的载体功能是指膜既可作为催化剂，也可作为催化剂的载体。有些膜材料本身就具有催化能力，而不具备催化活性的膜可通过表面吸附/沉积法、掺杂法、复合包埋、化学键合等技术使膜成为催化剂的载体，具备催化能力[51]。该反应器中的膜可兼有分离功能，也可不具备分离功能，但必须具备渗透能力。

第四种类型的膜反应器利用了膜的复合功能，该反应器中的膜是可同时具备上述两种或三种功能的。这种反应器中化学反应和分离步骤可以使用相同的膜，这种膜大多是多层复合材料。该膜既为反应提供了活性位点，又将反应产物分离出来[52]。

13.6.2　膜反应器应用

膜反应器具有很大的应用潜力，有些已经在工业规模上使用。下面主要介绍三种膜反应器的应用过程。

1) 用于气相催化反应过程的膜反应器

一些重要的炼油和化工反应可作为膜反应器系统的良好反应，表 13-1 列出了一些此类反应。由于反应需要高温，开发合适的膜比较困难，因此这种类型的膜反应器还没有走出实验室阶段。

表 13-1 膜反应器在石油化工中涉及的化学反应

化学反应	反应方程式
丁烷脱氢反应	$C_4H_{10} \rightleftharpoons C_4H_6 + 2H_2$
甲基环己烷脱氢反应	$C_6H_{11}CH_3 \rightleftharpoons C_6H_5CH_3 + 3H_2$
硫化氢脱氢反应	$H_2S \rightleftharpoons H_2 + S$
甲烷催化氧化反应	$2CH_4 + O_2 \rightleftharpoons C_2H_4 + 2H_2O$
甲烷蒸气转化法制氢反应	$CH_4 + H_2O \rightleftharpoons CO + 3H_2$
水煤气制氢反应	$CO + H_2O \rightleftharpoons CO_2 + H_2$

表 13-1 中列出的前三个反应是脱氢反应，反应产物中含氢。通过除氢，可以促进反应向右进行，提高脱氢产物的转化率。表 13-1 中列出的反应通常都在 300～500℃下进行。这些温度远高于聚合膜的正常承受范围，因此必须使用透氢金属膜、微孔炭膜或陶瓷膜。然而，目前的金属或陶瓷膜价格昂贵，无法在商业过程中使用。

图 13-13 表示了使用透氢膜来改变正丁烷脱氢反应平衡的过程。催化反应器分为几个步骤，每个步骤之间放置一个透氢膜，该反应器利用了膜的分离功能。通过透氢膜将反应产生的氢气从反应器中除去，促进脱氢反应进行，使脱氢反应过程更加高效。聚合物膜可以非常有效地从丁烷-丁二烯/氢气混合物中去除氢气，但是不能在催化反应器的400～500℃操作温度下使用[49]。

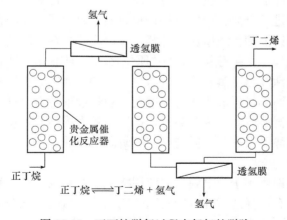

图 13-13 正丁烷脱氢过程中氢气的脱除

透氢膜反应器最重要的潜在应用是水煤气制氢。所有通过煤、石油焦气化或天然气重整生产氢气的工厂都使用催化转换反应器将气体中的 CO 转化为氢气。

$$CO + H_2O \Longrightarrow CO_2 + H_2$$

多年来，国内高校和研究所致力于用于氢气提纯的钯膜的研究，所制膜在透氢膜反应器的制备中有很大应用潜力[53-54]。美国能源部一直致力于钯基隔膜的开发，并将其用于透氢膜反应器，该技术已达到试验性/中试规模的项目阶段。日本东京燃气公司和欧盟共同资助的项目也进行了类似的研发。这些膜反应器面临最棘手的问题是原料气中的微量组分(特别是 H_2S)会使催化剂和膜中毒，进而在几分钟内造成膜通量的大幅度下降。目前大多数钯合金膜在长期连续运行时要求 H_2S 含量低于 $1 \text{ mg} \cdot L^{-1}$[55-56]。

2) 用于渗透蒸发过程的膜反应器[57]

一般来说，根据膜反应器中膜是否具有催化功能，渗透蒸发膜反应器可以分为两种：惰性渗透蒸发膜反应器和活性渗透蒸发膜反应器。

在惰性渗透蒸发膜反应器中，所利用的膜仅起到分离的作用，是惰性的，称为惰性渗透蒸发膜反应器。在进行操作时，将催化剂加至反应器中，悬浮在料液中，反应物与游离的催化剂接触并进行反应。反应生成的产物等可以通过膜的分离功能与料液分离，进而达到提高产物收率和反应物转化率的目的。利用惰性渗透蒸发膜反应器进行反应分离时，可以分为以下几步：①反应物由料液主体向催化剂的催化位点扩散；②化学反应；③反应产物在料液主体中的游离催化剂处生成后，进行脱附，与催化剂分离，然后扩散至渗透蒸发膜表面；④反应产物通过渗透蒸发膜的分离作用进行选择性分离。

在活性渗透蒸发膜反应器中，所使用的催化膜除了存在选择性的分离作用之外，同时具有催化作用。反应在催化膜的表面进行，生成的产物可在膜表面即刻被分离出去。利用活性渗透蒸发膜反应器进行反应分离时，可以分为以下几步：①反应物向渗透蒸发催化膜的催化位点扩散；②反应物进行催化反应；③反应产物进行分离。

将两种渗透蒸发膜反应器进行比较，活性渗透蒸发膜反应器中所利用的膜具有分离和催化双重功能，因而能使得反应位点与分离位点在同一位置。生成的产物不需要经过扩散至膜表面之后再进行分离，产物直接在膜表面生成，然后立刻被分离出去，缩短了传质距离，理论上可以消除传统惰性渗透蒸发膜反应器中存在的扩散阻力。产品将从催化剂的紧邻区域移除，实现真正意义上的"原位移除"，防止由产物积累引起的后续不利的反向反应；受益于活性渗透蒸发膜反应器中反应和分离区的更紧密集成，反应物到产物的转化发生在膜内而不是料液主体中，避免了被料液稀释，这样，膜中的产物浓度在活性渗透蒸发膜反应器中较高，为分离过程提供了较大的传质推动力。活性渗透蒸发膜反应器中的这两点优势可以进一步促进反应平衡向右移动。

3) 离子导电膜反应器

膜反应器中还可使用离子导电膜，如使用陶瓷膜在高温下传导氧或氢离子，该膜反应器主要利用了膜具有选择透过性，即膜的分离功能。目前，该领域的最新研究主要集中在复杂金属氧化物材料研发上，包括一些以超导体特性闻名的材料，该种材料具有混合导电特性。例如，具有 $La_xA_{1-x}Co_yFe_{1-y}O_{3-z}$ 结构的钙钛矿(A 为钡、锶或钙，x 和 y 为 0~1，z 值使材料整体电荷呈中性)。氧离子和电子的通过与这些材料的缺陷结构有关，在 800~1000℃温度下，这些材料对氧具有良好渗透性。类似的混合氧化膜也能传导质子[58]。

离子导电膜反应器的最重要应用是通过甲烷部分氧化制备合成气或甲烷低聚化生成乙烯，两个过程如图 13-14 所示。在合成气生产中，氧离子透过膜并与甲烷反应生成一氧化碳和氢气。由于膜的选择透过性，空气中的氮气不会与反应产物混合，生成的一氧化碳和氢气不用进一步分离，可直接用于甲醇或其他石油化工产品制备。在乙烯生产中，甲烷参与催化反应生成乙烯和氢气。氢渗透到膜中，然后与空气中的氧反应生成水。

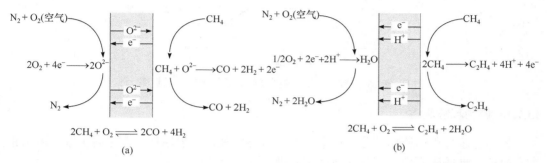

$$2CH_4 + O_2 \rightleftharpoons 2CO + 4H_2$$
(a)

$$2CH_4 + O_2 \rightleftharpoons C_2H_4 + 2H_2O$$
(b)

图 13-14　采用离子导电陶瓷膜反应器生产合成气(CO + H$_2$)(a)和乙烯(b)

这些工厂所需膜面积并不大，但技术挑战难度很高。复合陶瓷膜要求无缺陷、各向异性并且具有 1～5 μm 厚的分离层，能够在 800～1000℃下连续工作，无毒、无污染，成本合理。

膜反应器潜在的应用领域很多，但其工业应用进展缓慢，这主要是受一些实际问题的限制，如分离因子低、高温下泄漏、催化剂中毒、传质阻力的局限性等。有些学者认为膜反应器的应用可能只限于生产高产值的生物技术产品，但无机膜制备技术的快速发展又为膜反应器的应用带来了希望。

13.7　控　制　释　放

13.7.1　控制释放简介[59]

控制释放技术是指在预期的时间内，控制某种活性物质在体系中的释放速率。这里的活性物质一般指可影响动植物生长的化学物质，包括化肥、医药、农药等。相较传统体系，采用控制释放体系的意义在于在较长时间内保持生物体内活性物质的有效量，提高作用效果，减少用量及副作用，同时减少活性物质的挥发(两种体系作用特点如图 13-15 所示)。作为一种新型、安全、高效的应用技术，控制释放技术不断发展，日益受到人们的重视。

控制释放需要满足两个重要的前提条件：①待控制释放的活性组分必须包覆于蓄积单元内；②必须合理设计蓄积单元所处环境介质，使介质与被包覆活性组分的传输相适应。由此可见，待控制释放的活性组分必须被包覆于某种材料中，且该材料可适用于活性组分传输。作为一种能够包覆活性组分，且具有渗透功能的材料，膜具备作为控制释放载体的能力。

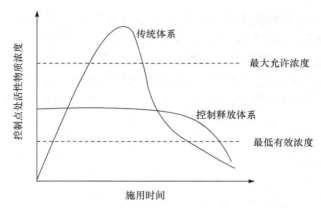

图 13-15   传统体系与控制释放体系作用特点示意图

13.7.2   控制释放原理

控制释放过程的原理可分为如下五种：溶出原理，扩散原理，溶蚀同扩散、溶出相结合原理，渗透压原理，离子交换作用原理。

(1) 溶出原理。一般情况下，将活性物质包覆于膜制成的微囊中，随着活性物质的逐步释放，活性物质浓度降低，释放速率减慢，但同时微囊渐渐溶解，故活性物质溶出微囊的阻力也会逐步减小，因此溶出过程中活性物质释放速率通常变化不大。为了降低活性物质释放速率，可通过减小活性物质的溶解度，降低药物的溶出速率等方法，使活性物质缓慢释放，达到长效作用的目的。利用上述原理达到控释作用的方法包括制成活性物质合适的盐或衍生物，用延缓溶出的材料包衣或将活性物质与具有延缓溶出的载体相混合。

(2) 扩散原理。将活性物质包裹于微囊中，由于绝大多数微囊不会溶解，因此活性物质仅主要依靠扩散作用实现释放。其释放速率遵循 Fick 第一定律的等价形式：

$$\frac{\mathrm{d}M}{\mathrm{d}t} = \frac{ADK\Delta c}{L} \tag{13-24}$$

式中，$\dfrac{\mathrm{d}M}{\mathrm{d}t}$ 为释放速率；A 为微囊表面积；D 为扩散系数；K 为活性物质在膜与囊心之间的分配系数；L 为微囊厚度；Δc 为膜内外活性物质浓度差。当 A、D、K、L 和 Δc 保持恒定时，活性物质的释放速率为常数，该过程为零级释放过程，该过程具有释放速率稳定且高效的特点。

(3) 溶蚀同扩散、溶出相结合原理。活性物质除包裹在微囊内部，还参与微囊的构成，因此，在溶解过程中微囊本身会被溶蚀，从而对活性物质的扩散和溶出产生影响。溶解过程会导致活性物质扩散路径改变，因此此类控制释放系统的动力学原理较为复杂，需结合具体情况加以讨论。

(4) 渗透压原理。利用渗透压原理制成的控释制剂，可均匀恒速释放活性物质，较骨架型控释系统更具优势。以口服片剂为例，药剂片芯为水溶性药物及辅助剂，外衣以非水溶性聚合物制成，水可渗过此外衣，但药物不能。进入生物体后，体液(主要成分为水)

可经由外衣进入片芯溶解药物，使之成为饱和药物溶液。利用渗透压差，饱和药物溶液可流向体液，直至芯内药物溶解完毕。该过程中可通过改变膜的渗透性能及片芯渗透压的方法以调控片芯吸水速度，从而调控控制释放速率。

(5) 离子交换作用原理。由非水溶性交联聚合物组成的树脂，其聚合物链的重复单元上含有成盐基团，药物可结合在树脂上。当带有适当电荷的离子与粒子交换基团接触时，通过离子交换作用将药物释放出来。释放速率受扩散面积、扩散路径长度及树脂刚性(为树脂制备过程中交联剂用量的函数)等参数控制。

13.7.3　控制释放系统分类

根据活性物质与膜是否发生化学反应，可将控制释放系统分为物理控制释放系统和化学控制释放系统。

1) 物理控制释放系统

在该系统中，活性物质被溶解、分散或包覆于膜中，膜对活性物质的释放起阻碍作用。物理控制释放系统可分为三种形式。

(1) 均匀型。活性物质均匀溶解或分散于缓释剂中，表面活性物质首先释放，内部活性物质则需先扩散至表面，才能进行释放，故传质阻力较大。因此，均匀型释放系统释放速率会随时间增加而下降。

(2) 储藏型。储藏型控制释放系统是将活性物质包埋在外包膜中形成胶囊，使活性物质通过包膜向环境中释放，且释放速率取决于膜厚度、组成、活性物质性质及环境条件。当膜厚度较小，活性物质浓度较高、性质较活泼，环境条件有利于释放时，释放速率会有所提高。

(3) 凝胶型。利用凝胶对小分子具有良好透过性能及可吸水膨胀的特性制备出凝胶型控制释放系统，凝胶水化度与凝胶制备过程中交联剂浓度、共聚单体比率及聚合条件等因素有关，可通过对凝胶水化度进行调控来控制活性物质的释放速率。

2) 化学控制释放系统

与物理控制释放系统不同，在化学控制释放系统中，膜一般为聚合物膜，且活性物质不仅被溶解、分散或包覆于膜中，还会以化学键与膜相连。活性物质的控制释放过程不仅涉及溶解、扩散等物理传质过程，也会受反应动力学影响，因此化学控制释放系统过程更为复杂。化学控制释放系统可分为三种形式。

(1) 活性物质与聚合物连接。活性物质与膜以共价键连接，二者均具有可相互作用的反应基团，反应后新形成的化学键有助于实现活性物质的释放。

(2) 活性物质单体衍生物间聚合。将活性物质单体转化为易聚合的衍生物后进行聚合，再利用聚合物水解与衍生物还原，可释放活性物质单体，并根据衍生物还原为活性物质的反应动力学参数来控制活性物质的释放速率。

(3) 活性物质单体的自聚或同其他单体共聚。将活性物质单体自聚或同其他单体共聚后，利用聚合物链段的断裂实现活性物质的释放，可通过改变反应条件调控释放的速率。

13.7.4　控制释放应用

控制释放技术已在化肥、医药、农药及食品等领域取得了广泛应用，并获得了理想的经济、环境和社会效益。

1) 化肥

化肥在农业生产中起到关键性作用，为国家农业生产提供了重要保障。但传统化肥施用时存在一定问题：流失量较高会造成成本增加，肥效容易过高可能造成粮食减产。因此，对化肥进行控制释放可保证肥料作用过程稳定而长效，从而保障作物的高效生长。

包膜控释肥料是在传统速效肥料表面覆盖一层保护性(非水溶性)物质，以控制水的渗入，从而控制肥料溶解速率，进而控制养分释放的一类肥料。目前，普遍应用于生产包膜控制释放肥料的薄膜材料有硫磺、聚合物(聚烯烃、聚氨酯等)、乳胶等[60]。

2) 医药[61]

患者服药后，为在较长时间内维持其体内适宜药物浓度，减少药物副作用并提升疗效，可对药物的释放速率进行控制。按给药方式不同，可分为如下四类。

(1) 口服控释药。在活性物质外包覆一层高分子薄膜，用特殊仪器在薄膜上打孔。患者服药后，胃肠液可经由微孔溶解活性物质，被溶解的活性物质由于渗透作用流出微孔，从而实现控制释放的目的。

(2) 透皮药物。将透皮药物贴于皮肤上，药物可透过皮肤直接进入血液，无需经过胃肠消化系统从而避免分解，保持了药物的稳定与高效。

(3) 注射剂。将活性物质与聚合物制成微胶囊悬浮液，经由皮下注射，药物通过微胶囊的微孔释放，药效可持续 1 个月，药物用量仅为传统方法的1/4。

(4) 靶位药物。将活性物质包覆后，有目的性地输运到特定的靶器官中，从而增大治疗的针对性并降低对其他器官的毒副作用。

3) 农药

农药是在自然界开放体系中应用的有毒有害物质，它的有效性常受多种自然因素影响，施用不当对环境的危害较大。应用控释农药则具有下述优点：①防止挥发、分解，延长药效，提高防治效果；②减少施药次数和施用量，降低费用；③降低对农作物和动物的毒副作用；④减轻对环境的污染。

4) 食品添加剂[62-63]

随着控制释放技术的成熟，一些对热、光、pH 等敏感的添加剂可被用于食品系统。利用微胶囊将食品添加剂包覆，可在特定步骤及外界刺激下，实现食品添加剂的控制释放。具体应用如下：

(1) 胶囊化香料剂、风味剂。利用微胶囊化技术和控制释放技术可以使香料剂和风味剂保存良好，避免与其他组分发生反应，或在潮湿、闷热的环境中变质。

(2) 微胶囊化甜味剂。作为一种甜味剂，阿斯巴甜在食品领域得到了广泛应用，但其对湿热环境较为敏感，易变质。可选用脂肪、淀粉等作为壁材将其包覆于微胶囊中，当入口时才会溶解释放，从而最大限度地保持了其口感。

(3) 微胶囊化防腐剂。防腐剂对食品保鲜、延长保质期具有重要作用，但大多数防腐剂，如山梨酸钾、苯甲酸钠等都会对人体产生一些危害，故控制防腐剂用量至关重要。为了解决这些问题，研究人员开发出防腐剂微胶囊，在降低防腐剂添加总量的同时，对其释放速率进行控制，达到对食用者健康有利的目的。

13.8　膜 传 感 器

13.8.1　膜传感器原理及特点

随着科学技术的发展，人们获取信息的需求正不断提高。研究与开发传感器的一个主要目标就是将人类不易察觉的信息"感官化"。目前，人们已研制成功多种类型的传感器。其中，膜传感器就是一种具有代表性的传感器。膜传感器主要由薄膜单元与信号响应单元组成。相较于其他类型的传感器，膜传感器最大的特点是待检测原料需先经过薄膜单元，然后与信号响应单元接触。膜传感器中的薄膜具有选择透过性能，能够允许原料中的信号物质透过并有效截留原料中的杂质组分。由于薄膜单元实现了信号物质的富集与杂质组分的去除，因此在传感器响应单元性能相同的情况下，薄膜单元的引入能够有效提升膜传感器的响应灵敏度与抗杂质干扰能力。常用于制备膜传感器薄膜单元的材料包括聚氨酯类材料、聚丙烯腈类材料、聚苯胺类材料等[64-66]。这些材料的可加工性能与成膜性能良好，能够较好地与形状各异的信号响应单元相结合，进而制备出性能优异的膜传感器。

13.8.2　膜传感器应用

由于优异的响应灵敏性与抗杂质干扰能力，膜传感器在微量物质分析与高污染原料中的物质检测等领域有广泛的应用。膜传感器常用于检测血液及尿液中的葡萄糖含量[66]。血液和尿液成分复杂，常见杂质组分有抗坏血酸、尿酸等。这些物质一旦进入传感器的响应单元，会影响传感器对葡萄糖的响应性。膜传感器中的薄膜单元能够有效阻止原料液中的杂质组分进入传感器中的响应单元，从而有效提升膜传感器的抗干扰能力。此外，膜传感器在农药残留检测领域也有广泛应用。目前，检测农药残留的常见方法(如分光光度法、液相色谱法等)大多灵敏度不高且所需仪器设备价格昂贵。针对这一问题，研究者将对目标农药分子具有高选择性的薄膜单元与传感器相结合，制备了适用于检测农药残留的膜传感器。此类膜传感器的开发有效提升了农药检测的灵敏度，并降低了检测过程对大型精密仪器的依赖程度[67]。另一类常见的膜传感器为气体膜传感器。气体膜传感器中的薄膜能够截留进料气中的干扰组分并在膜的透过侧富集检测目标气体，进而提升了膜传感器抗杂质干扰能力与检测灵敏度[64]。

膜传感器在医学治疗和环境检测等领域已有广泛的应用。随着化学、物理学、材料科学、信息科学和电子技术等学科的不断发展和相互交叉，研制功能齐全、性能稳定、成本低廉的微型化、智能化的高性能膜传感器，并进一步推广膜传感器的应用领域将受到越来越多的关注。

13.9 体外膜肺氧合及其设备[68-72]

体外膜氧合(extracorporeal membrane oxygenation，EMCO)是一种暂时替代人体肺功能以维持生命特征的方法，其原理是将患者的静脉血引出体外，使血液结合氧气并清除其中的 CO_2 之后，再泵回体内。EMCO 能够维持人体器官不衰竭，使患者能在数小时到数周的时间内从心肺手术、外伤、感染或肺部炎症中存活和痊愈，EMCO 也被用作肺移植的桥梁。

实现 ECMO 的设备称为膜氧合器，也称为膜肺、人工肺等。常见膜氧合器的膜是中空纤维膜，其运行过程如图 13-16 所示。当系统运行时，中空纤维膜外壁与内壁分别同血液与新鲜氧气接触，血液流经中空纤维膜外表面，新鲜氧气流经中空纤维膜内腔，血液与新鲜氧气通过中空纤维膜中的孔隙发生气体交换。气体交换结果为：新鲜氧气进入血液，同时二氧化碳自血液中进入中空纤维膜内腔。膜氧合器原理上属于膜接触器，其中，氧气进入血液的过程是膜吸收过程，而二氧化碳从血液中清除的过程则是膜气提过程。

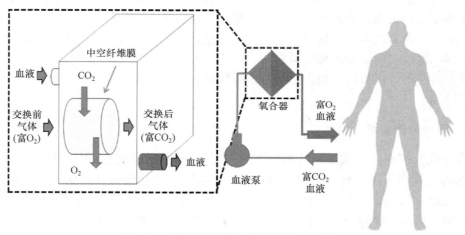

图 13-16　体外膜肺氧合器工作原理示意图

氧合器膜材料经历了第一代固体硅胶膜、第二代微孔中空纤维膜及第三代聚 4-甲基-1-戊烯[poly(4-methyl-1-pentene)，PMP]强疏水型中空纤维膜。其中，第一代固体硅胶膜的结构相对致密，血浆渗漏少，但透气性较差，跨膜压差大，故应用效果并不十分理想；第二代微孔中空纤维膜尽管解决了透气性差这一问题，但微孔较大的孔径也会导致血浆渗漏量增加，这对第二代膜的普及造成不利影响；第三代 PMP 中空纤维膜则结合了前两代膜的优点，它以 4-甲基-1-戊烯单体聚合而成，膜结构相对致密且具有理想的气体渗透性能，兼具低溶出及生物安全性等特性，增加了血液相和气相分离度，克服了血浆渗漏的问题，延长了膜氧合器的临床使用时间。

习　　题

13-1　简述渗析过程原料液与渗析液中哪些物质发生了跨膜传递。

13-2　简述常见液膜的类型。

13-3　简述膜接触器中的膜与分离膜功能的区别。

13-4　根据不同的作用机理，膜接触器可分为哪几类？阐述各自的特点及应用领域。

13-5　简述膜结晶器的基本工作原理。

13-6　简述膜反应器的定义及膜反应器中膜的功能。

13-7　控制释放需满足的两个重要前提条件是什么？

13-8　简述膜传感器中薄膜单元的功能。

13-9　简述体外膜肺氧合的工作原理。

参 考 文 献

[1] Haghdoost F, Bahrami S H, Barzin J, et al. Preparation and characterization of electrospun polyethersulfone/polyvinylpyrrolidone-zeolite core-shell composite nanofibers for creatinine adsorption. Separation and Purification Technology, 2021, 257: 117881.

[2] 宋俊. NMMO 法纺制人工肾中空纤维膜的研究. 天津: 天津工业大学, 2004.

[3] 张洁敏, 于亚楠, 代朋, 等. 中空纤维型渗析器在血液净化技术中的应用现状及展望. 膜科学与技术, 2020, 40(5): 144-150.

[4] 许云鹏. 便携式人工肾系统研制. 合肥: 中国科学技术, 2014.

[5] Nie C, Ma L, Xia Y, et al. Novel heparin-mimicking polymer brush grafted carbon nanotube/PES composite membranes for safe and efficient blood purification. Journal of Membrane Science, 2015, 475: 455-468.

[6] 孙创, 冯权莉, 王学谦, 等. 液膜分离技术在废水处理中的应用与展望. 化工新型材料, 2014, 42(6): 210-212.

[7] Friedlaneleret H. Membrane Separation Processes Part 1. Chemical Engineering-New York, 1966, 73: 111-116.

[8] Khani R, Ghasemi J, Shemirani F. Application of bilinear least squares/residual linearization in bulk liquid membrane system for simultaneous multi component quantification of two synthetic dyes. Chemosphere, 2015, 144: 48-55.

[9] Rounaghi G, Ghaemi A, Chamsaz M. Separation study of some heavy metal cations through a bulk liquid membrane containing 1,13-bis(8-quinolyl)-1,4,7,10,13-pentaoxatridecane. Arabian Journal of Chemistry 2016, 9: 490-496.

[10] 沈江南, 黄万抚. 乳状液莫旋流静电综合立场连续破乳器研究. 水处理技术, 2005, 31(4): 35-39.

[11] Domenech T, Velankar S. Capillary-driven percolating networks in ternary blends of immiscible polymers and silica particles. Rheologica Acta, 2014, 53(8): 593-605.

[12] 洪新艺. 支撑液膜分离过程传质与膜稳定性研究——含酚废水体系. 福州: 福州大学, 2006.

[13] 胡之德. 分离科学与技术概论. 成都: 四川科学技术出版社, 1996.

[14] 兰宇卫, 陆建平, 王益林, 等. 硫杂冠醚为载体的液膜中 Ag(Ⅰ)的迁移研究. 膜科学与技术, 2009, 29(2): 65-69.

[15] Zhang Y L, Liu P H, Zhang Q Y, et al. Separation of cadmium (Ⅱ) from spent nickel/cadmium battery by emulsion liquid membrane. The Canadian Journal of Chemical Engineering, 2010, 88(1): 95-100.

[16] Hachemaoui A, Belhamel K. Simultaneous extraction and separation of cobalt and nickel from chloride solution through emulsion liquid membrane using Cyanex 301 as extractant. International Journal of Mineral Processing, 2017, 161: 7-12.

[17] Cussler E, Evans D. Liquid membranes for separation and reactions. Journal of Membrane Science, 1980, 6: 113-121.

[18] Noble R D, Stern S A. Membrane Separations Technology: Principles and Applications. Amsterdam:

Elsevier, 1995.

[19] Gabelman A, Hwang S T. Hollow fiber membrane contactors. Journal of Membrane Science, 1999, 159(1-2): 61-106.

[20] Klaassen R, Jansen A E. The membrane contactor: Environmental applications and possibilities. Environmental Progress & Sustainable Energy, 2001, 20(1): 37-43.

[21] Bansal V. Membrane Contactor Systems for Gas-liquid Contact: US8317906 B2. 2011-11-14.

[22] Ravanchi M T, Kaghazchi T, Kargari A. Application of membrane separation processes in petrochemical industry: A review. Desalination, 2009, 235(1-3): 199-244.

[23] Strathmann H. Membrane Separation Processes. Vol. 1. Stuttgart: Wiley-VCH Verlag GmbH & Co. KGaA, 2011.

[24] 米尔德 M. 膜技术基本原理. 2 版. 李琳, 译. 北京: 清华大学出版社, 1999.

[25] Klaassen R, Feron P, Jansen A. Membrane contactor applications. Desalination, 2008, 224(1-3): 81-87.

[26] Qi Z, Cussler E. Microporous hollow fibers for gas absorption: Ⅱ. Mass transfer across the membrane. Journal of Membrane Science, 1985, 23(3): 333-345.

[27] 袁力, 王志, 王世昌. 膜吸收技术及其在脱除酸性气体中的应用研究. 膜科学与技术, 2002, 22(4): 55-59.

[28] 张秀芝, 马宇辉, 王静, 等. 膜吸收在烟气脱硫净化中的应用. 硫酸工业, 2017, 9: 34-41

[29] 孙雪雁, 杨凤林. 膜吸收法海水脱硫研究. 膜科学与技术, 2008, 28(1): 66-72.

[30] Klaassen R. Achieving flue gas desulphurization with membrane gas absorption. Filtration & Separation, 2003, 40(10): 26-28.

[31] 王付杉, 董香灵, 康国栋, 等. PTFE 中空纤维膜接触器法脱除沼气中 CO_2 过程研究. 膜科学与技术, 2017, 37(5): 88-95.

[32] 许丽娟. 膜气提法去除水体中 VOCs 的研究. 天津: 天津大学, 2007.

[33] 刘彤. 试简述膜萃取过程分离原理. 广州化工, 2011, 38(3): 24-25, 57.

[34] 王志, 王世昌, Schroeder V, 等. 膜乳化过程中流体流动对液滴受力和乳化效果的影响. 化工学报, 1999, 50(4): 505-513.

[35] Joscelyne S M, Trägárdh G. Membrane emulsification: A literature review. Journal of Membrane Science, 2000, 169(1): 107-117.

[36] 曹文佳, 栾瀚森, 王浩. 膜乳化法在药学中的应用. 中国医药工业杂志, 2014, 45(6): 582-588.

[37] Hancocks R D, Spyropoulos F, Norton I T. Comparisons between membranes for use in cross flow membrane emulsification. Journal of Food Engineering, 2013, (2): 382-389.

[38] 包德才, 郑建华, 赵燕军, 等. 膜乳化技术及其应用. 化学通报, 2006, 69(4): 241-246.

[39] Higashi S, Setoguchi T. Hepatic arterial injection chemotherapy for hepatocellular carcinoma with epirubicin aqueous solution as numerous vesicles in iodinated poppy-seed oil microdroplets: Clinical application of water-in-oil-in-water emulsion prepared using a membrane emulsification technique. Advanced Drug Delivery Reviews, 2000, 45(1): 57-64.

[40] Omi S, Ma G H, Nagai M. Membrane emulsification: A versatile tool for the synthesis of polymeric microspheres. Macromolecular Symposia, 2000, 151: 319-330.

[41] Drioli E, Di Profio G, Curcio E. Progress in membrane crystallization. Current Opinion in Chemical Engineering, 2012, 1(2): 178-182.

[42] Caffrey M. Membrane protein crystallization. Journal of Structural Biology, 2003, 142(1): 108-132.

[43] Curcio E, Criscuoli A, Drioli E. Membrane Crystallization. Industrial & Engineering Chemistry Research, 2019, 40(12): 2679-2684.

[44] 姜晓滨, 孙国鑫, 贺高红, 等. 高效膜蒸馏结晶过程的研究进展. 化工学报, 2020, 71(9): 67-80.

[45] Curcio E, Ji X, Quazi A, et al. Hybrid nanofiltration-membrane crystallization system for the treatment of sulfate wastes. Journal of Membrane Science, 2010, 360(1-2): 493-498.

[46] 欧雪娇, 张春桃, 李雪伟, 等. 膜结晶技术的研究进展. 现代化工, 2016, 36(8): 14-18.

[47] 王湛, 王志, 高学理, 等. 膜分离技术基础. 3 版. 北京: 化学工业出版社, 2019.

[48] Baker R W. Membrane technology and applications. 3rd ed. New York: John Wiley & Sons, 2012.

[49] Rezac M, Koros W, Miller S. Membrane-assisted dehydrogenation of n-butane influence of membrane properties on system performance. Journal of Membrane Science, 1994, 93(2): 193-201.

[50] 张昊, 马晓华, 许振良. 催化与分离双功能膜及膜反应器. 膜科学与技术, 2019, 39(1): 116-122.

[51] 王建宇, 徐又一, 朱宝库. 高分子催化膜及膜反应器研究进展. 膜科学与技术, 2007, 27(6): 82-88.

[52] Winston Ho W S, Sirkar K K. Membrane Handbook. Boston: Kluwer Academic Publisher, 1992.

[53] Chen B, Li H, Xu H, et al. Long-term stability against H$_2$S poisoning on Pd composite membranes by thin zeolite coatings. Industrial & Engineering Chemistry Research, 2019, 58(16): 6429-6437.

[54] Zhao C, Goldbach A, Xu H. Low-temperature stability of body-centered cubic PdCu membranes. Journal of Membrane Science, 2017, 542: 60-67.

[55] Bose A C. Inorganic Membranes for Energy and Environmental Applications. New York: Springer, 2009.

[56] Itoh M, Saito M, Tajima N, et al. Ammonia Synthesis Using Atomic Hydrogen Supplied From Silver-Palladium Alloy Membrane. Materials Science Forum, 2007, 561-565:1597-1600.

[57] 曹姗姗. 活性渗透汽化膜反应器在正丁醛 1, 2-丙二醇缩醛合成中的应用. 北京: 北京化工大学, 2019.

[58] Lin Y. Microporous and dense inorganic membranes: Current status and prospective. Separation and Purification Technology, 2001, 25(1): 39-55.

[59] 王洪记. 控制释放技术及其应用进展. 四川化工, 1997, (A1): 50-53.

[60] 陈剑秋. 几种新型缓控释肥工艺及养分释放特征研究. 泰安: 山东农业大学, 2012.

[61] 贾伟, 高文远, 邱明丰, 等. 药物控释新剂型. 北京: 化学工业出版社, 2005.

[62] Zhang J, Wu D, Li M F, et al. Multifunctional mesoporous silica nanoparticles based on charge-reversal plug-gate nanovalves and acid-decomposable ZnO quantum dots for intracellular drug delivery. ACS Applied Materials & Interfaces, 2015, 7(48): 26666-26673.

[63] 刘曦, 谭燕, 袁芳. 食品风味物质在水凝胶中的控释研究进展. 中国调味品, 2019, 44(3): 175-179.

[64] 武伟, 杨连生. 控制释放技术在食品添加剂工业中的应用. 中国食品添加剂, 2001, (5): 58-62.

[65] Aksoy B, Sel E, Savan E, et al. Recent progress and perspectives on polyurethane membranes in the development of gas sensors. Critical Reviews in Analytical Chemistry, 2020, 1: 1-12.

[66] 聂富强, 郭冬梅, 徐志康, 等. 丙烯腈共聚物分离膜材料的应用. 化学通报, 2002, (7): 463-466.

[67] 于秀娟, 孙丽欣, 周定. 非导电聚苯胺膜葡萄糖传感器的研究. 哈尔滨工业大学学报, 2003, (6): 691-694.

[68] 姜忠义, 喻应霞, 吴洪. 分子印迹聚合物膜的制备及其应用. 膜科学与技术, 2006, 26(1): 78-84.

[69] 孙丽娜, 王宁夫. 体外膜肺氧合的临床应用进展. 心血管病学进展, 2013, 34(3): 416-419.

[70] Evseeva A K, Zhuravela S V, Alentiev A Y, et al. Membranes in extracorporeal blood oxygenation technology. Membranes and Membrane Technologies, 2019, 1: 201-211.

[71] 黄鑫. 热致相分离法制备聚 4-甲基-1-戊烯中空纤维膜及其表面血液相容性改性. 南京: 南京大学, 2016.

[72] 中国膜工业协会. 救治危重患者的 "人工肺" 核心材料 PMP 膜: 自主, 有多难? (2020-06-22)[2021-10-30]. http://www. membranes.com.cn/xingyedongtai/kejidongtai/2020-06-22/38939.html.